高职高专物联网技术系列教材——项目/任务驱动模式

无线传感网组建技术

李文华　主编

电子工业出版社
Publishing House of Electronics Industry
北京·BEIJING

内 容 简 介

本书根据"1+X 传感网应用开发"职业技能等级标准的要求，选用 16 个基于无线传感网开发的实例，按照"理论够用，突出应用"的原则，采取项目化教学的方式，以作品制作为载体，采用在作品制作过程中穿插讲解基础知识和基本技能的方法，由浅入深地讲解无线传感网的开发方法，包括开发环境的搭建，用 BasicRF 远程控制 LED 灯，在 BasicRF 中用串口收发数据，用 Basic RF 远程采集开关量、模拟量传感数据，ZStack 中定时器、串口、NV 存储器等基本组件的应用设计，单播、广播、组播通信实现方法，无线网络的管理方法，ZStack 中基于开关量传感器、模拟量传感器、逻辑量传感器的无线传感网的组建方法以及 C 语言程序设计技巧。

本书立足于应用实践，融入了"1+X 传感网应用开发"职业技能等级考证内容和近年来全国职业技能大赛物联网技术应用赛项中感知层开发的内容，摒弃了对复杂而深奥的通信协议理论知识的讲解，适用于高等职业院校物联网、电子信息、智能产品设计、网络及计算机专业作为无线组网技术课程的教材，也可作为应用型本科和"1+X 传感网应用开发"职业技能等级考试培训教材，还可供参加物联网大赛和从事无线网络组建的工程技术人员学习和参考。

未经许可，不得以任何方式复制或抄袭本书之部分或全部内容。
版权所有，侵权必究。

图书在版编目（CIP）数据

无线传感网组建技术 / 李文华主编. 一北京：电子工业出版社，2022.2
ISBN 978-7-121-42797-8

Ⅰ. ①无… Ⅱ. ①李… Ⅲ. ①无线电通信—传感器—高等学校—教材 Ⅳ. ①TP212

中国版本图书馆 CIP 数据核字（2022）第 018386 号

责任编辑：贺志洪
印　　刷：固安县铭成印刷有限公司
装　　订：固安县铭成印刷有限公司
出版发行：电子工业出版社
　　　　　北京市海淀区万寿路 173 信箱　邮编：100036
开　　本：787×1 092　1/16　印张：21　字数：537.6 千字
版　　次：2022 年 2 月第 1 版
印　　次：2024 年 12 月第 6 次印刷
定　　价：56.00 元

凡所购买电子工业出版社图书有缺损问题，请向购买书店调换。若书店售缺，请与本社发行部联系，联系及邮购电话：(010) 88254888，88258888。
质量投诉请发邮件至 zlts@phei.com.cn，盗版侵权举报请发邮件至 dbqq@phei.com.cn。
本书咨询联系方式：(010) 88254609，hzh@phei.com.cn。

前 言

国发〔2019〕4号文件指出,"从2019年开始,在职业院校、应用型本科高校启动'学历证书+若干职业技能等级证书'制度试点(以下称1+X证书制度试点)工作",为了落实"1+X"证书制度,各参与"1+X"证书制度试点的职业教育培训评价组织分别编制了相关职业技能等级标准,然而"1+X"证书制度涉及诸多方面的内容,其所固有的综合性、复杂性、多样性对教学(师资力量、实践条件、教学环境等)带来了直接而现实的挑战,广大职业院校、应用型本科高校急需一套融入职业技能标准、满足书证赛融通要求的教材。鉴于这种现状,我们在人工智能双高专业群建设过程中,按照《传感网开发职业技能等级标准》的要求,结合近年来"1+X"传感网应用开发考证指导和职业院校技能大赛物联网应用技术赛项备赛指导工作,编写了这本《无线传感网组建技术》,本书具有以下特点。

1. 按项目构建课程内容,用实例组织单元教学

本书分为5个项目,共16个任务,包括搭建无线传感网的开发环境、基于Basic RF的无线传感网的应用设计、ZStack中基本组件的应用设计、用ZStack组建ZigBee网络、基于ZStack无线传感网的应用设计,每个项目包含若干个任务。全书用5个项目讲解了无线传感网络的开发过程、设计方法和基本技能。全书按项目编排,组建无线传感网络所需要的基本知识和基本技能穿插在各个任务的完成过程中进行讲解,每一个任务只讲解完成本任务所需要的基本知识、基本方法和基本技能,从而将知识化整为零,降低了学习的难度。

2. 融"教、学、做"于一体,突出了教材的实践性

书中的每一个项目都是按照以下方式组织编排的:①任务要求,②知识储备,③实现方法与步骤,④程序分析,⑤实践拓展,⑥实践总结。其中,任务要求主要介绍做什么和做到什么程度,是读者实践时的目标要求,后续部分都是围绕着任务的实现而展开的。知

识储备部分主要介绍无线传感网中的一些基本概念、Basic RF 和 ZStack 中所提供的有关函数及其用法、传感器的应用特性及其用法，这一部分供读者在完成任务前阅读之用，也是本任务完成后所要掌握的基本知识。实现方法与步骤主要介绍怎么做，这一部分详细地讲解了本项目的实施过程，包括电路的搭建、程序的编写、程序的编译下载等几部分，读者按照书中所介绍的方法和步骤逐步实施，就可以实现任务要求，这一部分是读者实践时必须亲手做的事情。程序分析部分主要介绍了为什么要这样做，这一部分详细地讲解了程序设计的思路、原则和方法。实践拓展和实践总结主要进行知识和技能的梳理与总结，并适当进行拓展。

3．融入职业技能标准，内容反映了"1+X"考证要求和物联网技术应用技能大赛的要求

《传感网开发职业技能等级标准》是由北京新大陆时代教育有限公司组织编写的，该公司的黄敏恒高级工程师参与了本书的规划和内容结构的制定；另一方面，本书的作者多年来一直从事无线传感网组建技术课程的教学工作、"1+X"传感网应用开发考证指导和全国物联网技术应用技能大赛辅导工作，书中许多制作任务或习题来源于考证试题或者竞赛试题，例如，项目 2 的任务 7 就是由大赛试题改编而成的。本书融入了《传感网开发职业技能等级标准》，反映了"1+X"考证要求和物联网技术应用技能大赛的要求。

4．提供了配套的实训平台，避免了教材与实训系统相互脱节

无线传感网组建技术是一门实践性非常强的课程，除了要进行课堂学习，还需要强有力的实践性环节与之配合。因此，我们研制并推出了 MFIoT 实训平台及相关的实训模块，包括 ZigBee 开发板、CCDebug 仿真器、相关传感器模块及 NBIOT 开发板、LORA 开发板、智能网关、云平台等。其中，ZigBee 开发板、CCDebug 仿真器和传感器模块与本书配套，避免了以往出现的教材与实训系统相互脱节的情况，真正做到课堂内外相互统一。如果使用本书的院校在准备器件时有困难，可以与作者联系（E-mail：lizhuqing_123@163.com），也可以到淘宝店（https://shop359792577.taobao.com/）购买。

5．提供了丰富的教学资源，方便教师备课和读者学习

本书提供了 7 种教学资源：5 个项目中各任务的源程序文件；ZigBee 开发板的电路图；书中所有芯片和传感器的 PDF 文档；书中习题的解答；教学课件；无线传感网开发中的常用工具软件；近年来全国物联网应用技术技能大赛试题；传感网应用开发"1+X"考证试题。其中，各任务的源程序供读者学习前观察任务的实现效果之用，也作学习借鉴之用，各芯片和传感器的 PDF 文档供读者学习查阅之用，常用的工具软件可以节省读者收集开发工具的时间。所有资源可登录华信教育资源网（http://www.hxedu.com.cn）免费注册下载，也可以与作者联系。

在使用本书时，建议采用"教、学、做"一体化的方式组织教学，最好是在具有实物投影的实训室内组织教学。教学时，建议先将书中提供的程序下载至开发板中运行，让学生观看实际效果并体会任务要求的真实含义，激发学生的学习兴趣。然后引导学生边做边学，直至任务的完成，让学生在做中体会和总结无线传感网的开发技术。

本书是浙江工贸职业技术学院人工智能双高专业群建设成果之一。在本书成稿的过程中，曾得到许多同人和朋友的帮助与支持。北京新大陆时代教育科技有限公司的黄敏恒高级工程师参与了本书的规划和内容结构的制定，湖北第二师范学院的焦启民教授、广东科技职业技术学院的余爱民教授、武汉铁道职业技术学院的郑毛祥教授、温州职业技术学院的张佐理副教授、浙江工贸职业技术学院的金慧峰副教授、戚伟业老师、沈德明老师、长江职业技术学院的邓柳副教授等多位老师对本书的编写提出了许多积极宝贵的意见，并给予极大的关心和支持。感谢电子工业出版社的编辑为本书出版所做的辛勤工作，没有他们就没有这本书的出版，谨在此表示感谢！

尽管我们在本书的编写方面做了许多努力，但由于作者的水平有限，加之时间紧迫，错误不当之处难免，恳请各位读者批评指正，并将意见和建议及时反馈给我们，以便下次修订时改进。

编　者

2022 年 1 月

目 录

项目 1　搭建无线传感网的开发环境 ……… 1

任务 1　准备开发工具 ……………………… 1
　任务要求 …………………………………… 1
　实现方法与步骤 …………………………… 1
　　1. 准备工具软件 ………………………… 1
　　2. 准备开发板和仿真器 ………………… 3
　　3. 准备传感器模块 ……………………… 5
　实践总结 …………………………………… 6

任务 2　安装工具软件 ……………………… 7
　任务要求 …………………………………… 7
　实现方法与步骤 …………………………… 7
　　1. 解压工具软件 ………………………… 7
　　2. 安装 IAR 集成开发工具 ……………… 8
　　3. 安装 SmartRF Flash Programmer
　　　 和 ZStack ……………………………… 14
　　4. 安装 USB 转串口的驱动
　　　 程序 …………………………………… 15
　　5. 安装仿真器驱动程序 ………………… 15
　　6. 检查驱动程序安装的结果 …………… 19
　实践总结 …………………………………… 20

任务 3　建立传感网开发环境 ……………… 21
　任务要求 …………………………………… 21
　实现方法与步骤 …………………………… 21
　　1. 新建工程 ……………………………… 21
　　2. 配置工程 ……………………………… 25

　　3. 编译、连接程序 ……………………… 28
　　4. 调试程序 ……………………………… 29
　　5. 下载程序 ……………………………… 32
　实践总结 …………………………………… 35
　习题 ………………………………………… 35

**项目 2　基于 Basic RF 的无线传感网的
　　　　 应用设计** ………………………… 36

任务 4　用 Basic RF 远程控制 LED 灯 ‥ 36
　任务要求 …………………………………… 36
　知识储备 …………………………………… 36
　　1. Basic RF 软件包 ……………………… 36
　　2. basicRfInit()函数 …………………… 37
　　3. basicRfSendPacket()函数 ………… 38
　　4. 数据接收中的相关函数 ……………… 39
　　5. 接收数据的方法 ……………………… 39
　　6. halButtonPushed()函数 …………… 40
　　7. 发光二极管控制函数 ………………… 40
　　8. 延时函数 ……………………………… 41
　实现方法与步骤 …………………………… 41
　　1. 准备文件 ……………………………… 41
　　2. 编制开关发送程序文件
　　　 switch.c ……………………………… 45
　　3. 编制点灯程序文件 light.c ………… 49
　　4. 编译下载程序 ………………………… 52
　程序分析 …………………………………… 55

  1. light.c 文件中的代码分析 …… 55
  2. switch.c 文件中的代码分析 … 56
 实践拓展 …………………………… 57
 实践总结 …………………………… 57
 习题 ………………………………… 58

**任务 5　在 Basic RF 中用串口收发
　　　　数据** …………………………… 59
 任务要求 …………………………… 59
 知识储备 …………………………… 60
  1. 新大陆公司的 Basic RF
   软件包 ………………………… 60
  2. 新大陆软件包中有关串口的
   API 函数 ……………………… 63
  3. CC2530 单片机的串口 ……… 65
 实现方法与步骤 …………………… 74
  1. 新建工程 …………………… 74
  2. 配置工程 …………………… 76
  3. 编制程序文件 uartRF.c …… 77
  4. 编译下载程序 ……………… 80
  5. 运行程序 …………………… 81
 程序分析 …………………………… 83
 实践拓展 …………………………… 85
 实践总结 …………………………… 86
 习题 ………………………………… 86

**任务 6　用 Basic RF 远程采集声音传感
　　　　数据** …………………………… 88
 任务要求 …………………………… 88
 知识储备 …………………………… 88
  1. 声音传感器的应用特性 …… 88
  2. CC2530 单片机中的 I/O 口 … 89
  3. 声音传感器的驱动程序 …… 94
  4. 在 Basic RF 中添加传感器驱
   动程序的方法 ………………… 95
  5. CC2530 单片机中的定时器 … 97
  6. 新大陆 Basic RF 资源包中有
   关定时器的 API 函数 ……… 103
 实现方法与步骤 ………………… 106

  1. 搭建声音传感器的控制
   电路 ………………………… 106
  2. 新建工程 ………………… 107
  3. 编制声音传感器驱动程序
   文件 ………………………… 107
  4. 编制节点的程序文件 …… 109
  5. 修改 Basic RF 软件包中的
   定时时长 …………………… 113
  6. 新建节点设备 …………… 113
  7. 下载运行程序 …………… 115
 程序分析 ………………………… 117
  1. SoundSensor.c 文件中的代码
   分析 ………………………… 118
  2. SoundSensor.h 文件中的代码
   分析 ………………………… 118
  3. Sensor.c 文件中的代码
   分析 ………………………… 119
  4. Collector.c 文件中的代码
   分析 ………………………… 120
 实践拓展 ………………………… 121
 实践总结 ………………………… 122
 习题 ……………………………… 123

**任务 7　用 Basic RF 远程采集气体传感
　　　　数据** ………………………… 124
 任务要求 ………………………… 124
 知识储备 ………………………… 124
  1. 气体传感器的应用特性 … 124
  2. CC2530 单片机中的 ADC … 125
  3. ADC 的寄存器 …………… 128
  4. ADC 应用程序的编写方法 … 131
  5. Basic RF 软件包中的 ADC
   函数 ………………………… 132
 实现方法与步骤 ………………… 134
  1. 搭建气体传感器的控制
   电路 ………………………… 134
  2. 编制气体传感器驱动程序
   文件 ………………………… 134

3. 编制节点的程序文件 ……… 136
4. 下载运行程序 ………………… 140
程序分析
1. Collector.c 文件中的代码分析 …………………………… 141
2. Sensor.c 文件中的代码分析 …………………………… 142
实践拓展 ……………………… 143
实践总结 ……………………… 144
习题 …………………………… 144

项目 3　ZStack 中基本组件的应用设计 …… 146

任务 8　在 ZStack 中控制 LED 闪烁 …… 146
任务要求 ……………………… 146
知识储备
1. 协议与协议栈 ……………… 146
2. ZigBee 网络中的设备 ……… 147
3. 系统事件与用户事件 ……… 147
4. osal_msg_receive()函数 …… 149
5. osal_msg_deallocate()函数 … 149
6. osal_start_timerEx()函数 …… 150
7. HalLedSet()函数 …………… 150
8. HalLedBlink()函数 ………… 151
实现方法与步骤 ……………… 151
1. 准备文件 …………………… 152
2. 编写协调器程序 …………… 154
3. 编制头文件 Coordinator.h … 157
4. 修改 OSAL_SampleApp.c 文件 ………………………… 158
5. 移除 App 组中的多余文件 … 158
6. 编译下载程序 ……………… 159
程序分析 ……………………… 161
1. App 组中的文件 …………… 161
2. Coordinator.c 文件中的代码分析 …………………………… 162
3. Coordinator.h 文件中的代码分析 …………………………… 170

实践拓展 ……………………… 171
1. 在无协调器的条件下运行程序 ………………………… 171
2. 在有协调器的条件下运行程序 ………………………… 173
实践总结 ……………………… 173
习题 …………………………… 174

任务 9　在 ZStack 中用串口收发数据 …… 175
任务要求 ……………………… 175
知识储备 ……………………… 175
1. 端口的概念 ………………… 175
2. HalUARTOpen()函数 ……… 176
3. HalUARTRead()函数 ……… 178
4. HalUARTWrite()函数 ……… 178
5. osal_set_event()函数 ……… 179
6. osal_memcmp()函数 ……… 179
7. osal_strlen()函数 …………… 180
8. osal_memset()函数 ………… 180
实现方法与步骤 ……………… 181
1. 编制协调器的程序文件 Coordinator.c …………………… 181
2. 编制程序接口文件 Coordinator.h …………………… 183
3. 修改 OSAL_SampleApp.c 文件 ………………………… 184
4. 程序编译与下载运行 ……… 186
程序分析 ……………………… 189
1. Coordinator.c 文件中的代码分析 …………………………… 189
2. OSAL_SampleApp.c 文件中的代码分析 ……………………… 192
3. OSAL 工作原理分析 ……… 194
实践拓展 ……………………… 199
用新任务处理串口数据 ……… 199
实践总结 ……………………… 201
习题 …………………………… 202

任务 10 在 ZStack 中用 NV 存储器保存	修改 ZStack 中 LED 的配置……237

任务 10　在 ZStack 中用 NV 存储器保存
　　　　数据……………………………203
　　🎯 任务要求………………………203
　　📖 知识储备………………………204
　　　　1. NV 存储器………………204
　　　　2. osal_nv_item_init()函数……205
　　　　3. osal_nv_read()函数………205
　　　　4. osal_nv_write()函数………206
　　💻 实现方法与步骤………………206
　　　　1. 定义用户条目………………207
　　　　2. 编制协调器的程序文件……207
　　✦ 程序分析…………………………212
　　✎ 实践拓展…………………………213
　　　　读取节点的 MAC 地址…………213
　　📋 实践总结………………………215
　　📚 习题……………………………216

项目 4　用 ZStack 组建 ZigBee 网络……217

任务 11　用计算机控制远程节点上
　　　　的灯……………………………217
　　🎯 任务要求………………………217
　　📖 知识储备………………………217
　　　　1. 数据包与消息………………217
　　　　2. 数据通信的 3 种方式………219
　　　　3. 设备的地址…………………220
　　　　4. AF_DataRequest()函数……221
　　💻 实现方法与步骤………………223
　　　　1. 编制协调器的程序文件……224
　　　　2. 编制终端节点的程序文件…228
　　　　3. 程序编译与下载运行………232
　　✦ 程序分析…………………………235
　　　　1. Coordinator.c 文件中的代码
　　　　　 分析………………………235
　　　　2. EndDevice.c 文件中的代码
　　　　　 分析………………………237
　　✎ 实践拓展…………………………237

　　　　修改 ZStack 中 LED 的配置……237
　　📋 实践总结………………………240
　　📚 习题……………………………241

任务 12　分组传输数据………………242
　　🎯 任务要求………………………242
　　📖 知识储备………………………242
　　　　1. 信道…………………………242
　　　　2. PANID………………………244
　　　　3. 组播通信的相关函数………244
　　　　4. 组播通信的实现方法………246
　　💻 实现方法与步骤………………247
　　　　1. 编程思路……………………247
　　　　2. 编制节点的程序文件………249
　　　　3. 设置 PANID 和信道…………256
　　　　4. 程序编译与下载运行………256
　　✦ 程序分析…………………………258
　　📋 实践总结………………………260
　　📚 习题……………………………261

任务 13　显示网络节点的地址………262
　　🎯 任务要求………………………262
　　📖 知识储备………………………262
　　　　1. 协议栈中地址的分配
　　　　　 机制………………………262
　　　　2. 获取地址的相关函数………265
　　💻 实现方法与步骤………………266
　　　　1. 编制节点的程序文件………266
　　　　2. 编制数值转换的程序
　　　　　 文件………………………270
　　　　3. 新建 User 组………………271
　　　　4. 程序的编译与下载运行……273
　　✦ 程序分析…………………………275
　　✎ 实践拓展…………………………276
　　　　绘制网络拓扑图………………276
　　📋 实践总结………………………278
　　📚 习题……………………………278

项目5 基于 ZStack 无线传感网的应用设计 ……279

任务14 用 ZStack 制作远程防盗监测器 ……279
- 任务要求 ……279
- 知识储备 ……279
  1. 热释电红外传感器的应用特性 ……279
  2. 在协议栈中添加传感器驱动程序的方法 ……282
- 实现方法与步骤 ……283
  1. 编制传感器驱动程序文件 ……283
  2. 编制协调器的程序文件 ……285
  3. 编制终端节点的程序文件 ……288
  4. 程序编译与下载运行 ……291
- 程序分析 ……292
- 实践总结 ……294
- 习题 ……294

任务15 用 ZStack 制作远程光照信息采集器 ……295
- 任务要求 ……295
- 知识储备 ……295
  1. 光敏电阻的特性 ……295
  2. ZStack 中的 ADC 函数 ……296
  3. ZStack 中 ADC 的使用方法 ……298
- 实现方法与步骤 ……299
  1. 编制节点的程序文件 ……299
  2. 程序编译与下载运行 ……302
- 程序分析 ……303
- 实践总结 ……304
- 习题 ……305

任务16 用 ZStack 制作远程温湿度采集器 ……305
- 任务要求 ……305
- 知识储备 ……306
  1. MicroWait 宏 ……306
  2. DHT11 的工作特性 ……306
  3. DHT11 的访问操作 ……307
- 实现方法与步骤 ……312
  1. 搭建 DHT11 的控制电路 ……312
  2. 编制 DHT11 的驱动程序文件 ……312
  3. 编制节点的程序文件 ……313
  4. 程序编译与下载运行 ……320
- 程序分析 ……321
- 实践总结 ……322
- 习题 ……323

附录A MFTOT-Z 型开发板电路图 ……324

项目 1　搭建无线传感网的开发环境

任务 1　准备开发工具

任务要求

查阅相关资料,理清开发无线传感网所需要的软硬件工具,了解各软硬件工具的主要功能、结构特点、选择的原则和注意事项,确定所需准备的工具软件、ZigBee 开发板、仿真器和传感器模块,并填写好开发工具准备清单,然后在网上搜索并下载或采购这些工具软件、ZigBee 开发板、仿真器和传感器模块,为后续开发无线传感网做好准备。

实现方法与步骤

1. 准备工具软件

开发无线传感网的工具软件主要有 IAR 集成开发工具、Basic RF 软件包、ZStack-CC2530 协议栈软件包、SmartRF Flash Programmer、串口调试助手、仿真器驱动程序、USB 转串口驱动程序等 7 个,如图 1-1 所示。

图 1-1　无线传感网开发工具

在这些工具软件中，IAR 集成开发工具主要用于程序的编辑和调试，是开发无线传感网时使用最频繁的工具软件。ZStack-CC2530 协议栈软件包是 TI 公司为方便用户组建 ZigBee 网络而编写的组网库函数，主要用于组建 ZigBee 网络。Basic RF 软件包包括 TI 公司编写的 swrc135b 软件包和国内新大陆公司改编的 CC2530_lib 软件包，这两个软件包都用于组建点对点无线通信网络。TI 公司的 swrc135b 软件包只提供了无线通信的 API 函数，新大陆公司的 CC2530_lib 软件包则对 swrc135b 软件包重新分类，删除了一些不必要的外设库函数，增加了适用于新大陆公司开发板的外设库函数和定时器、串口等单片机功能部件的 API 函数。SmartRF Flash Programmer 软件是程序烧录软件，其功能是将 IAR 产生的 hex 文件烧写至 CC2530 单片机中。

在上述这些软件中，CC2530_lib 软件包可到新大陆公司网站上下载，或者向新大陆公司客服索取，新大陆公司的网址为 http://www.newland-edu.com/，其他软件可在 TI 公司网站上下载，TI 公司的网址为 https://www.ti.com.cn/。

串口调试助手是一种监控调试计算机串口的软件，用于计算机与单片机之间串行通信。串口调试助手软件是一个通用的工具软件，种类和版本很多，如 SSCOM、QCOM 等。组建无线传感网时对该软件没有特殊要求，只要能实现计算机串口收发数据即可。在本书中，我们使用的串口调试助手是 SSCOM，读者可在网上下载。

仿真器驱动程序用来驱动所使用的仿真器，目前仿真 CC2530 单片机的仿真器主要是 CCDebugger 仿真器和 SmartRF04EB 仿真器，这两种仿真器都可以使用 CCDebugger 的驱动程序，其驱动程序可以从 TI 公司的网站上下载。

目前市面上比较常用的 USB 转串口芯片主要有 CH34x、PL2303、CP21xx 等几种，本书中我们选用的 USB 转串口芯片为 CH340，该芯片是由南京沁恒公司生产的，读者可到南京沁恒公司网站上下载其驱动程序，南京沁恒公司的网址为 http://www.wch.cn/。

在选择 IAR 集成开发工具软件与 ZStack-CC2530 协议栈软件包时，还要注意两者的版本要相匹配，否则在程序编译时会出现一些错误。本书中所用的 ZStack-CC2530 协议栈程序包为 ZStack-CC2530-2.5.1a，即 2.5.1a 版的协议栈，其对应的 IAR 集成开发工具软件是 EW8051-EV-8103-Web。

按照上述要求，请读者先填写好如表 1-1 所示的工具软件准备清单，然后按准备清单到网上下载 IAR 等 8 个工具软件。

表 1-1　工具软件准备清单

序号	设备/资源名	型号/版本/功能	数量	收集的网址	是否准备到位
1	IAR		1		

续表

序号	设备/资源名	型号/版本/功能	数量	收集的网址	是否准备到位
2	swrc135b		1		
3	CC2530_lib		1		
4	ZStack-CC2530		1		
5	SmartRF Flash Programmer		1		
6	仿真器驱动		1		
7	USB 转串口		1		
8	串口调试助手		1		

【说明】本书的资源包中包含上述 8 个工具软件，如果读者不方便从网上下载，可以找出版社或者作者索取。

2. 准备开发板和仿真器

开发板的功能是承载和运行用户所编写的无线传感网程序，缺少了开发板就无法进行无线传感网组建实践。选择开发板时需要注意的问题主要有以下 4 点：

（1）开发板上的单片机为 CC2530。CC2530 单片机是 TI 公司生产的基于 8051 内核的无线单片机，它是 ZigBee 网络专用的单片机，TI 公司开发的 Basic RF 资源包和 ZStack 资源包是基于 CC2530 单片机的软件包，没有 CC2530 单片机，这些软件包就无法使用。

（2）传感器接口多，能兼容市面上多数传感器模块。组建传感网需要接入许多传感器，丰富的传感器接口可方便初学者直接插接市面上常用的传感器模块，提高实践效率，降低实践成本和实践的难度。

（3）开发板上要有短路保护。初学者实践时，难免会出现短路现象，开发板上带有短路保护可以有效地避免因开发板瞬时短路而烧毁开发板和计算机。

（4）单片机的引脚开放。学习无线传感网组建技术除了要学习传感器控制技术、无线组网技术，还要学习 CC2530 单片机应用技术。开发板上开放了 CC2530 单片机的引脚后，一方面可以方便读者练习 CC2530 单片机的编程技术，另一方面在进行创新实践时可方便扩展电路。

按照上述原则，本书所选用的实践开发板是 MFIoT-Z 型开发板，其外型如图 1-2 所示，电路图详见本书附录，建议读者实践时先按附录中的电路图搭建好电路，准备好开发板，然后再动手编制程序，这样才能保证实践可顺利进行。如果读者不方便搭建电路，可到淘宝上采购，其网址为 https://shop359792577.taobao.com/。

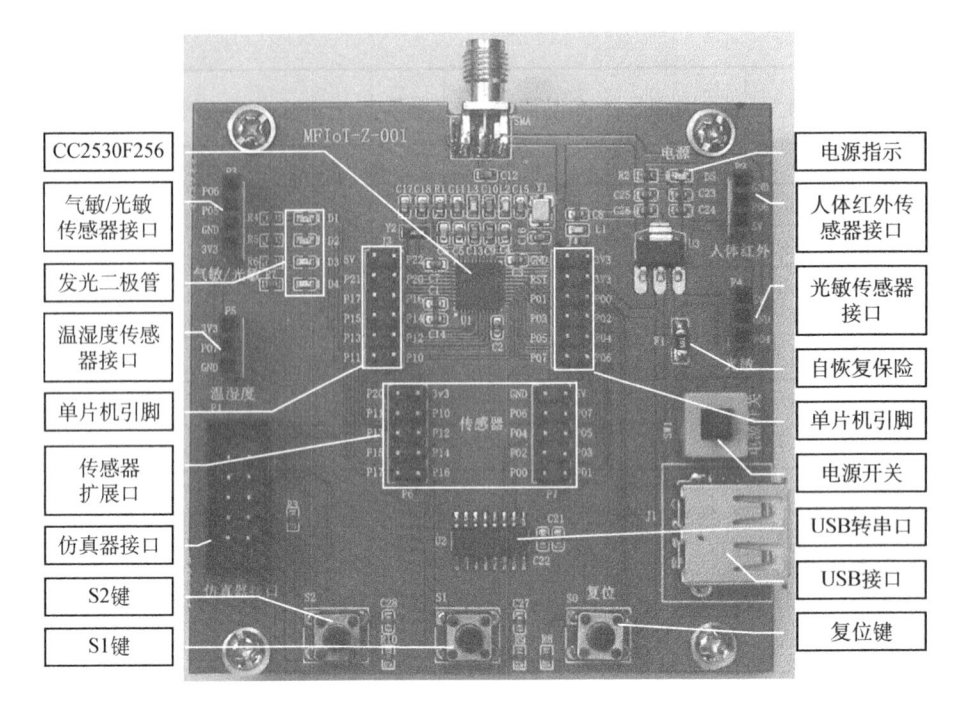

图 1-2 MFIoT-Z 开发板

仿真器的作用主要是调试程序和下载程序，仿真器必须与所要仿真的单片机相匹配。目前 CC2530 单片机的仿真器主要有 CC Debugger 和 SmartRF04EB 两种，如图 1-3、图 1-4 所示。CC Debugger 仿真器是 TI 公司生产的 CC25xx 单片机专用仿真器，其仿真芯片为 CC2511，功能更强大一些，SmartRF04EB 仿真器的仿真芯片为 C8051，在组建无线传感网的实践中，这两种仿真器的功能相同，用法也相同。其中，SmartRF04EB 仿真器可直接使用 CC Debugger 仿真器的驱动程序，读者可根据自己的情况任选一种仿真器。在后续的实践中我们使用的仿真器为 CC Debugger，如果不做特别说明，其使用方法和步骤完全适用于 SmartRF04EB 仿真器。

图 1-3 CC Debugger 仿真器    图 1-4 SmartRF04EB 仿真器

淘宝网上有很多 CC Debugger 仿真器和 SmartRF04EB 仿真器，它们的价格不一，工艺和性能也不相同。在选择仿真器时要特别注意仿真器接口上的信号定义，要求仿真器接口上的信号定义与开发板的仿真器接口信号定义保持一致，否则就无法仿真和下载程序。MFIOT-Z 开发板上的仿真器接口定义如图 1-5 所示，选择仿真器时应选择接口信号定义如图 1-6 所示的仿真器，这样可用 10P 的排线直接连接仿真器与开发板。

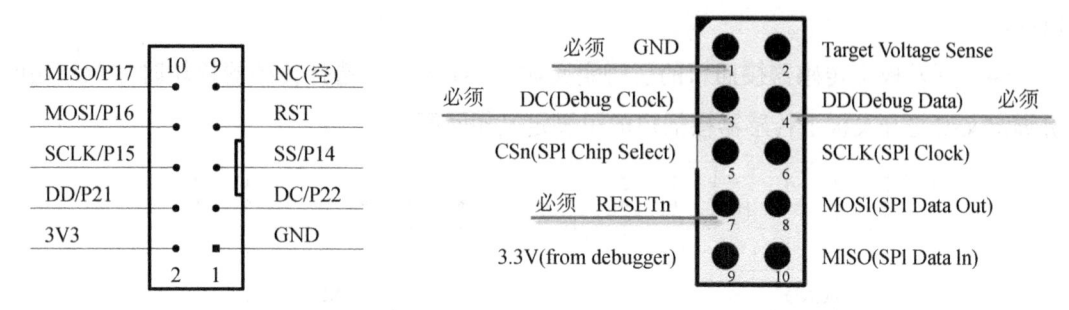

图 1-5　开发板上接口信号定义　　　　图 1-6　仿真器上接口信号定义

按照上述要求，请读者先填写好如表 1-2 所示的器件准备清单表，然后按照准备清单自己搭建或采购开发板和仿真器。

表 1-2　开发板、仿真器准备清单

序号	设备/资源名	型号/版本/功能	数量	收集的网址	是否准备到位
1	ZigBee 开发板		1		
2	仿真器		1		
3			1		

3. 准备传感器模块

按照传感器的功能或被测的物理量来分，传感器的种类非常多，但从传感器输出的数据类型来看，传感器主要有 3 类。第一类是开关量传感器，其输出量为 0 或者 1 的开关信号，如声音传感器、振动传感器、人体红外传感器等。第二类是模拟量传感器，其输出量为连续变化的模拟信号，如光照度传感器、气体传感器等。第三类是总线型数据传感器，也叫作逻辑传感器，其输出数据按照某种约定由若干位二进制数组成，例如，DHT11/SHT11、MPU6050 等。在学习无线传感网组建技术时不可能也没有必要准备太多的传感器，建议读者按以下要求准备传感器模块。

（1）在开关量传感器、模拟量传感器和逻辑传感器这 3 类传感器中，每类传感器至少要准备 1 个。建议准备声音传感器、人体红外传感器、气体传感器、光照度传感器和温湿度传感器 DHT11。

（2）传感器的工作电压要与开发板上的传感器接口电压相匹配。MFIoT-Z 开发板上提供了 5V 和 3.3V 两种电源电压，所以选择传感器的工作电压应为 3.3V 或者 5V。

（3）开发板上传感器接插口为 2.54mm 间距的排母，选择传感器模块时，要注意选择插针间距为 2.54mm 的传感器模块，以便实践时将传感器直接插入开发板上的传感器接插口中。

（4）开发板上传感器接插口的引脚定义如图 1-7 所示，选择传感器模块时注意模块的引脚定义要与开发板上传感器接插口的引脚定义相匹配。

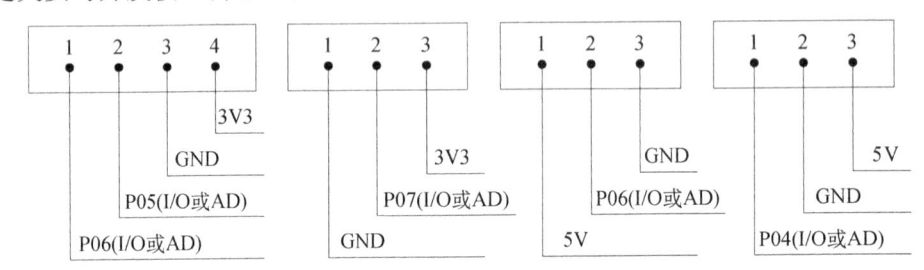

图 1-7　传感器接插口的引脚定义

按照上述要求，请读者先填写好如表 1-3 所示的传感器准备清单，然后到网上收集并准备好实践所需要的传感器。

表 1-3　传感器准备清单

序号	传感器	型号/版本	数量	收集的网址	是否准备到位
1	声音传感器		1		
2	人体红外传感器		1		
3	气体传感器		1		
4	光敏传感器		1		
5	DHT11 温湿度		1		
6			1		
7			1		
8			1		

实践总结

组建无线传感网需要准备许多软硬件工具。软件工具主要有 IAR 集成开发工具、ZStack 协议栈软件包等 7 种，其中 Basic RF 软件包括 TI 公司的软件包和新大陆公司的软件包两种，这些软件包都可以从各自的官网上下载。在选择这些软件时要注意的问题是，ZStack 协议栈的版本要与 IAR 的版本相匹配，各驱动程序要与所选用的硬件设备相匹配。

硬件工具主要是开发板和仿真器。选择开发板时要注意的问题是，开发板上的单片机为 CC2530 单片机，开发板上传感器接口要丰富，能直接插接市面上通用的传感器模块，单片机的引脚开放，开发板具有短路保护功能。仿真器可选 CC Debugger 或者 SmartRF04EB 仿真器，选择仿真器时要注意的是，仿真器的接口定义要与开发板上的接口定义相匹配。

选择传感器时要注意的问题是，传感器要涵盖开关量传感器、模拟量传感器和逻辑传感器，传感器工作电压要与开发板上提供的电压保持一致，传感器模块的接口引脚要与开发板上的传感器接口引脚相匹配。

任务 2　安装工具软件

任务要求

安装 IAR 等工具软件、程序烧录软件、仿真器和 USB 转串口的驱动程序，检查软件的安装和硬件的准备是否正确，为后续开发无线传感网做好准备。

实现方法与步骤

1. 解压工具软件

任务 1 中准备的工具软件为压缩文件，需要将这些工具包解压，然后在计算机中安装这些工具包。解压这些工具包的一种简单方法如下：

（1）将所有工具包存放至同一个文件夹中，例如，存放到"E:\无线传感网开发工具"文件夹中，如图 1-1 所示。

（2）选中文件夹中的所有压缩文件，然后用鼠标右键单击其中某个选中的文件，在弹出的快捷菜单中选择"解压每个压缩文件至单独文件夹（s）"菜单项，如图 1-8 所示。Windows 就会用 WinRAR 工具软件将所选择的压缩文件解压至当前文件夹下，解压后的文件如图 1-9 所示。

图 1-8 解压文件

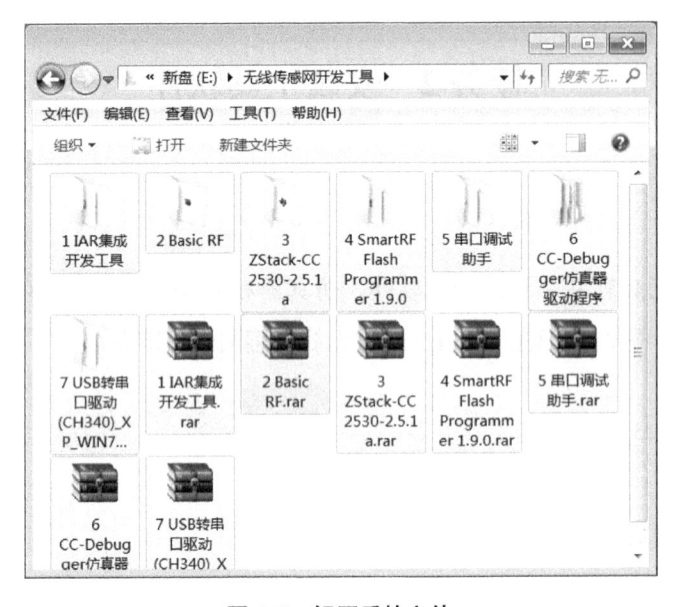

图 1-9 解压后的文件

2. 安装 IAR 集成开发工具

IAR 集成开发工具软件为 IAR Embedded Workbench，安装 IAR Embedded Workbench 的操作步骤如下。

第 1 步：打开"E:\无线传感网开发工具\1IAR 集成开发工具"文件夹，然后用鼠标右键单击 EW8051-EV-8103-Web 文件图标"🔧"，在弹出的快捷菜单中单击"以管理员身份运行（A）"菜单项，如图 1-10 所示，打开如图 1-11 所示安装向导的欢迎对话框。

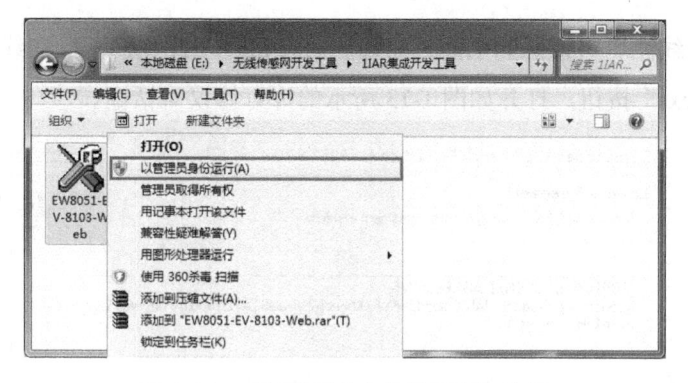

图 1-10 "以管理员身份运行"菜单项

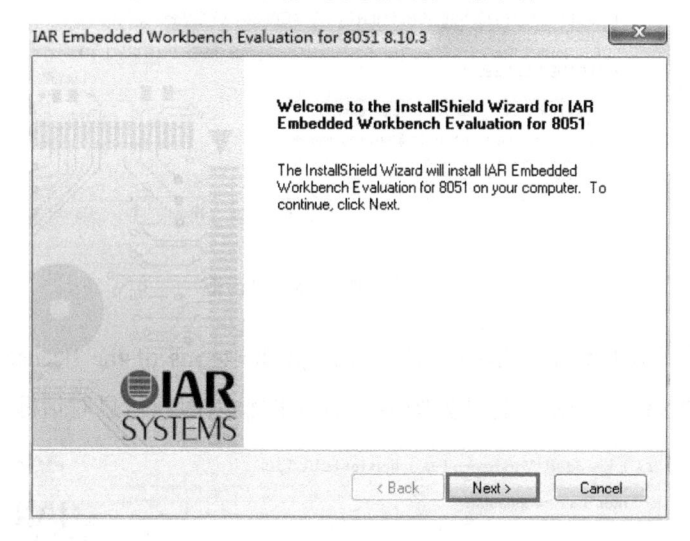

图 1-11 IAR 安装向导的欢迎对话框

第 2 步：在欢迎对话框中单击"Next"按钮，打开如图 1-12 所示的在线注册对话框。

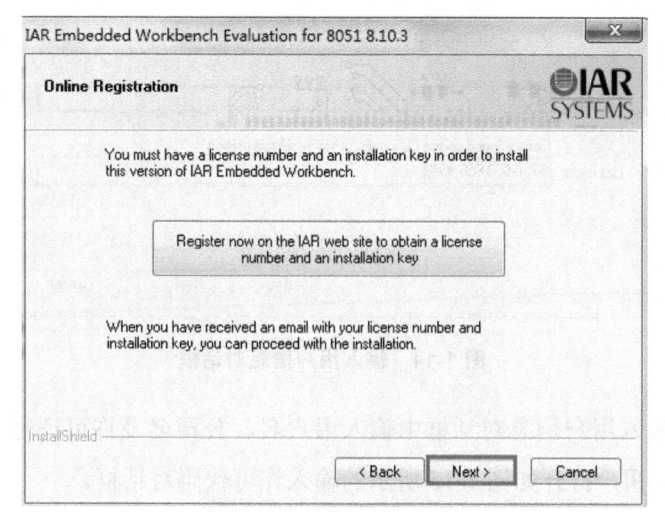

图 1-12 在线注册对话框

第 3 步：在线注册对话框的中间是在线注册按钮，在此我们不必在线注册，直接单击对话框中的"Next"按钮，打开如图 1-13 所示的许可协议对话框。

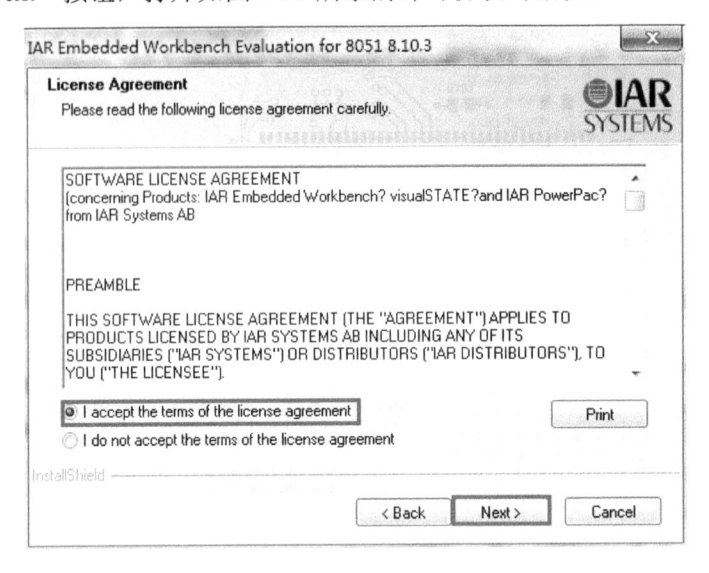

图 1-13　许可协议对话框

第 4 步：在许可协议对话框中选择"I accept the terms of the license agreement"单选钮，然后单击"Next"按钮，打开如图 1-14 所示的输入用户信息对话框。

图 1-14　输入用户信息对话框

第 5 步：在输入用户信息对话框中输入用户名、公司名及许可证号（见图 1-14），然后单击"Next"按钮，打开如图 1-15 所示的输入许可代码对话框。

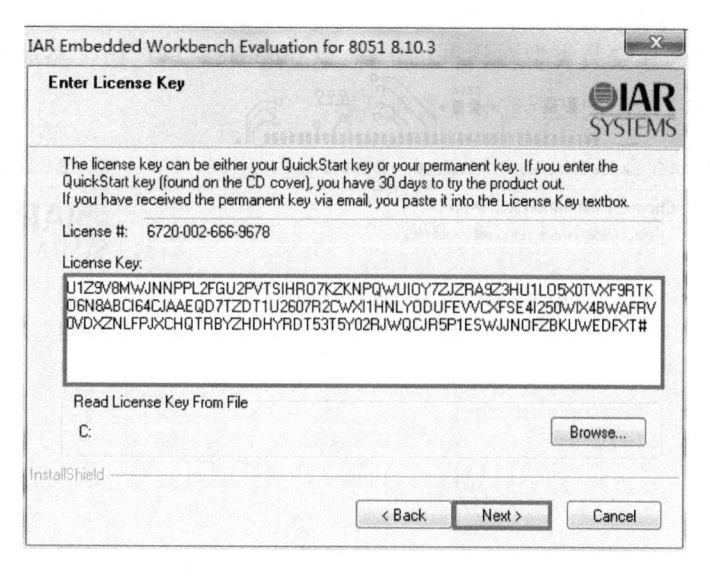

图 1-15　输入许可代码对话框

【说明】

① 不同计算机的许可证号和许可代码并不相同，如图 1-14、图 1-15 中所示的是作者所使用计算机上的许可证号和许可代码。

② 许可证号和许可代码需向 TI 公司购买，虽然网上有些注册机可以产生许可证号和许可代码，为了尊重知识产权，在本书中我们不打算介绍用注册机产生许可证号和许可代码的方法，请读者向 TI 公司购买 IAR 开发工具的注册许可证号和许可代码。

第 6 步：在输入许可代码对话框的"License Key"文本框中输入从 TI 公司购买来的许可代码，然后单击"Next"按钮，打开如图 1-16 所示的选择安装类型对话框。

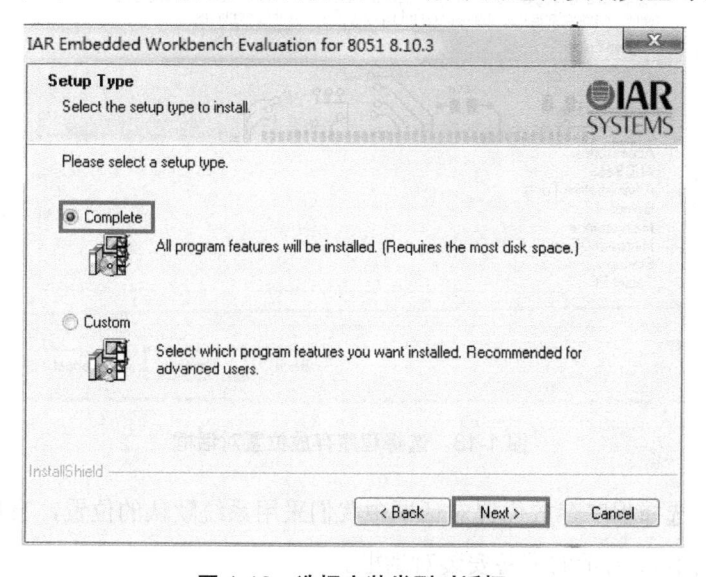

图 1-16　选择安装类型对话框

第 7 步：在选择安装类型对话框中单击"Complete"单选钮，然后单击"Next"按钮，打开如图 1-17 所示的选择安装位置对话框。

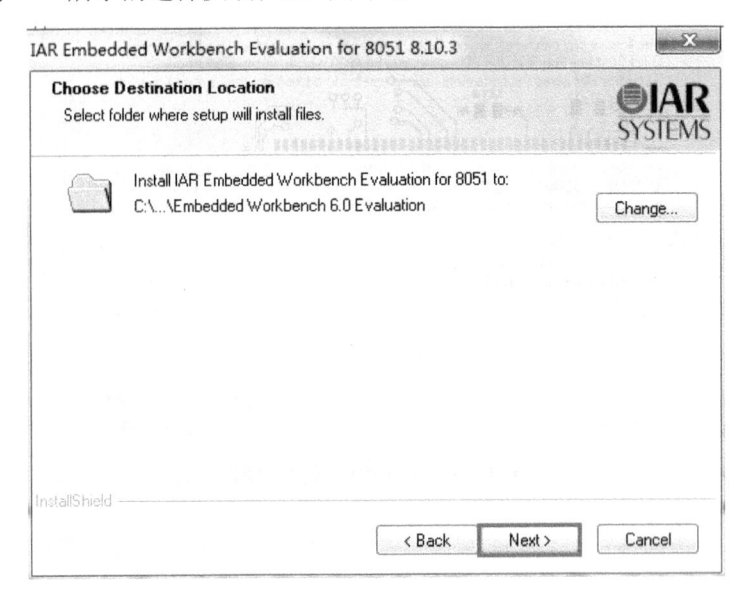

图 1-17　选择安装位置对话框

第 8 步：在选择安装位置对话框中我们采用系统默认的位置，直接单击"Next"按钮，打开如图 1-18 所示的选择程序存放位置对话框。

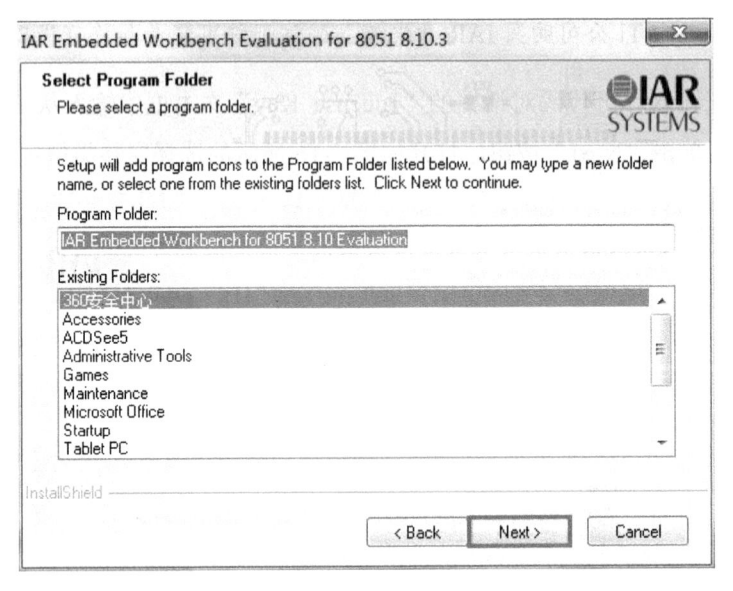

图 1-18　选择程序存放位置对话框

第 9 步：在选择程序存放位置对话框中我们采用系统默认的位置，直接单击"Next"按钮，打开如图 1-19 所示的准备安装对话框。

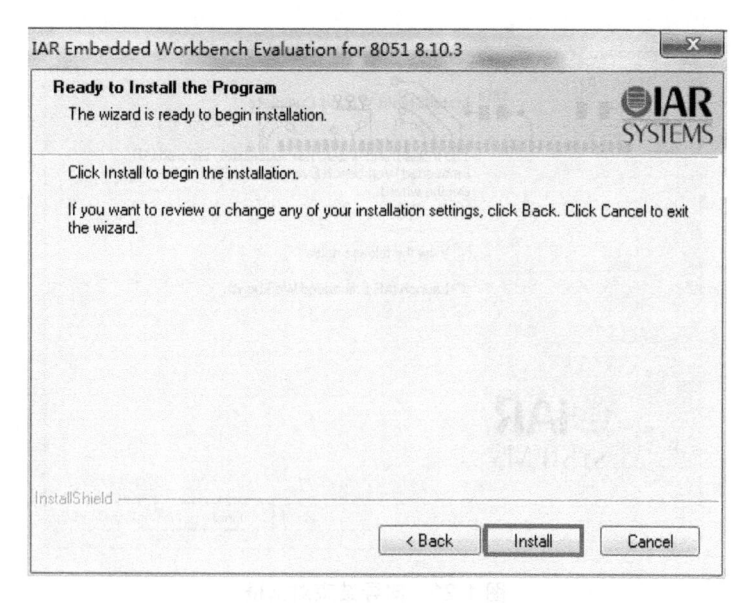

图 1-19　准备安装对话框

第 10 步：在准备安装对话框中单击"Install"按钮，计算机中就开始安装 IAR，在安装的过程中会显示安排进度，如果计算机中安装了 360 安全卫士，则在安装的过程中会弹出如图 1-20 所示注册表防护对话框。

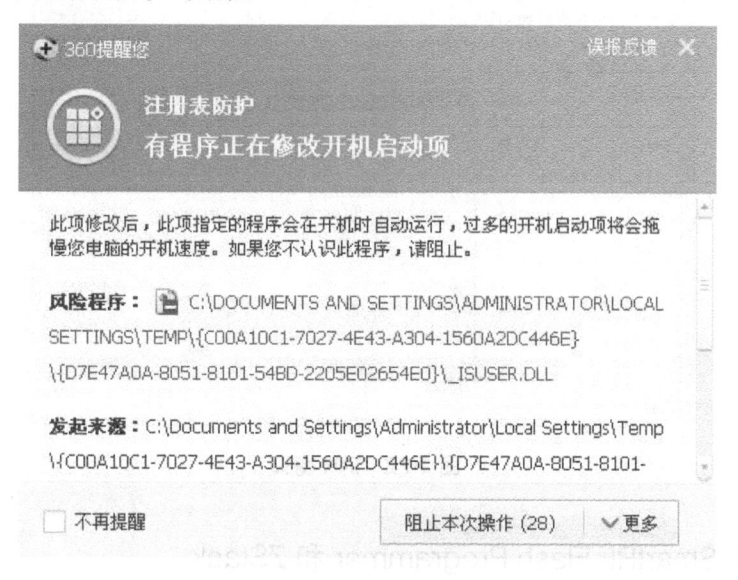

图 1-20　注册表防护对话框

第 11 步：在注册表防护对话框中单击"更多"按钮，在展开的选项中选择"允许本次"选项，计算机会接着安装 IAR，程序安装完毕后安装向导中会出现如图 1-21 所示的向导结束对话框。

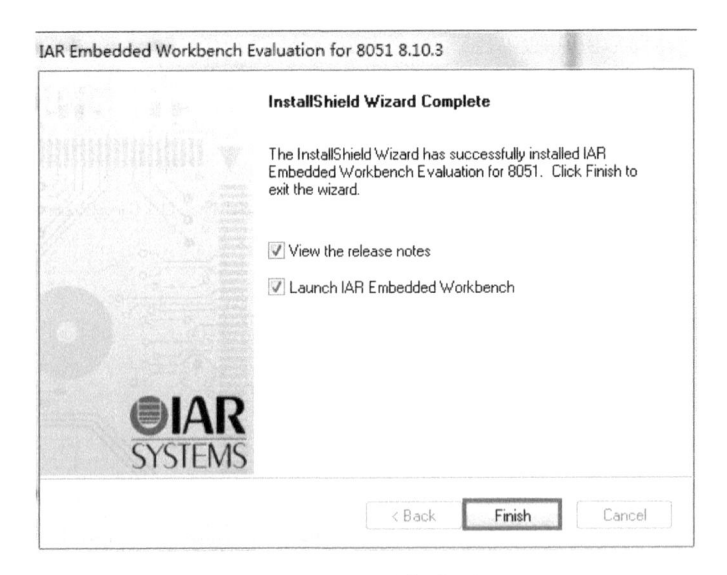

图 1-21　向导结束对话框

第 12 步：在向导结束对话框中单击"Finish"按钮，结束 IAR 安装，计算机中会弹出如图 1-22 所示的 IAR 工作窗口。我们现在还只是建立开发环境，还不准备立即用 IAR 开发程序，所以直接单击窗口右上角的关闭按钮，关闭 IAR 开发工具。

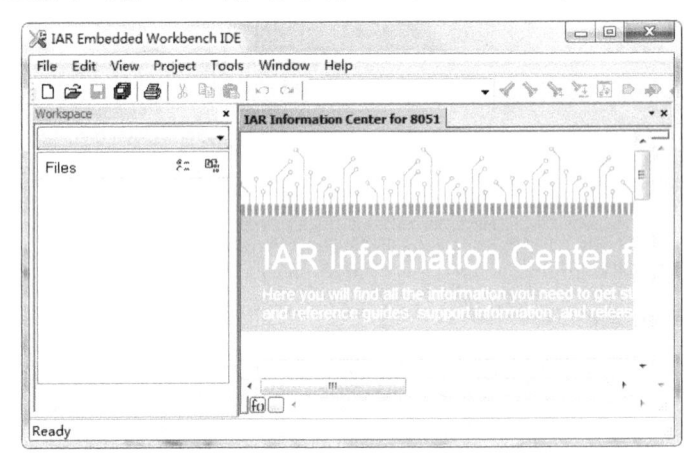

图 1-22　IAR 窗口

3. 安装 SmartRF Flash Programmer 和 ZStack

程序烧录软件 SmartRF Flash Programmer 和协议栈软件包 ZStack-CC2530 的安装方法与 IAR Embedded Workbench 的安装方法非常相似，读者只需打开对应的文件夹，用鼠标右键单击安装程序图标，在弹出的快捷菜单中单击"以管理员身份运行"菜单项，然后一路单击"Next"按钮就可以顺利地安装这些软件。为了节省篇幅，在此我们不再详细介绍这些软件的安装过程。

4. 安装 USB 转串口的驱动程序

安装 USB 转串口驱动程序的操作步骤如下。

第 1 步：打开"E:\无线传感网开发工具\7USB 转串口驱动"文件夹，然后用鼠标右键单击安装文件 SETUP.EXE，在弹出的快捷菜单中单击"以管理员身份运行"菜单项，打开如图 1-23 所示的驱动安装对话框。

第 2 步：在驱动安装对话框的"选择 INF 文件"下拉列表中选择"CH341SER.INF"列表项，然后单击"安装"按钮，系统就开始执行安装程序，驱动程序安装结束后会自动弹出如图 1-24 所示的驱动预安装成功提示框。

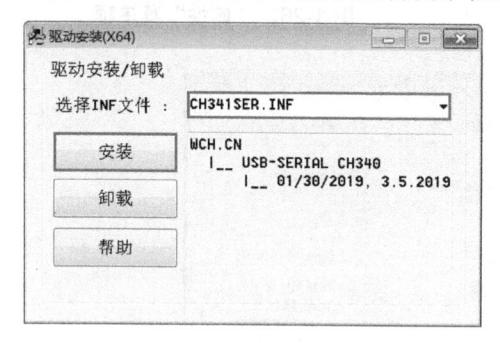

图 1-23　驱动安装对话框

图 1-24　提示框

第 3 步：用 USB 线将计算机的 USB 口与开发板上的 USB 口相接，然后按下开发板上的电源开关，给开发板通电，计算机就会自动地完成 USB 转串口的相关配置。

【说明】

① USB 转串口的驱动程序仅需安装一次，如果系统中已经安装了 USB 转串口的驱动程序，请跳过此步。

② 本例中所用的驱动程序为 CH340 的驱动程序，如果用户使用的 USB 转串口通信线是其他芯片构成的，请参照上述方法安装其对应的驱动程序。

5. 安装仿真器驱动程序

安装仿真器的操作步骤如下。

第 1 步：用 USB 线将仿真器与计算机相连，计算机就开始自动地为仿真器安装驱动程序，过一会儿在任务栏中会出现驱动程序未能安装成功的图标及提示框，如图 1-25 所示。

第 2 步：用鼠标右键单击桌面上的"计算机"图标，在弹出的快捷菜单中单击"属性（R）"菜单项，如图 1-26 所示，打开如图 1-27 所示的系统窗口。

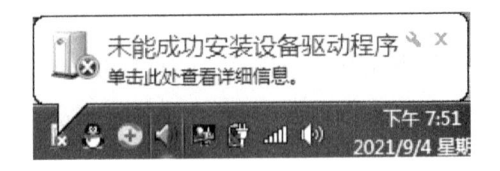

图 1-25　驱动程序安装失败提示框

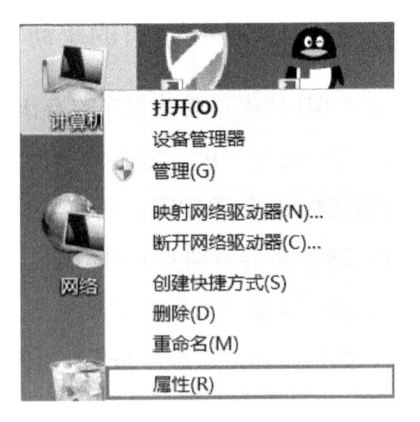

图 1-26　"属性"菜单项

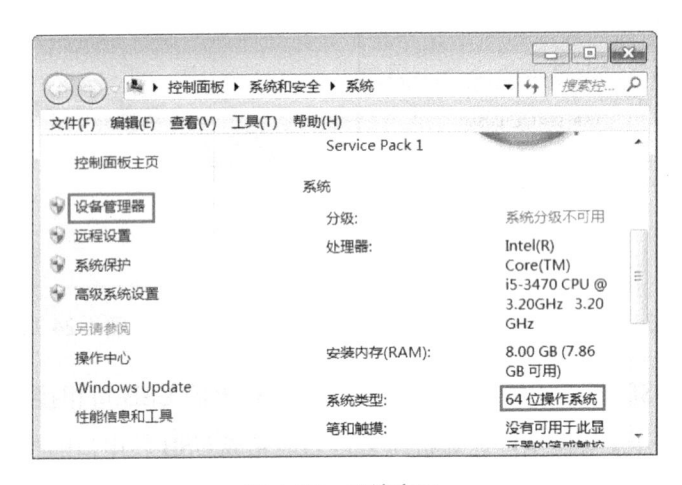

图 1-27　系统窗口

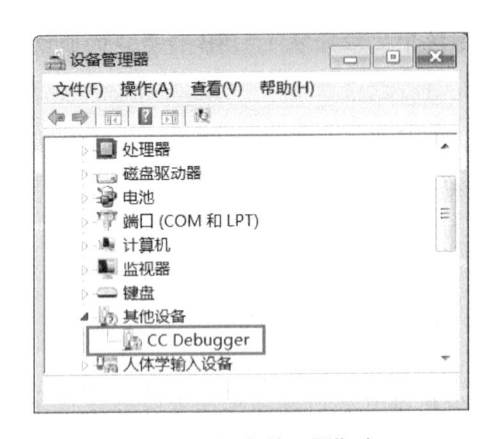

图 1-28　"设备管理器"窗口

第 3 步：在系统窗口的右边查看计算机的操作系统类型，然后单击窗口左边的"设备管理器"超链接，打开如图 1-28 所示的"设备管理器"窗口。本例中我们的计算机安装的是"64 位操作系统"（见图 1-27），后续我们在选择驱动程序时要选择 64 位的驱动程序。

第 4 步：在"设备管理器"窗口中，单击"其他设备"左边的"▷"符号，将"其他设备"展开，我们可以看到"CC Debugger"设备前有一个黄色的"！"（见图 1-28），表明设备驱动程序的安装存在问题。

第 5 步：用鼠标右键单击"CC Dedbugger"设备，在弹出的快捷菜单中单击"更新驱动程序软件"菜单项,打开如图 1-29 所示的"更新驱动程序软件-CC Debugger"对话框。

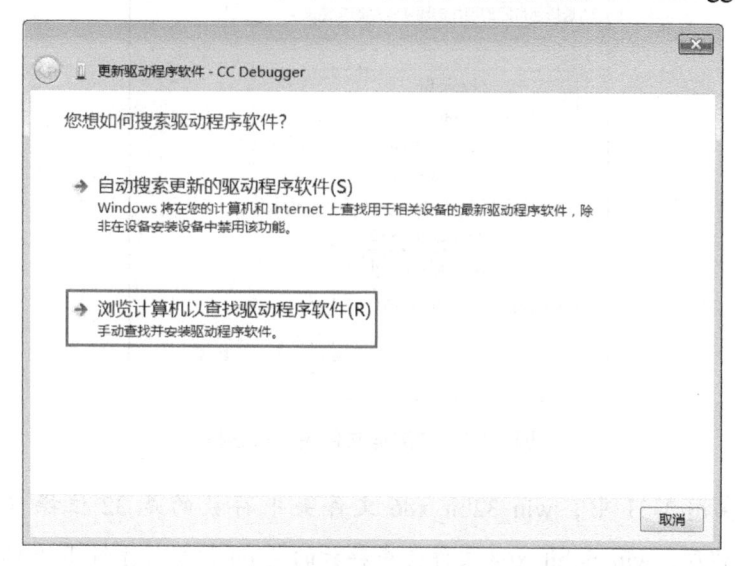

图 1-29 "更新驱动程序软件-CC Debugger"对话框

第 6 步:在"更新驱动程序软件-CC Debugger"对话框中单击"浏览计算机以查找驱动程序软件"超链接,打开如图 1-30 所示的"浏览计算机上的驱动程序文件"页面。

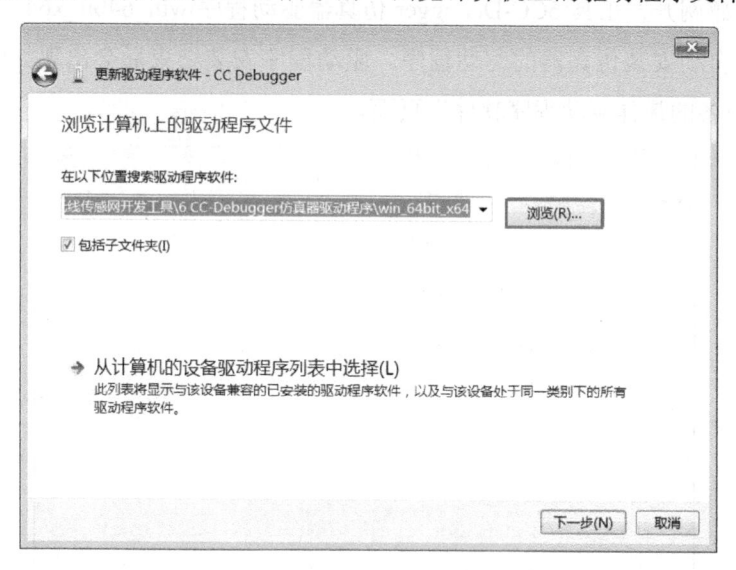

图 1-30 "浏览计算机上的驱动程序文件"页面

第 7 步:在"浏览计算机上的驱动程序文件"页面中单击"浏览"按钮,打开如图 1-31 所示的"浏览文件夹"对话框,然后在对话框中选择仿真器驱动程序所在的文件夹"E:\无线传感网开发工具\6CC-Debugger 仿真器驱动程序\win_64bit_x64",再单击"确定"按钮,返回至如图 1-30 所示的页面中。

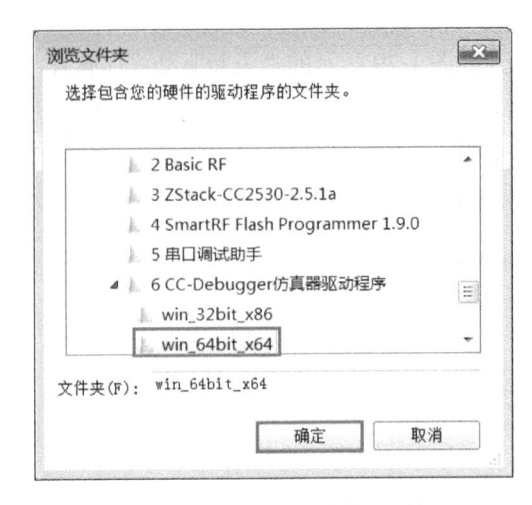

图 1-31 "浏览文件夹"对话框

【说明】在图 1-31 中，win_32bit_x86 文件夹中存放的是 32 位操作系统下的 CC Debugger 驱动程序，win_64bit_x64 文件夹中存放的是 64 位操作系统下的 CC Debugger 驱动程序，如果用户使用的是 32 位操作系统，则在第 7 步中应选择 win_32bit_x86 文件夹。

第 8 步：在"浏览计算机上的驱动程序文件"页面中单击"下一步"按钮，计算机就在"E:\无线传感网开发工具\6CC-Debugger 仿真器驱动程序\win_64bit_x64"文件夹中搜索驱动程序，并自动安装仿真器的驱动程序。驱动程序安装结束后会出现如图 1-32 所示的"已安装适合设备的最佳驱动程序软件"页面。

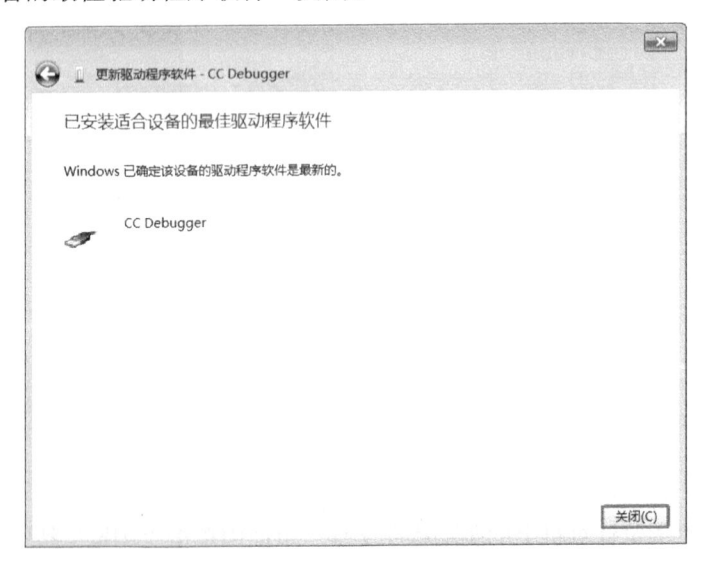

图 1-32 "已安装适合设备的最佳驱动程序软件"页面

第 9 步：在"已安装适合设备的最佳驱动程序软件"页面中单击"关闭"按钮，这时"设备管理器"窗口中"其他设备"项消失，如图 1-33 所示。

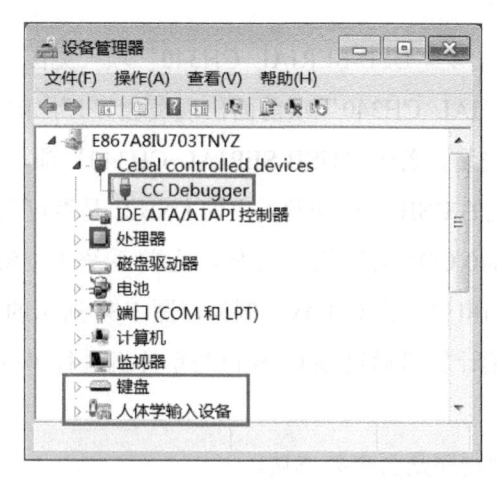

图 1-33　成功安装驱动程序后的"设备管理器"窗口

6. 检查驱动程序安装的结果

查看驱动程序安装的结果包括查看 USB 转串口驱动程序是否安装成功和查看仿真器驱动程序是否安装成功两部分，这两部分的操作方法相似。

（1）查看 USB 转串口驱动程序是否安装成功。

第 1 步：用 USB 线将计算机的 USB 口与开发板上的 USB 口相接，然后按下开发板上的电源开关，给开发板通电。

第 2 步：用鼠标右键单击桌面上的"计算机"图标，在弹出的快捷菜单中单击"设备管理器"菜单项（参考图 1-26），打开如图 1-34 所示的"设备管理器"窗口。

图 1-34　"设备管理器"窗口

第 3 步：在"设备管理器"窗口中单击"端口"左边的"▷"符号，将"端口"项展开,"端口"项的下面会出现"USB-SERIAL CH340"项(见图 1-34),表明 USB 转串口驱动成功。若"USB-SERIAL CH340"项前面出现黄色"!",则表明 USB 转串口的驱动程序安装错误,需重新安装。若无"USB-SERIAL CH340"项,则表明 CH340 没有接入系统,此时应检查计算机的 USB 口与开发板上的 USB 口是否可靠连接。

"USB-SERIAL CH340(COMx)"的含义是,当前系统中 USB 转串口所用的芯片是 CH340,USB 口所映射的串口号为 COMx。例如,图 1-34 所示的是当前的 USB 口所映射的串口号为 COM5,后续计算机通过该 USB 口与单片机进行串行通信时,串口的编号就应该选择 COM5。

(2)查看仿真器驱动程序是否安装成功。

第 1 步:用 USB 线将计算机的 USB 口与仿真器上的 USB 口相接。

第 2 步:打开"设备管理器"窗口。

第 3 步:在"设备管理器"窗口中单击"Cebal controlled devices"右边的"▷"符号,展开"Cebal controlled devices"项,"Cebal controlled devices"项下面会出现"CC Debugger"项(见图 1-33),表明 CC Debugger 仿真器安装成功。如果"CC Debugger"前面出现黄色的"!",则表示仿真器的驱动程序安装错误,通常情况下是由于我们所选的驱动程序与计算机的操作系统不匹配所致的,这时我们只需更换 CC Debugger 的驱动程序即可。

实践总结

在任务 2 中我们主要进行了工具软件安装实践和检查工具软件是否安装成功实践。

在组建无线传感网的 7 个工具软件中,IAR 集成开发工具、SmartRF Flash Programmer 和 ZStack 协议栈软件包的安装方法相似,在安装过程中需要允许修改 Windows 注册表或者在安装工具软件之前关闭注册表防护软件,在安装 IAR 集成开发工具之前还需要获取 IAR 的许可证号和许可代码。这 3 个工具软件的安装比较简单,只需要按照安装提示一步一步地操作就可以完成。

Basic RF 和串口调试助手软件是绿色软件,不需安装。

仿真器驱动程序和 USB 转串口驱动程序的安装方法相同,需要接入所要驱动的硬件后才能完成驱动程序的安装,程序安装结束后还需要检查驱动程序安装是否正确。

任务 3　建立传感网开发环境

任务要求

在 IAR 集成开发环境中新建一个工程和程序文件，然后在程序文件中输入程序代码，并将程序文件添加至工程中，再对程序进行编译连接，并下载至 ZigBee 开发板中，利用仿真器跟踪程序运行，在 IAR 中调试程序。

实现方法与步骤

1. 新建工程

开发 CC2530 单片机应用程序一般是在 IAR 集成开发环境中进行的，需要先建立一个 IAR 工程，然后配置工程，利用 IAR 的调试工具调试好程序，最后将调试好的程序编译连接，并生成单片机可直接运行的十六进制文件，再将程序下载至单片机中运行。新建 IAR 工程的操作步骤如下。

（1）新建工程文件。

① 在 D 盘新建一个名为 EX_WSN 的文件夹，然后在 D:\EX_WSN 文件夹中再新建一个 Task3 子文件夹，Task3 子文件夹用来保存任务 3 中的相关文件。

② 双击桌面上的"IAR Embedded Workbench"快捷图标"　"，系统就会启动 IAR 集成开发工具软件，并打开如图 1-22 所示的 IAR 窗口。

③ 在 IAR 窗口中单击菜单栏中的"Project"→"Create New Project…"菜单项，如图 1-35 所示，窗口中就会弹出如图 1-36 所示的新建工程对话框。

④ 在新建工程对话框的"Tool chain"下拉列表框中选择"8051"列表项，然后在"Project templates"列表框中选择"Empty project"列表项（见图 1-36），再单击"OK"按钮，窗口中会弹出如图 1-37 所示的"另存为"对话框。

⑤ 在"另存为"对话框中单击导航窗格中的 D:\EX_WSN\Task3 文件夹（第①步中新建的文件夹），对话框的地址栏中就会出现所选择的文件夹名，然后在"文件名（N）"文本框中输入工程文件名"Task3"（不必输入扩展名）（见图 1-37），单击"保存（S）"按钮，IAR 就会新建工程文件 Task3.ewp，并将工程文件保存在 D:\EX_WSN\Task3 文件夹

中，IAR 的 Workspace 窗口中就会显示 Task3 工程的名字。

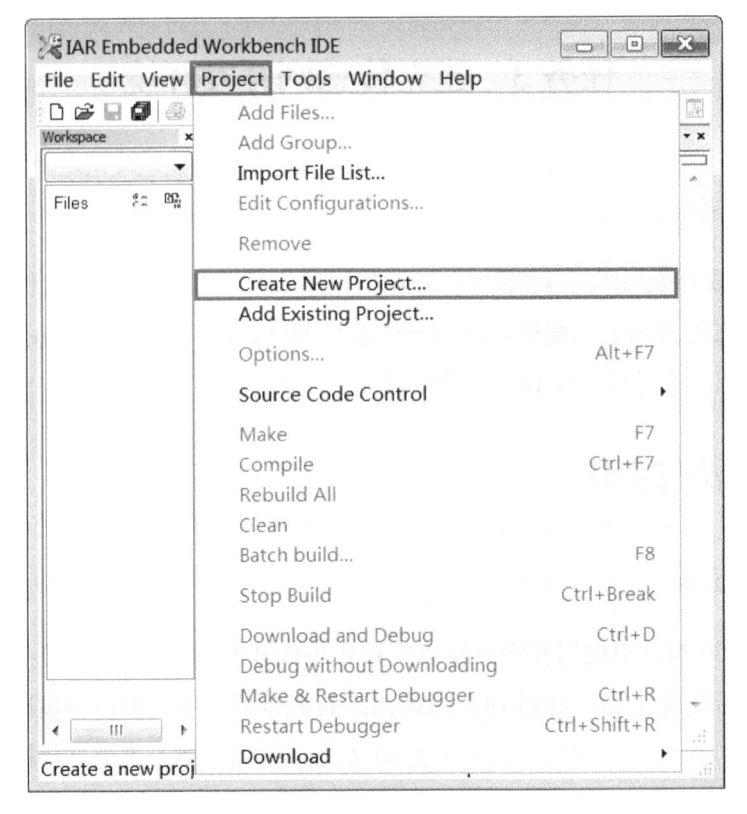

图 1-35 新建工程菜单

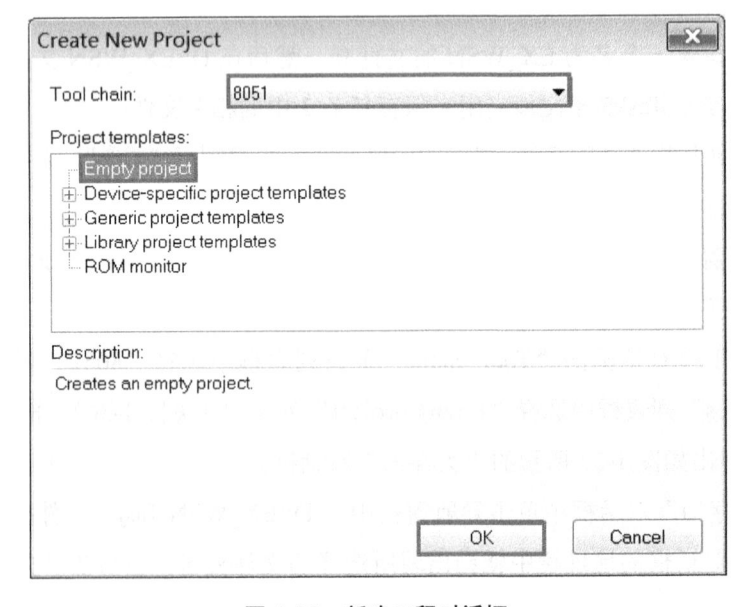

图 1-36 新建工程对话框

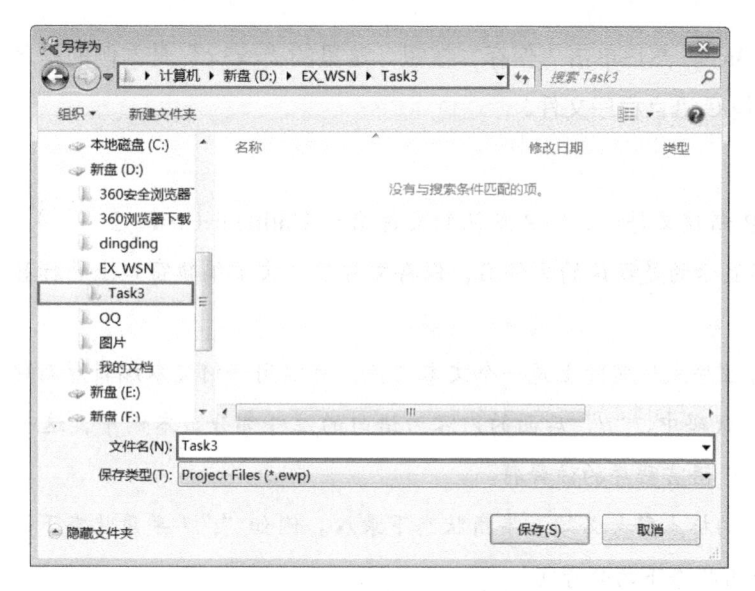

图 1-37 "另存为"对话框

（2）新建 C 语言程序文件。在 IAR 中新建程序文件的操作步骤如下：

第 1 步：单击菜单栏上的"File"→"New"→"File"菜单项或者单击工具栏上的新建文件图标按钮" "，这时 IAR 集成开发环境的右边就会出现文本编辑窗口，窗口标签上会显示当前新建文件的文件名"Untitled1*"，如图 1-38 所示。

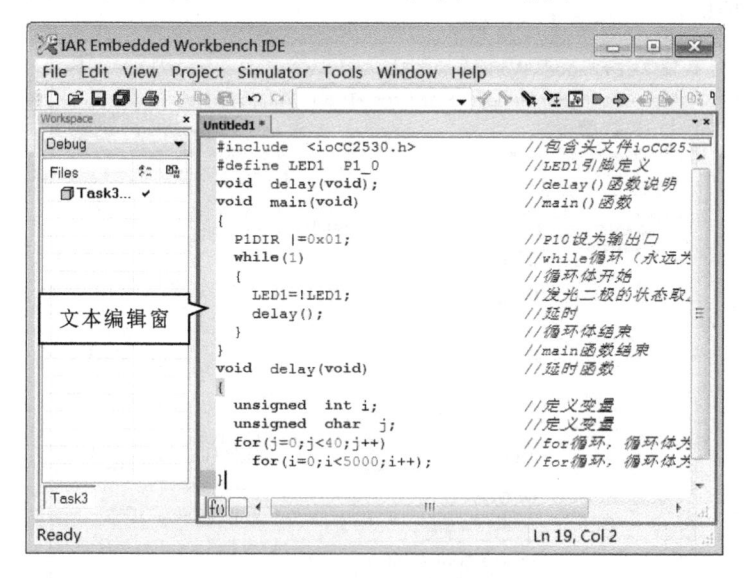

图 1-38 文本编辑窗口

第 2 步：在文本编辑窗口中录入程序代码。

第 3 步：单击工具栏上的保存文件图标按钮" "或者单击菜单栏上的"File"→"Save"菜单项，系统会弹出类似于图 1-37 的保存文件对话框，在"文件名"文本框中输入文件名"ex3.c",然后单击"保存"按钮。这里的"ex3.c"是本例的程序文件,其扩展名为.c,表示是C语言程序文件。

【说明】

① 用 IAR 新建文件时,IAR 默认的文件名为 Untitledi(i=1、2、…),此时文本编辑窗口上的标签显示的是默认的文件名,保存文件后,文本编辑窗口上的标签显示的是保存后的文件名。

② C语言程序文件实际上是一个文本文件,可以用任何文本编辑器新建和编辑。

③ 在程序代码中,"//"后面的内容为语句的注释部分。本例中,这一部分可以暂不录入。"//"是C语言程序的注释符。

④ 程序中的标点符号必须在半角状态下录入。例如";"(半角状态下的分号)不能录入成";"(全角状态下的分号)。

⑤ 如果事先已建立了C语言程序文件,则跳过此步直接进入第3步。

(3)在工程中添加程序文件。

第1步:在 Workspace 窗口中用鼠标右键单击工程名 Task3,在弹出的快捷菜单中单击"Add"→"Add Files…"菜单项,如图1-39所示。这时系统将会弹出如图1-40所示的添加文件对话框。

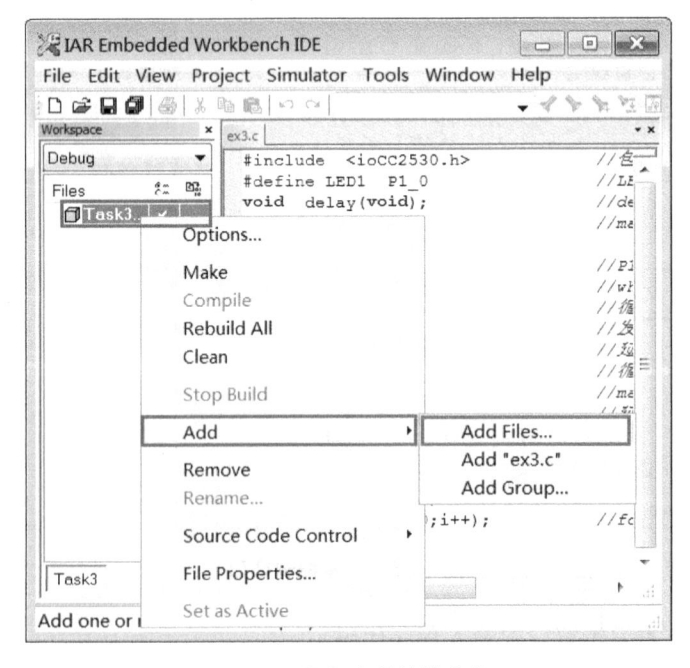

图 1-39 添加文件快捷菜单

图 1-40　添加文件对话框

第 2 步：单击刚才所建立的程序文件"ex3.c"，再单击"打开"按钮。此时，C 程序文件就添加至 IAR 工程中了。

【说明】在如图 1-40 所示的添加文件对话框中，地址栏内显示的是工程文件所在文件夹 D:\EX_WSN\Task3，地址栏下面的列表框是文件列表框，显示的是指定文件夹中的指定类型的所有文件。默认状态下文件类型下拉列表框中显示的是"Source files (*.c;*.cpp;*.h)"，表示当前文件列表框中显示的是 D:\EX_WSN\Task3 文件夹中所有 .c、.cpp、.h 等源程序文件。

2. 配置工程

配置工程包括配置单片机、设置 C 编译器、配置连接器、设置仿真器等许多内容，为了使问题简单化，帮助读者快速入门，在此我们先只介绍一些最基本的配置，其他高级配置我们将在后续的项目中结合实例再作介绍。

（1）配置单片机。配置单片机的操作步骤如下：

第 1 步：在 Workspace 窗口中用鼠标右键单击工程名 Task3，在弹出的快捷菜单中单击"Options…"菜单项（参考图 1-39），打开如图 1-41 所示的"Options for node 'Task3'"对话框。

第 2 步：在"Options for node 'Task3'"对话框中，选中"Category"列表框中的"General Options"列表项，然后单击对话框右边的"Target"标签，使对话框中显示 Target 页面，该页面显示的是配置单片机的内容（参考图 1-41）。

第 3 步：单击"Device"后面的按钮，系统会打开一个类似于图 1-40 的"打开"对话框，在对话框中选择 CC2530F256.i51 文件，该文件位于 C:\Program Files\IAR Systems\Embedded Workbench 6.0 Evaluation\8051\config\devices\Texas Instruments 文件夹中。然后单击"打开"按钮，"Device"文本框中就会显示"CC2530F256"（见图 1-41）。

第 4 步：在"CPU core"下拉列表框中选择"Plain"列表项，其他的参数选择默认值。

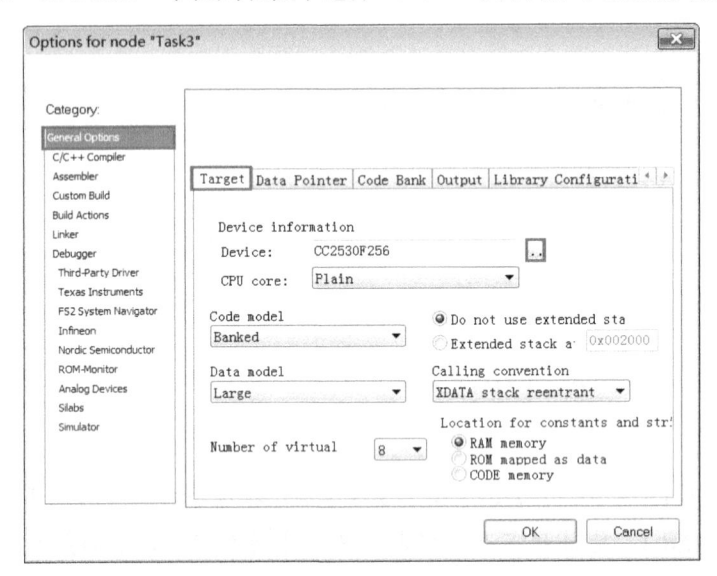

图 1-41 "Options for node'Task3'"对话框

（2）配置连接器。配置连接器的操作步骤如下：

第 1 步：在如图 1-41 所示对话框中选中"Category"列表框中的"Linker"列表项，然后单击对话框右边的"Config"标签，使对话框中显示 Config 页面，如图 1-42 所示。

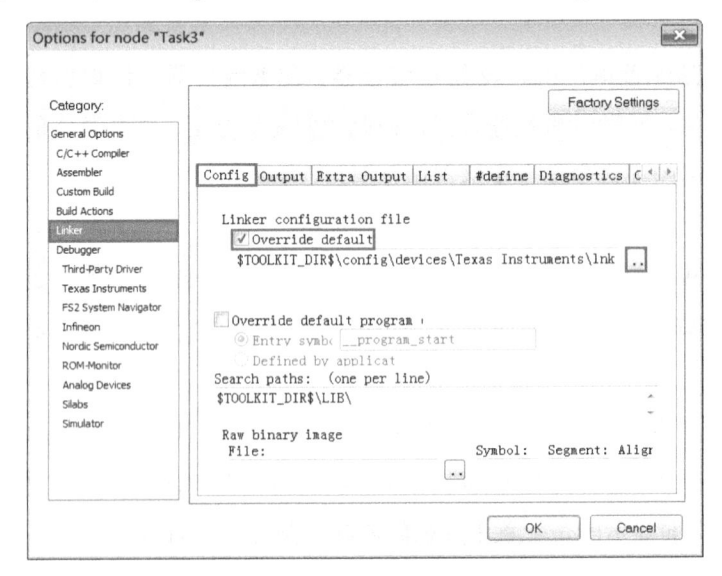

图 1-42 Linker 的 Config 页面

第 2 步：在 Config 页面中勾选"Linker configuration file"框架中的"Override default"复选框，然后单击框架中的"..."按钮，打开类似于图 1-40 的"打开"对话框，在对话框中选择 lnk51ew_cc2530F256_banked.xcl 文件，该文件位于 C:\Program Files\IAR Systems\Embedded Workbench 6.0 Evaluation\8051\config\devices\Texas Instruments 文件夹中。然后单击"打开"对话框中的"打开"按钮，图 1-42 中"Linker configuration file"文本框中就会显示"$TOOLKIT_DIR$\config\devices\Texas Instruments\lnk51ew_cc2530F256_banked.xcl"（见图 1-42）。其中，$TOOLKIT_DIR$表示 IAR 工具软件的安装目录。

第 3 步：其他项的配置选择默认值。

（3）配置仿真器。配置仿真器的操作步骤如下：

第 1 步：在如图 1-41 所示对话框中单击"Category"列表框中的"Debugger"列表项，然后单击对话框右边的"Setup"标签，使对话框中显示 Setup 页面，如图 1-43 所示。

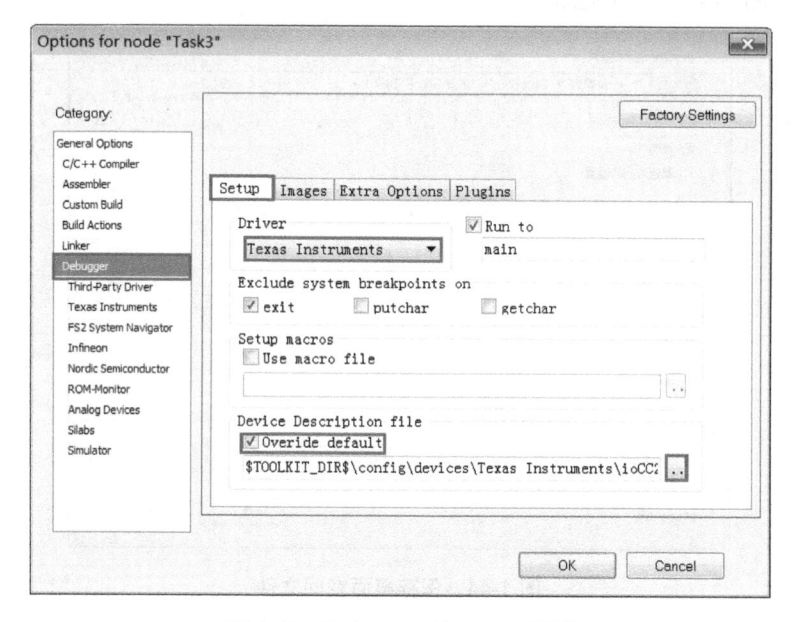

图 1-43　Debugger 的 Setup 页面

第 2 步：在 Setup 页面中单击"Driver"下拉列表框，从展开的列表项中选择"Texas Instruments"列表项。

第 3 步：勾选"Device Description file"框架中的"Override default"复选框，然后单击框架中的"..."按钮，打开类似于图 1-40 的"打开"对话框，在对话框中选择 ioCC2530F256.ddf 文件，该文件位于 C:\Program Files\IAR Systems\Embedded Workbench 6.0 Evaluation\8051\ config\devices\Texas Instruments 文件夹中。然后单击"打开"对话框

中的"打开"按钮,"Device Description file"框架内的文本框中就会显示"$TOOLKIT_DIR$\config\devices\Texas Instruments\ioCC2530F256.ddf"(见图1-43)。

第4步:其他项的配置选择默认值,然后单击"OK"按钮,结束工程配置。

3. 编译、连接程序

编译、连接程序的操作方法如下:在IAR工作窗口中,单击菜单栏上的"Project"→"Make"菜单项或者单击图标工具栏上的Make图标按钮" ",然后在弹出的"Save Workspace As"对话框的"文件名"文本框中输入"Task3",再单击"保存"按钮,如图1-44所示。IAR就会保存桌面空间文件,然后对工程中的文件进行编译、连接,并在输出窗口中显示编译、连接的结果,如图1-45所示。如果源程序中存在语法上的错误,输出窗口中将出现错误报告,双击错误报告行,可以定位到出错的位置。对源程序反复修改后最终会得到如图1-45所示的结果。

图1-44　保存桌面空间文件

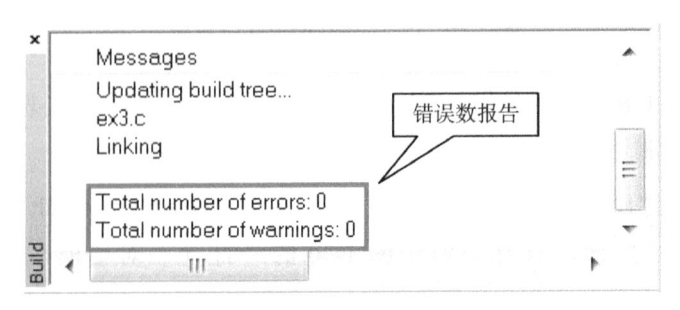

图1-45　连接的结果

【说明】

① Project 菜单中有三个与编译、连接有关的子菜单，它们的含义如下。

"Make"：对工程进行连接，如果文件已修改，则先进行编译再进行连接并产生目标代码。

"Rebuild All"：对当前工程中所有文件重新编译后再连接，并产生目标代码。

"Compile"：只对当前源程序进行编译，不进行连接，不产生目标代码。

② 除了菜单，IAR 的工具栏中还提供了编译、连接工具图标，如图 1-46 所示。这些工具图标与对应的菜单项的功能一致。

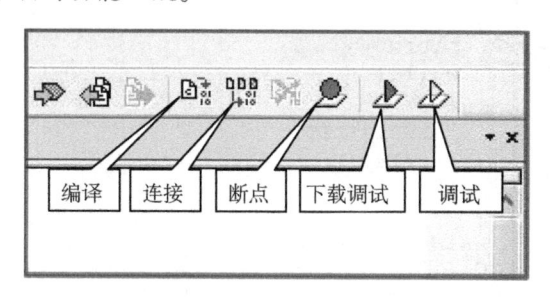

图 1-46　编译、连接工具图标

③ 输出窗口中显示错误数为 0 时，只表明源程序无语法上的错误，并不代表源程序无逻辑上的错误。

4. 调试程序

调试程序的目的是查找程序中的逻辑错误。在 IAR 中调试程序的方法是，跟踪程序的运行，查看程序运行的结果。如果结果与理论值不符，则表明程序存在逻辑错误，再逐条运行程序中的相关语句，找出产生错误的语句，并修改程序，直至程序运行的结果正确。在调试的过程中需要在程序中设置断点，采取全速运行、单步运行、过程单步等多种运行方式反复运行程序，在程序运行的过程中观察相关变量的值。用 IAR 调试程序的步骤如下。

（1）进入调试状态。编译连接程序后，单击菜单栏上的"Project"→"Debug without Downloading"菜单项或者单击工具栏上的调试图标按钮" "，这时 IAR 会进入调试状态，如图 1-47 所示。

在调试状态下，IAR 的窗口发生了一系列的变化，其中，菜单栏中多了一个"Debug"菜单，工具栏中出现了 9 个调试工具图标按钮，这 9 个图标按钮分别与"Debug"菜单中的 9 个菜单项相对应，从左到右依次为"复位""暂停""跳过""跳入""跳出""单步运行""运行至光标处""全速运行"和"结束调试"。在代码窗口中会出现一个绿色的箭头,用来指示当前即将要执行的语句。

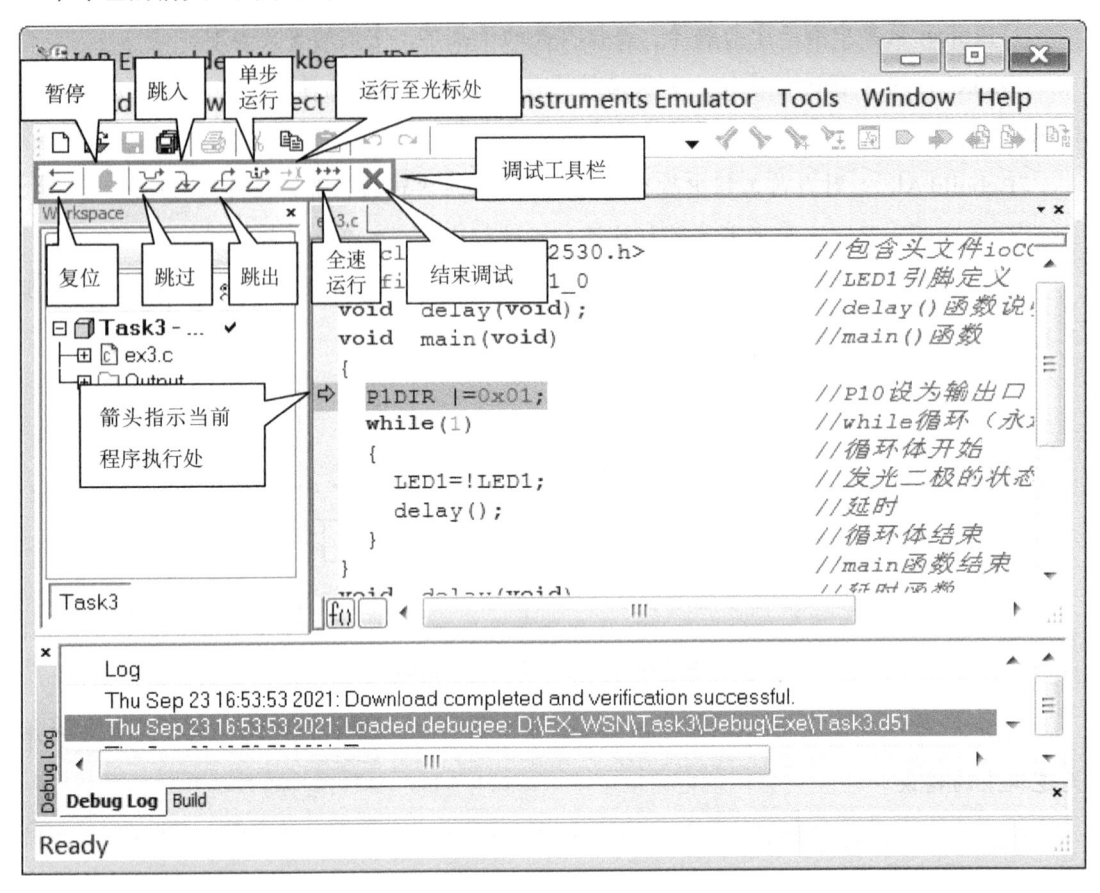

图 1-47　调试状态下的 IAR 窗口

【说明】单击菜单栏上的"Project"→"Download and Debug"菜单项或者单击工具栏上的下载调试图标按钮" ",IAR 也会进入调试状态。但"Download and Debug"菜单项除了具备调试功能,还会将程序下载至单片机的程序存储器中,单片机重新上电后,所下载的程序将会被执行。"Debug without Downloading"菜单项只具备调试功能,单片机重新上电后,所下载的程序丢失,单片机将执其程序存储器中原来的程序。

(2)显示 Registers 窗口。Registers 窗口的功能是显示单片机内部的主要寄存器及这些寄存器的当前值。显示 Registers 窗口的操作方法是,在调试状态下单击菜单栏上的"View"→"Register"菜单项。Registers 窗口如图 1-48 所示。

(3)显示观察窗口。观察窗口包括 Locals 和 Watch 等两个观察窗口。其中 Locals 窗口用来显示当前执行函数中的变量值,Watch 窗口用来显示指定变量的当前值。

显示 Locals 窗口的方法是,单击菜单栏上的"View"→"Locals"菜单项。显示 Watch 窗口的方法是,单击菜单栏上的"View"→"Watch"。Watch 窗口和 Locals 窗口如

图 1-49 所示。

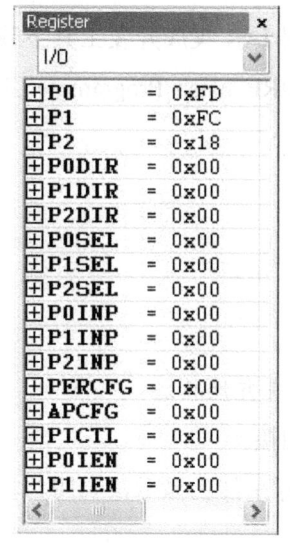

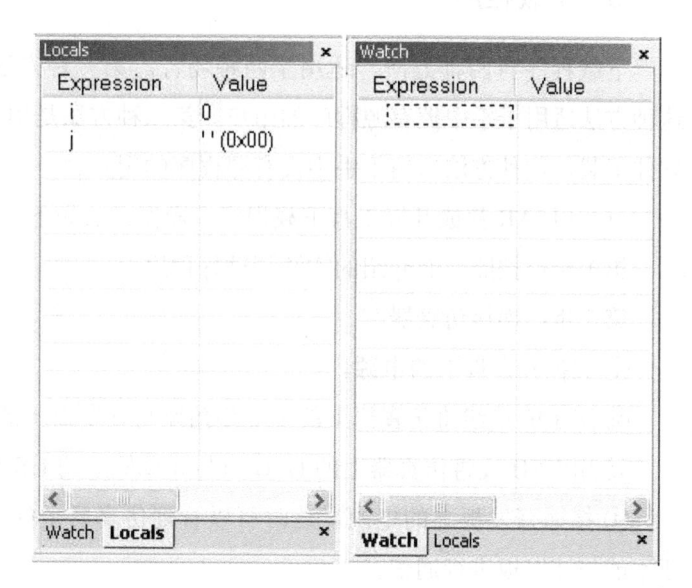

图 1-48 Registers 窗口

图 1-49 观察窗口

在图 1-49 中，当前执行的函数是 delay，Locals 窗口中显示的是单片机执行到箭头所指行时，delay 函数中各变量的值。

在 Watch 窗口中被显示的变量必须由用户指定，可以是本地变量，也可以是全局变量。指定观察变量的方法是，在 Watch 窗口中单击"Expression"列中的虚线框，使光标落入虚线框中，再输入所要观察的变量名，然后单击窗口中的空白处。

（4）设置断点。设置断点的目的是让程序运行至指定行后暂停运行，以便用户观察程序运行的结果。断点的设置方法是，在调试窗口中，用鼠标左键单击需要程序停止运行的行，再用鼠标左键单击工具栏上的断点设置图标按钮" "，这时光标所在行的左边会出现一个红色圆点，该行代码上会出现红色底纹，表示我们在该行处已设置了一个断点。

【说明】

① 双击某行语句左边的灰色部分也可以快速地将该行设置成断点行。

② 断点设置命令具有开关特性。若某行为断点行，再次对该行设置断点时，则为取消该行断点。

（5）选择程序的运行方式并运行程序。在 IAR 中调试程序时需要控制程序的运行方式，以便在程序的运行过程中观察运行的结果。在 IAR 中控制程序运行的图标按钮有 9 个；位于调试工具栏中（见图 1-47），选择不同的工具图标按钮就可以控制程序以不同的方式运行。

5. 下载程序

下载程序有两种方法，适用于两种场合。第一种方法是用 IAR 集成开发工具下载，这种方法适用于手中拥有源程序的用户。第二种方法是用 SmartRF Flash Programmer 工具软件下载，这种方法适用于手中没有源程序的用户。

（1）用 IAR 集成开发工具下载程序。操作方法如下。

第 1 步：按照前面介绍的方法调试好程序。

第 2 步：连接仿真器。

① 关掉开发板上的电源。

② 用 10P 排线将仿真器上的 10P 牛角座与开发板上的 10P 牛角座相连。

③ 用 USB 线将仿真器上的 USB 口与计算机上的 USB 口相接。

④ 接通开发板上的电源。这时可以看到仿真器上的指示灯呈红色显示，表明仿真器还不能与开发板进行通信。

⑤ 按下仿真器上的复位按钮，让仿真器复位。这时可以看到仿真器上的指示灯呈绿色显示，表明仿真器与开发板通信成功，当前可以通过仿真器给开发板下载程序或者对程序进行硬件仿真调试。

第 3 步：下载程序至开发板中。

① 使 IAR 进入文件编辑状态。

② 单击如图 1-46 所示的下载调试工具图标" ▶ "，IAR 就会将程序下载至开发板中，并进入调试状态。

③ 在调试状态下的 IAR 窗口中单击结束调试工具图标" ✖ "，退出调试状态。

④ 关闭开发板的电源，再拔掉仿真器与开发板的连接线，然后给开发板通电，开发板就会运行我们所下载的程序。

（2）用 SmartRF Flash Programmer 工具软件下载程序。用 SmartRF Flash Programmer 工具软件下载程序需先生成单片机所要执行的十六进制文件（hex 文件），然后将此文件下载至单片机中，其操作步骤如下。

第 1 步：按照前面介绍的方法调试好程序，并使 IAR 进入程序编辑状态。

第 2 步：产生 hex 文件。

① 按照配置工程中所介绍的方法打开图 1-41 所示的"Options for node 'Task3'"对话框。

② 在对话框中单击"Category"列表框中的"Linker"列表项，然后单击对话框右边的"Output"标签，使对话框中显示 Output 页面，如图 1-50 所示。

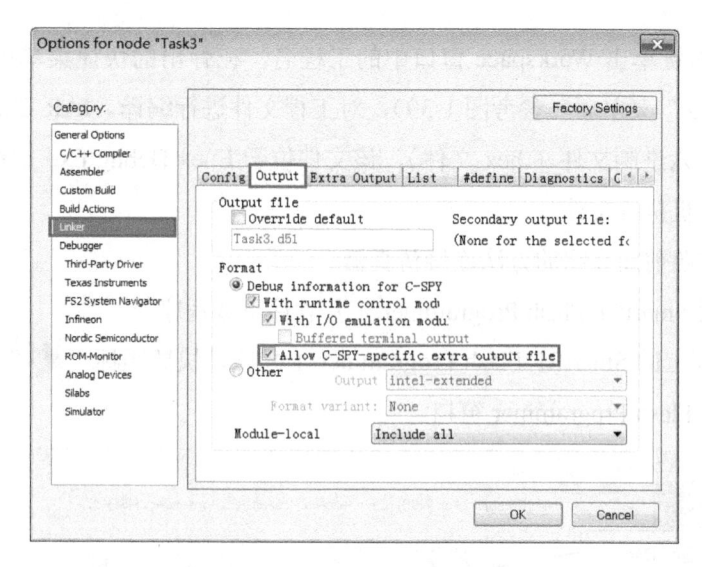

图 1-50　Linker 的 Output 页面

③ 在 Output 页面中勾选"Allow C-SPY-specific extra output file"复选框，然后单击"Extra Output"标签，使对话框中显示 Extra Output 页面，如图 1-51 所示。

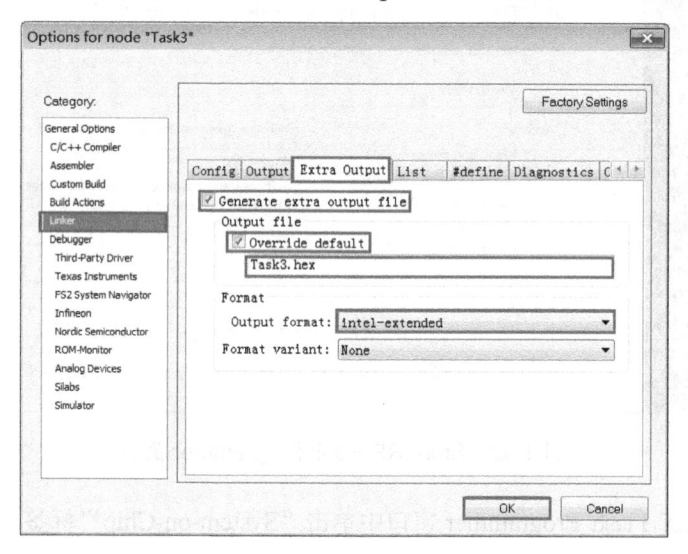

图 1-51　Linker 的 Extra Output 页面

④ 在 Extra Output 页面中勾选"Generate extra output file"复选框和"Override default"复选框，然后将"Output file"文本框中的文件名改为我们所需要的文件名，其中文件名的后缀为".hex"，表示该文件为十六进制文件。例如，在图 1-51 中我们所指定的输出文件为 Task3.hex。

⑤ 在"Output format"下拉列表框中选择"intel-extended"类型，然后单击"OK"按钮，结束工程配置，返回至 IAR 文件编辑窗口中。

⑥ 用鼠标右键单击 Workspace 窗口中的工程名，在弹出的快捷菜单中选择"Rebuild All"或者"Make"菜单项（参考图 1-39），对工程文件进行编译。IAR 在编译程序时就会额外生成一个十六进制文件（.hex 文件），该文件位于 E:\ex\Debug\Exe 文件夹中，它就是我们所要的单片机执行文件。

第 3 步：按照前面介绍的方法连接仿真器。

第 4 步：用 SmartRF Flash Programmer 工具软件下载程序。

① 双击桌面上的 SmartRF Flash Programmer 工具软件快捷图标"![]"，打开如图 1-52 所示的 SmartRF Flash Programmer 窗口。

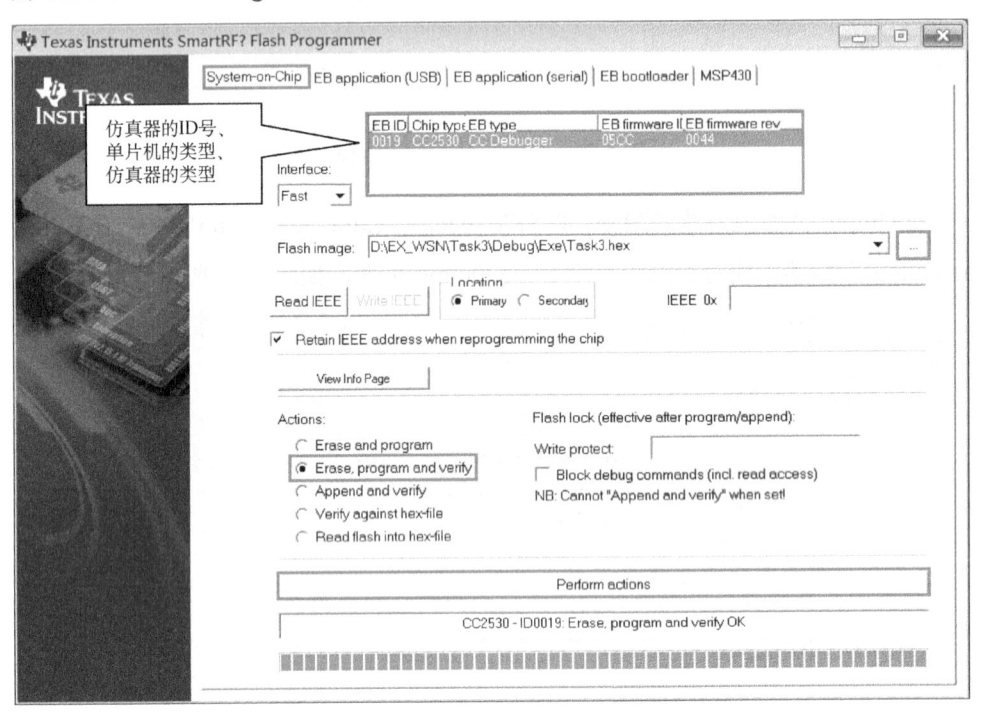

图 1-52 SmartRF Flash Programmer 窗口

② 在 SmartRF Flash Programmer 窗口中单击"System-on-Chip"标签，窗口右边的文本框中会显示仿真器的类型、仿真器的 ID 号及开发板上单片机的类型（见图 1-52）。

【说明】如果文本框中无上述信息显示，则表明仿真器与计算机的连接有问题或者仿真器驱动程序安装有问题，请检查仿真器与计算机的连接并排除故障。

如果文本框的"Chip type"列中显示的是"N/A"，则表明仿真器与开发板的连接有问题或者开发板没上电，排除故障后按仿真器上的复位键，这时仿真器的指示灯为绿色，SmartRF Flash Programmer 窗口中的文本框中会显示开发板上单片机的类型。

③ 单击"Flash image"右边的按钮，系统会打开一个类似于图 1-40 的"打开"对话

框，在对话框中选择 Task3.hex 文件，该文件是第 2 步中所产生的单片机执行文件，它位于 D:\EX_WSN\Task3\Debug\Exe 文件夹中。然后单击"打开"对话框中的"打开"按钮，"Flash image"下接列表框中就会显示所要下载的文件"D:\EX_WSN\ Task3\Debug\Exe\Task3.hex"（见图 1-52）。

④ 单击"Erase,program and verity"单选钮，或者单击"Erase and program"单选钮，然后单击"Perform actions"按钮，SmartRF Flash Programmer 工具软件就会将 Task3.hex 文件下载至单片机中，下载结束后，会在"Perform actions"按钮下面的文本框中显示下载后的结果。

【说明】对于开发者而言，我们一般用 IAR 集成开发工具下载程序，用 IAR 集成开发工具下载程序时，不必生成 hex 文件。

实践总结

ZigBee 网络开发工具主要有 IAR 集成开发工具软件、ZStack-CC2530 协议栈程序包、程序烧录软件 SmartRF Flash Programmer、仿真器驱动程序和串口调试助手等几个工具软件。其中最主要的是 IAR 集成开发工具软件和 ZStack-CC2530 协议栈程序包。在项目一中我们主要介绍了这些工具的安装方法及 IAR 集成开发工具软件的使用方法，为后续项目的实施搭建好开发环境。

IAR 集成开发工具软件是单片机应用系统开发中的常用工具软件之一。IAR 具有源程序编辑、程序调试、系统仿真等多种功能，可以将源程序编译生成目标文件。熟练地使用 IAR 开发工具既是单片机应用系统开发的基本技能之一，也是 ZigBee 网络开发的基本技能之一，在应用系统开发中要充分地利用 IAR 的强大功能。

习题

1. IAR 工程文件的扩展名为_____。
2. 以添加 ex.c 文件为例，简述在 IAR 工程中添加程序文件的方法，并上机实践。
3. 设 ZigBee 模块中所用的单片机为 CC2530F256，简述 IAR 工程中配置单片机的方法，并上机实践。
4. 设 ZigBee 模块中所用的单片机为 CC2530F256，简述 IAR 工程中配置连接器的方法，并上机实践。
5. 简述用 IAR 集成开发工具下载程序的方法，并上机实践。
6. 简述用 SmartRF Flash Programmer 工具软件下载程序的方法，并上机实践。

项目 2　基于 Basic RF 的无线传感网的应用设计

任务 4　用 Basic RF 远程控制 LED 灯

任务要求

将 Basic RF 软件包（库函数）复制到计算机的 D:\EX_WSN 文件夹中，再参考 light-switch.c 文件中的例程，编写发送端程序和接收端程序，实现以下功能：在发送端中每按一次 SW1 按键，在接收端中 LED1 灯的状态就翻转一次。其中，发送端的程序文件为 switch.c，接收端的程序文件为 light.c。

知识储备

1. Basic RF 软件包

Basic RF 软件包是 TI 公司开发的一组基于 CC253X 芯片的库函数包，它实现了基于 IEEE 802.15.4 标准数据包的接收和发送功能，可以很方便地实现点对点的无线数据传输功能，主要用于一些无线数据传输的简单应用和 ZigBee 协议栈入门学习。Basic RF 只能实现 IEEE 802.15.4 标准的少部分功能，叫作基本的射频传输软件包。其功能限制主要是：

① 不具备"多跳""设备扫描"功能，只能实现点对点的传输。

② 只提供了一种网络设备，无协调器、路由器、终端节点之分，所有节点都为同级设备，在网络中的地位相等。

③ 无自动重发功能。

④ 数据传输时会等待信道空闲，但不按 IEEE 802.15.4 CSMA-CA 要求进行两次 CCA 检测。

Basic RF 软件包采用分层设计，包括硬件层、硬件抽象层、基本无线传输层和应用层，其分层结构如图 2-1 所示。

2. basicRfInit()函数

此函数的定义位于 basic_rf.c 文件中，函数的原型如下：

```
uint8 basicRfInit(basicRfCfg_t* pRfConfig);
```

此函数的功能是按指定的参数配置射频，包括配置 PANID 号、信道号、本机地址等。函数中各参数的含义如下：

pRfConfig：指向 basicRfCfg_t 型结构体变量的指针。其中 basicRfCfg_t 型结构体变量中存放的是所配置的参数。

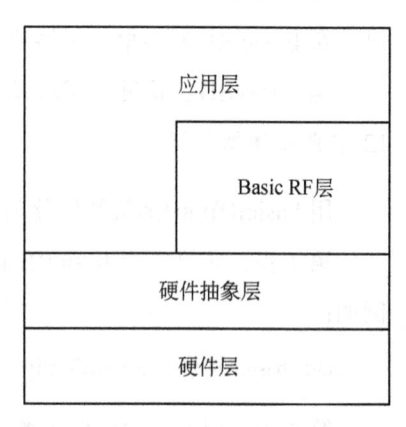

图 2-1 Basic RF 软件包的分层结构

返回值为初始化的结果。若初始化成功，则返回 SUCCESS；若初始化失败，则返回 FAILED。

函数中，basicRfCfg_t 是 basic_rf.h 文件定义的一个结构体类型，其定义如下：

```
typedef struct {
    uint16 myAddr;           //本机地址，取值范围为 0x0000～0xffff
    uint16 panId;            //PANID 号，取值范围为 0x0000～0xffff，相互通信的 2 机的 panId 必须相同
    uint8 channel;           //信道号，取值范围为 11～26，相互通信的 2 机的信道号必须相同
    uint8 ackRequest;        //应答信号
    #ifdef SECURITY_CCM      //若没定义 SECURITY_CCM 符号，则下面的两个加密成员无效
    uint8* securityKey;
    uint8* securityNonce;
    #endif
} basicRfCfg_t;
```

【说明】

（1）PANID 的含义是个域网标识符（Personal Area Network ID），Basic RF 网络属于个域网，PANID 值用来标识不同的个域网，同一个个域网中的节点，其 PANID 值必须相同，如果两个节点的 PANID 值不同，则这两个节点属于不同的网络。在 Basic RF 网络中，PANID 值用 16 位二进制数表示，其取值范围为 0x0000～0xffff。

（2）信道即信号传输的频道，也就是通信的频率，不同的信道号对应不同的通信频率。在我国，Basic RF 网络的信道号为 11～26。在 Basic RF 网络中，相互通信的两个节点，其信道号必须相同。

（3）网络地址用来标识网络中不同的节点，同一网络中的不同节点，其网络地址不同。在 Basic RF 网络中，网络地址用 16 位二进制数表示，取值范围为 0x0000~0xffff。

（4）PANID、信道、网络地址是无线网络常用的几个概念，我们将在任务 11、任务 12 中再做详细介绍。

用 basicRfInit()函数初始化射频参数的方法如下。

第 1 步：定义一个 basicRfCfg_t 类型的结构体变量，其作用是保存所需配置的参数。例如：

```
static basicRfCfg_t basicRfConfig;      //定义结构体变量 basicRfConfig
```

第 2 步：对 basicRfCfg_t 类型的结构体变量的各成员赋值。例如：

```
basicRfConfig.panId = 0x2021;           //网络 ID 号为 0x2021
basicRfConfig.channel = 25;             //信道号为 25
basicRfConfig.ackRequest = TRUE;        //应答
basicRfConfig.myAddr = 0x0711;          //本机地址为 0x0711
```

第 3 步：调用函数 basicRfInit()，按指定参数进行 RF 初始化。例如：

```
basicRfInit(&basicRfConfig);            //按 basicRfConfig 变量所设置的参数初始化射频
```

3. basicRfSendPacket()函数

此函数的功能是向指定地址节点发送数据。函数的原型如下：

```
uint8 basicRfSendPacket(uint16 destAddr, uint8* pPayload, uint8 length);
```

函数中各参数的含义如下。

① destAddr：目的地的网络地址。

② pPayload：指向缓冲区的指针，该缓冲用来存放所要发送的数据。

③ length：发送数据的长度。

返回值为发送的结果。若发送成功，则返回 SUCCESS；若发送失败，则返回 FAILED。

用该函数发送数据的方法如下：先定义一个数组，该数组用作发送数据的缓冲区，然后将所需发送的数据存放至该数组中，再用 basicRfSendPacket()函数将数组中的数据发送出去。

例如，向网络中地址为 0x1234 的节点发送两个字符"cn"的程序段如下：

```
1    static uint8 pTxData[10];         //定义数组 pTxData[]，用作发送数据的缓冲区
2    pTxData[0]='c';                   //将待发送数据'c'写入发送缓冲区
3    pTxData[1]='n';                   //将待发送数据'n'写入发送缓冲区
```

| 4 | basicRfSendPacket(0x1234, pTxData, 2);//向地址为 0x1234 的节点发送 pTxData 缓冲区中的 2 字节数据 |

4. 数据接收中的相关函数

Basic RF 库函数中，与数据接收相关的函数主要有 basicRfReceive()等 4 个函数。

（1）basicRfReceiveOn()函数。该函数的功能是打开射频接收器。函数的原型说明如下：

void basicRfReceiveOn(void);

该函数的形参和返回值都为空。

（2）basicRfReceiveOff()函数。该函数的功能是关闭射频接收器。函数的原型说明如下：

void basicRfReceiveOff(void);

该函数的形参和返回值都为空。

（3）basicRfPacketIsReady()函数。该函数的功能是检查接收数据包是否准备好，也就是检查是否有新的接收数据包。函数的原型说明如下：

uint8 basicRfPacketIsReady(void);

该函数无参数，函数的返回值为 TRUE 或者 FLASE。检测到有新的接收数据时函数返回 TRUE，没发现有新的接收数据时函数返回 FLASE。

（4）basicRfReceive()函数。此函数的功能是，接收若干数据并将所接收到的数据及接收数据时的信号强度存放至指定的缓冲区中。函数的原型如下：

uint8 basicRfReceive(uint8* pRxData, uint8 len, int16* pRssi);

函数中各参数的含义如下。

① pRxData：数据缓冲区的首地址，该缓冲区用来存放所接收到的数据。

② len：接收数据的长度。

③ pRssi：信号缓冲区的首地址，该缓冲区用来存放接收数据时的信号强度。实际使用时，一般不需要保存接收信号的强度，此时该参数的取值为 NULL。

函数的返回值是实际接收的数据长度。

5. 接收数据的方法

接收数据的方法分如下 3 步。

第1步：定义一个字符型数组，该数组为用户接收缓冲区，用来存放接收到的用户数据，该数组一般要定义成一个全局数组，以便在多个函数中都可使用。例如：

  static uint8 pRxData[10];   //定义数组 pRxData[]，该数组为用户接收缓冲区

第2步：用 basicRfReceiveOn()打开射频接收器。

第3步：用 basicRfPacketIsReady()函数检查节点当前是否接收了新数据，若接收到了新数据，则用 basicRfReceive()函数读取新数据并存放到用户接收缓冲区中，以供后续处理。

接收数据的框架结构如下：

```
1    static uint8 pRxData[10];       //定义数组 pRxData[]，该数组为用户接收缓冲区
2    …
3    uint8 len;                      //全局变量 len，存放实际接收到的数据个数
4    basicRfReceiveOn();             //打开射频接收器
5    if(basicRfPacketIsReady())      //检查底层是否接收到了新数据
6    {                               //接收到了新数据
7        len=basicRfReceive(pRxData,2,NULL);//从底层取2字节新数据，并存放在 pRxData[]中，
         实际接收的个数存放在 len 中
8        if(len>0)                   //判断实际是否接收到了新数据
9        {                           //实际接收到了数据
10           /*此处添加对接收数据处理的代码*/
11       }
12   }
```

6. halButtonPushed()函数

此函数的功能是检查 S1 键是否被按下。函数无参数，返回值为 S1 键的状态，若 S1 键被按下过，则返回1，否则返回0。

该函数只能检测接在 P01 引脚上的按键状态，若 S1 键接在 CC2530 的其他引脚，则需要修改底层硬件配置文件，其修改方法我们将在后续的任务实施中再详细介绍。

如果要使用接在其他 IO 端口引脚上的按键，则需要修改该函数的代码。

7. 发光二极管控制函数

Basic RF 库函数中有3个发光二极管控制函数，这3个函数非常相似，如表2-1所示。

表 2-1　发光二极管控制函数

原型	功能	参数	返回值
void halLedSet(uint8 id)	点亮发光二极管	id：发光二极管的编号 取值 1~4	空
void halLedClear(uint8 id)	熄灭发光二极管		
void halLedToggle(uint8 id)	发光二极管翻转		

8. 延时函数

Basic RF 库函数中有两个延时函数，它们的定义位于 hal_mcu.c 文件中。

（1）halMcuWaitMs()函数。该函数的功能是延时若干毫秒，函数的原型如下：

void halMcuWaitMs(uint16 msec);

函数中各参数的含义如下。

msec：延时的毫秒数。

该函数的返回值为空。

（2）halMcuWaitUs()函数。该函数的功能是延时若干微秒，函数的原型如下：

void halMcuWaitUs(uint16 usec);

函数中各参数的含义如下。

usec：延时的微秒数。

该函数的返回值为空。

实现方法与步骤

1. 准备文件

（1）启动工程。操作步骤如下。

第 1 步：将 TI 公司的 Basic RF 软件包解压至 D:\EX_WSN 文件夹中，再将软件包的文件夹名改为 Task4。

第 2 步：打开"D:\EX_WSN\Task4\ide\srf05_cc2530\iar"文件夹，找到 light_switch.eww 文件，如图 2-2 所示。然后双击 light_switch.eww 文件图标，系统会弹出如图 2-3 所示的格式转换询问框。

第 3 步：单击格式转换询问框中的"是(Y)"按钮，IAR 就会进行文件格式转换，然后打开 light_switch 工程。

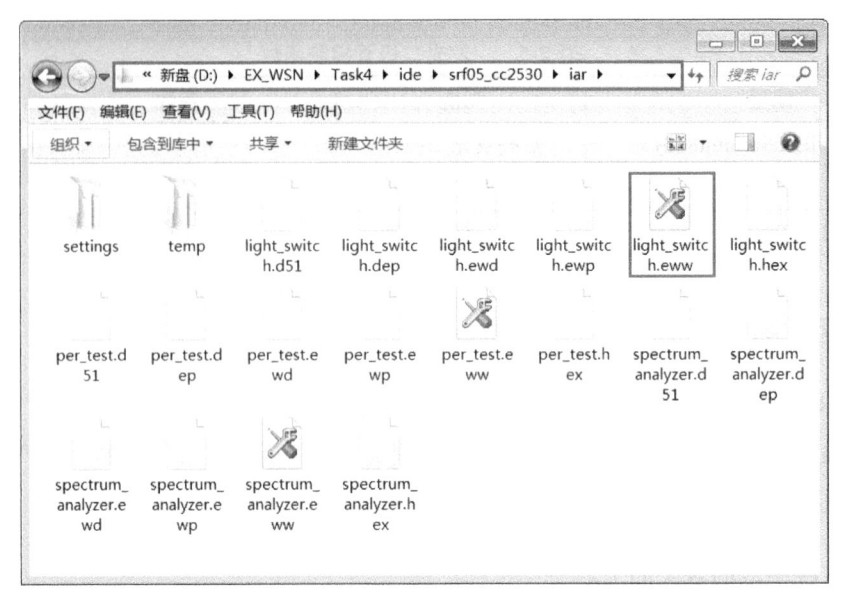

图 2-2　light_switch.eww 工程文件

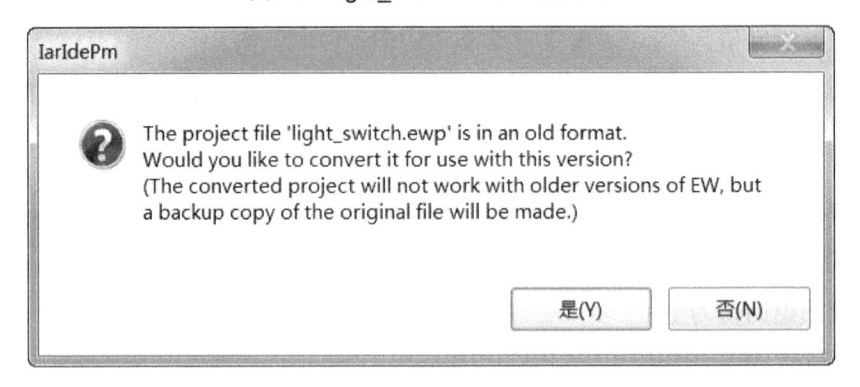

图 2-3　格式转换询问框

第 4 步：按照任务 3 中所介绍的方法重新配置工程。其中，单片机的配置文件为 CC2530F256.I51 文件，连接器的配置文件为 lnk51ew_cc2530F256_banked.xcl 文件，仿真器的配置文件为 ioCC2530F256.ddf 文件。

【说明】TI 公司提供的 light_switch 工程样例是基于早期的 IAR 开发的，其工程文程的格式与 EW8051-EV-8103-Web 版的 IAR 工程文件的格式不同，其配置也不相同。在项目 1 中，我们安装的是 EW8051-EV-8103-Web 版的 IAR 集成开发工具，所以在打开 light_switch 工程样例时会出现如图 2-3 所示的格式转换询问框，工程打开后还需配置工程。如果不重新配置工程，在文件编译连接时会出现如图 2-4 所示的错误提示。

项目 2　基于 Basic RF 的无线传感网的应用设计　43

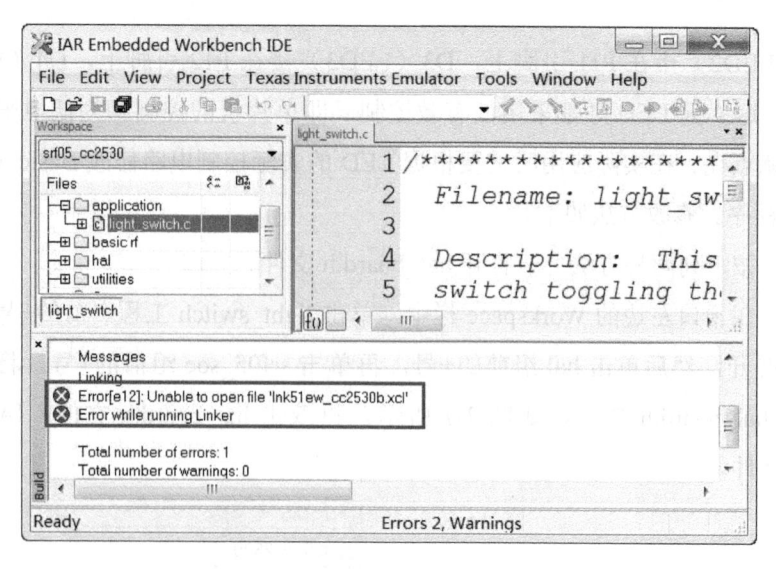

图 2-4　工程编译连接时的错误提示

（2）显示行号。在默认状态下，IAR 的窗口中并不显示代码的行号，为了观察和研究程序，我们需要在窗口中显示代码的行号。显示代码行号的操作步骤如下：

第 1 步：单击菜单栏上的"Tools"→"Options"菜单命令项，打开"IDE Options"对话框，如图 2-5 所示。

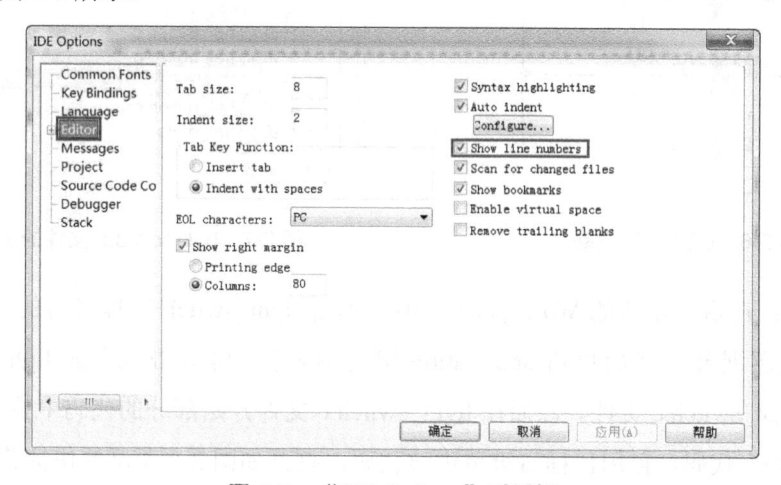

图 2-5　"IDE Options"对话框

第 2 步：在"IDE Options"对话框左边的列表框中单击"Editor"列表项，然后在右边区域中勾选"Show line numbers"多选框，如图 2-5 所示，再单击"确定"按钮。

（3）修改 LED 灯的配置。在 Basic RF 软件包中，LED 灯和 SW 按键的驱动程序是按照 TI 公司生产的 ZigBee 开发板编写的。在我们使用的 ZigBee 开发板中，LED 灯的控制电路如图 2-6 所示，该电路与 TI 公司的开发板并不一致。其中 D1（LED1）接在 P10 引脚上，D2（LED2）接在 P11 引脚上，D3（LED3）接在 P12 引脚上，D4（LED4）接在 P14 引脚上，这 4 只 LED 灯都采用低有效控制，即单片机的控制脚为低电平时，对应的发光二极管就点亮。在实际应用时需要根据 LED 的实际控制电路修改 Basic RF 中的有关 LED 的配置程序。修改方法如下。

第 1 步：按下列两种方法之一打开 hal_board.h 文件。

方法一：在窗口左边的 Workspace 栏中，单击 light_switch 工程名前的+号，将工程中的组结构图展开，然后单击 hal 组前的+号，再单击 srf05_soc 组前的+号，将组中的文件展开，找到 hal_board.h 文件，如图 2-7 所示，再双击 hal_board.h 文件，IAR 就会打开 hal_board.h 文件。

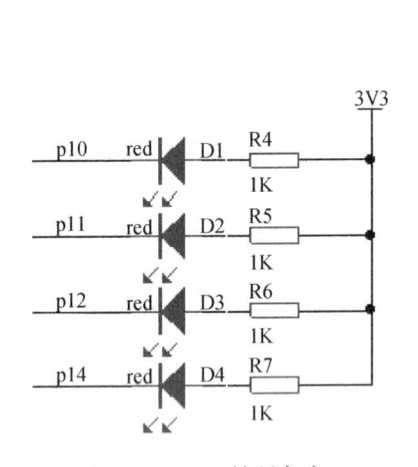

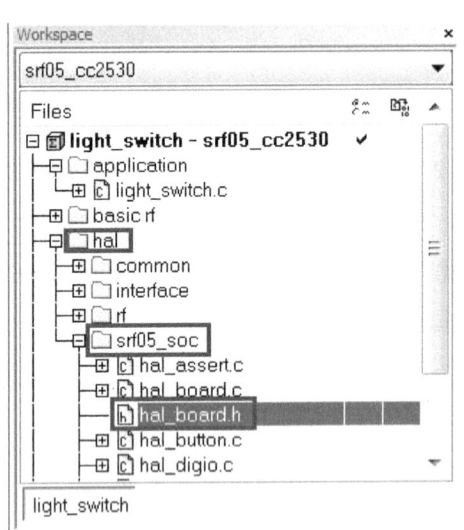

图 2-6 LED 控制电路   图 2-7 hal_board.h 文件的位置

方法二：在窗口左边的 Workspace 栏中，单击 light_switch 工程名前的+号，将工程中的组结构图展开，然后单击 application 组前的+号，再双击组中的 light_switch.c 文件，打开 light_switch.c 文件。然后在 light_switch.c 文件开始部分的代码中找到 "#include <hal_board.h>" 代码，再用鼠标右键单击该代码，打开如图 2-8 所示的快捷菜单，再在快捷菜点中单击 "Open 'hal_board.h'" 菜单项，IAR 就会打开 hal_board.h 文件。

第 2 步：在 hal_board.h 文件中找到定义 LED 端口引脚的代码，然后按图 2-9 所示修改 LED 端口引脚的定义。

第 3 步：在 hal_board.h 文件中找到点亮和熄灭 LED 的代码，再按图 2-10 所示修改点亮和熄灭 LED 的代码。

第 4 步：保存修改后的 hal_board.h 文件。

项目 2　基于 Basic RF 的无线传感网的应用设计 | 45

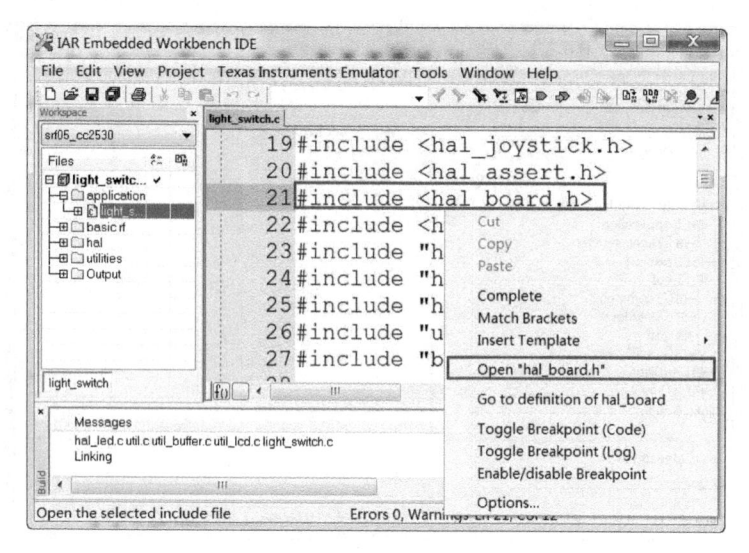

图 2-8　快捷菜单

```
68 // LEDs
69 #define HAL_BOARD_IO_LED_1_PORT    1
70 #define HAL_BOARD_IO_LED_1_PIN     0
71 #define HAL_BOARD_IO_LED_2_PORT    1
72 #define HAL_BOARD_IO_LED_2_PIN     1
73 #define HAL_BOARD_IO_LED_3_PORT    1
74 #define HAL_BOARD_IO_LED_3_PIN     2
75 #define HAL_BOARD_IO_LED_4_PORT    1
76 #define HAL_BOARD_IO_LED_4_PIN     4
```

图 2-9　LED 的端口引脚的定义

```
126 #define HAL_LED_SET_1()         MCU_IO_SET_LOW(HAL_BOARD_IO
127 #define HAL_LED_SET_2()         MCU_IO_SET_LOW(HAL_BOARD_IO
128 #define HAL_LED_SET_3()         MCU_IO_SET_LOW(HAL_BOARD_IO
129 #define HAL_LED_SET_4()         MCU_IO_SET_LOW(HAL_BOARD_IO
130
131 #define HAL_LED_CLR_1()         MCU_IO_SET_HIGH(HAL_BOARD_I
132 #define HAL_LED_CLR_2()         MCU_IO_SET_HIGH(HAL_BOARD_I
133 #define HAL_LED_CLR_3()         MCU_IO_SET_HIGH(HAL_BOARD_I
134 #define HAL_LED_CLR_4()         MCU_IO_SET_HIGH(HAL_BOARD_I
135
136 #define HAL_LED_TGL_1()         MCU_IO_TGL(HAL_BOARD_IO_LED
137 #define HAL_LED_TGL_2()         MCU_IO_TGL(HAL_BOARD_IO_LED
138 #define HAL_LED_TGL_3()         MCU_IO_TGL(HAL_BOARD_IO_LED
139 #define HAL_LED_TGL_4()         MCU_IO_TGL(HAL_BOARD_IO_LED
```

图 2-10　点亮和熄灭 LED 的代码

2. 编制开关发送程序文件 switch.c

（1）新建 switch.c 文件。

第 1 步：单击工具栏中的"新建文件"图标按钮，如图 2-11 所示，新建一个空白文件。

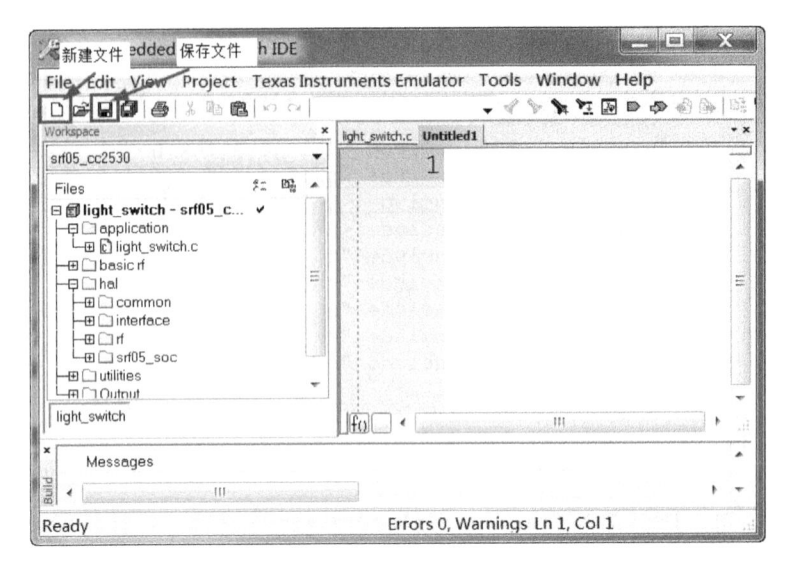

图 2-11 新建文件

第 2 步：单击工具栏中的"保存文件"图标按钮，在弹出的"另存为"对话框中将所新建的文件保存为"switch.c"，文件存放在 D:\EX_WSN\Task4\source\apps\light_switch 文件夹中，如图 2-12 所示。

图 2-12 保存 switch.c 文件

（2）在 switch.c 文件中添加程序代码。

第 1 步：在如图 2-7 所示 Workspace 栏中双击 application 文件夹中的"light_switch.c"文件名，在文件窗口中打开"light_switch.c"文件。

第 2 步：从"light_switch.c"文件中复制部分代码至"switch.c"文件中，并对复制后的程序进行修改。

第 3 步：保存"switch.c"文件。

为了方便读者阅读，我们对本例程序及后续程序中所出现的相关符号及称谓做如下说明：

① 代码前面的数字为代码在我们所编制的程序文件中的行号，在编写程序时，这一部分不必录入。

② 无行号的行并不是一个代码行，该行是由于上一行的内容过多，在文档编排时自动换行而成的，在代码输入时，应将无行号行的内容放在上一行尾部。例如，在下面的程序中，第 33 行后面的行无行号，该行并不是一个代码行，它是第 33 行的内容。

③ 代码中的注释在原样例文件中并不存在，这一部分是我们为方便读者对程序的理解而添加的，这一部分可以不输入。

④ 样例文件是指复制代码时代码原来所在的文件。例如，我们在编制 switch.c 程序文件时，其代码是从 light_switch.c 文件中复制来的，我们所说的 switch.c 的样例文件就是指 light_switch.c 文件。

⑤ 注释后面的数字为该行代码在其样例文件中的对应行。例如，下面的程序中，第 9 行代码后面的注释为"//18"，表示第 9 行代码是从 light_switch.c 文件中第 18 行复制而成的。

⑥ 注释部分为"//数字+改"的表示这一行代码是根据其样例文件中对应行的代码修改而成的。其中，数字为这一行代码在其样例文件中的行号，"改"字表示这一行修改过，行中黑体部分为所修改的内容。例如第 71 行代码后面的注释为"//174 改"，表示 switch.c 文件中的第 71 行代码是根据 light_switch.c 文件中第 174 行代码修改而成，修改处为"halButtonPushed()==HAL_BUTTON_1"。

⑦ 代码后面无行号注释的表示该行代码是我们根据功能要求而添加的程序代码。

⑧ 为了方便读者阅读，在编制应用程序时我们保留了样例文件中部分代码行之间的空行，在输入程序时可以去掉这些空行。

复制修改后的 switch.c 文件的代码如下：

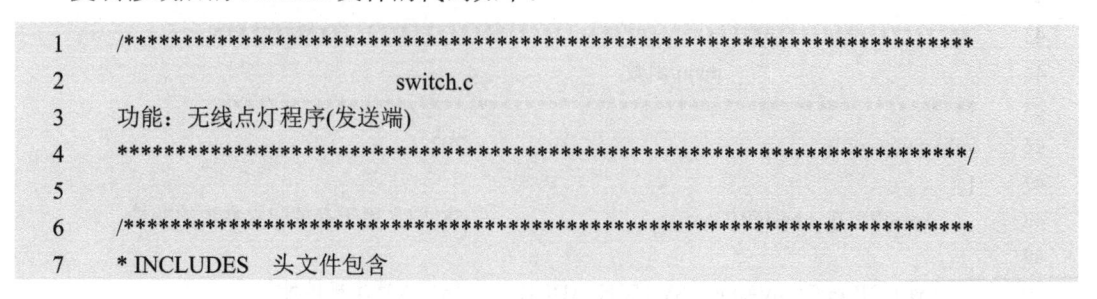

```
1    /*****************************************************************
2                           switch.c
3    功能：无线点灯程序(发送端)
4    *****************************************************************/
5
6    /*****************************************************************
7    * INCLUDES  头文件包含
```

```
8       ******************************************************************/
9       #include <hal_led.h>              //18
10      #include <hal_assert.h>           //20
11      #include <hal_board.h>            //21
12      #include <hal_int.h>              //22
13      #include "hal_mcu.h"              //23
14      #include "hal_button.h"           //24
15      #include "hal_rf.h"               //25
16      #include "basic_rf.h"             //27
17
18      /******************************************************************
19       * CONSTANTS      常数定义
20       ******************************************************************/
21      #define RF_CHANNEL                25         //34  2.4 GHz 射频信道定义
22
23      // BasicRF address definitions               //射频地址定义
24      #define PAN_ID                    0x2007     //37  网络 ID
25      #define SWITCH_ADDR               0x2520     //38  开关节点的地址
26      #define LIGHT_ADDR                0xBEEF     //39  灯节点的地址
27      #define APP_PAYLOAD_LENGTH        1          //40  缓冲区数组的长度
28      #define LIGHT_TOGGLE_CMD          0          //41  翻转命令的代码
29
30      /******************************************************************
31       * LOCAL VARIABLES  变量定义
32       ******************************************************************/
33      static uint8 pTxData[APP_PAYLOAD_LENGTH];//56 定义发送数据缓冲区，
        APP_PAYLOAD_LENGTH 代表的值为1(第40 行定义)
34
35      #ifdef SECURITY_CCM               //81
36      // Security key                   //密钥定义
37      static uint8 key[]= {             //83
38          0xc0, 0xc1, 0xc2, 0xc3, 0xc4, 0xc5, 0xc6, 0xc7,//84
39          0xc8, 0xc9, 0xca, 0xcb, 0xcc, 0xcd, 0xce, 0xcf,//85
40      };                                //86
41      #endif                            //87
42
43      /******************************************************************
44                             main 函数
45      ******************************************************************/
46      void main(void)                              //202
47      {
48          basicRfCfg_t basicRfConfig;              //58  定义用于存放配置参数的变量
49
50          basicRfConfig.myAddr = SWITCH_ADDR;      //164 设置本机地址
```

```c
51        basicRfConfig.panId = PAN_ID;            //207 设置网络ID号
52        basicRfConfig.channel = RF_CHANNEL;      //208 设置信道
53        basicRfConfig.ackRequest = TRUE;         //209 是否应答
54   #ifdef SECURITY_CCM                           //210
55        basicRfConfig.securityKey = key;         //211
56   #endif
57        halBoardInit();                          //215 I/O端口、时钟、中断等初始化
58
59        if(halRfInit()==FAILED) {                //219 射频模块硬件初始化，并判断初始化是否成功
60            HAL_ASSERT(FALSE);                   //220 用4个发光二极管闪烁来指示系统故障，为死循环
61        }                                        //221
62        halLedSet(1);                            //224 点亮LED1，用来指示系统已上电
63   /*******************************************
64    以下是appSwitch()函数中的代码
65    *******************************************/
66        pTxData[0] = LIGHT_TOGGLE_CMD;           //161 发送数据初始化:发送的命令代码
67        if(basicRfInit(&basicRfConfig)==FAILED) {//165 初始化射频参数，若失败，则进入死循环。射频初始化：用指定参数设置网络ID号、本机地址、信道、是否应答、如何加密等
68            HAL_ASSERT(FALSE);                   //166 死循环：4个发光二极管闪烁
69        }                                        //167
70        basicRfReceiveOff();                     //168 关闭接收模式，以便节能
71        while (TRUE) {                           //173 以下是死循环
72            if( halButtonPushed()==HAL_BUTTON_1 ){//174 改 判断是否是SW1按下
73                basicRfSendPacket(LIGHT_ADDR, pTxData, APP_PAYLOAD_LENGTH);//176 发送数据：目的地址为LIGHT_ADDR,数据存放在pTxData数组中，长度为APP_PAYLOAD_LENGTH
74
75                halIntOff();                     //179 关中断
76                halMcuSetLowPowerMode(HAL_MCU_LPM_3);  //180 CPU进入低功耗状态
77                halIntOn();                      //182 开中断
78            }                                    //184
79        }                                        //185
80   }                                             //250
```

3. 编制点灯程序文件 light.c

（1）按照新建 switch.c 文件的方法和步骤新建 light.c 文件。

（2）在 light.c 文件中添加程序代码。从"light_switch.c"文件中复制部分代码至"light.c"文件中，并对复制后的程序进行修改。

复制修改后的 light.c 文件的代码如下：

```
1   /*****************************************************************
2                         light.c
3   功能：无线点灯程序(接收端)
4   *****************************************************************/
5
6   /*****************************************************************
7   * INCLUDES   头文件包含
8   *****************************************************************/
9   #include <hal_led.h>              //18
10  #include <hal_assert.h>           //20
11  #include <hal_board.h>            //21
12  #include <hal_int.h>              //22
13  #include "hal_mcu.h"              //23
14  #include "hal_button.h"           //24
15  #include "hal_rf.h"               //25
16  #include "basic_rf.h"             //27
17
18  /*****************************************************************
19  * CONSTANTS   常量定义
20  *****************************************************************/
21  // Application parameters
22  #define RF_CHANNEL              25    //34  2.4 GHz 射频信道定义
23
24  // BasicRF address definitions      // BasicRF 地址定义
25  #define PAN_ID                  0x2007    //37  网络 ID
26  #define SWITCH_ADDR             0x2520    //38  开关节点的地址
27  #define LIGHT_ADDR              0xBEEF    //39  灯节点的地址
28  #define APP_PAYLOAD_LENGTH      1         //40  接收缓冲区的长度
29  #define LIGHT_TOGGLE_CMD        0         //41  翻转命令的代码
30
31  /*****************************************************************
32  * LOCAL VARIABLES   变量定义
33  *****************************************************************/
34  static uint8 pRxData[APP_PAYLOAD_LENGTH];//57 定义接收数据缓冲区，
    APP_PAYLOAD_LENGTH 代表的值为1(第40行定义)
35
36  #ifdef SECURITY_CCM                         //81
37  // Security key                             //82 密钥
38  static uint8 key[]= {                       //83
39      0xc0, 0xc1, 0xc2, 0xc3, 0xc4, 0xc5, 0xc6, 0xc7,//84
40      0xc8, 0xc9, 0xca, 0xcb, 0xcc, 0xcd, 0xce, 0xcf,//85
41  };                                          //86
42  #endif                                      //87
43
```

```
44   /************************************************************
45                        main 函数
46   ************************************************************/
47   void main(void)                              //202
48   {
49     // Config basicRF        配置 basicRF
50     basicRfCfg_t basicRfConfig;                //58 定义存放配置参数的变量
51     basicRfConfig.myAddr = LIGHT_ADDR;         //119 设置本机地址
52
53     basicRfConfig.panId = PAN_ID;              //207 设置网络ID号
54     basicRfConfig.channel = RF_CHANNEL;        //208 设置信道号
55     basicRfConfig.ackRequest = TRUE;           //209 是否应答
56   #ifdef SECURITY_CCM                          //210
57     basicRfConfig.securityKey = key;           //211
58   #endif
59     halBoardInit();                            //215 I/O端口、时钟、中断等初始化
60
61     if(halRfInit()==FAILED) {                  //219 射频模块硬件初始化，并判断初始化是否成功
62         HAL_ASSERT(FALSE);                     //220 初始化失败时，用4个发光二极管闪烁来指示系统故障，为死循环
63     }                                          //221
64     halLedSet(1);                              //224 点亮LED1，用来指示系统已上电
65   /******************************************
66          以下是appSwitch()函数中的代码
67   ******************************************/
68     if(basicRfInit(&basicRfConfig)==FAILED) {  //120 初始化射频参数，若失败，则进入死循环。射频初始化：用指定参数设置网络ID号、本机地址、信道号、是否应答、如何加密等
69         HAL_ASSERT(FALSE);                     //121 死循环：4个发光二极管闪烁
70     }                                          //122
71     basicRfReceiveOn();                        //123 打开射频接收器
72     while (TRUE) {                             //126 以下是死循环
73       while(!basicRfPacketIsReady());          //127 等待接收到新数据
74       if(basicRfReceive(pRxData, APP_PAYLOAD_LENGTH, NULL)>0) {//129 接收数据，并存放至pRxData缓冲区中
75         if(pRxData[0] == LIGHT_TOGGLE_CMD) {   //130 判断所接收到的数据是否为LED翻转命令
76             halLedToggle(1);                   //131 LED翻转
77         }                                      //132
78       }                                        //133
79     }                                          //134
80   }                                            //250
```

4. 编译下载程序

（1）将 light.c 文件添加至 application 组中。

第 1 步：在窗口左边的 Workspace 栏中，单击 light_switch 工程名前的+号，将工程中的组结构图展开。

第 2 步：右击 application 组，在弹出的快捷菜单中单击"Add"→"Add Files…"菜单命令项，如图 2-13 所示。然后在弹出的"Add Files-application"对话框中选择刚才所编制的 light.c 文件，再单击"打开"按钮，IAR 就会将 light.c 文件添加到 application 组中，添加后的结果如图 2-14 所示。

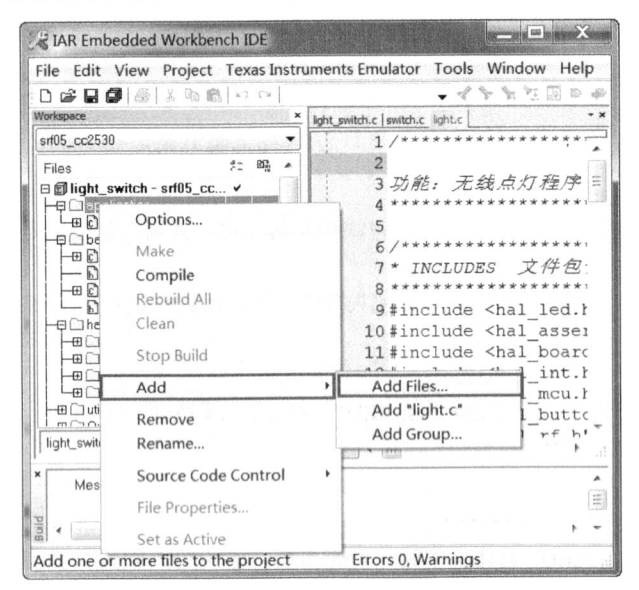

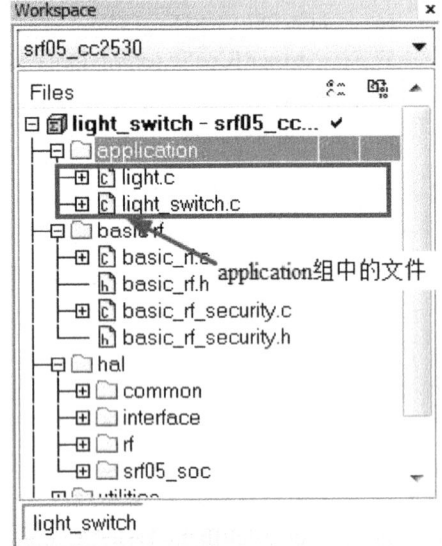

图 2-13　在 application 组中添加文件　　　图 2-14　添加后的 application 组中文件

（2）移除 application 组中的多余文件。application 组中的 light_switch.c 文件是 TI 公司提供给用户的样例文件。本例中，我们已从样例文件中复制了相关代码，程序编写完毕后，样例文件就是多余的了。另外，样例文件中的许多变量、宏、函数等与我们所编制的应用程序中的变量、宏、函数同名，程序编译时会产生错误，因此需要将 light_switch.c 样例文件从工程中移除出去。从 application 组中移除 light_switch.c 文件的方法如下：用鼠标右键单击 application 组中的 light_switch.c 文件，在弹出的快捷菜单中单击"Remove"菜单命令项，如图 2-15 所示，系统会弹出如图 2-16 所示的移除确认对话框。然后在移除确认对话框中单击"是(Y)"按钮，IAR 就会将所选择的 light_switch.c 文件从工程中移除出去。

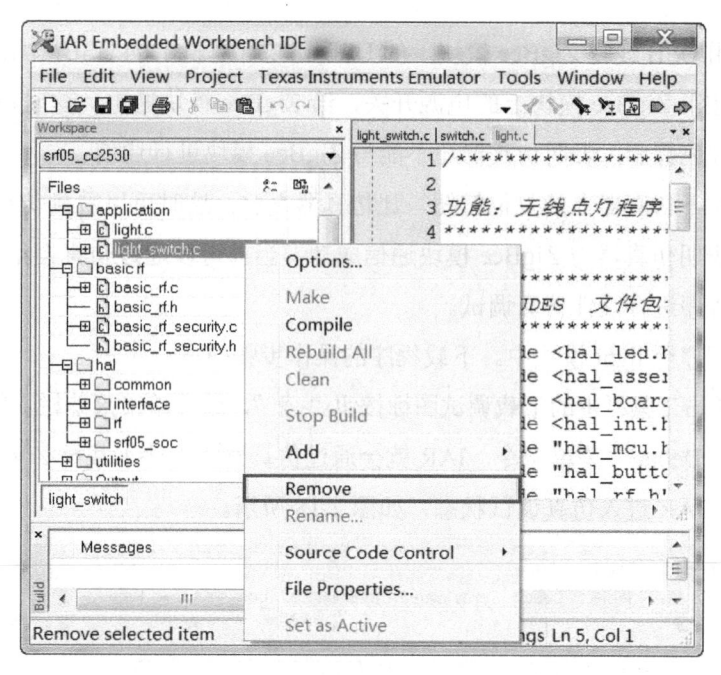

图 2-15 从工程中移除 light_switch.c 文件

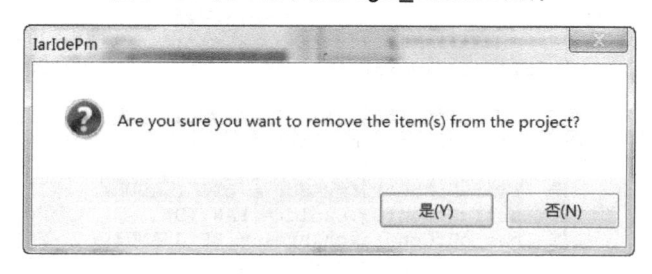

图 2-16 移除确认对话框

（3）编译、连接程序。单击菜单栏上的"Project"→"Make"菜单命令项，IAR 就会对工程中的文件进行编译、连接，并在 Build 窗口中显示编译、连接后的结果，如图 2-17 所示。

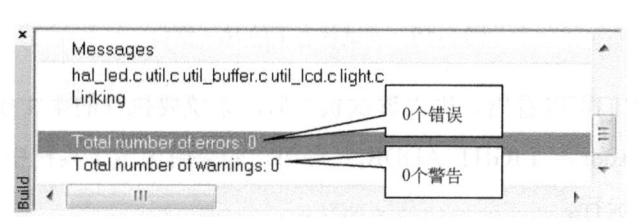

图 2-17 Build 窗口

（4）连接仿真器。连接仿真器的操作步骤如下：

第 1 步：用 10P 排线将仿真器上的 10P 牛角座与 ZigBee 模块上的 10P 牛角座相连。

第 2 步：用 USB 线将仿真器上的 USB 口与计算机上的 USB 口相接。

第 3 步：用 USB 线将 ZigBee 模块上的 USB 口与计算机上的 USB 口相接。

第 4 步：按下 ZigBee 模块上的电源开关，给 ZigBee 模块通电。这时可以看到仿真器上的指示灯呈红色显示，表明仿真器还不能与 ZigBee 模块进行通信。

第 5 步：按下仿真器上的复位按钮，让仿真器复位。这时可以看到仿真器上的指示灯呈绿色显示，表明仿真器与 ZigBee 模块通信成功，当前可以通过仿真器给 ZigBee 模块下载程序或者对程序进行硬件仿真调试。

（5）下载程序至 light 模块中。下载程序的操作步骤如下。

第 1 步：单击工具栏中的下载调试图标按钮" "，或者单击菜单栏上的"Project"→"Download and Debug"菜单命令，IAR 就会通过仿真器将程序下载至 ZigBee 模块中，程序下载完毕后，IAR 进入仿真调试状态，如图 2-18 所示。

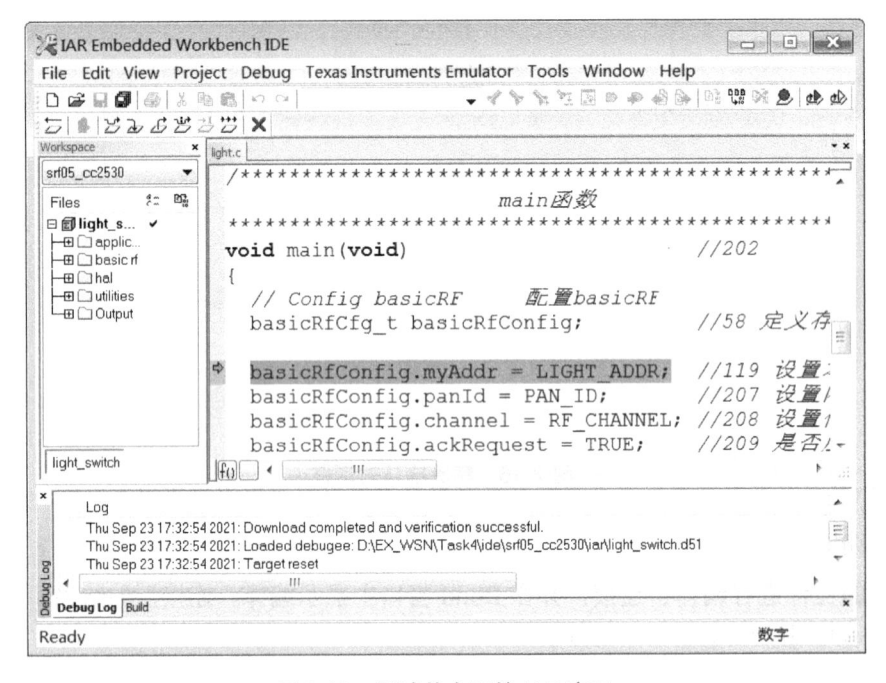

图 2-18 调试状态下的 IAR 窗口

从图 2-18 中我们可以看出，进入调试状态后，系统要执行的第 1 条语句是第 50 行的"basicRfConfig.myAddr = LIGHT_ADDR;"语句。如果用调试工具栏中的相关命令，我们就可以追踪程序的运行。

第 2 步：单击调试工具栏中的"全速运行"图标按钮，ZigBee 模块上的 LED1 就会点亮，表明硬件初始化正确。

第 3 步：单击"结束调试"图标按钮，IAR 就会退出调试状态而进入编辑状态。

第 4 步：关闭模块上的电源，断开仿真器与模块的连接，再给模块通电，此时我们可以看到 ZigBee 模块上的 LED1 仍然点亮。

（6）重复上述 5 步，将 switch.c 文件添加至 application 组中，然后将 light.c 文件移除出 application 组，再编译连接程序，并将程序下载至另一个 ZigBee 模块中（switch 模块中），按下 switch 模块上的 SW1 按键，light 模块上的 LED1 灯就会翻转。

程序分析

1. light.c 文件中的代码分析

（1）文件的总体结构。light.c 文件比较简单，它是按照模块文件的组织规范由 light_switch.c 文件剪裁而成的，文件中只有头文件包含、宏定义、全局变量定义、函数定义等 4 部分。light.c 文件的组织结构如表 2-2 所示。

表 2-2　light.c 文件的总体结构

行号	内容
9～16 行	头文件包含
22～29 行	宏定义
34～42 行	全局变量定义
47～80 行	main()函数的定义

light.c 文件中使用了一些在其他文件中定义的数据类型、全局变量、宏和函数。例如，第 64 行中的 halLedSet()函数的说明位于 hal_led.h 文件中。C 语言规定，变量、函数、宏、自定义的数据类型必须先定义后使用。因此必须在程序的开头处用"#include"指令将这些数据类型、宏定义所在的头文件及全局变量、函数说明所在的头文件包含至文件中。

（2）全局变量定义。light.c 文件中定义了 pRxData、key 两个全局变量，位于文件的第 34 行～第 42 行。

第 34 行：定义数组 pRxData[]，该数组用作接收数据缓冲区，数组的长度为 1 个元素。语句中的 APP_PAYLOAD_LENGTH 是第 28 行中定义的一个宏，代表数值 1。

第 38 行～第 41 行：定义数组 key[]，该数组用来存放加密的密钥。

（3）main()函数分析。

第 50 行：定义结构体变量 basicRfConfig，该变量用来存放 Basic RF 的配置参数。

第 51 行～第 58 行：对结构体变量 basicRfConfig 的各成员赋值，也就是设置 Basic RF 的具体参数。

第 59 行：调用 halBoardInit()函数，对开发板上的 I/O 端口、时钟、中断等功能部件进行初始化。

第 61 行～第 64 行：调用 halRfInit()函数，进行射频模块硬件初始化，然后判断初始化的结果，若初始化成功，则执行第 64 行代码。其中，第 64 行代码的功能是点亮 LED，指示系统初始化成功；若初始化失败，则执行第 62 行代码。这行代码的功能是，用 4 只发光二极管不停地闪烁来指示系统故障。单片机执行"HAL_ASSERT(FALSE);"语句后，就进入一个死循环。

第 68 行～第 70 行：调用 basicRfInit()函数进行 Basic RF 参数配置，再判断配置的结果，若配置失败，则执行第 69 行代码，系统进入死循环，并控制 4 只发光二极管闪烁，用以提示系统故障。

第 71 行：打开射频接收器。

第 72 行～第 79 行：死循环。其中，第 73 行～第 78 行为循环体。

这几行代码的功能是等待新数据的到来，然后接收数据，并存入接收缓冲区中，再对接收数据进行判断，若当前接收到的是 LED 灯翻转命令，则控制 LED 灯翻转。

2. switch.c 文件中的代码分析

switch.c 文件与 light.c 文件相比，它们的结构相同，头文件包含、宏定义部分完全相同，全局变量的定义也相似，两者的差别主要是 main()函数不同。在 switch.c 文件中，main()函数中各代码的作用如下。

第 48 行：定义结构体变量 basicRfConfig，该变量用来存放 Basic RF 的配置参数。

第 50 行～第 56 行：对结构体变量 basicRfConfig 的各成员赋值，也就是设置 Basic RF 的具体参数。

第 57 行：调用 halBoardInit()函数，对开发板上的 I/O 端口、时钟、中断等功能部件进行初始化。

第 59 行～第 61 行：调用 halRfInit()函数，进行射频模块硬件初始化，并判断初始化的结果，若初始化失败，则执行第 60 行代码，系统进入死循环，并控制 4 只发光二极管闪烁，用以提示系统故障。

第 62 行：点亮 LED1，指示系统初始化成功。

第 66 行：将待发送数据写入发送缓冲区。发送数据为翻转 LED 灯的命令代码 LIGHT_TOGGLE_CMD。

第 67 行～第 69 行：调用 basicRfInit()函数进行 Basic RF 参数配置，再判断配置的结果，若配置失败，则执行第 68 行代码，系统进入死循环，并控制 4 只发光二极管闪烁，用以提示系统故障。

第 70 行：关闭射频接收器，以便节能。

第 71 行～第 79 行：死循环。其中，第 72 行～第 78 行为循环体。

第 72 行：判断 SW1 键是否被按下，若 SW1 被按下，则执行第 73 行～第 77 行代码。其中，halButtonPushed()函数的功能是，检测 SW1 键是否被按下，若 SW1 被按下，则返回 1，否则返回 0。该函数只能对 SW1 键进行检测判断，不能对其他键进行检测判断，如果程序中需要使用其他按键，则需用户自己编写按键处理程序或者修改 halButtonPushed()函数。

第 73 行：用 basicRfSendPacket()函数发送数组 pTxData[]中的数据，数据发送的目的地址为 LIGHT_ADDR。

第 75 行：关中断，以防止第 76 行的语句被中断服务打断。

第 76 行：让 CPU 进入低功耗状态。

第 77 行：开中断。

实践拓展

按照下列要求改变各模块的参数，然后重新编译、下载程序，按 switch 模块上的 SW1 键，观察 light 模块中 LED1 的状态，分析其中的原因。

（1）两个模块的信道号相同，都为 15，但 PANID 不同，其中 switch 模块的 PANID 为 0x1234，light 模块的 PANID 为 0x2345。

（2）两个模块的 PANID 相同，都为 0x2021，但信道号不同，其中 switch 模块的信道号为 12，light 模块的信道号为 13。

（3）在 switch.c 文件的第 73 行代码中，将发送数据的地址改为 0x2107。

（4）在 light.c 文件中，将 light 模块的网络地址改为 0x2108。

（5）在 switch.c 文件中，将 switch 模块的网络地址改为 0x2106。

实践总结

Basic RF 软件包是 TI 公司开发的基本射频传输软件包，它只能实现点对点的数据通信。

数据通信包括数据发送和数据接收两方面操作。发送数据的方法是，先定义一个数组，然后将所需发送的数据存放至该数组中，再用 basicRfSendPacket()函数将数据发送出去。

接收数据的方法是，定义一个字符型数组，该数组为用户接收缓冲区。然后用 basicRfReceiveOn()打开射频接收器，再用 basicRfPacketIsReady()函数检查节点当前是否接收了新数据，若接收到了新数据，则用 basicRfReceive()函数读取新数据并存放到用户接收缓冲区中，以供后续处理。

在进行数据通信之前需要先配置好射频参数。配置射频参数的方法是，先定义一个 basicRfCfg_t 类型的结构体变量，用来保存所需配置的参数。然后对结构体变量的各成员赋值，最后调用函数 basicRfInit()，按指定参数进行 RF 初始化。

习题

1．Basic RF 软件包是一组基于_____芯片的库函数包。

2．下列关于 Basic RF 描述的选项中，错误的是（　　　）。

A．Basic RF 只能实现点对点的传输

B．Basic RF 中所有节点的地位相等

C．Basic RF 具备"多跳""设备扫描"功能

D．Basic RF 软件包采用分层设计，包括硬件层、硬件抽象层、基本无线传输层和应用层

3．basicRfCfg_t 是 basic_rf.h 文件定义的一个结构体类型，其定义如下：

```
typedef struct {
    uint16 myAddr;
    uint16 panId;
    uint8 channel;
    uint8 ackRequest;
    #ifdef SECURITY_CCM
    uint8* securityKey;
    uint8* securityNonce;
    #endif
} basicRfCfg_t;
```

（1）myAddr 成员的含义是_____。

（2）panId 成员的含义是_____。

（3）channel 成员的含义是_____。

4．请指出下列函数的功能。

（1）basicRfInit ()。

（2）basicRfSendPacket()。

（3）basicRfReceiveOn()。

（4）basicRfReceiveOff()。

（5）basicRfPacketIsReady()。

（6）basicRfReceive()。

（7）halLedSet()。

（8）halLedToggle()。

（9）halLedClear()。

（10）halMcuWaitMs()。

5．简述初始化射频参数的方法。

6．简述在 Basic RF 中接收数据的方法。

7．用 Basic RF 组建的射频网络时，网络 ID 号为 0x1234，信道号为 20，本机地址为 0x0801，请编写初始化射频参数程序。

8．向网络中地址为 0x0803 的节点发送字符"Basic RF"，请编写发送数据程序。

9．请写出接收数据程序的框架结构。

10．简述在 IAR 中显示程序代码行号的操作方法，并上机实践。

11．举例说明从组中移除多余文件的操作方法，并上机实践。

任务 5　在 Basic RF 中用串口收发数据

任务要求

用两块 ZigBee 模块和新大陆公司的 Basic RF 软件包组建一个 Basic RF 无线网络，用 2 台计算机分别与这两个 ZigBee 模块相接，两个模块分别作为网络中的两个节点，都可以在网络中接收和发送数据。A 计算机用串口调试软件通过 A 节点在网络中发送一组字符串后，B 节点就将所接收到的字符串通过串口发送到 B 计算机中显示；B 计算机用串口调试软件通过 B 节点在网络中发送一组字符串后，A 节点就将所接收到的字符串通过串口发送到 A 计算机中显示，即两台计算机通过 Basic RF 无线网络实现类似于 QQ 聊天的功能。其中，节点与计算机进行串行通信的波特率为 BR=115200bit/s，网络的 PANID 为 0x2021，信道号为 13，两个节点的网络地址分别为 0x0715、0x0723。

知识储备

1. 新大陆公司的 Basic RF 软件包

TI 公司的 Basic RF 软件包是一个基本的射频传输软件包，软件包中并没有提供串口、定时器等单片机功能部件的 API 函数，用 TI 公司的 Basic RF 软件包组建无线传感网时，用户需要编写这些功能部件的应用程序和传感器的驱动程序。为了方便用户使用 Basic RF 组建传感网，新大陆公司对 TI 公司的 Basic RF 软件包进行了修改，删除了部分不用的模块文件，例如，删除了 LCD 模块文件 hal_lcd_srf05.c，增加了定时器、串口等 CC2530 单片机功能部件的 API 函数及一些传感器驱动函数，并对这些文件重新分类，将它们存放在 CC2530_lib 文件夹下的 basicrf、board、common、moudle、utils 等 5 个子文件夹中，CC2530_lib 文件夹中的文件就是新大陆公司修改后的 Basic RF 软件包，软件包中的文件如表 2-3 所示。

表 2-3 CC2530_lib 软件包中的文件

文件夹	文件名	功能	TI 软件包中对应的文件
basicrf	basic_rf.c	基本无线函数库	basicrf\basic_rf.c
	basic_rf.h	基本无线函数库接口	basicrf\basic_rf.h
	basic_rf_security.c	基本无线加密函数库	basicrf\basic_rf_security.c
	basic_rf_security.h	基本无线加密函数库接口	basicrf\basic_rf_security.h
board	hal_board.c	板载资源初始化函数库	targets\srf05_soc\hal_board.c
	hal_board.h	板载资源初始化函数接口	targets\srf05_soc\hal_board.h
	hal_led.c	LED 函数库	targets\srf05_soc\hal_led.c
	hal_led.h	LED 函数库接口	targets\interface\hal_led.h
common	hal_adc.c	ADC 函数库	radios\cc2530\adc.c
	hal_adc.h	ADC 函数库接口	radios\cc2530\adc.h
	hal_cc8051.h	MCU 输入输出宏定义	common\cc8051\hal_cc8051.h
	hal_clock.c	时钟函数库	radios\cc2530\clock.c
	hal_clock.h	时钟函数库接口	radios\cc2530\clock.h
	hal_defs.h	通用定义	common\hal_defs.h
	hal_digio.c	输入输出中断函数库	targets\srf05_soc\hal_digio.c
	hal_digio.h	输入输出中断函数库接口	targets\interface\hal_digio.h
	hal_int.c	中断函数库	common\hal_int.c
	hal_int.h	中断函数库接口	targets\interface\hal_int.h

续表

文件夹	文件名	功能	TI 软件包中对应的文件
common	hal_mcu.c	MCU 函数库	radios\cc2530\hal_mcu.c
	hal_mcu.h	MCU 函数库接口	targets\interface\hal_mcu.h
	hal_rf.c	无线函数库	radios\cc2530\hal_rf.c
	hal_rf.h	无线函数库接口	targets\interface\hal_rf.h
	hal_rf_security.c	无线加密函数库	radios\cc2530\hal_rf_security.c
	hal_rf_security.h	无线加密函数库接口	targets\interface\hal_rf_security.h
	hal_rf_util.c	无线通用函数库	radios\cc2530\hal_rf_util.c
	hal_rf_util.h	无线通用函数库接口	targets\interface\hal_rf_util.h
	hal_timer_32k.c	32K 定时器函数库	radios\cc2530\hal_timer_32k.c
	hal_timer_32k.h	32K 定时器函数库接口	targets\interface\hal_timer_32k.h
	hal_sleep.c	睡眠定时器函数库	无
	hal_sleep.h	睡眠定时器函数库接口	无
	hal_uart.c	串口 0 函数库	无
	hal_uart.h	串口 0 函数库接口	无
	hal_uart1.c	串口 1 函数库	无
	hal_uart1.h	串口 1 函数库接口	无
	TIMER.c	定时器 T4 函数库	无
	TIMER.h	定时器 T4 函数库接口	无
utils	util.c	工具函数库	utils\util.c
	util.h	工具函数库接口	utils\util.h
moudle	dma_ad590.c	模拟温度传感器函数库	无
	dma_ad590.h	模拟温度传感器函数库接口	无
	dma_bma.c	重力传感器函数库	无
	dma_bma.h	重力传感器函数库接口	无
	dma_dc.c	直流电机函数库	无
	dma_dc.h	直流电机函数库接口	无
	dma_eeprom.c	eeprom 函数库	无
	dma_eeprom.h	eeprom 函数库接口	无
	dma_imc.c	人体传感器函数库	无
	dma_imc.h	人体传感器函数库接口	无
	dma_m4.c	光敏/光电传感器函数库	无
	dma_m4.h	光敏/光电传感器函数库接口	无

续表

文件夹	文件名	功能	TI 软件包中对应的文件
moudle	dma_tc72.c	数字温度传感器函数库	无
	dma_tc72.h	数字温度传感器函数库接口	无
	dma_tgs.c	酒精传感器函数库	无
	dma_tgs.h	酒精传感器函数库接口	无
	dma_sht.c	温湿度传感器函数库	无
	dma_sht.h	温湿度传感器函数库接口	无
	dma_itg.c	陀螺仪传感器函数库	无
	dma_itg.h	陀螺仪传感器函数库接口	无
	dma_kr.c	可燃气体传感器函数库	无
	dma_kr.h	可燃气体传感器函数库接口	无
	dma_tgs2602.c	气体质量传感器函数库	无
	dma_tgs2602.h	气体质量传感器函数库接口	无

【说明】

（1）表中"TI 软件包中对应的文件"栏中所列出的文件为带有文件夹的文件名，文件名前面的文件夹名为该文件在 TI 软件包中的子文件夹名。例如第 1 行的"basicrf\basic_rf.c"，其含义是：对应的文件为"basic_rf.c"，该文件位于 TI 软件包的"basicrf"子文件夹中。

（2）TI 公司的 Basic RF 软件包的程序文件位于 components 文件夹中。该文件夹有 basicrf、common、radios、targets、utils 等 5 个子文件夹，有的子文件夹中还有子文件夹。表中所列的文件夹为 components 文件夹中的子文件夹。

（3）新大陆公司的 Basic RF 软件包在 V8.10.3 版的 IAR 中编译时有 3 个警告提示。第 1 处发生在 hal_mcu.c 文件的第 91 行代码处，这行代码是 halMcuSetLowPowerMode()函数中的代码。产生警告提示的原因是 halAssertHandler()函数没有定义。在 TI 公司的软件包中，halMcuSetLowPowerMode()函数的函数体并没有实质性的代码，我们只需将函数 halMcuSetLowPowerMode()中的代码全部注释掉就可以消除第 1 处的警告提示。

第 2 处和第 3 处警告提示发生在 basic_rf.c 文件的第 467 行和第 491 行处，提示两处 if 结构中的比较无意义，比较的结果为真。其原因是 rxi 结构体变量的 rssi 成员的类型为 int8 型，其值域为 $-128 \sim 127$。如果不关心接收信号强度参数（rssi），那么可以忽略这两处警告提示。

2. 新大陆软件包中有关串口的 API 函数

（1）halUartInit()函数。该函数的定义位于 hal_uart.c 文件中，函数的原型说明如下：

void halUartInit(uint32 baud);

该函数的功能是用指定的波特率初始化串口 0。函数中各参数的含义如下：baud，所要设置的波特率，单位为 bit/s，默认值为 38400，规定的波特率取值为以下值，即 1200、2400、4800、9600、14400、19200、28800、38400、57600、76800、115200、230400。函数无返回值。

【说明】

① 该函数只能初始化串口 0，串口 1 的 API 函数位于 hal_uart1.c 文件中。

② 用该函数初始化串口后，串口 0 的帧格式为 8 位数据位，1 位起始位，1 位停止位。

③ 若用户设置的波特率不是规定值，则用该函数初始化串口后，串口 0 的波特率为 38400bit/s。

例如：

halUartInit(115200);   /*初始化串口 0，115200 是合法的波特率，语句执行后串口 0 的波特率为 115200bit/s，帧格式为 8 位数据位，1 位起始位，1 位停止位*/
halUartInit(120);   /*初始化串口 0，120 是非法的波特率，语句执行后串口 0 的波特率为 38400bit/s（默认值），帧格式为 8 位数据位，1 位起始位，1 位停止位*/

（2）halUartRxLen()函数。该函数的定义位于 hal_uart.c 文件中，函数的原型说明如下：

uint16 halUartRead(uint8 *buf, uint16 len);

该函数的功能是计算串口 0 的缓冲区中所接收到的数据长度。函数无参数。函数的返回值为串口 0 的缓冲区中新接收到的数据长度。

【说明】

① 软件包中所使用的串口是串口 0，串口收发数据均采用中断方式，软件中为接收和发送各定义了一个缓冲区，这两个缓冲区供串口中断使用。缓冲区为一个环形队列，其长度为 128 字节，接收中断服务程序只是将所接收到的数据存放到接收缓冲区中，发送中断服务程序只是将发送缓冲区中尚没发送完的数据发送出去。

② halUartRxLen()检测的是串口接收缓冲区所存放的新接收到的数据个数。

（3）halUartRead()函数。该函数的定义位于 hal_uart.c 文件中，函数的原型说明如下：

uint16 halUartRead(uint8 *buf, uint16 len);

该函数的功能是，从串口接收缓冲区中读取若干字节数据，并保存至指定的缓冲区中。函数中各参数的含义如下：

buf：数据存放缓冲区的首地址。

len：所要读取数据的长度。

函数的返回值为实际读取的数据长度。

用halUartRead()函数读取串口接收数据时需注意以下问题：

① 用此函数读串口接收数据时，并不是从串口的数据寄存器中读数，而是从串口的环形队列缓冲区中读数。

② 两次使用halUartRead()函数读数时需间隔一段时间，否则会出现读数错误问题。实际使用时一般间隔5～10ms。

③ 用halUartRead()函数读取串口数据时常出现读数不及时问题。例如，计算机用串口向单片机发送10个字符时，若用该函数读取串口数据，常出现第一次只能读入一个字节的数据，第二次可读入多字节数据的现象。

④ 连续读出串口接收缓冲区中数据的方法是，分多次读串口接收缓冲区中的数据，然后将这些数据拼接在应用层的缓冲区中，直至串口接收缓冲区中的数据全部读出为止。将串口接收缓冲区中的数据读出至buf所指向的缓冲区的程序如下：

```
1   /***************************************************************
2                   uint16   RdUartBuf(uint8 *buf)函数
3   功能：读串口缓冲区中的数据,并存放至指定的缓冲区中
4   参数：
5       buf: 数据存放的地址
6   返回值：
7       实际读得数据的个数
8   ***************************************************************/
9   uint16   RdUartBuf(uint8 *buf)
10  {
11      uint16   len=0;              //读取数据的长度
12      uint16   tlen=0;             //记录每次读数的长度
13      uint8    tBuf[128];          //存放每次接收的数据
14      uint8    i;
15      tlen = halUartRxLen();       //检查接收缓冲区中是否有数
16      while(tlen>0)
17      { //有数据
18          tlen = halUartRead(tBuf,sizeof(tBuf));//从串口接收缓冲区中读数并暂存在tBuf[]中
19          for(i=0;i<tlen;i++)      //接收数据存入buf缓冲区中
20              *buf++=tBuf[i];
21          len += tlen;             //接收数据长度增加tlen
```

```
22              halMcuWaitMs(5);              //间隔5ms 再读,两次读一定要间隔一段时间
23              tlen = halUartRxLen();        //检查接收缓冲区中是否有数
24          }
25          return   len;
26      }
```

（4）halUartWrite()函数。该函数的定义位于 hal_uart.c 文件中，函数的原型说明如下：

```
uint16 halUartWrite(uint8 *buf, uint16 len);
```

该函数的功能是用串口 0 将指定缓冲区中的数据发送出去。函数中各参数的含义如下。

buf：发送数据存放的地址。

len：发送数据的长度。

函数的返回值为实际发送数据的长度。

【说明】用 halUartWrite()函数写数时，所写入的数据并不直接写入串口的数据寄存器中，而是将所要写入的数据写至发送环形队列缓冲区中，再由串口中断将此环形队列中的新数据发送出去。

（5）halBoardInit()函数。该函数的定义位于 hal_board.c 文件中，函数的原型说明如下：

```
void halBoardInit(void);
```

该函数的功能是初始化系统时钟、串口 0，并开放全局中断。该函数无参数，也无返回值。

【说明】TI 公司的 Basic RF 资源包中也有 halBoardInit()函数，但新大陆公司根据应用需要对该函数进行了修改，函数中增加了初始化串口 0 的功能，删除了初始化 LCD 和 LED 功能。调用此函数后，串口 0 的波特率被设置成 38400bit/s，若串口 0 要使用其他波特率，则应在此函数之后再用 halUartInit()设置波特率，或者修改 halBoardInit()函数，在该函数中将串口的波特率设置成所需要的值。

3. CC2530 单片机的串口

CC2530 单片机有 USART0 和 USART1 共两个串行通信接口，它们都可以在异步 UART 模式下作异步通信口使用，也可以在同步 SPI 模式下作 SPI 口使用。两个 USART 具有相同的功能。本节我们主要介绍串口的异步通信模式。

（1）串口的引脚。串口在 UART 模式工作时，串口的引脚为 RXD、TXD、RTS、CTS 等 4 个引脚。这 4 个引脚的功能如表 2-4 所示。

表 2-4　串口的引脚

引脚	功能	说明
RXD	数据接收脚	必用脚
TXD	数据发送脚	必用脚
RTS	请求发送脚	流控制时用此脚
CTS	清除发送脚	流控制时用此脚

串口采用流控制时，串口用 RXD、TXD、RTS、CTS 四线通信，不采用流控制时，串口用 RXD、TXD 二线通信。

在 CC2530 单片机中，设置 PERCFG 寄存器的 UxCFG 位的值可以将串口的 4 个引脚设置在备用位置 1 上（Alt1 位置上）或者备用位置 2 上（Alt2 位置上），单片机复位时，串口引脚位于 Alt1 位置上。串口引脚与通用 I/O 口的对应关系如表 2-5 所示。

表 2-5　串口的引脚与通用 I/O 口的对应关系

外设功能		P0							P1						
		7	6	5	4	3	2	1	0	7	6	5	4	3	2	1	0
UART0	Alt1			RT	CT	TX	RX										
	Alt2											TX	RX	RT	CT		
UART1	Alt1			RX	TX	RT	CT										
	Alt2											RX	TX	RT	CT		

（2）串口的相关寄存器。CC2530 单片机中与串口相关的寄存器主要有控制和状态寄存器 UxCSR（x=0、1，下同）、UART 控制寄存器 UxUCR、通用控制寄存器 UxGCR、波特率控制寄存器 UxBAUD 和接收/传送数据缓存 UxBUF。在 IAR 中这些寄存器的定义位于 ioCC253.h 文件中，如图 2-19 所示。

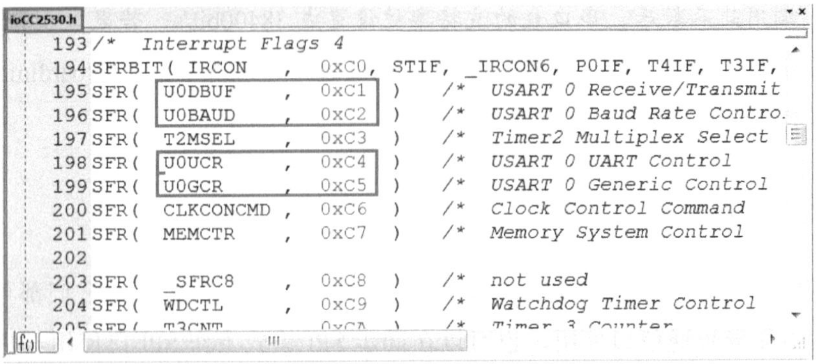

图 2-19　IAR 中寄存器的定义

① 控制和状态寄存器 UxCSR。UxCSR 包括 U0CSR 和 U1CSR 共两个寄存器，它们的功能是设置串口的模式，记录串口的状态。UxCSR 的定义如表 2-6 所示。

表 2-6　UxCSR（x=0、1）寄存器

位	名称	复位值	操作	功能描述
7	MODE	0	R/W	USART 模式选择 0：SPI 模式，1：UART 模式
6	RE	0	R/W	UART 接收器使能。注意在 UART 完全配置之前不使能接收。 0：禁用接收器，1：使能接收器
5	SLAVE	0	R/W	SPI 主/从模式选择 0：SPI 主模式，1：SPI 从模式
4	FE	0	R/W0	UART 帧错误状态 0：无帧错误，1：出现了帧错误
3	ERR	0	R/W0	UART 奇偶校验错误状态 0：无奇偶校验错误，1：出现奇偶校验错误
2	RX_BYTE	0	R/W0	接收字节状态。UART 模式和 SPI 从模式都用此位 读 U0DBUF 时，该位自动清除，向该位写 0 也可清除它，这样可有效地丢弃 U0DBUF 中的数据 0：没有收到字节数据，1：收到字节数据
1	TX_BYTE	0	R/W0	传送字节状态。UART 模式和 SPI 从模式都用此位 0：字节数据没有发送完毕 1：写到数据缓存寄存器的数据已发送完毕
0	ACTIVE	0	R	USART 传送/接收主动状态 0：USART 空闲，1：USART 正在发送或者接收数据

② UART 控制寄存器 UxUCR。UxUCR 的定义如表 2-7 所示。

表 2-7　UxUCR（x=0、1）寄存器

位	名称	复位值	操作	功能描述
7	FLUSH	0	R0/W1	清除单元。该位置于 1 时，将立即停止当前操作并且返回单元的空闲状态
6	FLOW	0	R/W	UART 硬件流控制使能。用 RTS 和 CTS 引脚选择硬件流控制的使用 0：禁止流控制，1：使能流控制
5	D9	0	R/W	UART 奇偶校验位 使能奇偶校验时，写入 D9 的值决定了发送第 9 位的值，如果收到的第 9 位不匹配收到字节的奇偶校验，接收时报告中 ERR。如果奇偶校验使能，那么该位设置以下奇偶校验级别： 0：奇校验，1：偶校验

续表

位	名称	复位值	操作	功能描述
4	BIT9	0	R/W0	UART 9 位数据使能 当该位是 1 时，使能奇偶校验位传输（即第 9 位）。如果通过 PARITY 使能奇偶校验，第 9 位的内容是通过 D9 给出的。 0：8 位传送，1：9 位传送
3	PARITY	0	R/W0	UART 奇偶校验使能 0：禁用奇偶校验，1：使能奇偶校验 若要使能奇偶校验，除了要将该位置 1 外，还要使能 9 位模式
2	SPB	0	R/W0	UART 停止位的位数。选择要传送的停止位的位数 0：1 位停止位，1：2 位停止位
1	STOP	1	R/W0	UART 停止位的电平。必须不同于开始位的电平 0：停止位低电平，1：停止位高电平
0	START	0	R	UART 起始位电平。 0：起始位低电平，1：起始位高电平

③ 通用控制寄存器 UxGCR。通用控制寄存器 UxGCR 的定义如表 2-8 所示。

表 2-8　UxGCR（x=0、1）寄存器

位	名称	复位值	操作	功能描述
7	CPOL	0	R/W	SPI 的时钟极性 0：负时钟极性，1：正时钟极性
6	CPHA	0	R/W	SPI 时钟相位 0：SCK 从 CPOL 倒置到 CPOL 时，数据输出到 MOSI 引脚，SCK 从 CPOL 到 CPOL 倒置时，对 MISO 引脚上的数据采样输入 1：SCK 从 CPOL 到 CPOL 倒置时，数据输出到 MOSI 引脚，SCK 从 CPOL 倒置到 CPOL 时，对 MISO 引脚上的数据采样输入
5	ORDER	0	R/W	传送位的顺序 0：LSB 先传送，1：MSB 先传送
4:0	BAUD_E[4:0]	0 0000	R/W	波特率指数值。BAUD_E 和 BAUD_M 决定了 UART 波特率和 SPI 的主时钟 SCK 的频率

④ 波特率控制寄存器 UxBAUD。波特率控制寄存器 UxBAUD（x=0、1）的定义如表 2-9 所示。

表 2-9　UxBAUD（x=0、1）寄存器

位	名称	复位值	操作	功能描述
7:0	BAUD_M[7:0]	0x00	R/W	波特率小数部分的值。BAUD_E 和 BAUD_M 决定了 UART 的波特率和 SPI 的主时钟 SCK 的频率

⑤ 接收/传送数据缓存 UxBUF。接收/传送数据缓存 UxBUF（x=0、1）的定义如表 2-10

所示。

表 2-10　U0BUF（x=0、1）寄存器

位	名称	复位值	操作	功能描述
7:0	DATA[7:0]	0x00	R/W	USART 接收和传送的数据 向该寄存器写数时串口就将所写入的数据发送出去 读该寄存器时，所读得的数据为串口所接收到的数据

（3）串口的波特率。串口的波特率取决于寄存器 UxBAUD 的 BAUD_M[7:0]的取值、UxGCR 寄存器的 BAUD_E[4:0]的取值及系统的时钟频率 f。波特率 BR 的公式如下：

$$波特率 BR = \frac{(256 + BAUD\_M) \times 2^{BAUD\_E}}{2^{28}} \times f$$

单片机复位后，系统的时钟为内部 RC 振荡器，系统的时钟频率 f=16MHz。在 Basic RF 中，当系统调用 halBoardInit()后，系统的时钟为外部 32MHz 的晶体振荡器，系统的时钟频率 f=32MHz。f=32MHz 时常用波特率的设置如表 2-11 所示。

表 2-11　32MHz 系统时钟时常用的波特率设置

波特率（bit/s）	UxBAUD.BAUD_M	UxGCR.BAUD_E	误差（%）
2400	59	6	0.14
4800	59	7	0.14
9600	59	8	0.14
14400	216	8	0.03
19200	59	9	0.14
28800	216	9	0.03
38400	59	10	0.14
57600	216	10	0.03
76800	59	11	0.14
115200	216	11	0.03
230400	216	12	0.03

（4）串口的编程方法。串口的应用程序包括 3 部分：一是初始化串口程序，二是发送数据程序，三是接收数据程序。这 3 个程序的编写方法如下。

① 初始化串口。初始化串口的任务主要有 5 项：一是设置串口的引脚，二是设置串口的模式，三是设置帧格式，四是设置串口的波特率，五是设置串口的中断。初始化串口的方法如下：

- 设置串口的引脚。先选择串口的引脚位置，方法是设置寄存器 PERCFG 的 UxCFG 位的值（PERCFG 寄存器的定义详见《CC2530 中文数据手册完全版》的第 77 页），若选用备用位置 2，则将 PERCFG 的 UxCFG 位置于 1；若选用备用位置 1，则不必设置

PERCFG。例如,将串口 0 的引脚设在备用位置 2 上的程序如下:

PERCFG |= 1<<0;　　　/*U0CFG 为 PERCFG 寄存器的第 0 位,U0CFG=1,串口 0 选用备用位置 2*/

再将串口引脚对应的 I/O 脚设为外设脚。方法是将寄存器 PxSEL 的对应位置于 1。

例如,串口 0 选用备用位置 1,查表 2-5 可知,串口 0 对应的 4 个 I/O 脚为 P02～P05,需要将这 4 个 I/O 脚设为外设脚,其方法就是将 P0SEL 寄存器的第 2～5 位置 1。所以,将串口 0 对应的 I/O 脚设为外设脚的程序如下:

P0SEL |= (1<<2)|(1<<3)|(1<<4)|(1<<5);/*将串口 0 对应的 I/O 脚设为外设脚*/

- 设置串口的模式。先将串口设置成 UART 模式,方法是将 UxCSR.7 位置 1。然后在串口的配置结束时使能串口接收,方法是将 UxCSR.6 位置 1。

例如,串口 0 采用 UART 模式接收数据的初始化程序段如下:

U0CSR　|= 1<<7;　　　　//将串口 0 设置成 UART 模式
……　　　　　　　　　//此处为串口 0 的其他配置代码
U0CSR　|= 1<<6;　　　　//使能串口 0 接收

- 设置串口的帧格式。内容包括设置数据的位数、空闲时数据线上的电平状态、起始位的电平、停止位的电平、是否采用流控制等,方法是设置 UxUCR 寄存器的值。通常情况下 UxUCR 寄存器的值取复位值 0x02,此时程序中不设置 UxUCR,其含义是:串口不采用流控制,数据位 8 位,起始位 1 位,停止位 1 位,无奇偶校验,空闲时数据线为高电平,起始位的电平为低电平,停止位的电平为高电平。

- 设置波特率。方法是,根据波特率公式或者查阅表 2-11 得出 BAUD_M、BAUD_E 的值,然后将其值分别赋给寄存器 UxBAUD、UxGCR。

例如,单片机振荡频率为 32MHz,串口的波特率为 115200bit/s,查表 2-11 可知,BAUD_M=216,BAUD_E=11。设置波特率的程序如下:

U0GCR = 11;　　　　　//BR 的指数值为 11
U0BAUD = 216;　　　　//BR 小数部分的值为 216

- 设置中断。内容包括设置中断优先级、使能中断、使能全局中断等。串行中断的相关控制位如表 2-12 所示。

表 2-12　串口中断控制位

中断名	含义	中断向量	中断屏蔽	中断标志	优先级设置
URX0	USART0 数据接收完毕	0x13	IEN0.URX0IE	TCON.URX0IF	IP1.2,IP0.2
URX1	USART1 数据接收完毕	0x1b	IEN0.URX1IE	TCON.URX1IF	IP1.3,IP0.3
UTX0	USART0 数据发送完毕	0x3b	IEN2.UTX0IE	IRCON2.UTX0IF	IP1.2,IP0.2
UTX1	USART1 数据发送完毕	0x73	IEN2.UTX1IE	IRCON2.UTX1IF	IP1.3,IP0.3

【说明】

① 表中，X.Y 表示 X 寄存器的 Y 位，其中 Y 为数字时表示的是该寄存器的第 Y 位。例如，IEN0.URX0IE 表示 IEN0 寄存器的 URX0IE 位，IP1.2 表示 IP1 寄存器的第 2 位。

② IEN0、IEN2、TCON、IRCON2 等 4 个寄存器的各位都有位地址，可以位访问。IP1、IP0 这两个寄存器的位没有位地址，不可位访问。

将可位访问的位清 0、置 1 的方法是给该位赋值 0、1。例如：

URX0IE = 1;   //将 IEN0.URX0IE 位置 1，开串口 0 的接收中断

对于不可位访问的寄存器而言，常用按位操作运算将寄存器的某些位清 0 或者置 1。将寄存器 R 的位清 0、置 1、取反的算法如下：

```
R |= 1<<i;               //将 R 的第 i 位置 1
R |= (1<<i)|( 1<<j);     //将 R 的第 i 位、第 j 位置 1
R &= ~(1<<i);            //将 R 的第 i 位清 0
R &= ~((1<<i)|( 1<<j));  //将 R 的第 i 位、第 j 位清 0
R ^= 1<<i;               //将 R 的第 i 位取反
R ^= (1<<i)|( 1<<j);     //将 R 的第 i 位、第 j 位取反
```

例如，将 IP1.2 位置 1 的程序如下：

IP1 |= 1<<2;   //将 IP1.2 位置 1

③ CC2530 单片机的中断系统有 4 个优先级，第 0 级的优先级最低，第 3 级的优先级最高。各中断的优先级由 IP1.x、IP0.x 设置，它们之间的关系如表 2-13 所示。

表 2-13 中断优先级的设置

IP1.x	IP0.x	优先级
0	0	0（最低）
0	1	1
1	0	2
1	1	3（最高）

设置串行中断优先级的方法是，根据表 2-12、表 2-13 设置 IP0.x、IP1.x 的值。例如，将串口 0 的接收中断设置为第 2 级的方法是，将 IP1.2 设为 1，将 IP0.2 设为 0，程序如下：

```
IP1 |= 1<<2;             //将 IP1.2 位置 1
IP0 &= ~(1<<2);          //将 IP0.2 位清 0
```

使能中断的方法是，将表 2-12 中的中断屏蔽位置 1。例如，使能串口 0 的接收中断 URX0 的程序如下：

URX0IE = 1;   //使能串口 0 的接收中断

使能全局中断的方法是，将 EA 位置 1。

【例】单片机的振荡频率 f=32MHz，串口 0 位于备用位置 1，采用异步方式接收数据，帧格式为默认方式，波特率为 115200bit/s，数据接收采用中断方式，优先级为 3 级，数据发送采用查询方式，请编写串口 0 的初始化程序。

【解】串口 0 的帧格式为默认方式，U0UCR 不必设置。数据接收采用中断方式，发送采用查询方式，只需设置 U0RX 中断，不必设置 U0TX 中断。串口 0 的初始化程序如下：

```
void   InitUART0(void)
{
  PERCFG &= ~(1<<0);        //U0CFG=0,串口 0 选用备用位置 1,即 P05~P02
  P0SEL  |= (1<<5)|(1<<4)|(1<<3)|(1<<2);//P05~P02 作外设 I/O 引脚
  U0CSR  |= 1<<7;   //USART0 选择 UART 模式
  U0GCR  |= 11;     //BR 的指数值为 11
  U0BAUD |= 216;    //BR 小数部分的值为 216
  U0CSR  |= 1<<6;   //允许 UART0 接收
  IP1 |= 1<<2;      //优先级为 3 级:IP1.2=1,IP0.2=1
  IP0 |= 1<<2;
  URX0IE = 1;       //开串口接收中断
  EA     = 1;       //开全局中断
}
```

② 发送数据。发送数据一般采用查询方式。在 UTXxIF（x=0、1）位为 0 的条件下，向串口缓冲器 UxDBUF 写入数据，串口 x 就启动数据发送，在数据发送的过程中，UTXxIF 位为 0。数据发送完毕，硬件电路将 UTXxIF 置 1。如果再要发送数据，需再将 UTXxIF 位清零。以串口 0 为例，发送无符号字符型数 m 的程序如下：

```
void   Uart0TX(uint8  m)
{
  U0DBUF   = m;          //数据写入发送缓冲器，启动发送
  while(UTX0IF == 0);    //等待数据发送完毕
  UTX0IF = 0;            //将发送中断请求标志清零，为下次发送作准备
}
```

③ 接收数据。串口何时有数据到来，单片机是不清楚的，为了提高效率，接收数据一般采用中断方式。串口接收数据的条件是，允许接收数据且串口接收中断请求标志位 URXxIF（x=0、1）位为 0。串口接收完一帧数据后硬件电路就将 URXxIF 位置 1，若此时使能了接收中断和全局中断，则串口请求中断，CPU 响应串口中断后会执行串口中断服务程序，并将 URXxIF 位清零。

在 IAR 中，中断服务程序的格式如下：

```
1    #pragma vector = 地址
2    __interrupt void   中断服务函数名(void)
3    {
4      /*中断发生后 CPU 所要处理的事务*/
5    }
```

程序中加粗部分为固定格式。其中第 1 行中的 "#pragma vector" 为预编译命令，其作用是告诉编译器中断的向量是多少，也就是中断服务程序的入口地址是多少，以便编译器将后面的中断服务程序放在指定的地址处。从用户的角度来看，相当于指定中断服务程序是谁的中断服务程序。

CC2530 有 18 个中断，每个中断的服务程序都有固定的地址，例如，串口 0 的接收中断服务程序的地址为 0x13。为了方便用户的使用和记忆，IAR 为每个中断向量定义了一个符号地址，其定义位于 ioCC2530.h 文件中，如图 2-20 所示。例如，串口 0 的接收中断向量的符号地址为 URX0_VECTOR。在应用编程中一般是通过引用这些符号地址来指定中断服务程序的入口地址的。例如：

```
#pragma vector = URX0_VECTOR        //指定串口 0 接收（URX0）中断服务程序地址
```

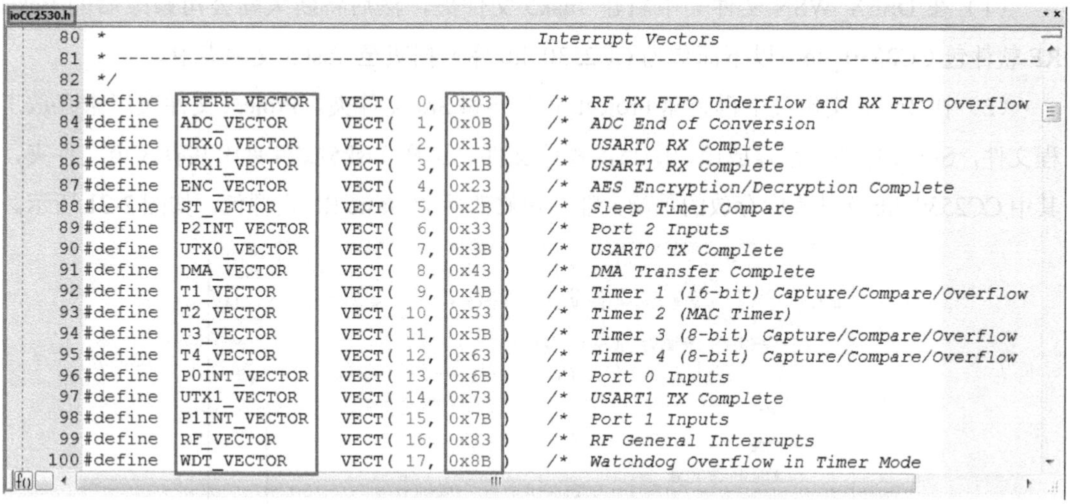

```
ioCC2530.h
 80 *                              Interrupt Vectors
 81 * --------------------------------------------------------
 82 */
 83 #define  RFERR_VECTOR    VECT(  0, 0x03 )  /* RF TX FIFO Underflow and RX FIFO Overflow
 84 #define  ADC_VECTOR      VECT(  1, 0x0B )  /* ADC End of Conversion
 85 #define  URX0_VECTOR     VECT(  2, 0x13 )  /* USART0 RX Complete
 86 #define  URX1_VECTOR     VECT(  3, 0x1B )  /* USART1 RX Complete
 87 #define  ENC_VECTOR      VECT(  4, 0x23 )  /* AES Encryption/Decryption Complete
 88 #define  ST_VECTOR       VECT(  5, 0x2B )  /* Sleep Timer Compare
 89 #define  P2INT_VECTOR    VECT(  6, 0x33 )  /* Port 2 Inputs
 90 #define  UTX0_VECTOR     VECT(  7, 0x3B )  /* USART0 TX Complete
 91 #define  DMA_VECTOR      VECT(  8, 0x43 )  /* DMA Transfer Complete
 92 #define  T1_VECTOR       VECT(  9, 0x4B )  /* Timer 1 (16-bit) Capture/Compare/Overflow
 93 #define  T2_VECTOR       VECT( 10, 0x53 )  /* Timer 2 (MAC Timer)
 94 #define  T3_VECTOR       VECT( 11, 0x5B )  /* Timer 3 (8-bit) Capture/Compare/Overflow
 95 #define  T4_VECTOR       VECT( 12, 0x63 )  /* Timer 4 (8-bit) Capture/Compare/Overflow
 96 #define  P0INT_VECTOR    VECT( 13, 0x6B )  /* Port 0 Inputs
 97 #define  UTX1_VECTOR     VECT( 14, 0x73 )  /* USART1 TX Complete
 98 #define  P1INT_VECTOR    VECT( 15, 0x7B )  /* Port 1 Inputs
 99 #define  RF_VECTOR       VECT( 16, 0x83 )  /* RF General Interrupts
100 #define  WDT_VECTOR      VECT( 17, 0x8B )  /* Watchdog Overflow in Timer Mode
```

图 2-20   CC2530 的中断向量

【说明】

C 编译指令 "_Pragma" 指令也可以指定中断服务程序入口地址，其用法如下：

```
_Pragma("vector = 地址")
```

例如：

```
_Pragma("vector = URX0_VECTOR ")        //指定串口 0 接收（URX0）中断服务程序地址
```

中断服务程序的第 2 句中，"interrupt"是关键字，表示该函数为中断服务函数。需要注意的是，中断服务函数无返回值，也无形式参数，所以函数名前面的类型为 void，函数名后面的括号中必须是 void。

以串口 0 为例，串口接收中断服务函数的框架结构如下：

```
#pragma vector = URX0_VECTOR
__interrupt void   UART_ISR(void)
{
    uint8 m;                        //定义变量 m，暂存串口接收到的数据
    m=U0DBUF;                       //读串口缓冲区中新接收到的数据
    /*此处添加对接收数据 m 处理的代码*/
}
```

实现方法与步骤

1. 新建工程

（1）在 D:\EX_WSN 文件夹中新建 Task5 文件夹，然后将新大陆公司修改后的 Basic RF 软件包 CC2530_lib（以下简称为 CC2530_lib 库）拷贝至 Task5 文件夹中。

（2）在 Task5 文件夹中再新建 Project 文件夹和 Src 文件夹。Project 文件夹用来存放工程文件，Src 文件夹用来存放用户编写的程序文件。这样 Task5 文件夹中共有 3 个文件夹，其中 CC2530_lib 文件夹中存放的是新大陆公司修改后的 Basic RF 资源包，如图 2-21 所示。

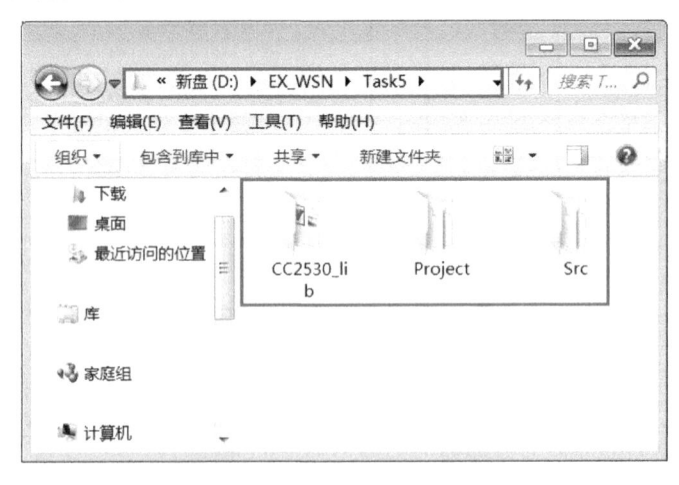

图 2-21　Task5 中的文件夹

（3）启动 IAR，按照任务 3 中介绍的方法新建 IAR 工程，将工程命名为 SensorNet.ewp，并保存在 Project 文件夹中

（4）在工程中新建 App、BasicRF、Board、Common、Utils 等 5 个组。

第 1 步：在 Workspace 窗口中用鼠标右键单击工程名 SensorNet，在弹出的快捷菜单中单击"Add"→"Add Group"菜单项，如图 2-22 所示。系统中将会弹出如图 2-23 所示的添加组对话框。

第 2 步：在添加组对话框的组名文本框中输入组名"App"，然后单击"OK"按钮，IAR 就会为 SensorNet 工程添加"App"组。

第 3 步：重复第 1 步、第 2 步，分别新建 BasicRF、Board、Common、Utils 组，如图 2-24 所示。

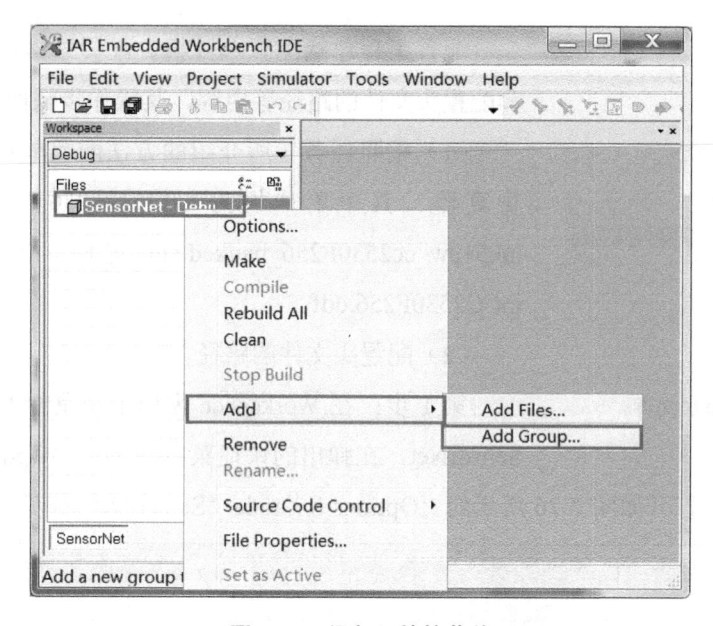

图 2-22　添加组快捷菜单

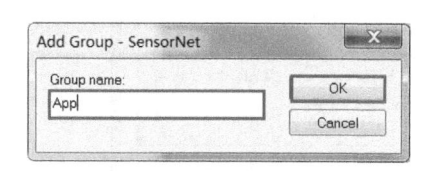

图 2-23　添加组对话框

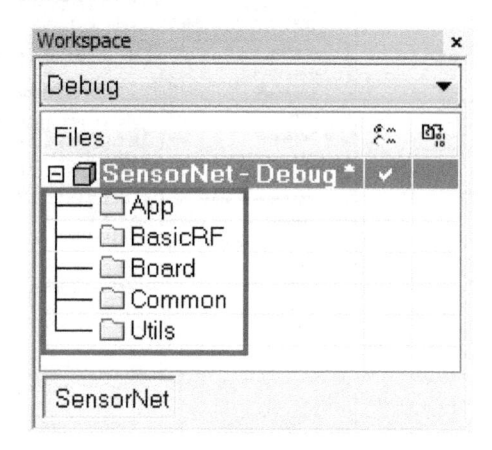

图 2-24　SensorNet 工程中的组

（5）按照任务 3 中介绍的方法将 CC2530_lib 文件夹中 BasicRF、Board、Common、Utils 等 4 个子文件夹中的 C 程序文件（*.c 文件）分别添加到 SensorNet 工程中对应的组中，即把 BasicRF 文件夹中的 C 程序文件添加至工程的 BasicRF 组中，Board 文件夹中的 C 程序文件添加至工程的 Board 组中，依此类推。文件添加后的结果如图 2-25 所示。

2. 配置工程

配置工程包括配置单片机、配置连接器、配置仿真器和配置头文件的路径等内容，其操作步骤如下：

（1）按照任务 3 所介绍的方法配置单片机、连接器和仿真器。其中单片机为 CC2530F256，连接器文件为 lnk51ew_cc2530F256_banked.xcl 文件，仿真器文件为 ioCC2530F256.ddf。

（2）配置头文件的路径。

第 1 步：在 Workspace 窗口中用鼠标右键单击工程名 SensorNet，在弹出的快捷菜单中单击"Options…"菜单项（参考图 2-22），打开如图 2-26 所示的"Options for node 'SensorNet_RF'"对话框。

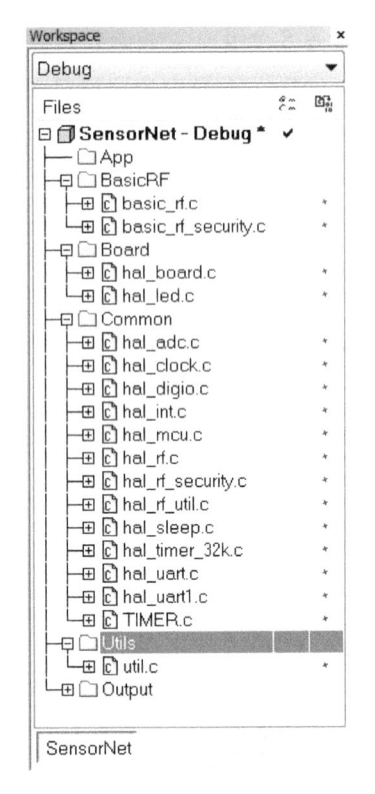

图 2-25　添加文件

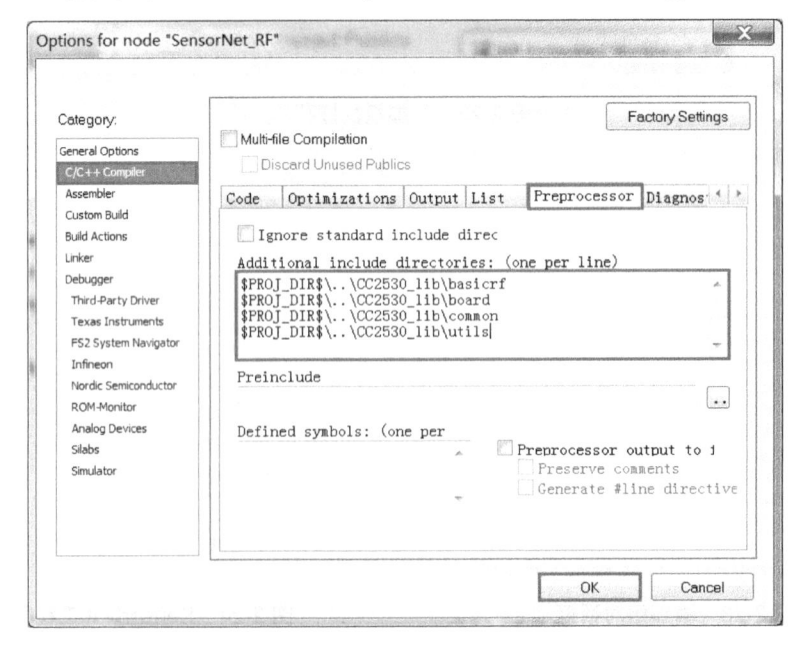

图 2-26　"Options for node 'SensorNet_RF'"对话框

第 2 步：在"Options for node 'SensorNet_RF'"对话框中，单击"Category"列表框中的"C/C++Compiler"列表项，然后单击对话框右边的"Preprocessor"标签，使对话框中显示 Preprocessor 页面，该页面显示的是编译预处理的内容，包括头文件的路径、预定的符号等，参考图 2-26。

第 3 步：在如图 2-26 所示的页面的"Additional include directories：(one per line)"列表框中输入头文件的路径，每行输入一条路径，参考图 2-26。

【说明】在 IAR 中，"$PROJ_DIR$\"表示工程文件所在的目录，"..\"表示上一级目录。本例中，工程文件目录为 D:\EX_WSN\Task5\Project，它的上一级目录为 D:\EX_WSN\Task5，因此，"$PROJ_DIR$\..\CC2530_lib"表示的是 D:\EX_WSN\Task5\CC2530_lib，也就是图 2-21 中的 CC2530_lib 文件夹。

第 4 步：单击"OK"按钮，完成头文件路径的配置。

3. 编制程序文件 uartRF.c

编制程序文件的步骤如下：

（1）按照任务 3 中介绍的方法新建 uartRF.c 文件，并将该文件保存至 D:\EX_WSN\Task5\Src 文件夹中。

（2）按照前面介绍的方法将 uartRF.c 文件添加至 SensorNet 工程的 App 组中。

（3）在 uartRF.c 文件中添加如下程序代码，并保存 uartRF.c 文件。

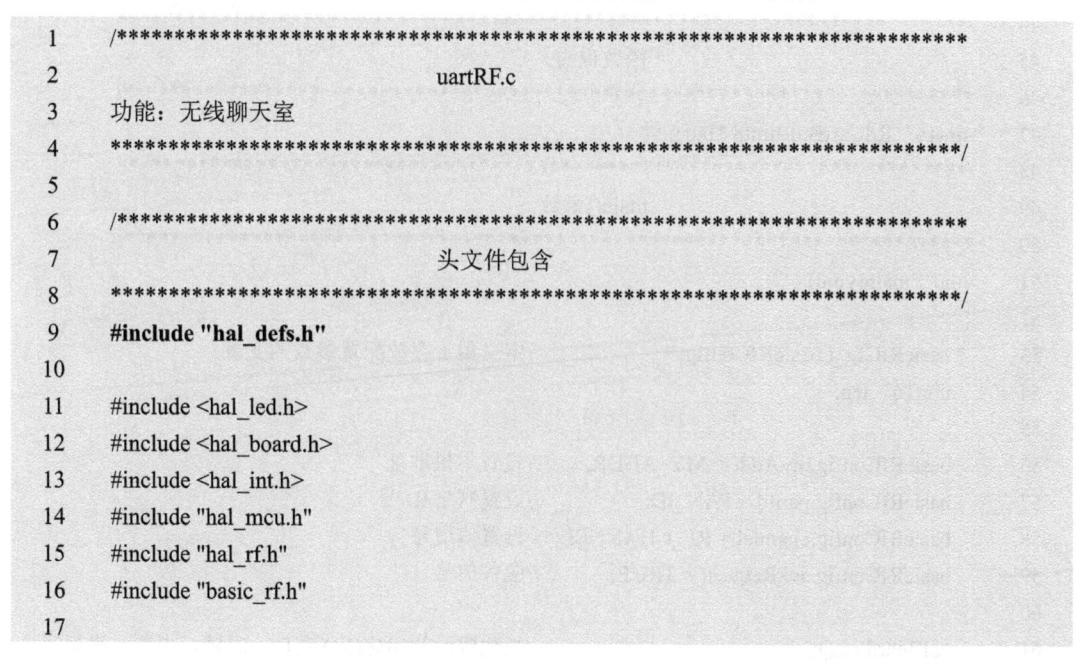

```
1   /***************************************************************
2                             uartRF.c
3       功能：无线聊天室
4   ***************************************************************/
5
6   /***************************************************************
7                             头文件包含
8   ***************************************************************/
9   #include "hal_defs.h"
10
11  #include <hal_led.h>
12  #include <hal_board.h>
13  #include <hal_int.h>
14  #include "hal_mcu.h"
15  #include "hal_rf.h"
16  #include "basic_rf.h"
17
```

```
18    #include "hal_uart.h"
19
20    #include  "string.h"
21    /***************************************************************
22                            常数定义
23    ***************************************************************/
24    #define RF_CHANNEL         20         //34 信道定义
25    #define PAN_ID             0x2021     //37 网络ID
26    #define MY_ADDR            0x0725     //38 本机地址    1号机中用
27    #define SEND_ADDR          0x0723     //39 发送地址    1号机中用
28    //1号机与2号机的本机地址、发送地址相反
29    //#define MY_ADDR          0x0723     //38 本机地址    2号机中用
30    //#define SEND_ADDR        0x0725     //39 发送地址    2号机中用
31
32    #define RF_TX_BUF_LEN    128     //射频发送缓冲区的长度
33    #define RF_RX_BUF_LEN    128     //射频接收缓冲区的长度
34    #define UART_TX_BUF_LEN  128     //串口发送缓冲区的长度
35    #define UART_RX_BUF_LEN  128     //串口接收缓冲区的长度
36    /***************************************************************
37                            变量定义
38    ***************************************************************/
39    static uint8 rfRxData[RF_RX_BUF_LEN];       //射频接收缓冲区
40    //static uint8 rfTxData[RF_TX_BUF_LEN];     //射频发送缓冲区
41    uint8 uartTxBuf[UART_TX_BUF_LEN];           //串口发送缓冲区
42    uint8 uartRxBuf[UART_TX_BUF_LEN];           //串口接收缓冲区
43
44    /***************************************************************
45                            函数说明
46    ***************************************************************/
47    uint16   RdUartBuf(uint8 *buf);
48    /***************************************************************
49                            main()函数
50    ***************************************************************/
51    void   main(void)
52    {
53      basicRfCfg_t basicRfConfig;           //定义用于存放配置参数的变量
54      uint16   len;
55
56      basicRfConfig.myAddr = MY_ADDR;       //设置本机地址
57      basicRfConfig.panId = PAN_ID;         //设置网络ID号
58      basicRfConfig.channel = RF_CHANNEL;   //设置信道号
59      basicRfConfig.ackRequest = TRUE;      //应答信号
60
61      halBoardInit();                       //板载资源初始化(I/O端口、时钟、中断、串口等)
```

```c
62   while(halRfInit()==FAILED);              //射频模块初始化,若失败,则停止
63   while(basicRfInit(&basicRfConfig) == FAILED); //配置射频参数,若失败,则停止
64   basicRfReceiveOn();                      //打开射频接收器
65   halUartInit(115200);                     //初始化串口0,BR=115200bit/s,8 数据位,1 起始位,1 停止位
66   halMcuWaitMs(5);
67   halLedSet(1);                            //点亮LED1,指示初始化成功
68   halUartWrite("初始化成功!\r\n",13);       //串口输出提示信息
69
70   while(1)
71   {
72     len = RdUartBuf(uartRxBuf);
73     if(len>0)
74     {
75       halUartWrite("发送数据是:",11);
76       halUartWrite(uartRxBuf,len);
77       halUartWrite("\r\n",2);
78       basicRfSendPacket(SEND_ADDR,uartRxBuf,len);
79     }
80     //射频接收处理
81     if(basicRfPacketIsReady())
82     {
83       len = basicRfReceive(rfRxData, RF_RX_BUF_LEN, NULL);
84       halUartWrite("收到无线数据，数据是:",strlen("收到无线数据，数据是:"));
85       halUartWrite(rfRxData,len);
86       halUartWrite("\r\n",2);
87     }
88   }
89 }
90 /***************************************************************
91                     RdUartBuf()函数
92  功能: 读串口缓冲区中的数据,并存放至指定的缓冲区中
93  参数:
94    buf: 数据存放的地址
95  返回值:
96    实际读得数据的个数
97  用halUartRead()函数从串口缓冲读数时缓冲中的数据需经多次读才能读完
98  读串口缓冲区需间隔一段时间
99 ***************************************************************/
100 uint16 RdUartBuf(uint8 *buf)
101 {
102   uint16  len=0;                //读取数据的长度
103   uint16  tlen=0;               //记录每次读数的长度
104   uint8   tBuf[128];            //存放每次接收的数据
105   uint8   i;
```

```
106     tlen = halUartRxLen();              //检查接收缓冲区中是否有数
107     while(tlen>0)
108     { //有数据
109       tlen = halUartRead(tBuf,sizeof(tBuf));  //从串口接收缓冲区中读数并暂存在tBuf[]中
110       for(i=0;i<tlen;i++)                //接收数据存入buf缓冲区中
111         *buf++=tBuf[i];
112       len += tlen;                       //接收数据长度增加tlen
113       halMcuWaitMs(5);                   //间隔5ms再读,两次读一定要间隔一段时间
114       tlen = halUartRxLen();             //检查接收缓冲区中是否有数据
115     }
116     return   len;
117   }
```

4. 编译下载程序

（1）在IAR工作窗口中，单击图标工具栏上的make图标按钮"   "，然后在弹出的"Save Workspace As"对话框的"文件名"文本框中输入"SensorNet"，再单击"保存"按钮，如图2-27所示。IAR就会保存桌面空间文件，然后对工程中的文件进行编译、连接，并在输出窗口中显示编译、连接的结果。如果输出窗口中显示程序错误，则需反复检查和修改源程序，直至程序无错误后再继续下一步。

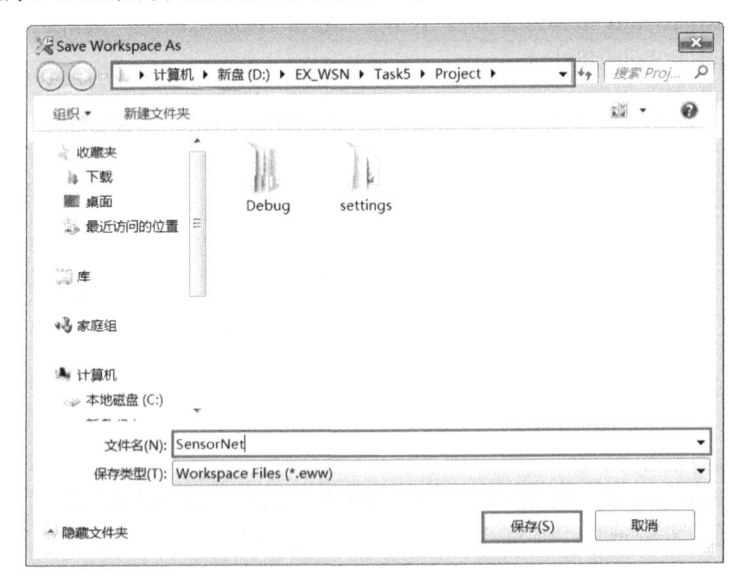

图 2-27 保存桌面空间文件

（2）按照前面介绍的方法将程序编译下载至A模块中。

（3）注释掉第26行、27行代码，并去掉第29行、30行代码前的注释符，重新编译连接程序，并将程序下载至B模块中。

【说明】如果多人同时实验，例如，一个班多组同学同时实验，则需修改程序中的 PAN_ID（网络 ID 号）或者 RF_CHANNEL（信道号）的值，修改的原则如下：

① 每组两个模块的 PAN_ID 和 RF_CHANNEL 必须相同。

② 对于不同组的模块而言，它们的 PAN_ID 和 RF_CHANNEL 至少有一个不同，如果多组间的 PAN_ID 和 RF_CHANNEL 都相同，则实践时会出现相互干扰现象。

③ RF_CHANNEL 的取值为 11~26。

5. 运行程序

（1）用两根 USB 线分别将两台计算机的 USB 口与两块 ZigBee 模块的 USB 口相接，并接通模块上的电源。

（2）按照任务 2 中介绍的方法在计算机中查看 USB 转串口的串口号。

（3）打开串口调试助手，并在串口调试助手中设置串口参数。其中，"波特率"为 115200，"数据位"为 8，"停止位"为 1，校验位为 None，流控制为 None，串口号为 USB 口映射的串口号，本例中为 COM12，如图 2-28 所示。

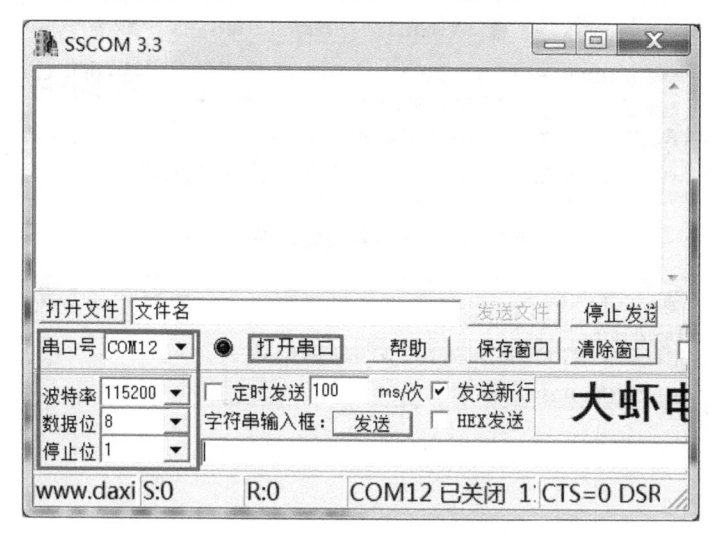

图 2-28　设置串行通信参数

（4）在串口调试助手中单击"打开串口"按钮，打开串口，此时"打开串口"按钮将变成"关闭串口"，表示串口已经打开。

（5）重复（2）~（4），在另一台计算机中也打开串口调试助手，并设置好计算机与另一块 ZigBee 模块进行串口通信的参数。

（6）在 A 计算机的串口调试助手的"字符串输入框"中输入所要发送的字符串，例如，输入字母 a~z，然后单击"发送"按钮，在 A 计算机中，串口调试助手的接收窗口中就会显示"发送数据是：abcdefghijklmnopqrstuvwxyz"的提示信息，在 B 计算机中，串口调试助手的接收窗口中就会显示"收到无线数据，数据是：abcdefghijklmnopqrstuvwxyz"的接收信息。

（7）在 B 计算机中用串口调试助手发送字符 0～9，串口调试助手的接收窗口中会显示"发送数据是:0123456789"的提示信息，A 计算机的串口调试助手中会显示"收到无线数据，数据是：0123456789"的接收信息。

A 计算机收发数据的结果如图 2-29 所示，B 计算机收发数据的结果如图 2-30 所示。

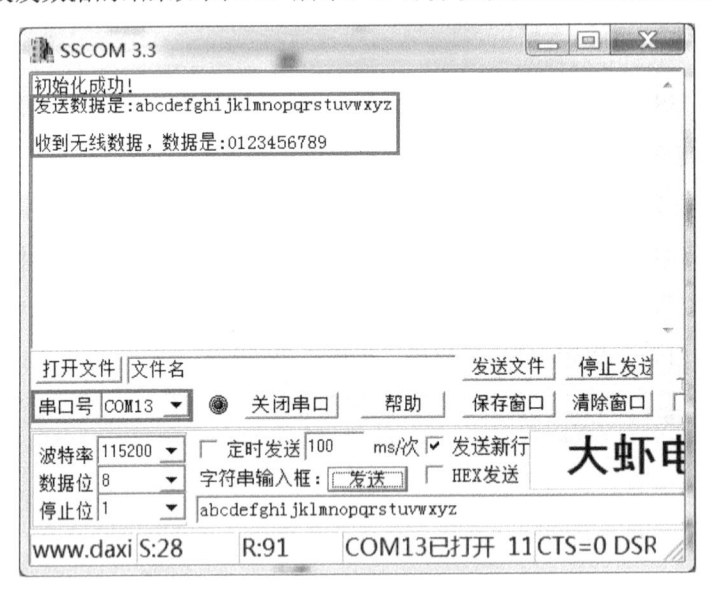

图 2-29　A 计算机收发数据的结果

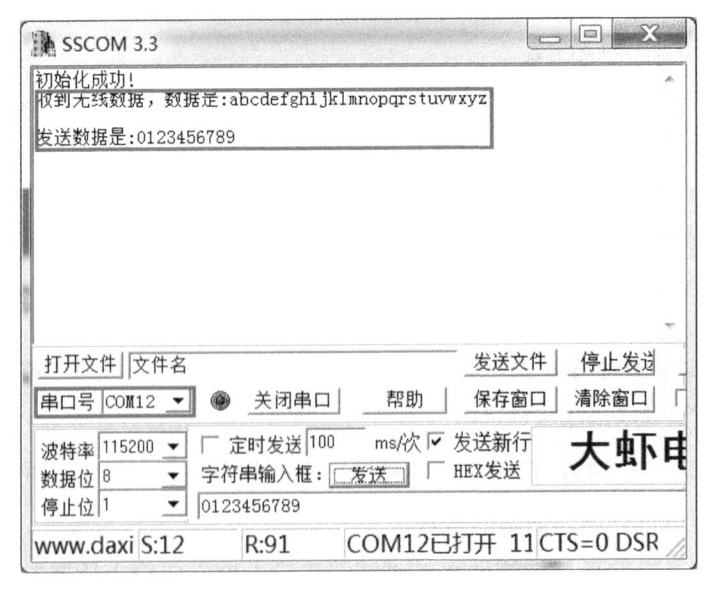

图 2-30　B 计算机收发数据的结果

程序分析

程序中的大部分代码我们已在任务4和本任务的知识储备中介绍过，下面分析前面没有介绍过的代码。

第9行～第20行：头文件的包含。其中第9行、第18行、第20行是本程序中新增的头文件包含。这几行的含义如下。

第9行：包含头文件"hal_defs.h"。uartRF.c文件中使用了一些宏和自定义数据类型，如TRUE和FAILED宏、uint8和uint16类型等，这些宏和数据类型的定义位于hal_defs.h文件中。C语言规定，变量、函数、宏、自定义的数据类型必须先定义后使用。因此必须在程序的开头处用"#include"指令将这些数据类型、宏定义所在的头文件及全局变量、函数说明所在的头文件包含至文件中。如果将第9行的头文件包含指令注释掉，程序编译时就会出现许多错误，如图2-31所示。

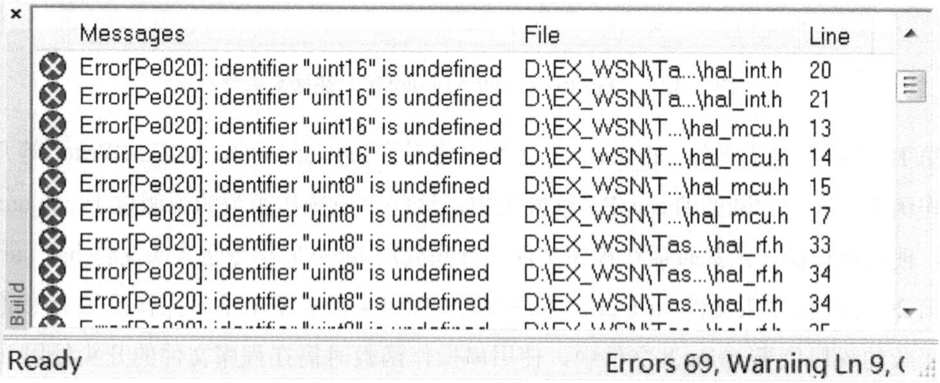

图2-31 去掉第9行头文件包含后编译错误

【说明】

① 在IAR中分析和研究程序时常需查看程序中有关数据类型、宏、全局变量、函数的定义，查看这些定义的操作方法相同，它们都是用IAR提供的"Go to definition of"快捷菜单命令来查看的。下面以查看uint16数据类型的定义为例，查看定义的操作方法为：用鼠标右键单击uint16，在弹出的快捷菜单中单击"Go to definition of uint16"菜单命令，如图2-32所示。IAR就会打开uint16定义所在的文件，并将光标转至uint16定义处。

② 研究头文件的作用时，常用的方法是，注释掉一条包含头文件的语句，然后编译程序，再查看编译时出现了哪些错误，则包含此头文件的作用就是避免出现这些错误。

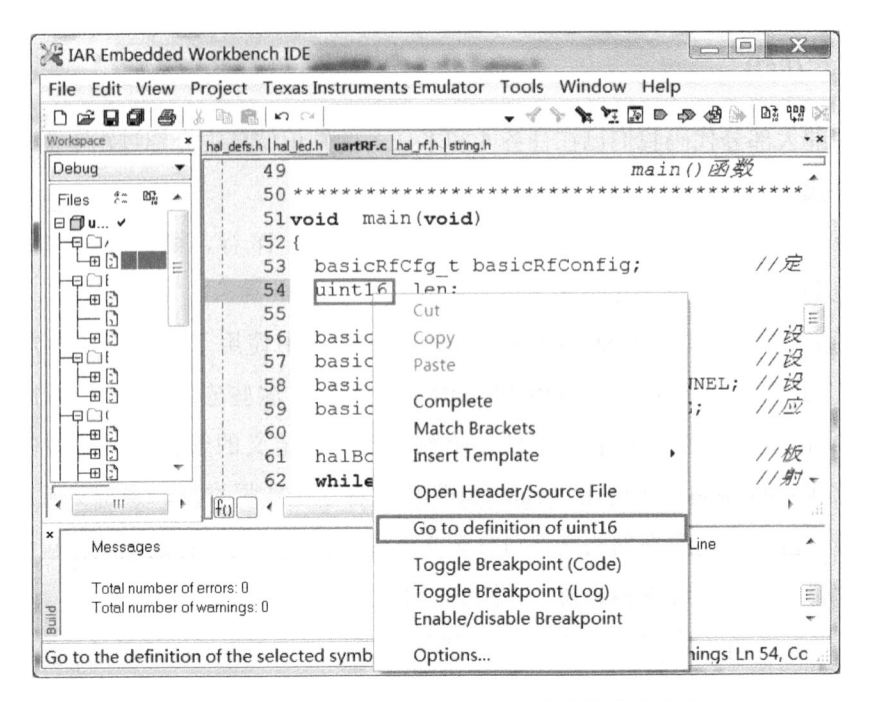

图 2-32 "Go to definition of uint16"快捷菜单命令

第 18 行：包含头文件 hal_uart.h。文件中使用了 halUartInit()、halUartWrite()等几个串口操作函数。在新大陆的 Basic RF 软件包中，这些串口操作函数的说明位于 hal_uart.h 文件中，使用串口操作函数时需在程序文件的开头处用 include 指令包含头文件 hal_uart.h。

第 20 行：包含头文件 string.h。程序文件的第 84 行中使用了串操作函数 strlen()，串操作函数的说明位于 string.h 文件中，使用串操作函数时需在程序文件的开头处用 include 指令包含头文件 string.h。

第 51 行～第 89 行：main()函数。其中，第 53 行～第 68 行完成系统的软硬件初始化。

第 70 行～第 88 行：while(1)死循环。死循环的循环体所完成的任务有两项，第一项任务是从串口缓冲区中读取数据，然后将所读得的数据发送至网络中另一节点，并用串口输出提示信息；第二项任务是检查 RF 层是否有新数据，若有新数据，则接收 RF 层的数据，并用串口输出显示。

第 56 行～59 行：设置射频参数。

第 61 行：对系统时钟、串口 0 初始化，并开全局中断。第 61 行语句执行后，系统的时钟频率为 32MHz，串口 0 使能，波特率为 38400bit/s，帧格式为 8 位数据位、1 位起始位、1 位停止位。

第 62 行：进行射频模块硬件初始化，若初始化失败，则进入死循环。

第 63 行：配置射频参数，若配置失败，则进入死循环。

第 64 行：打开射频接收器。

第 65 行：初始化串口 0，将串口 0 的波特率设为 115200bit/s，帧格式设为 8 位数据位、1 位起始位、1 位停止位。

如果串口 0 采用 38400bit/s 的波特率，可去掉此句。

第 66 行：延时 5ms。

第 67 行：点亮 LED1，用 LED 指示初始化成功。

第 68 行：用串口输出"初始化成功！"提示。

第 72 行：从串口缓冲区中读取串口接收数据，并存入 uartRxBuf[]数组中。

第 73 行：检查是否读得了数据，若实际读得了数据，则执行第 75 行～第 78 行代码。

第 75 行：用串口输出提示信息。

第 76 行：用串口输出所接收到的数据。

第 77 行：用串口输出回车换行符。

第 78 行：将串口接收到的数据发送至网络中另一节点。

第 81 行：检查 RF 层是否有新数据，若有新数据，则执行第 84 行～第 86 行代码。

第 83 行：接收 RF 层的新数据并存入 rfRxData[]数组中。

第 84 行：用串口输出提示信息。

第 85 行：用串口输出 rfRxData[]数组中所接收到的 RF 数据。

第 86 行：用串口输出回车换行符。

第 100 行～第 117 行：定义函数 RdUartBuf()。该函数的功能是读串口缓冲区中的数据，并存放至指定的缓冲区中。用 halUartRead()函数从串口缓冲区读数时常出现缓冲区中的数据不能一次读完的现象，RdUartBuf()函数的设计思路是，反复用 halUartRead()函数从串口缓冲区中读数，并将所读得的数据拼装在应用缓冲区中，直至串口缓冲区中数据全部读完为止。

实践拓展

（1）本任务中，将 A 模块的波特率改为 38400bit/s，B 模块的波特率改为 57600bit/s，然后将 A 计算机上的串口调试助手中的波特率设为 38400bit/s，将 B 计算机上的串口调试助手中的波特率分别设为 38400bit/s、57600bit/s，观察实验结果，并分析其中原因。

（2）用两块 ZigBee 模块和新大陆公司的 Basic RF 软件包组建一个 Basic RF 无线网络，计算机通过串口向网络中 A 模块发送串口控制命令，通过 Basic RF 无线网络控制 B

模块上的 LED 灯，当计算机串口发送 ON 时，B 模块上的 LED 点亮；当计算机发送 OFF 时，B 模块上的 LED 熄灯。A 模块收到计算机发送来的命令后，需将所收到的命令用串口发送至计算机中显示。其中，串行通信的波特率为 9600pbs，网络的 PAN ID 为 0815，信道号为 15。

（3）自己编写串口 API 函数，然后用自编的串口 API 函数实现本任务的无线聊天功能。

实践总结

串口是单片机的一个非常重要的功能部件，在 Basic RF 中使用串口有两种方法：一是直接用新大陆公司的串口 API 函数，二是根据 CC2530 单片机的串口应用特性自己编写串口的应用程序。前者比较简单，但不灵活；后者比较灵活，但难度较大。

新大陆资源包中，常用的串口 API 函数主要有 halUartInit()、halUartRxLen()、halUartRead()、halUartWrite()等 4 个函数。用 halUartInit()初始化串口时，给定波特率要符合要求，如果给定的波特率非法，则给定的波特率无效。初始化后的波特率为 38400bit/s，当给定的波特率合法时，该函数才按用户指定的波特率初始化串口。用 halUartInit()函数初始化串口后，串口 0 的帧格式为 8 位数据位、1 位起始位、1 位停止位。

由于从串口缓冲区中读数和串口接收数据有可能同时发生，用 halUartRead()函数从串口接收缓冲区中读数时，会出现串口缓冲区中的数据不能一次全部读出的现象。从串口缓冲区中读取全部数据的正确方法是，用 halUartRead()函数多次读串口接收缓冲区中的数据，然后将这些数据拼接在应用层的缓冲区中，直至串口接收缓冲区中的数据全部读出为止。发送数据的方法是，在需要发送数据的地方直接调用 halUartWrite()函数。

用户自编串口应用程序时需编写初始化串口、发送数据、接收数据 3 个函数。初始化串口主要完成串口引脚的配置、模式的设置、帧格式的设置、波特率的设置和中断的设置等 5 方面的工作。初始化中需要注意的是使能串口接收功能需在串口配置完成之后配置。串口发送数据一般采用查询方式，而串口接收数据一般采用中断方式。

习题

1. 在新大陆公司重新分类的 Basic RF 资源包中，basicrf 文件夹中有___个.c 文件，common 文件夹中有___个.c 文件。

2. 指出下列函数的功能

（1）halUartInit()。

（2）halUartRxLen()。

（3）halUartRead()。

（4）halUartWrite()。

（5）halBoardInit()。

3．请按要求编写程序。

（1）将串口 0 的波特率设为 9600bit/s。

（2）将串口缓冲区中的数据读至应用层的 buf 缓冲区中。

（3）用串口 0 输出字符串"Basic RF"，字符串输出后光标换行。

4．CC2530 单片机有＿＿＿个串行通信口，串口工作在 UART 模式下时，数据接收脚是＿＿＿＿＿＿，数据发送脚是＿＿＿＿＿＿＿＿。

5．串口初始化有哪几项工作任务？

6．变量 m 为无符号字符型变量，请用按位运算实现以下操作。

（1）将 m 的第 0 位、第 4 位置 1，其他位保持不变。

（2）将 m 的第 2 位、第 5 位清零，其他位保持不变。

（3）将 m 的第 1 位、第 3 位取反，其他位保持不变。

（4）将 m 的第 2 位置 1、第 3 位清零、第 5 位取反。

7．单片机的振荡频率 f=16MHz，串口 0 位于备用位置 1，采用异步方式接收数据，帧格式为默认方式，波特率为 9600bit/s，数据接收采用中断方式，优先级为 1 级，数据发送采用查询方式，请编写串口 0 的初始化程序。

8．请写出用串口 0 发送无符号字符型数 m 的程序。

9．IAR 中，串口 0 接收中断的中断向量符号是＿＿＿＿＿＿＿＿＿＿＿＿。

10．请写出串口用中断方式接收数据的程序结构。

11．简述为 SensorNet 工程配置头文件的步骤，并上机实践。

12．在 IAR 中，"$PROJ_DIR$\"表示＿＿＿＿＿＿＿＿＿＿＿＿＿＿目录，"..\"表示＿＿＿＿＿＿＿＿＿＿＿＿＿＿＿目录。

13．若 SensorNet.ewp 文件的目录为 D:\EX_WSN\Task5\Project，"$PROJ_DIR$\..\..\Src"表示的目录是＿＿＿＿＿＿＿＿＿＿＿＿＿＿＿＿＿＿＿＿＿＿＿＿＿＿＿＿＿。

任务 6　用 Basic RF 远程采集声音传感数据

任务要求

用两个 ZigBee 模块组建一个 Basic RF 传感网络，模块 A 作汇集节点，模块 B 作传感节点。传感节点上装有声音传感器，用来采集环境的噪声强度，每隔 1s 传感节点就将环境的噪声数据发送至汇集节点，同时用串口输出噪声数据，以便在调试时观察节点数据的状态。当汇集节点收到传感节点发来的噪声数据后就通过串口发送到计算机中显示。其中，节点与计算机进行串行通信的波特率为 BR=115200bit/s，传感网的 PAN ID 为 0x1989，信道号为 12，汇集节点的网络地址为 0x2021，传感节点的网络地址为 0x0726。

知识储备

1. 声音传感器的应用特性

声音传感器是一种用于检测声音强度的传感器，由电容式驻极体话筒及外围电路组成，用于声音检测、声音控制等场合。声音传感器模块如图 2-33 所示。

图 2-33　声音传感器模块

图中，驻极体话筒是声音感知元件，其作用是将声音的强弱转换成与之相对应的电压信号。外围电路的作用是对电压信号进行放大并转换成 TTL 电平。这种传感器输出信号为开关信号，只能识别声音的有无，不能测量声音的大小和特定的频率。

模块中各引脚的功能如下：

VCC：电源脚，接 3.3～5V 直流电源。

GND：电源地。

OUT：TTL 电平输出脚。当声音达到设定的阈值时，OUT 脚输出低电平；当声音达不到阈值时，OUT 脚输出高电平。调节图 2-33 中的电位器可设置阈值。

声音传感器模块与单片机的接口电路如图 2-34 所示。

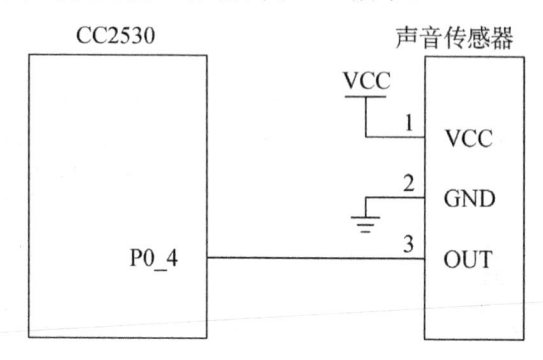

图 2-34　声音传感器与单片机的接口电路

图 2-34 中，CC2530 单片机用 P04 脚作输入口，与传感器模块的 OUT 引脚相接，用来检测传感器模块的输出状态，传感器模块的 VCC 引脚接 3.3～5V 电源，GND 引脚接电源地。

2．CC2530 单片机中的 I/O 口

（1）I/O 口的应用特性。CC2530 有 P0、P1、P2 共 3 个 8 位的 I/O 端口，其中 P0 和 P1 是完整的 8 位端口，P2 仅有 5 位可用。CC2530 单片机的 I/O 端口有以下特性：

① 每个端口的引脚都可以单独设置成通用的 I/O 端口。通用 I/O 端口的特点是，当端口作输出口时，端口输出高电平 1 或者低电平 0；当端口作输入口时，可以读取端口引脚上的高低电平状态。

② 作通用 I/O 端口时，输出具有锁存功能，输入具有缓冲功能。

③ 端口作通用的输入口时，端口的输入有上拉、下拉和三态三种状态可供选择。

④ 端口作通用的输入口时，每个端口引脚都可作为外部中断源的输入口。

⑤ 每个端口的引脚都可以设置成外设 I/O 脚。外设 I/O 是指除通用 I/O 以外的其他功能模块的输入/输出，例如，串口的输入/输出、ADC 的输入、定时/计数器的输入/输出等。在 CC2530 单片机中，各外设 I/O 脚与通用 I/O 脚有固定的对应关系，例如，ADC 的通道 0～通道 7 的输入脚位于 P00～P07 引脚上。

⑥ 单片机复位后，3 个并行端口处于具有上拉电阻的通用 I/O 输入状态。

⑦ P1_0、P1_1 比较特殊,这两个脚无上拉/下拉功能,其他端口引脚都有上拉/下拉功能;这两个脚的负载能力为 20mA,其他引脚的负载能力为 4mA。

(2) I/O 端口的相关寄存器。CC2530 单片机中与 I/O 端口相关的寄存器主要有端口寄存器 Px(x=0~2,下同)、功能选择寄存器 PxSEL、端口方向寄存器 PxDIR、端口输入模式寄存器 PxINP。在 IAR 中,这些寄存器的定义位于 ioCC2530.h 文件中,如图 2-35 所示。

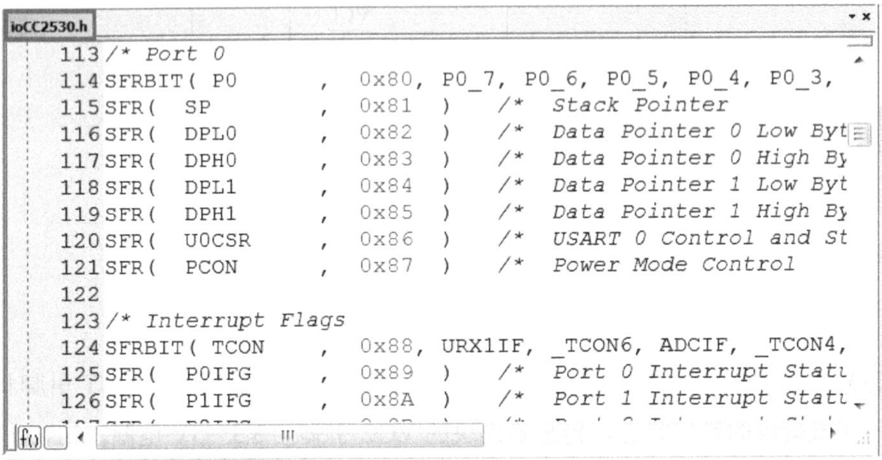

图 2-35 IAR 中寄存器的定义

① 端口寄存器 Px。端口寄存器 Px 包括 P0、P1、P2 共 3 个寄存器,这 3 个寄存器都有位地址,每一位都可单独访问(P2 的高 3 位无效)。Px 的定义如表 2-14 所示。

表 2-14 Px(x=0,1,2)寄存器

位	名称	复位值	操作	功能描述
7:0	Px_[7:0]	0xFF	R/W	通用 I/O 端口 Px。 向 Px 写数,数据从 Px0~Px7 脚输出。 读 Px 可读得 Px0~Px7 脚的状态

② 端口功能选择寄存器 PxSEL。PxSEL 包括 P0SEL、P1SEL 和 P2SEL,P0SEL 和 P1SEL 的定义相同,如表 2-15 所示,P2SEL 的定义如表 2-16 所示。

表 2-15 PxSEL(x=0,1)寄存器

位	名称	复位值	操作	功能描述
7:0	SELPx_[7:0]	0x00	R/W	Px7 引脚到 Px0 引脚功能选择 0:通用 I/O,1:外设功能

表 2-16 P2SEL 寄存器

位	名称	复位值	操作	功能描述
7	-	0	R0	没有使用
6	PRI3P1	0	R/W	端口 1 外设优先级控制。当 PERCFG 将 USART0 和 USART1 分配至相同引脚时，该位确定其优先级。 0：USART0 优先 1：USART1 优先
5	PRI2P1	0	R/W	端口 1 外设优先级控制。当 PERCFG 将 USART1 和定时器 3 分配至相同的引脚时，该位确定其优先级。 0：USART1 优先 1：定时器 3 优先
4	PRI1P1	0	R/W	端口 1 外设优先级控制。当 PERCFG 将定时器 1 和定时器 4 分配至相同的引脚时，该位确定其优先级。 0：定时器 1 优先 1：定时器 4 优先
3	PRI0P1	0	R/W	端口 1 外设优先级控制。当 PERCFG 将 USART0 和定时器 1 分配至相同的引脚时，该位确定其优先级。 0：USART0 优先 1：定时器 1 优先
2	SELP2_4	0	R/W	P24 引脚的功能选择 0：通用 I/O 1：外设功能
1	SELP2_3	0	R/W	P23 引脚的功能选择 0：通用 I/O 1：外设功能
0	SELP2_0	0	R/W	P20 引脚的功能选择 0：通用 I/O 1：外设功能

③ 方向寄存器 PxDIR。PxDIR 包括 P0DIR、P1DIR 和 P2DIR，它们的功能是设置端口 Px 的输入/输出方向。其中，P0DIR、P1DIR 的定义相同，如表 2-17 所示，P2DIR 的低 5 位用来设置 P20~P24 引脚的方向，高位用来设置 P0 口作外设端口时的优先级，P2DIR 的定义如表 2-18 所示。

表 2-17 PxDIR（x=0、1）寄存器

位	名称	复位值	操作	功能描述
7:0	DIRPx_[7:0]	0x00	R/W	Px7 引脚到 Px0 引脚的 I/O 方向 0：输入 1：输出

表 2-18　P2DIR 寄存器

位	名称	复位值	操作	功能描述
7:6	PRIP0[1:0]	00	R/W	端口 0 外设优先级控制。当 PERCFG 将一些外设分配至相同引脚时，这些位确定其优先级。 详细优先级列表： 00： 第 1 优先级：USART0 第 2 优先级：USART1 第 3 优先级：定时器 1 01： 第 1 优先级：USART1 第 2 优先级：USART0 第 3 优先级：定时器 1 10： 第 1 优先级：定时器 1 通道 0~1 第 2 优先级：USART1 第 3 优先级：USART0 第 4 优先级：定时器 1 通道 2~3 11： 第 1 优先级：定时器 1 通道 2~3 第 2 优先级：USART0 第 3 优先级：USART1 第 4 优先级：定时器 1 通道 0~1
5	-	0	R0	不使用
4:0	DIRP2_[4:0]	00000	R/W	P24 引脚到 P20 引脚的 I/O 方向 0：输入 1：输出

④ 端口输入模式寄存器 PxINP。PxINP 包括 P0INP、P1INP 和 P2INP，它们的功能是设置端口 Px 的输入模式。其中，P0INP、P1INP 的定义相同，如表 2-19 所示，P2INP 的低 5 位用来设置 P20 引脚~P24 引脚的输入模式，高 3 位为端口 Px 的上拉/下拉选择位。P2INP 的定义如表 2-20 所示。

表 2-19　PxINP（x=0、1）寄存器

位	名称	复位值	操作	功能描述
7:0	MDPx_[7:0]	0.00	R/W	Px7 引脚到 Px0 引脚的 I/O 输入模式 0：上拉/下拉（到底是上拉还是下拉取决于 P2INP.6 或者 P2INP.7 位的值） 1：三态

表 2-20　P2INP 寄存器

位	名称	复位值	操作	功能描述
7	PDUP2	0	R/W	端口 2 上拉/下拉选择。对所有端口 2 引脚设置为上拉/下拉输入： 0：上拉 1：下拉
6	PDUP1	0	R/W	端口 1 上拉/下拉选择。对所有端口 1 引脚设置为上拉/下拉输入： 0：上拉 1：下拉
5	PDUP0	0	R/W	端口 0 上拉/下拉选择。对所有端口 0 引脚设置为上拉/下拉输入： 0：上拉 1：下拉
4:0	MDP2_[4:0]	00000	R/W	P24 引脚到 P20 引脚的 I/O 输入模式： 0：上拉/下拉 1：三态

【说明】在 I/O 端口操作寄存器中，寄存器 Px 的每一位都有位地址，每一位都可单独访问，其他寄存器都无位地址，不能单独访问其中的某位。在 IAR 中，寄存器 Px 的第 i 位（i=0~7）表示为 Px_i。例如，P0 口的第 7 位表示为 P0_7（参考图 2-35）。

（3）I/O 端口的使用方法。I/O 端口的使用包括作输入口的使用和作输出口的使用两种情况，无论哪种情况，都需先初始化端口，再对端口进行输入或输出操作。

① 作输入口使用。作输入口使用时，初始化端口需作如下设置：
- 将端口设置成通用 I/O 口。方法是将 PxSEL 寄存器的对应位设置为 0。
- 将端口设置成输入口。方法是将 PxDIR 寄存器的对应位设置成 0。
- 设置端口的输入模式。一般是将端口设置成上拉输入。方法是，先将 PxINP 寄存器的对应位设置成 0（0：上拉/下拉，1：三态），再将 P2INP 的对应位设置成 0（0：上拉，1：下拉）；若是设置 P0 口，则设置 P2INP.5 位，若是设置 P1 口，则设置 P2INP.6 位，若是设置 P2 口，则设置 P2INP.7 位。

例如，将 P13 设置成上拉输入的初始化程序如下：

```
void   InitP13(void)
{
  P1SEL &= ~(1<<3);        //将 P13 设为通用 I/O 口
  P1DIR &= ~(1<<3);        //将 P13 设为输入口
  P1INP &= ~(1<<3);        //P13 的输入模式为非三态，即上拉/下拉
  P2INP &= ~(1<<6);        //P1 的输入模式为上拉模式
}
```

输入操作的方法是从端口寄存器 Px 中读数。如果是读端口的第 i 脚的输入,则读 Px 寄存器的第 i 位 Px_i,如果是读端口的 8 个引脚的输入,则直接读寄存器 Px。

例如,读 P13 引脚的输入到变量 mybit 中的程序段如下:

```
mybit = P1_3;           //读 P13 引脚上的输入至 mybit 中
```

读 P0 口 8 引脚的输入至变量 m 中的程序段如下:

```
m = P0;                 //读 P0 口 8 个引脚的输入状态至 m 中
```

② 作输出口使用。作输出口使用时,初始化端口需作如下设置:
- 将端口设置成通用 I/O 口。方法是将 PxSEL 寄存器的对应位设置为 0。
- 将端口设置成输出口。方法是将 PxDIR 寄存器的对应位设置成 1。

例如,将 P11 设置成输出口的初始化程序如下:

```
void  InitP11(void)
{
  P1SEL &= ~(1<<1);     //将 P11 设为通用 I/O 口
  P1DIR |= 1<<1;        //将 P11 设为输出口
}
```

输出操作的方法是将待输出的数写入端口寄存器 Px 中。如果向 Px_i 位写 1,则 Pxi 引脚(x=0~2,i=0~7)输出高电平 1,如果向 Px_i 位写 0,则 Pxi 引脚输出低电平 0。

例如,P0 口输出 0x5a 的程序段如下:

```
P0 = 0x5a; /*0x5a=01011010B,P0 口输出并行数据 0x5a,P07~P00 引脚依次输出 0101 1010*/
```

将 P11 引脚设置为高电平的程序段如下:

```
P1_1=1;                 /*向 P1_1 位写 1,P11 脚输出高电平*/
```

将 P12 引脚设置为低电平的程序段如下:

```
P1_2=0;                 /*向 P1_2 位写 0,P12 脚输出低电平*/
```

3. 声音传感器的驱动程序

声音传感器的驱动程序包括两部分:一是初始化与 OUT 引脚相接的单片机 I/O 口,二是读模块的输出状态。设模块的 OUT 脚接在单片机的 P04 引脚上,声音传感器的驱动程序如下:

```
1     /*****************************************************************
2                            void  InitSoundSensor(void)
3     功能:初始化声音传感器 I/O 口
```

```
4      参数：无
5      返回值：无
6      说明：P04 接声音传感器 OUT 脚
7      ***************************************************************/
8      void   InitSoundSensor(void)
9      {
10         P0SEL &= ~(1<<4);        //P04 普通 I/O 口
11         P0DIR &= ~(1<<4);        //P04 输入口
12         P0INP &= ~(1<<4);        //P04 的输入模式为上拉/下拉
13         P2INP &= ~(1<<5);        //P0 口为上拉输入
14      }
15     /****************************************************************
16                          uint8 ReadSoundSensor(void)
17      功能：读声音传感器的输出
18      参数：无
19      返回值：    1:有声音    0:无声音
20      说明：pOUT 为传感器输出脚，与 P04 相接
21      ***************************************************************/
22      uint8 ReadSoundSensor(void)
23      {
24        if(pOUT==0)                //检测传感器输入脚
25           return  1;              //有声音时 out=0，返回 1
26        else                       //无声时 out=1
27           return  0;              //返回 0
28      }
```

4. 在 Basic RF 中添加传感器驱动程序的方法

在 Basic RF 中添加传感器驱动程序的方法如下：

（1）编写传感器的驱动程序。传感器的驱动程序一般包含两个函数，第 1 个函数是传感器的初始化函数，该函数的主要功能是初始化与传感器相接的单片机 I/O 口；第 2 个函数是读传感器输出数据函数，简称为读传感数据函数。

按照传感器输出的数据来分，传感器可分为开关量传感器、模拟量传感器和总线数据型传感器（有些文献中称之为逻辑量传感器）3 种，不同类型的传感器其初始化函数和读传感器数据函数的编写方法不同。

开关量传感器输出的是高低电平，例如前面介绍的噪声传感器、热释电红外传感器、振动传感器等就是这种传感器。对于开关量传感器，初始化所要做的工作是将与传感器相接的单片机 I/O 口设置成输入口，并使能其上拉电阻。读传感器数据的方法是判断对应的 I/O 口是否为高电平。

模拟量传感器的输出量是连续变化的模拟量,例如,气体传感器、光敏电阻传感器等就属于这种传感器。对于模拟量传感器,初始化所要做的工作是将对应的 I/O 口设置成模拟输入口,并根据传感器的特性设置 ADC 的位数、转换时间、数据对齐方式等。读传感器数据程序所要完成的工作是读 ADC 的转换值。有关模拟传感器的驱动程序编写的实例我们将在任务 7 中再做介绍。

总线数据型传感器其初始化函数和读传感数据函数稍微复杂一些,编写这种传感器的驱动程序时需要先弄清楚数据通信协议和数据传输时的时序关系,然后用软件模拟产生这些时序关系。有关这类传感器的驱动程序的编写方法我们将在任务 16 中结合具体实例再作介绍。

【说明】编写传感器的驱动程序是组建传感网的准备工作之一。编写传感器驱动程序涉及 CC2530 单片机、传感器等知识,如果读者在阅读本书时对有关 CC2530 单片机、传感器等内容不太了解,建议读者把主要精力先放在网络的组建上,在实践时直接使用本书所提供的传感器驱动程序进行实验,然后再花时间研究 CC2530 单片机的相关内容。

(2)在 Basic RF 中调用传感器的驱动程序。在 Basic RF 中调用传感器的驱动程序所要做的工作主要有两项。

第 1 项工作是,在 main()函数的初始化部分的最后调用传感器的初始化函数,即在紧靠 while(1)之前调用传感器的初始化函数。设传感器的初始化函数为 InitSensor(),main()函数的初始化部分的结构如下:

```
void main(void)
{
    ……
    InitSensor();              //初始化传感器
    while(1)                   //死循环
    ……
}
```

第 2 项工作是,在 main()函数的 while(1)死循环中,在需要采集传感器数据时调用读传感器数据函数。设读传感器数据函数为 ReadSensor(),则 main()函数的结构如下:

```
1    void  main(void)
2    {
3        ……
4        halBoardInit();                               //板载资源初始化(时钟、中断、串口等)
5        while(halRfInit()==FAILED);                   //射频模块初始化,若失败,则停止
6        while(basicRfInit(&basicRfConfig) == FAILED); //配置射频参数,若失败,则停止
7        ……
```

```
8        InitSensor();                           //初始化传感器
9        while(1)                                //死循环
10       {
11           ……
12           SensorVal=ReadSensor();             //读传感器数据并存入变量 SensorVal 中
13           /*此处添加对 SensorVal 处理的代码,例如发送传感数据*/
14           ……
15       }
16   }
```

5. CC2530 单片机中的定时器

CC2530 单片机片内集成有 T1、T2、T3、T4、T5 共 5 个定时器。T1 为 16 位的通用定时器。T3、T4 为 8 位的通用定时器。T2 为 16 位的 MAC 定时器,为专用定时器。T5 为 24 位的睡眠定时器,也是专用定时器,主要用于设置系统进入和退出低功耗睡眠模式之间的周期。T1、T3、T4 这 3 个通用定时器都具有定时、输入捕获、输出比较的功能,都可以做为定时器使用,用来产生各种时标,也可以作为计数器使用,用来记录输入脉冲的个数,还可以产生 PWM 信号。这 3 个定时器的工作原理和功能相同,用法也基本相同。新大陆的 Basic RF 软件包中所选用的定时器是 T4,软件包中也提供了一些定时器的 API 函数,考虑到实际应用中需要修改这些 API 函数,结合"1+X 传感网应用开发"职业技能等级考试和全国物联网应用技术大赛的实际,本书以 T4 为例介绍 CC2530 单片机的应用特性和使用方法。

(1)定时器的工作模式

通用定时器有自由运行模式、倒计数模式、模模式和正/倒计数模式等 4 种工作模式。其中,T1 只有自由运行、模模式和正/倒计数 3 种模式,T3、T4 有 4 种模式。以 T4 为例,这 4 种模式的特点介绍如下。

① 自由运行模式:计数器的计数值(TxCNT 的值)从 0 开始,每来一个脉冲,计数值就加 1,当计数值达到 0xff 时,再来一个脉冲,计数值回 0,并将 TIMIF.TxOVFIF 位置为 1,然后再从 0 开始继续计数。如果设置了中断屏蔽(TxCTL.OVFIM 位),则 TIMIF.TxOVFIF=1 时就会产 Tx 中断请求。自由运行模式如图 2-36 所示。

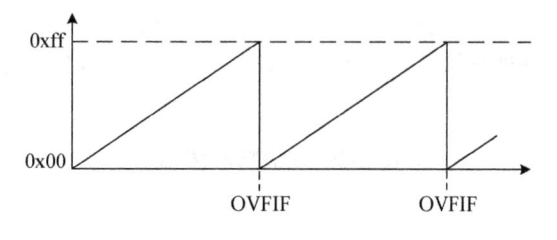

图 2-36 自由运行模式

② 倒计数模式：定时器启动时，硬件电路自动将 TxCC0 寄存器的内容装入计数器 TxCNT 中。然后计数器倒计数，直到计数值减至 0。当计数值达到 0 时，硬件电路将 TIMIF.TxOVFIF 位置为 1。如果设置了中断屏蔽位 TxCTL.OVFIM，就会产生 Tx 中断请求。计数值达到 0 后，计数器停止计数。倒计数模式如图 2-37 所示。

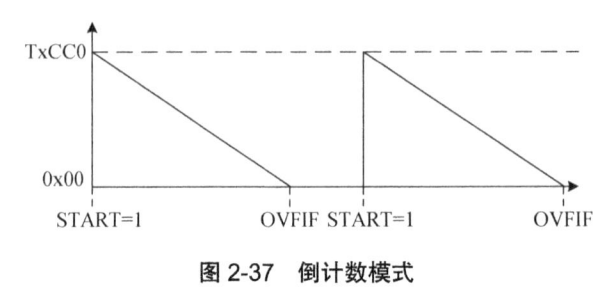

图 2-37　倒计数模式

③ 模模式：计数器的计数值（TxCNT 的值）从 0 开始做加 1 计数，当计数值达到 TxCC0 寄存器内所设置的终值后，计数值回 0，并从 0 开始继续递增计数。但计数值回 0 时并不会将 TIMIF.TxOVFIF 位置为 1。如果将通道 0 模式设置为比较模式（TxCCTL0.2=1），则计数值达到 TxCC0 寄存器内所设置的终值时，将 TxCH0IF 位置位，若此时使能了通道 0 的中断屏蔽位（TxCCTL0.IM=1），就会产生 Tx 中断请求。模模式如图 2-38 所示。

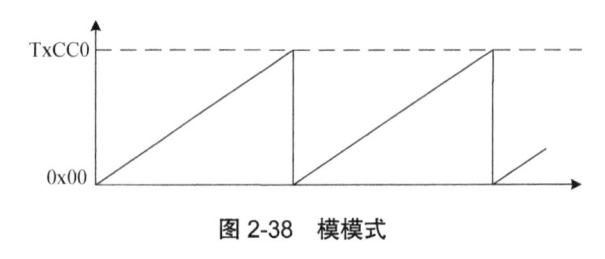

图 2-38　模模式

④ 正/倒计数模式：计数器从 0 开始加 1 计数（正计数），直到达到 TxCC0 所设置的终值，然后做减 1 计数（倒计数），直到该数值为 0，再从 0 开始继续计数。计数值回 0 时将 TIMIF.TxOVFIF 位置 1。如果设置了中断屏蔽位 TxCTL.OVFIM，就会产生 Tx 中断请求。正/倒计数模式如图 2-39 所示。

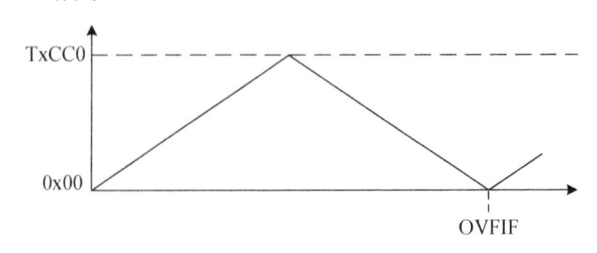

图 2-39　正/倒计数模式

（2）与定时器 T4 相关的寄存器

T4 作定时器使用时，相关的寄存器主要有 T4CNT、T4CC0、T4CTL、TIMIF、IRCON 等 5 个寄存器。

① T4CNT 寄存器。T4CNT 是定时器 T4 的计数器，其字节地址为 0xEA，无位地址，只能整字节访问，T4CNT 的定义如表 2-21 所示。

表 2-21　T4CNT 寄存器

位	名称	复位值	操作	功能描述
7:0	CNT[7:0]	0x00	R	定时器 T4 的计数器

② T4CC0 寄存器。T4CC0 是定时器 T4 通道 0 的捕获/比较寄存器，用来存放通道 0 的捕获/比较值。寄存器的字节地址为 0xED，只能字节访问，T4CC0 的定义如表 2-22 所示。

表 2-22　T4CC0 寄存器

位	名称	复位值	操作	功能描述
7:0	VAL[7:0]	0x00	R/W	存放通道 0 的捕获/比较值

③ T4CTL 寄存器。T4CTL 是 T4 控制寄存器，字节地址为 0xEB，只能字节访问，其定义如表 2-23 所示。

表 2-23　T4CTL 寄存器

位	名称	复位值	操作	功能描述
7:5	DIV[2:0]	000	R/W	T4 的定时时钟的分频值。 000：标记频率/1 001：标记频率/2 010：标记频率/4 011：标记频率/8 100：标记频率/16 101：标记频率/32 110：标记频率/64 111：标记频率/128
4	START	0	R/W	启动定时器 4 的控制位 0：停止定时器，1：启动定时器
3	OVFIM	1	R/W0	定时器 4 溢出中断屏蔽 0：禁止溢出中断，1：使能溢出中断
2	CLR	0	R0/W	清除定时器 4 的计数值 写 1 至 CLR 位，则复位计数值至 0x00，并初始化相关通道所有输出引脚。读该位的值为 0
1:0	MODE[1:0]	00	R/W	T4 的工作模式选择位 00：自由运行模式。从 0x00 增至 0xff 反复计数 01：倒计数模式。从 T4CC0 减至 0x00 计数 10：模模式。从 0x00 增至 T4CC0 反复计数 11：正/倒计数模式。从 0x00 增至 T4CC0，再由 T4CC0 减至 0x00 反复计数

④ TIMIF 寄存器。TIMIF 是定时器 1/3/4 中断屏蔽/标志寄存器，字节地址为 0xD8，每一位都有位地址，可位访问。TIMIF 的定义如表 2-24 所示。

表 2-24　TIMIF 寄存器

位	名称	复位值	操作	功能描述
7	-	0	R0	没有使用
6	OVFIM	1	R/W	定时器 1 溢出中断屏蔽 0：禁止溢出中断，1：使能溢出中断
5	T4CH1IF	0	R/W0	定时器 4 通道 1 中断标志 0：无中断请求，1：有中断请求
4	T4CH0IF	0	R/W0	定时器 4 通道 0 中断标志 0：无中断请求，1：有中断请求
3	T4OVFIF	0	R/W0	定时器 4 溢出中断标志 0：无中断请求，1：有中断请求
2	T3CH1IF	0	R/W0	定时器 3 通道 1 中断标志 0：无中断请求，1：有中断请求
1	T3CH0IF	0	R/W0	定时器 3 通道 0 中断标志 0：无中断请求，1：有中断请求
0	T3OVFIF	0	R/W0	定时器 3 溢出中断标志 0：无中断请求，1：有中断请求

⑤ IRCON 寄存器。IRCON 为中断标志寄存器，字节地址为 0xC0，每一位都有位地址，可位访问。IRCON 的定义如表 2-25 所示。

表 2-25　IRCON 寄存器

位	名称	复位值	操作	功能描述
7	STIF	0	R0	睡眠定时器的中断标志 0：无中断请求，1：有中断请求
6	-	0	R/W	必须写 0。写入 1 总是使能中断源
5	P0IF	0	R/W	端口 0 的中断标志 0：无中断请求，1：有中断请求
4	T4IF	0	R/W H0	定时器 4 的中断标志。当 T4 中断发生时设为 1，当 CPU 进入 T4 中断服各程序时自动清除。 0：无中断请求，1：有中断请求
3	T3IF	0	R/W H0	定时器 3 的中断标志。当 T3 中断发生时设为 1，当 CPU 进入 T3 中断服各程序时自动清除。 0：无中断请求，1：有中断请求
2	T2IF	0	R/W H0	定时器 2 的中断标志。当 T2 中断发生时设为 1，当 CPU 进入 T2 中断服各程序时自动清除。 0：无中断请求，1：有中断请求

续表

位	名称	复位值	操作	功能描述
1	T1IF	0	R/W H0	定时器 1 的中断标志。当 T1 中断发生时设为 1，当 CPU 进入 T1 中断服务程序时自动清除。 0：无中断请求，1：有中断请求
0	DMAIF	0	R/W	DMA 完成中断标志 0：无中断请求，1：有中断请求

（3）定时时长的计算

定时的实质是对频率固定的脉冲信号进行计数，设计数脉冲的频率为 f_{CLK}，定时器的计数次数为 N，则定时时长 T 为：

$$T=N/f_{CLK}$$

CC2530 单片机中，通用定时器（T1、T3、T4）的定时时钟脉冲来源于系统振荡脉冲 f_{osc}，由振荡脉冲 f_{osc} 经过分频后得到定时器的标记脉冲 $f_{标记}$，标记脉冲再分频后得到定时器的计数脉冲 f_{CLK}，即通用定时器实际上是对系统时钟经 2 级分频后的脉冲信号进行计数，如图 2-40 所示。

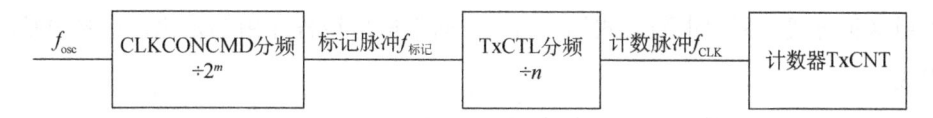

f_{osc} → CLKCONCMD 分频 ÷2^m → 标记脉冲 $f_{标记}$ → TxCTL 分频 ÷n → 计数脉冲 f_{CLK} → 计数器 TxCNT

图 2-40　通用定时器的定时时钟

图 2-40 中，m 的取值取决于 CLKCONCMD 寄存器的 TICKSPD[2:0] 位的取值（寄存器 CLKCONCMD 定义请参考《CC2530 中文数据手册完全版》第 60 页），n 的取值取决于 TxCTL（x=1、3、4）寄存器中 DIV 位的取值（参考表 2-23）。

T4 工作在自由模式下时，计数次数为 256，定时时长 $T=256×n/f_{标记}=256×n×2^m/f_{osc}$。

T4 工作在模模式和倒计数模式下时，计数次数为寄存器 T4CC0 的内容，其定时时长 $T=$ T4CC0$×n/f_{标记}=$ T4CC0$×n×2^m/f_{osc}$。

T4 工作在正/倒计数模式下时，计数次数为寄存器 T4CC0 内容的 2 倍，其定时时长 $T=$ T4CC0$×2×n/f_{标记}=$ T4CC0$×2×n×2^m/f_{osc}$。

单片机复位后，系统的主时钟源为内部的高速 RC 振荡器，振荡频率为 16MHz，标记脉冲的频率也是 16MHz。但在 Basic RF 中，系统调用了 halBoardInit() 函数后，会将系统的主时钟源设置为外部的高速晶体振荡器，振荡频率为 32MHz，标记脉冲的频率也是 32MHz。其中设置时钟源的函数为 ClockSetMainSrc() 函数，函数中设置标记脉冲频率的语句如图 2-41 所示。

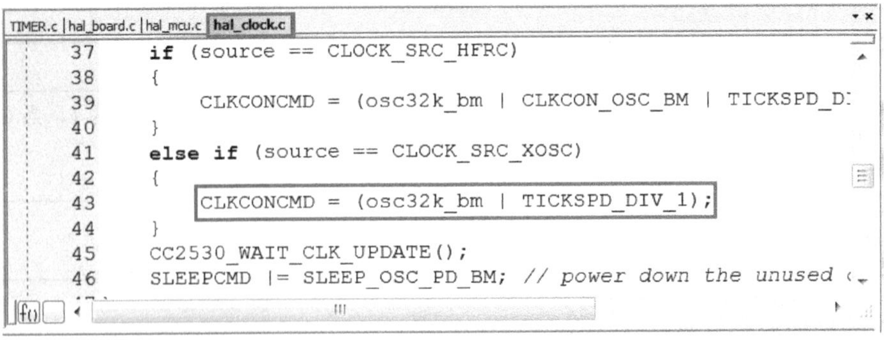

```
TIMER.c | hal_board.c | hal_mcu.c | hal_clock.c
37    if (source == CLOCK_SRC_HFRC)
38    {
39        CLKCONCMD = (osc32k_bm | CLKCON_OSC_BM | TICKSPD_D:
40    }
41    else if (source == CLOCK_SRC_XOSC)
42    {
43        CLKCONCMD = (osc32k_bm | TICKSPD_DIV_1);
44    }
45    CC2530_WAIT_CLK_UPDATE();
46    SLEEPCMD |= SLEEP_OSC_PD_BM; // power down the unused
```

图 2-41 Basic RF 中设置标记脉冲频率的语句

所以，在 Basic RF 中用 T4 作定时器时，定时的时长 T 为：

$T = 256 \times n/f_{标记} = 256 \times n/(32 \times 10^6)$ 自由模式

$T = T4CC0 \times n/f_{标记} = T4CC0 \times n/(32 \times 10^6)$ 倒计数、模模式

$T = T4CC0 \times 2 \times n/f_{标记} = T4CC0 \times 2 \times n/(32 \times 10^6)$ 倒计数、模模式

（4）定时程序的编写方法

定时器的应用程序有中断方式和查询方式两种，但查询方式的效率较低，实际应用中一般不用这种方式。采用中断方式编程时，定时器的应用程序由初始化、定时中断服务两部分组成。

① 初始化程序。初始化程序主要完成以下工作：

- 设置计数脉冲对定时标记脉冲的分频系数。方法是设置 T4CTL[7:5]位的值。
- 设置定时器的计数模式。方法是设置 T4CTL[1:0]位的值。
- 设置计数器的计数次数。

对于自由模式，计数次数固定为 256，不用设置。对于其他模式，设置计数次数的方法是，用前面介绍的公式计算出 T4CC0 寄存器的值，然后将此值装入 T4CC0 寄存器中。

- 设置 T4 的中断优先级。方法是设置 IP1 寄存器的第 4 位和 IP0 寄存器的第 4 位的值。单片机复位时，这 2 位的值均为 0，T4 的中断优先级为第 0 级，即为最低级中断。
- 开 T4 溢出中断。方法是将 T4CTL 的第 3 位置为 1（单片机复位后，该位的值为 1，可不设置）。
- 开定时器 T4 中断。方法是将 T4 中断允许位 T4IE 位置为 1。该位是可位寻址寄存器 IEN1 的第 4 位。
- 开全局中断。方法是将全局中断允许位 EA 位置为 1。该位是可位寻址寄存器 IEN0 的第 7 位。
- 将定时器 T4 清零。方法是将 T4CTL 的第 2 位置为 1。
- 启动定时器 T4。方法是将 T4CTL 的第 4 位置为 1。

例如，设定时器 T4 的标记时钟的频率为 32MHz，T4 工作在正/倒计数模式下，定时时长为 1ms，T4 的中断优先级为 3 级，其初始化程序如下：

```
1   void  InitT4(void)
2   {
3      T4CTL |= (1<<7)|(1<<6)|(1<<5);   //分频系数为 128
4      T4CTL |= (1<<1)|(1<<0);          //计数模式为正/倒计数模式
5      T4CC0 = 125;                     //计数次数 N=f*t/(2n)=32MHz*1ms/(2*128)=125
6      IP1 |= 1<<4;                     //中断优先级为 2 级(IP1.4,IP0.4=10)
7      IP0 &= ~(1<<4);
8      T4CTL |= (1<<3);                 //开 T4 溢出中断
9      T4IE=1;                          //开 T4 中断
10     EA=1;                            //开全局中断
11     T4CTL |= (1<<2);                 //将定时器 T4 清零
12     T4CTL |= (1<<4);                 //启动 T4
13  }
```

② 定时中断服务程序。定时器 T4 的中断服务程序的框架结构如下：

```
1   #pragma vector = T4_VECTOR
2   __interrupt void   T4_ISR(void)
3   {
4      /*定时时间到后 CPU 所要做的工作*/
5   }
```

例如，定时器 T4 作 1ms 基准时间定时器时，用变量 cnt 记录定时中断发生的次数，每隔 0.5s 就将 P1_0 的状态取反。T4 的中断服务函数如下：

```
#pragma vector = T4_VECTOR
__interrupt void   T4_ISR(void)
{
   static   uint16 cnt=0;
   cnt++;
   if(cnt>499)
   {
     cnt=0;
     P1_0 = !P1_0;
   }
}
```

6. 新大陆 Basic RF 资源包中有关定时器的 API 函数

新大陆公司的 Basic RF 资源包中提供了 Timer4_Init()、Timer4_On()、Timer4_Off()、GetSendDataFlag() 和 T4 的中断服务函数 T4_ISR() 等 5 个函数。这些函数的定义位于

TIMER.c 文件中。

（1）Timer4_Init()函数。该函数无参数，也无返回值。函数的功能是将 T4 计数脉冲对标记脉冲的分频系数设为 128，并关闭定时器 T4。函数执行后 T4 的计数脉冲频率 f=32MHz/128=250kHz，但定时器停止工作。Timer4_Init()函数的定义如图 2-42 所示。

```
9  void Timer4_Init(void)
10 {
11     // Set prescaler divider value to 128 (32M/128 = 250KHZ)
12     T4CTL |= 0xE0;
13     T4CTL &= ~(0x10);  // Stop timer
14     T4CTL &= ~(0x08);  // 禁止溢出中断
15     T4CTL |= 0x04;     //计数器清零
16     T4IE = 0;          // Disable interrupt
17 }
```

图 2-42　Timer4_Init()函数的定义

（2）Timer4_On()函数。该函数无参数，也无返回值。函数的功能是将 T4 的计数模式设置为自由模式，使能定时中断，并启动 T4。函数的定义如图 2-43 所示。

函数执行后，T4 开始运行，定时时长 T 为：T=256/f_{CLK}=256/250kHz=1.024ms。

由于定时时长存在小数，若以此时间作为应用程序中的基准时间，在应用程序中将会出现定时误差。通常情况下，这种误差可以忽略不计，但如果应用系统中对定时时间要求比较苛刻，可将函数中的计数模式改为正/倒计数模式，并将定时时长设为 1ms。

```
19 void Timer4_On(void)
20 {
21     T4CTL |= 0x08;    //使能溢出中断
22     T4CTL &= ~(0x03); //0x00-0xFF
23     T4CTL |= 0x10;    // Start timer
24     T4IE = 1;         // Enable interrupt
25 }
```

图 2-43　Timer4_On()函数的定义

（3）imer4_Off()函数。该函数无参数，也无返回值。函数的功能是关闭定时器 T4，并关闭 T4 溢出中断和 T4 中断。

（4）GetSendDataFlag()函数。该函数无参数，功能是获取定时中断服务函数中所设置的定时发送数据标志的状态。函数的返回值为定时发送数据标志的状态。

（5）T4 的中断服务函数 T4_ISR()。该函数是以有参数宏 HAL_ISR_FUNCTION (T4_ISR, T4_VECTOR)的形式给出的。HAL_ISR_FUNCTION 是宏名，宏的第 1 个参数是中断服务函数的函数名 T4_ISR，第 2 个参数是中断向量 T4_VECTOR。T4 的中断服务函数 T4_ISR()的定义如图 2-44 所示。

```
41 HAL_ISR_FUNCTION(T4_ISR, T4_VECTOR)
42 {
43     T4OVFIF = 0;              //溢出标志位清0
44     T4IF = 0;                 //中断标志位清0
45                               更改定时时长时修改此值
46     NUM ++;                   //中断次数计数值加1
47     if(NUM == 1953)           //定时2s,1953*1.024=1999.872ms
48     {
49         NUM = 0;              //中断次数计数器清0
50         SEND_DATA_FLAG = 1;   //发送数据标志位置1
51     }
52     else
53     {                         //时间不足2s
54         SEND_DATA_FLAG = 0;   //发送数据标志位清0
55     }
56 }
```

图 2-44 中断服务函数 T4_ISR()的定义

从图 2-44 中可以看出，中断服务函数 T4_ISR()的功能是，当定时时间达到 t=1953×1.024ms= 1999.872ms 时将标志位 SEND_DATA_FLAG 置 1，否则将该位清零。因此 SEND_DATA_FLAG 标志位为 1 的时间只有一次定时中断的间隔时间，即 1.024ms。

在实际应用中，如果定时时长不是 2s，则可根据应用的需要修改 NUM 的比较值。NUM 的比较值的计算方法如下：

设应用所需要的定时时长为 t，则 NUM 的比较值为：NUM=t/1.024ms。

例如，在某应用中需要定时的时长为 1s，则 NUM=t/1.024ms=1000ms/1.024ms=977，我们只需将图 2-44 中第 47 行处的 1953 改为 977 即可。

【说明】在图 2-44 中，HAL_ISR_FUNCTION 是一个有参数宏，其定义位于 hal_defs.h 文件中，为了帮助读者理解这个宏，我们一起来分析这个宏是怎样代表中断服务函数定义的。

在 hal_defs.h 文件中，宏 HAL_ISR_FUNCTION 的定义如图 2-45 所示。

```
 97 #define _PRAGMA(x)   _Pragma(#x)
 98
 99 #define FAR
100 #define NOP()        asm("NOP")
101
102 #define HAL_MCU_LITTLE_ENDIAN()   __LITTLE_ENDIAN__
103 #define HAL_ISR_FUNC_DECLARATION(f,v)  _PRAGMA(vector=v)  __near_func __interrupt void f(void)
104 #define HAL_ISR_FUNC_PROTOTYPE(f,v)    _PRAGMA(vector=v)  __near_func __interrupt void f(void)
105 #define HAL_ISR_FUNCTION(f,v)  HAL_ISR_FUNC_PROTOTYPE(f,v); HAL_ISR_FUNC_DECLARATION(f,v)
106
```

图 2-45 HAL_ISR_FUNCTION 宏的定义

从图 2-45 的第 105 行定义可以看出，HAL_ISR_FUNCTION(T4_ISR, T4_VECTOR)等价于以下代码：

```
HAL_ISR_FUNC_PROTOTYPE(T4_ISR, T4_VECTOR);
HAL_ISR_FUNC_DECLARATION(T4_ISR, T4_VECTOR)
```

比较第103行、104行代码可以看出，HAL_ISR_FUNC_PROTOTYPE(f,v)宏的定义与HAL_ISR_FUNC_DECLARATION(f,v)宏的定义完全相同，前者用于函数原型说明，后者用于声明函数。根据这两个宏的定义，HAL_ISR_FUNC_DECLARATION(T4_ISR, T4_VECTOR)等价于以下两句：

```
_PRAGMA(vector=T4_VECTOR)
__near_func __interrupt void T4_ISR (void)
```

其中，_PRAGMA 也是一个宏名，它的定义位于图2-45中的第97行，其定义如下：

```
#define _PRAGMA(x) _Pragma(#x)
```

定义中，(#)是预处理运算符中的字符串化运算符，其功能是将#号后面的实参括在括号内。所以，_PRAGMA(vector=T4_VECTOR)就等价于以下代码：

```
_Pragma("vector=T4_VECTOR")
```

综上分析，HAL_ISR_FUNCTION(T4_ISR, T4_VECTOR)就等价于以下4行代码：

```
1    _Pragma("vector=T4_VECTOR")
2    __near_func __interrupt void T4_ISR (void);
3    _Pragma("vector=T4_VECTOR")
4    __near_func __interrupt void T4_ISR (void)
```

其中，第1、2行代码为函数原型说明，第3、4行为函数声明。

中断服务函数是一个特殊函数，它不是通过函数调用来执行的，而是当CPU响应了中断请求后CPU自动执行的。因此，第1、2行代码可以省去，也就是图2-45中第105行代码中"HAL_ISR_FUNC_PROTOTYPE(f,v);"这一部分可以省去。

实现方法与步骤

1. 搭建声音传感器的控制电路

本任务中，声音传感器的控制电路如图2-46所示。

图2-46中，声音传感器的OUT脚接在CC2530单片机的P04引脚上，用P04脚检测传感器模块的输出状态。在开板上将声音传感器插至P4传感器座上就构成了上述电路。

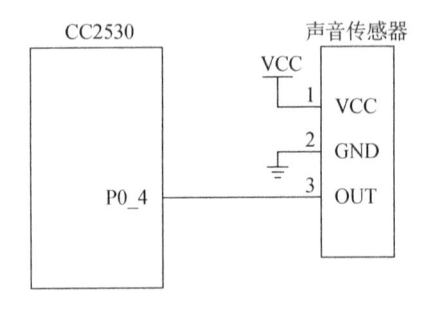

图2-46 声音传感器控制电路

2. 新建工程

新建工程的步骤如下：

（1）在 D:\EX_WSN 文件夹中新建 Task6 文件夹。

（2）将新大陆公司的 Basic RF 资源包中的 CC2530_lib 文件夹复制到 Task6 文件夹中。

（3）在 Task6 文件夹中再新建 Project、Sensor、Src 等 3 个文件夹。此时 Task6 文件夹中共有 CC2530_lib、Project、Sensor、Src 等 4 个文件夹。这 4 个文件夹的作用介绍如下。

CC2530_lib：存放新大陆公司修改后的 Basic RF 资源包。

Project：存放工程文件、桌面文件以及编译生成的 hex 文件和其他中间文件等。

Sensor：存放传感器的驱动程序文件。

Src：存放任务中应用源程序文件。

（4）按照任务 5 中所介绍的方法新建 SensorNet 工程。

（5）在工程中新建 App、BasicRF、Board、Common、Utils、Sensor 等 6 个组。

（6）将 CC2530_lib 文件夹中 4 个子文件夹的 C 程序文件分别添加至 BasicRF、Board、Common、Utils 等 4 个对应组中，其中 basicRF 子文件夹中的 C 程序文件添加至 BasicRF 组中，Board 子文件夹中的 C 程序文件添加至 Board 组中，依此类推。

（7）将工程保存至 Project 文件夹中。

（8）按照任务 3 中所介绍的方法在工程中配置单片机、连接器、仿真器、头文件的路径。

3. 编制声音传感器驱动程序文件

声音传感器驱动程序文件由 SoundSensor.c 和 SoundSensor.h 两个文件组成，SoundSensor.c 文件是驱动程序的源程序文件，SoundSensor.h 是 SoundSensor.c 文件的接口文件。为了便于程序文件的管理，我们将所有传感器的驱动程序文件统一存放在 Sensor 文件夹中。编制声音传感器驱动程序文件的步骤如下：

（1）在 IAR 中新建 SoundSensor.c 和 SoundSensor.h 两个文件，并将这两个文件保存至 Sensor 文件夹中。

（2）将 SoundSensor.c 文件添加至 SensorNet 工程的 Sensor 组中。

（3）在 SoundSensor.c 文件中添加初始化传感器函数、读传感器输出数据函数及包含相关头文件的代码。其中，对于初始化传感器函数、读传感器输出数据函数我们在知识储备中已做了详细介绍，为了节省篇幅，在此我们只列出 SoundSensor.c 文件的结构，读者实践时请按照知识储备中的介绍补全相关代码。SoundSensor.c 文件的内容如下：

```
1   /****************************************************************
2                           SoundSensor.c
3   声音传感器驱动程序
4   ****************************************************************/
5   #include  <ioCC2530.h>
6   #include  "hal_defs.h"
7   //传感器引脚定义   接P04
8   #define pOUT P0_4
9   /****************************************************************
10                     void   InitSoundSensor(void)
…    …
15  ****************************************************************/
16  void  InitSoundSensor(void)
17  {
…    …
22  }
23  /****************************************************************
24                    uint8 ReadSoundSensor(void)
…    …
29  ****************************************************************/
30  uint8 ReadSoundSensor(void)
31  {
…    …
36  }
```

（4）在 SoundSensor.h 文件中添加以下代码：

```
1   /****************************************************************
2                           SoundSensor.h
3   声音传感器驱动程序
4   ****************************************************************/
5   #ifndef   __SOUNDSENSOR_H__
6   #define   __SOUNDSENSOR_H__
7
8   extern   void   InitSoundSensor(void); //初始化声音传感器
9   extern   uint8 ReadSoundSensor(void); //读声音传感器输出数据
10
11  #endif
```

（5）保存 SoundSensor.c 和 SoundSensor.h 文件。

4. 编制节点的程序文件

本任务中的网络节点有数据汇集节点和传感器节点两个节点，节点的程序文件分别为 Collector.c 和 Sensor.c。编制节点程序文件的步骤如下：

（1）在 IAR 中新建 Collector.c 文件和 Sensor.c 文件，并保存至 D:\EX_WSN\Task6\Src 文件夹中。

（2）在 Collector.c 文件中添加以下代码：

```
1   /*****************************************************************
2                           Collector.c
3   功能：汇集节点程序
4   *****************************************************************/
5
6   /*****************************************************************
7                           头文件包含
8   *****************************************************************/
9   #include "hal_defs.h"
10
11  #include <hal_led.h>
12  #include <hal_board.h>
13  #include <hal_int.h>
14  #include "hal_mcu.h"
15  #include "hal_rf.h"
16  #include "basic_rf.h"
17
18  #include "hal_uart.h"
19  #include    "string.h"
20  #include    "stdio.h"
21  /*****************************************************************
22                           常数定义
23  *****************************************************************/
24  #define RF_CHANNEL              12          //34 信道定义
25  #define PAN_ID                  0x1989      //37 网络 ID
26  #define SENSOR_ADDR             0x0726      //38 传感节点地址
27  #define COLLECTOR_ADDR          0x2021      //39 汇集节点地址
28
29  #define RF_RX_BUF_LEN    128      //射频接收缓冲区的长度
30  #define UART_TX_BUF_LEN    128             //串口发送缓冲区的长度
31  /*****************************************************************
32                           变量定义
33  *****************************************************************/
34  static uint8 rfRxData[RF_RX_BUF_LEN];       //射频接收缓冲区
35  uint8 uartTxBuf[UART_TX_BUF_LEN];           //串口发送缓冲区
```

```c
36  /*************************************************************
37                          main()函数
38  **************************************************************/
39  void  main(void)
40  {
41      basicRfCfg_t basicRfConfig;              //定义用于存放配置参数的变量
42      uint16  len,slen;                        //数据长度
43
44      basicRfConfig.myAddr = COLLECTOR_ADDR;//设置本机地址
45      basicRfConfig.panId = PAN_ID;            //设置网络ID号
46      basicRfConfig.channel = RF_CHANNEL;      //设置信道号
47      basicRfConfig.ackRequest = TRUE;         //应答信号
48
49      halBoardInit();                          //板载资源初始化(时钟、中断、串口等)
50      while(halRfInit()==FAILED);              //射频模块初始化,若失败,则停止
51      while(basicRfInit(&basicRfConfig) == FAILED); //配置射频参数,若失败,则停止
52      basicRfReceiveOn();                      //打开射频接收器
53      halUartInit(115200);                     //初始化串口0,BR=115200bit/s,8 数据位,1 起始
    位,1 停止位
54      halMcuWaitMs(2);                         //等待2ms,以便串口可输出
55      halLedSet(1);                            //点亮LED1,指示初始化成功
56      halUartWrite("初始化成功!\r\n",13);      //串口输出提示信息
57
58      while(1)                                 //死循环
59      {
60        if(basicRfPacketIsReady())             //检查RF层是否有新数据
61        {
62          len = basicRfReceive(rfRxData, RF_RX_BUF_LEN, NULL);// 接收 RF 数据并存入
    rfRxData[]中
63          if(len>0)                            //检查是否接收到数据
64          {//收到射频数据
65            slen=sprintf((char *)uartTxBuf,"收到无线数据,数据是:%s\r\n",rfRxData);//将串口发送
    的数据存入数组 uartTxBuf[]中
66            halUartWrite(uartTxBuf,slen);      //用串口输出 uartTxBuf[]中的数据
67            memset(rfRxData,0,len);            //将 rfTxData[]的数据清零,以防对下次串口输出
    产生影响
68          }
69        }
70      }
71  }
```

（3）保存 Collector.c 文件，再将 Collector.c 文件添加至 SensorNet 工程的 Sensor 组中。

（4）在 Sensor.c 文件中添加以下代码：

```
1   /***************************************************************
2                          Sensor.c
3   功能：传感节点程序
4   ***************************************************************/
5
6   /***************************************************************
7                          头文件包含
8   ***************************************************************/
9   #include "hal_defs.h"
10
11  #include <hal_led.h>
12  #include <hal_board.h>
13  #include <hal_int.h>
14  #include "hal_mcu.h"
15  #include "hal_rf.h"
16  #include "basic_rf.h"
17
18  #include "hal_uart.h"
19  #include  "stdio.h"
20  #include  "string.h"
21  #include  "TIMER.h"
22  #include  "SoundSensor.h"
23  /***************************************************************
24                          常数定义
25  ***************************************************************/
26  #define RF_CHANNEL          12          //34 信道定义
27  #define PAN_ID              0x1989      //37 网络ID
28  #define SENSOR_ADDR         0x0726      //38 传感节点地址
29  #define COLLECTOR_ADDR      0x2021      //39 汇集节点地址
30
31  #define RF_TX_BUF_LEN    128            //射频发送缓冲区的长度
32  #define UART_TX_BUF_LEN  128            //串口发送缓冲区的长度
33  /***************************************************************
34                          变量定义
35  ***************************************************************/
36  static uint8 rfTxData[RF_TX_BUF_LEN];   //射频发送缓冲区
37  uint8 uartTxBuf[UART_TX_BUF_LEN];       //串口发送缓冲区
38  /***************************************************************
39                          main()函数
40  ***************************************************************/
41  void  main(void)
42  {
```

43	basicRfCfg_t basicRfConfig;	//定义用于存放配置参数的变量
44	uint16　len,slen;	//数据长度
45	uint8 SensorVal;	//传感器的输出值
46		
47	basicRfConfig.myAddr = SENSOR_ADDR;	//设置本机地址
48	basicRfConfig.panId = PAN_ID;	//设置网络ID号
49	basicRfConfig.channel = RF_CHANNEL;	//设置信道号
50	basicRfConfig.ackRequest = TRUE;	//应答信号
51		
52	halBoardInit();	//板载资源初始化(时钟、中断、串口等)
53	while(halRfInit()==FAILED);	//射频模块初始化,若失败,则停止
54	while(basicRfInit(&basicRfConfig) == FAILED); //配置射频参数,若失败,则停止	
55	basicRfReceiveOn();	//打开射频接收器
56	halUartInit(115200);	//初始化串口0,BR=115200bit/s,8 数据位,1 起始位,1 停止位
57	**Timer4_Init();**	//初始化定时器T4
58	**Timer4_On();**	//开定时器T4
59	halMcuWaitMs(2);	//等待2ms,以便串口可输出
60	halLedSet(1);	//点亮LED1,指示初始化成功
61	halUartWrite("初始化成功!\r\n",13);	//串口输出提示信息
62	**InitSoundSensor();**	//初始化声音传感器
63	while(1)	//死循环
64	{	
65	if(GetSendDataFlag())	//读1s定时发送数据标志,检查是否达到1s
66	{ //达到1s,即允许发送数据	
67	SensorVal=ReadSoundSensor();	//读传感器的输出数据并存入SensorVal中
68	len=sprintf((char *)rfTxData,"%d",SensorVal); //将待发送的数据转换成字符串,并存入数组rfTxData[]中	
69	basicRfSendPacket(COLLECTOR_ADDR,rfTxData,len);//向汇集节点发送数组 rfTxData[]中的字符	
70		
71	slen=sprintf((char *)uartTxBuf,"噪声传感数据是:%d\r\n",SensorVal);//将准备串口发送的数据存入数组uartTxBuf[]中	
72	halUartWrite(uartTxBuf,slen);	//用串口输出uartTxBuf[]中的数据
73	}	
74	}	
75	}	
76		

（5）保存Sensor.c文件,再将Sensor.c文件添加至SensorNet工程的Sensor组中。

5. 修改 Basic RF 软件包中的定时时长

在新大陆公司的 Basic RF 软件包中，定时中断服务函数实现的功能是，每隔 2s 将标志位 SEND_DATA_FLAG 置 1，以控制应用程序每隔 2n 秒执行一次（n=1、2、3、…）。本任务的要求是，每隔 1s 发送一次传感数据，因此需要修改定时中断服务函数 T4_ISR() 中的定时时长，其方法如下：打开 TIMER.c 文件，将第 47 行代码中的数值 1953 改为 1s/1.024ms=977，然后保存 TIMER.c 文件，参考图 2-44。

6. 新建节点设备

新建节点设备的步骤如下：

（1）新建传感节点设备。

第 1 步：在 IAR 窗口中单击菜单栏上的"Project"→"Edit Configuration"菜单项，打开如图 2-47 所示的"Configurations for 'SensorNet'"对话框。

第 2 步：在如图 2-47 所示的对话框中选择"Debug"列表项，再单击"New"按钮，打开如图 2-48 所示的"New Configuration"对话框。

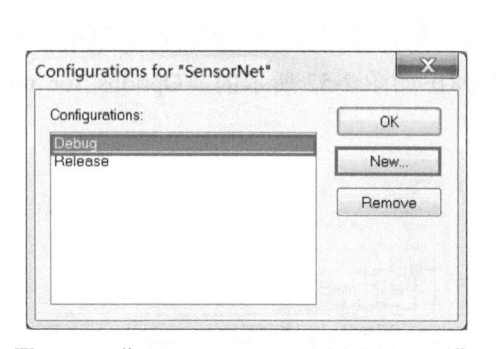

图 2-47　"Configurations for 'SensorNet'"对话框

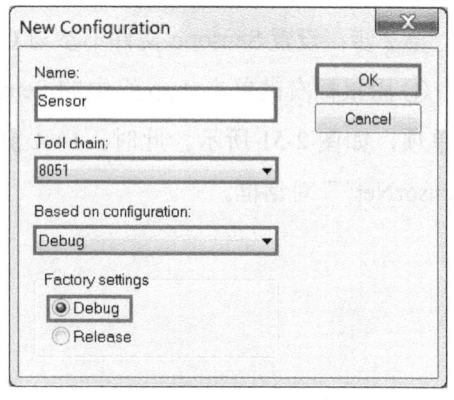

图 2-48　"New Configuration"对话框

第 3 步：在"New Configuration"对话框的"Name"文本框中输入节点设备名"Sensor"，在"Tool chain"下拉列表框中选择"8051"列表项，在"Based on configuration"下拉列表框中选择"Debug"列表项，在"Factory settings"框架中单击"Debug"单选钮（见图 2-48），然后单击"OK"按钮，返回至图 2-47 所示的对话框中，在对话框的"Configurations"列表框中就会出现新增的节点设备名"Sensor"。

第 4 步：单击"Configurations for 'SensorNet'"对话框中的"OK"按钮，在 IAR 的"Workspace"窗口中，节点设备下拉列表框中就会出现新增的节点设备"Sensor"，

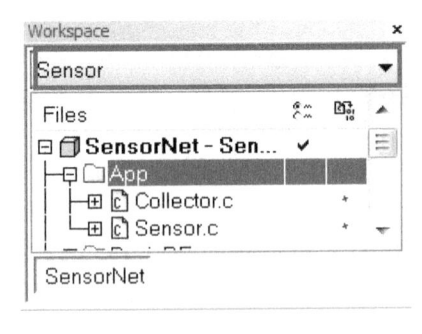

图 2-49 "Workspace" 窗口

如图 2-49 所示。

（2）新建汇集节点设备。

按照新建节点设备的步骤新建汇集节点设备，节点设备名为"Collector"。

（3）给节点分配应用程序文件。

在我们编写的 3 个源程序文件中，Collector.c 文件是汇集节点的应用程序文件，并不是传感器节点的应用程序文件；Sensor.c 和 SoundSensor.c 文件则是传感器节点的程序文件，但不是汇集节点的程序文件。另外，Collector.c 文件和 SoundSensor.c 文件中有些全局变量的名称相同，有些函数的名称也相同，例如，两个文件中都定义了 main()函数。如果把这两个文件放在一起编译就会出错。因此，在程序编译前必须给节点分配好应用程序文件。给节点分配应用程序文件的操作方法如下。

第 1 步：将设备类型设置成汇集节点。

单击"Workspace"窗口中的节点设备下拉列表框，从展开的列表项中选择"Collector"列表项，如图 2-50 所示。

第 2 步：设置 Sensor.c 文件不参与 Collector 节点程序的编译。

① 用鼠标右键单击 App 组中的 Sensor.c 文件，在弹出的快捷菜单中单击"Options"菜单项，如图 2-51 所示。此时，IAR 窗口中会弹出如图 2-52 所示的"Options for node 'SensorNet'"对话框。

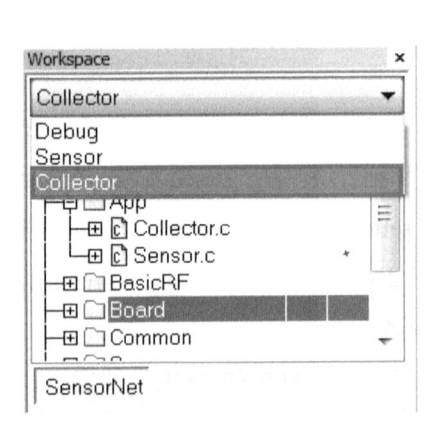

图 2-50 选择汇集节点

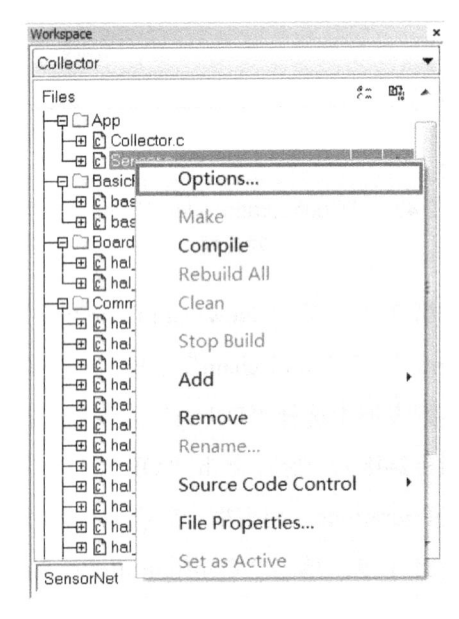

图 2-51 "Options"菜单项

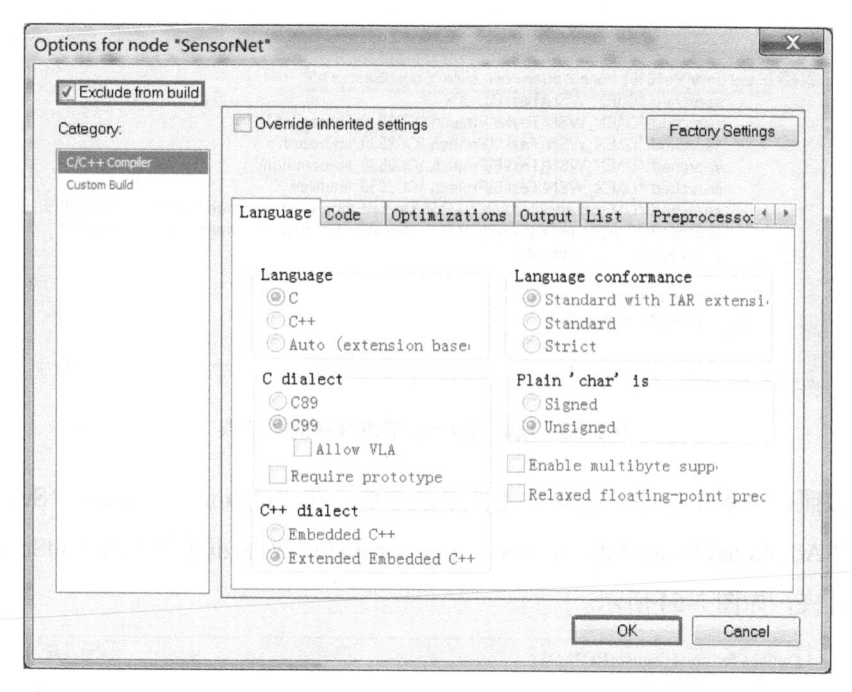

图 2-52 "Options for node 'SensorNet'"对话框

② 在"Options for node 'SensorNet'"对话框中勾选"Exclude from build"复选框，如图 2-52 所示，再单击"OK"按钮，这时 Sensor.c 文件在 IAR 的"Workspace"窗口中呈灰白色状态，表示该文件将不参与 Collector 节点程序的编译，即该文件不是 Collector 节点的程序文件。

第 3 步：重复第 2 步，设置 Sensor 组中的 SoundSensor.c 文件不参与 Collector 节点程序的编译。

第 4 步：重复第 1 步，将设备类型设置成传感节点。

第 5 步：重复第 2 步，设置 App 组中的 Collector.c 文件不参与 Sensor 节点程序的编译。

7. 下载运行程序

（1）在"Workspace"窗口的节点设备下拉列表框中选择 Sensor 节点设备。

（2）在 IAR 工作窗口中，单击图标工具栏上的 Make 图标按钮" "，对 Sensor 节点的程序进行编译、连接。此时消息窗口中会出现如图 2-53 所示的编译错误提示，其含义是系统不能打开 SoundSensor.h 文件。产生此错误的原因是，在配置头文件的路径时没有指定 SoundSensor.h 文件所在的文件夹。

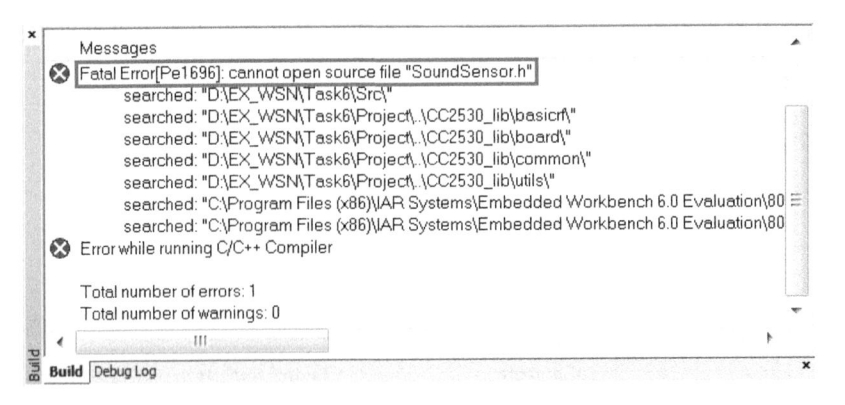

图 2-53　编译 Sensor 节点程序时的错误

（3）按照任务 5 中介绍的配置头文件路径方法，在"Options for node 'SensorNet'"对话框的"Additional include directories：（one per line）"列表框中增加 SoundSensor.h 文件所在的文件夹，如图 2-54 所示。

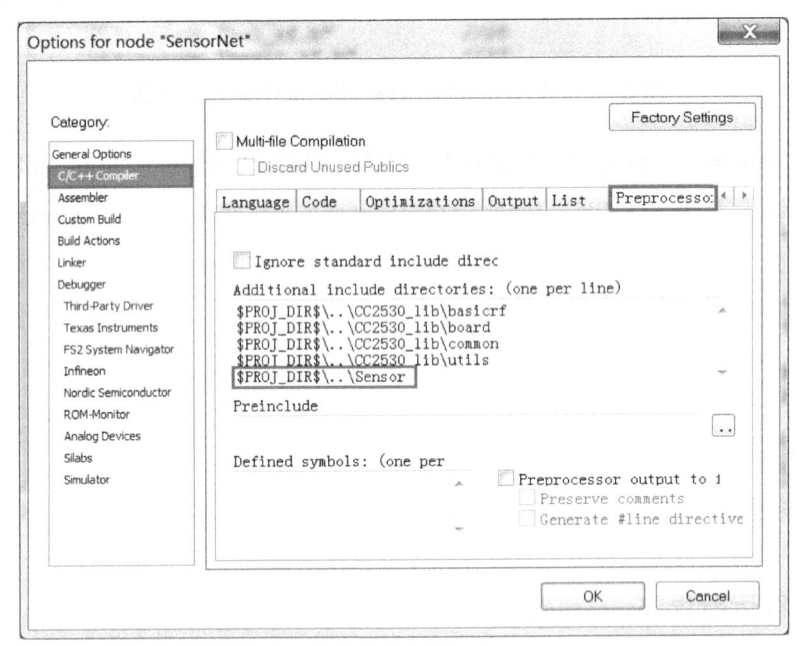

图 2-54　添加包含目录

（4）重新编译连接 Sensor 节点程序，此时错误消除。如果还有错误请按照消息窗口中的指示排除所有错误。

（5）连接仿真器。

（6）用 USB 线将计算机的 USB 口与开发板的 USB 口相接，并接通开发板上的电源。

（7）将 Sensor 节点程序下载至传感节点中。

（8）重复第（1）步～第（7）步，编译连接 Collector 节点程序，并将程序下载至汇集节点中。

（9）在与节点相接的计算机中打开串口调试助手，将串口调试助手的波特率设为 115200bit/s，设置好串口号，然后打开串口，这时可以看到传感器节点的串口会输出如图 2-55 所示的数据，汇集节点的串口会输出如图 2-56 所示的数据。

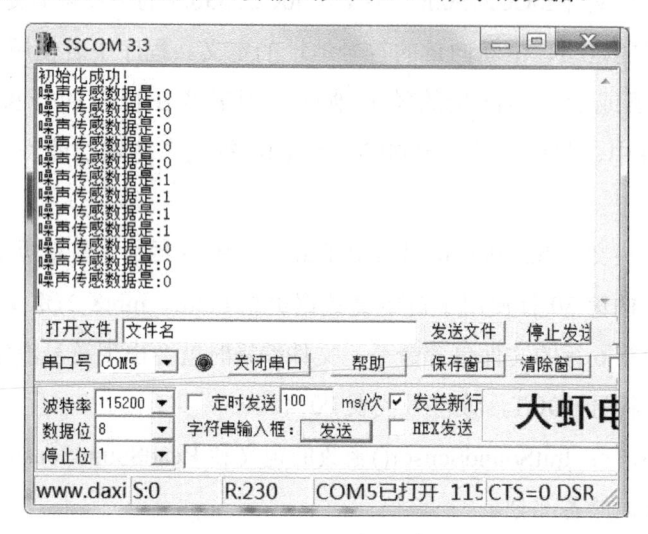

图 2-55　传感节点中显示的数据

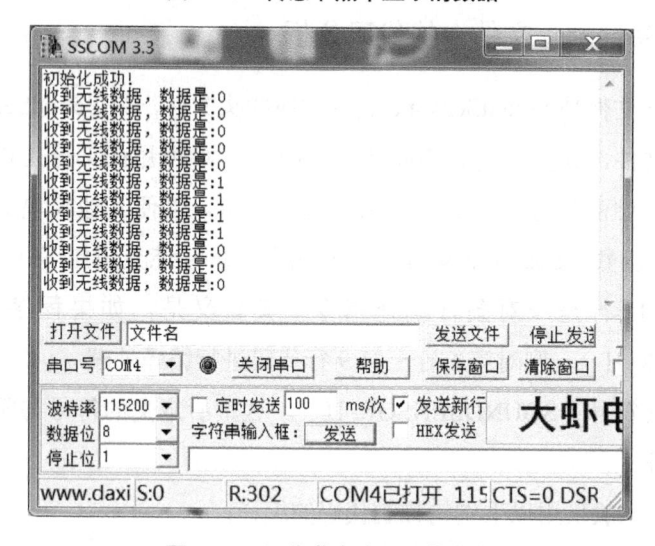

图 2-56　汇集节点中显示的数据

程序分析

本任务所编制的程序文件有 SoundSensor.c、SoundSensor.h、Sensor.c 和 Collector.c 等 4 个文件，文件虽然比较多，但绝大部分代码我们在知识储备和前面的任务中已做了详细分析和介绍，为了节省篇幅，我们只分析前面没有介绍的代码和程序结构。

1. SoundSensor.c 文件中的代码分析

SoundSensor.c 文件由头文件包含、函数 InitSoundSensor()的定义和函数 ReadSoundSensor()的定义组成。文件中各行代码的功能如下。

第 5 行：包含头文件 ioCC2530.h。头文件 ioCC2530.h 的主要内容是，CC2530 单片机的特殊功能寄存器的定义、中断向量的符号地址的定义。程序中若使用了 CC2530 单片机的特殊功能寄存器或者中断向量的符号地址，则需要在程序的开头处包含此文件。SoundSensor.c 文件中，我们会使用 P0SEL、P0DIR 等几个特殊功能寄存器，所以必须包含此头文件。

第 6 行：包含头文件 hal_defs.h。hal_defs.h 文件中主要是一些数据类型的定义和一些宏定义。程序文件的第 30 行使用了自定义数据类型 uint8，uint8 的定义位于 hal_defs.h 文件中，如果注释掉第 6 行的文件包含命令，文件编译时就会出现符号没定义的错误。

第 8 行：定义符号 pOUT，该符号代表 P0_4。

第 9 行～第 36 行：InitSoundSensor()函数的定义和 ReadSoundSensor()函数的定义。其代码的含义详见知识储备部分。

2. SoundSensor.h 文件中的代码分析

SoundSensor.h 文件是 SoundSensor.c 文件对应的头文件，是 SoundSensor.c 文件对其他程序模块的接口文件，其作用是对 SoundSensor.c 文件中所用的部分宏进行定义，同时对 SoundSensor.c 文件中的部分全局变量、函数进行说明，以便其他模块文件中可以使用这些宏、全局变量和函数。SoundSensor.h 文件中各代码的功能介绍如下。

第 5 行与第 11 行是一对条件编译指令，其含义是，如果程序中没有定义符号__SOUNDSENSOR_H__，则对第 6 行至第 9 行代码进行编译处理。

第 6 行：定义符号__SOUNDSENSOR_H__。这里所定义的符号与第 5 行中所提及的符号为同一个符号。

在头文件中，一般采用以下结构控制代码的编译：

```
L1    #ifndef XXX
L2    #define XXX
L3    头文件中的文件包含、宏定义、类型定义、全局变量和函数说明等
L4    #endif
```

其中，XXX 为用户定义的标识符。为了避免多个头文件中的标识符相互重复的问题，标识符常用以下方式设置：以下划线开头和结尾，中间字符为文件名的大写字母。

这种结构的含义是，如果没有定义符号 XXX，则定义符号 XXX，然后再对 L3 行的代码进行编译。采用这种结构后，如果这个头文件被某个文件多次包含，则 L3 行的代码只编译一次，这样可以避免出现同一个宏或者数据类型被多次定义的错误。

第 8 行～第 9 行：对 SoundSensor.c 中所定义的函数进行说明。其中，extern 为关键字，用来说明所申明的函数或变量是其他模块文件中所定义的。

3. Sensor.c 文件中的代码分析

第 9 行～第 22 行：头文件包含。

第 26 行～第 32 行：定义网络通信参数、存储区长度等常数。

第 36 行～第 37 行：定义应用层的射频发送缓冲区和串口发送缓冲区。

第 41 行～第 75 行：定义 main() 函数。其中关键代码的分析如下。

第 57 行、第 58 行：初始化定时器 T4。

第 62 行：初始化声音传感器。第 57 行、第 58 行、第 62 行是新增的用户硬件初始化代码，一般放在系统初始化的最后。

第 65 行：读 1s 定时发送数据标志，检查是否计满 1s，若满 1s，则执行第 67 行～第 72 行的发送数据处理代码。

第 67 行：读声音传感器的输出数据，并保存至变量 SensorVal 中。

第 68 行：将待发送的数据转换成字符串，并存入数组 rfTxData[] 中。

语句中，sprintf() 函数是 C 语言的格式化输出函数，其功能是将格式化数据保存至指定的缓冲区中。

sprint() 函数的功能和用法与 printf() 函数非常相似，两者的差别是，prinft() 函数是向标准的输出设备（显示器）输出格式化字符串，而 sprintf() 函数则是向指定的缓冲区（数组）输出格式化字符串。

sprintf() 函数的原形说明如下：

```
int  sprintf(char *buf,const char *format,[argument]);
```

函数中各参数的含义如下。

buf：指向存放格式化数据的缓冲区的指针，即缓冲区的首地址。

format：格式化字符串。格式化字符串可以是需要原样输出的正常字符串，也可以是以%开头的格式规定字符，如%d、%s、%f、%x 等。format 参数的用法和要求与 printf() 函数中的 format 参数的用法和要求完全相同。

argument：所需输出的参数。该参数是一个可选的系列参数，参数的个数、顺序必须与 format 参数中的格式规定字符的个数、顺序相同，且各参数之间需用","符号分开。argument 参数的用法和要求与 printf()函数中的 argument 参数的用法和要求完全相同。

函数的返回值如下：若写入成功，则返回实际写入缓冲区的字符个数；若写入失败，则返回-1。

sprintf()函数的原形说明位于 stdio.h 文件中，若程序中使用了 sprintf()函数，则需在程序文件的开头处包含头文件 stdio.h。在 Sensor.c 文件中，我们是在第 19 行包含该文件的。

在第 68 行代码中，rfTxData 是数组的名字，其定义位于第 36 行。rfTxData 前面的(char *)是类型强制转换符，其含义是将 rfTxData 所表示的地址强制转换成字符型指针（字符型数据的地址）。在 sprintf()函数中，第 1 个参数的类型为 char *型，而 rfTxData[]数组的类型为 uint8，即 unsigned char 型，所以需要进行类型转换。否则，程序编译时会出现警告指示。

代码中，"%d"是格式规定字符，双引号表示此处输出的内容为字符串，%d 表示字符串的内容为变量的十进制数形式的值。代码中的 SensorVal 为所要输出的变量。

所以，第 68 行代码的含义为取变量 SensorVal 的值，并将其值转换成十进制数的字符串，然后存入数组 rfTxData[]中，再将所存入的字符个数赋给变量 len。在第 68 行语句执行之前，若 SensorVal 的值为 17，则执行第 68 行代码后，rfTxData[0]=0x31（'1'的 ASCII码），rfTxData[1]=0x37，len=2。

第 69 行：将保存在数组 rfTxData[]中的传感器数据发送给汇集节点。需要注意的是，这里发送的是字符串，而不是数值。

第 71 行：用 sprintf()函数生成串口输出的提示信息，并存入数组 uartTxBuf[]中。其中，"噪声传感数据是:"是要原样输出的字符串，%d 处为变量 SensorVal 的十进制数形式的值，\r\n 为转义字符，代表回车和换行。

第 72 行：用串口输出数组 uartTxBuf[]中的字符串。

4. Collector.c 文件中的代码分析

第 9 行～第 20 行：头文件包含。

第 24 行～第 30 行：定义网络通信参数、存储区长度等常数。

第 34 行～第 35 行：定义应用层的射频接收缓冲区和串口发送缓冲区。

第 39 行～第 71 行：main()函数的定义。其中关键代码的分析如下。

第 60 行：检查 RF 层是否有新数据，若有，则执行第 62 行～67 行代码。这几行代码的功能是接收 RF 数据，并用串口输出提示信息和所接收到的数据。

第 62 行：接收 RF 数据并存入数组 rfRxData[]中，再将所接收到的数据个数保存至变量 len 中。由于传感节点中数据是以字符串的形式发送的，本句执行后，数组 rfRxData[]中存放的是字符串型的传感数据，而不是数值型的传感数据。例如，传感节点上传感数据为 1 时，汇集节点中接收到的是字符'1'，即 0x31（'1'的 ASCII 码），而不是数值 1。

第 65 行：用 sprintf()函数生成串口输出的数据，并存入数组 uartTxBuf[]中。由于数组 rfRxData[]中存放的是字符串型的传感数据，所以语句中使用的格式符为%s，而不是%d、%x、%f 等数值型的格式符。

第 67 行：用 memset()函数将数组 rfRxData[]中前 len 个元素的值设为 0，也就是将当前接收到的数据清零。

在第 65 行中，我们使用的格式符是%s，也就是取数组中的字符串。数组中，字符串是以数值 0 结尾的，如果前一次接收的字符串长一些，而本次接收的字符串短一些，例如前次接收的是 4 个字符的字符串，本次接收的是 3 个字符的字符串，则数组中前 3 字节（rfRxData[0]～ rfRxData[2]）的内容为本次接收的内容，而第 4 字节 rfRxData[3]的内容仍为前次接收的内容，但 rfRxData[4]=0，数组中字符串的长度仍为 4 个字符，在第 66 行代码中就会将前次多余的数据（rfRxData[3]的内容）一并输出。增加第 67 行代码后，rfRxData[]数组中的数据就被清 0，这样可以清除前次接收的多余数据。

第 67 行中，memset()函数是 C 语言的串操作函数，其原型说明位于 string.h 文件中，若程序中使用了该函数，则需要在程序文件的开头处包含 string.h 文件（详见第 19 行代码）。

memset()函数的原型说明如下：

void *memset(void *buf, int val, int len);

该函数的功能是将存储区的内容设置成指定值。函数中各参数的含义如下。

buf：所要设置存储区的首地址。

val：所要设置的值。

len：所要设置存储区的长度。

函数的返回值为所设置存储区的首地址。

实践拓展

（1）保持 Sensor.c 文件不变，将 Collector.c 文件中第 65 行的%s 格式符改为%d，观察汇集节点中串口输出的数据，并分析其原因。

（2）保持 Collector.c 文件不变，将 Sensor.c 文件中第 68 行、第 71 行中的%d 格式符改为%s，观察汇集节点和传感器节点中串口输出的数据，请分析其原因。

（3）声音传感器、人体红外传感器、振动传感器都是开关量传感器，请查阅人体红外传感器模块的相关资料，完成下列任务：用两个 ZigBee 模块组建一个 Basic RF 无线传感网，模块 A 作汇集节点，并与计算机的串口相接，模块 B 作传感器节点。传感器节点上装有人体红外传感器模块，用来监测室内是否有人进入，每隔 3s 传感器节点就将监测的情况发送至汇集节点。当汇集节点收到传感器节点发来的监测数据时，就通过串口发送到计算机中显示。当有人进入时计算机上显示"有人进入！"，否则显示"无人进入！"。其中，人体红外传感器模块的输出端接在 CC2530 单片机的 P06 引脚上（模块接在开发板的 P2 口上），节点与计算机进行串行通信的波特率为 BR=115200bit/s，传感网的 PAN ID 为 0x2021，信道号为 13，汇集节点的网络地址为 0x0809，传感器节点的网络地址为 0x0903。

实践总结

声音传感器是一种用于检测声音强度的传感器，传感器模块的工作电压为 3.3～5V，声音没达到预设的阈值时，模块输出高电平，声音达到或超过预设的阈值时，模块输出低电平。模块与单片机的连接方法是，用单片机的一根 I/O 口线与模块的 OUT 引脚相接。

声音传感器的驱动程序包括两个函数：第 1 个是初始化函数，其功能是初始化与传感器模块相接的单片机 I/O 口；第 2 个函数是读传感器的输出数据函数。

在 Basic RF 中添加传感器驱动程序的方法是，先编写传感器的驱动程序，然后在 main()函数的初始化部分的最后调用传感器的初始化函数，最后在需要采集传感数据时调用读传感数据函数，并对所读得的传感数据进行处理。

CC2530 单片机有 21 个 I/O 引脚，每个 I/O 引脚都可以单独设置成输入脚或者输出脚。将 Pxi 脚设置成输入脚的方法是，先将 PxSEL、PxDIR、PxINP 这 3 个寄存器的第 i 位清零，再设置 P2INP 对应位的值。读引脚输入的方法是直接读寄存器 Px 的第 i 位 Px_i 的状态。将 Pxi 脚设置成输出脚的方法是，将 PxSEL、PxDIR 这两个寄存器的第 i 位置 1。将 Pxi 脚置 1 的方法是，向寄存器 Px 的第 i 位 Px_i 写 1；将 Pxi 脚清零的方法是，向寄存器 Px 的第 i 位 Px_i 写 0。

CC2530 有 3 个通用定时器，每个定时器都有定时、输入捕获、输出比较 3 种功能，可运行在自由运行、倒计数、模模式、正/倒计数模式等 4 种模式下。自由运行模式最简单，但定时时长固定；在正/倒计数模式下定时时长可灵活设置，使用时稍复杂一些。定时器的编程一般采用中断方式，定时器的应用程序由定时器初始化、定时中断服务两部分组成，其中，定时器的初始化需要完成 9 项工作，大部分工作为设置寄存器 T4CTL 的值。

新大陆的 Basic RF 软件包中所选用的定时器是定时器 T4，且 T4 的计数模式为自由模式，其应用程序中的定时时长存在一定的误差。软件包中提供了 Timer4_Init()、Timer4_On()、Timer4_Off()、GetSendDataFlag()和定时中断服务函数 T4_ISR()等 5 个 API 函数，在应用开发中需要会用这些函数，能看懂和修改这些函数的定义。

习题

1. 声音传感器模块的应用特性是，声音达到或超过预设的阈值时，模块输出＿＿＿电平，声音没达到预设的阈值时，模块输出＿＿＿＿电平。

2. 若声音传感器模块的 OUT 引脚接在单片机的 P06 引脚上，请写出传感器初始化程序和读传感器输出数据的程序。

3. 简述在 Basic RF 中添加传感器驱动程序的方法。

4. CC2530 单片机有＿＿＿个 I/O 引脚，CC2530 单片机有＿＿＿个通用定时器。

5. 单片机执行了 halBoardInit()函数后，系统的主时钟频率为＿＿＿MHz，定时器的标记脉冲的频率为＿＿＿MHz。

6. 设定时器 T1 的标记时钟的频率为 32MHz，T1 工作在正/倒计数模式下，定时时长为 5ms，T1 的中断优先级为 2 级，请写出 T1 的初始化函数。

7. 定时器 T4 工作在正/倒计数模式下作 2ms 基准时间定时器使用，每隔 0.5s 将接在 P10 引脚的 LED1 的状态取反一次。请编写程序，并在开发板上实践。

8. 在开发板中，发光二极管 LED1 接在 P10 引脚上，采用低有效控制，请修改资源包中 T4 的 API 函数，然后编写 main()函数控制 LED1 闪烁，具体要求如下：

（1）LED1 按 1Hz 的频率闪烁，其中 LED1 点亮和熄灭的时间各占 0.5s。

（2）LED1 闪烁时，点亮的时间为 0.4s，熄灭的时间为 0.6s。

9. 请编写程序实现以下功能。

（1）用串口输出提示信息"当前温度值为：xx 度"，要求数据输出后，光标在串口调试助手中自动换行。其中，xx 为变量 SensorVal 中的温度值，数据形式为十进制数。

（2）将数组 buf[]中前 10 个字节的内容设置成 0xff。

任务 7　用 Basic RF 远程采集气体传感数据

🎯 任务要求

用两个 ZigBee 模块组建一个 Basic RF 传感网，模块 A 作汇集节点，模块 B 作传感器节点。传感器节点上装有气体传感器，用来采集环境中的烟雾浓度，每隔 1s 传感器节点就将环境中烟雾浓度数据发送至汇集节点，数据发送的通信协议如表 2-26 所示，协议中各字段的含义如表 2-27 所示。

网络调试时需要观察节点的数据状态，传感器节点还要用串口输出烟雾浓度数据。当汇集节点收到传感器节点发来的数据后就对数据进行解析，并用串口将烟雾浓度数据发送到计算机中显示。其中，节点与计算机进行串行通信的波特率为 BR=115200bit/s，传感网的 PAN ID 为 0x1989，信道号为 12，汇集节点的网络地址为 0x2021，传感器节点的网络地址为 0x0726。

表 2-26　数据通信协议

Head		Type	Len	Data			Count	Chk
0xfc	0xfd	0x02	0x02		-	-		

表 2-27　数据字段的含义

字段	长度	含义
Head	2 字节	数据头，表示数据传输开始。固定为 0xfcfd
Type	1 字节	传感器的类型。0x01：声音。0x02：气体。0x03：光照度……
Len	1 字节	传感数据的长度。0x02 表示 Data 字段中只有前 2 个字节数据有效
Data	4 字节	传感数据。对于气体传感器而言，前 2 个字节为电压的 ASCII 码，单位为伏，后 2 个字节无效，如 32 33 xx xx 表示 2.3V
Count	1 字节	传感数据发送的次数。初值为 0，每发送一次自动加 1，溢出后归零
Chk	1 字节	从 Head 到 Count 各字节的校验和（相加后取低 8 位）

📖 知识储备

1. 气体传感器的应用特性

气体传感器是一种用于检测环境中气体浓度的传感器，由气敏元件及外围电路组成，气体传感器可检测液化气、丁烷、丙烷、甲烷、烟雾、氢气等气体的浓度，其输出电压值与气体的浓度一一对应。气体传感器模块如图 2-57 所示，模块中各引脚的功能如表 2-28 所示。

表 2-28　气体传感器模块中各引脚的功能

引脚	符号	功能
1	AO	模拟量输出
2	DO	开关量输出
3	GND	电源地
4	VCC	电源脚，接 3.3～5V 直流电源

图 2-57　气体传感器模块

气体传感器模块与单片机的接口电路如图 2-58 所示。

图 2-58 中，CC2530 单片机的 P06 引脚作模拟 I/O 口，AIN6/P06 脚与传感器模块的 AO 引脚相接，用来检测气体传感器模块的输出电压，传感器模块的 VCC 引脚接 3.3～5V 电源，GND 引脚接电源地。

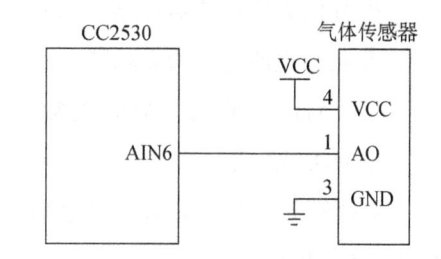

图 2-58　气体传感器与单片机的接口电路

2. CC2530 单片机中的 ADC

（1）ADC 的结构。CC2530 单片机片内集成有一个 14 位的模/数转换器，其分辨率可高达 12 位。ADC 主要由 Sigma-delta 解调器、抽取滤波器、ADC 输入、ADC 参考电压、时钟产生和控制等几部分组成，如图 2-59 所示。

图中，AIN0～AIN7 为 P0 口外设端口引脚，分别对应 P00～P07 引脚。CC2530 单片机的 ADC 主要有以下特性：

① 可选的抽取率，不同抽取率对应不同的分辨率。

② 8 个独立的输入通道，可接收单端或差分信号。

③ 参考电压可为内部单端（1.25V）、外部单端（AIN7 输入）、外部差分（AIN6～AIN7 输入）或者 AVDD5 引脚。

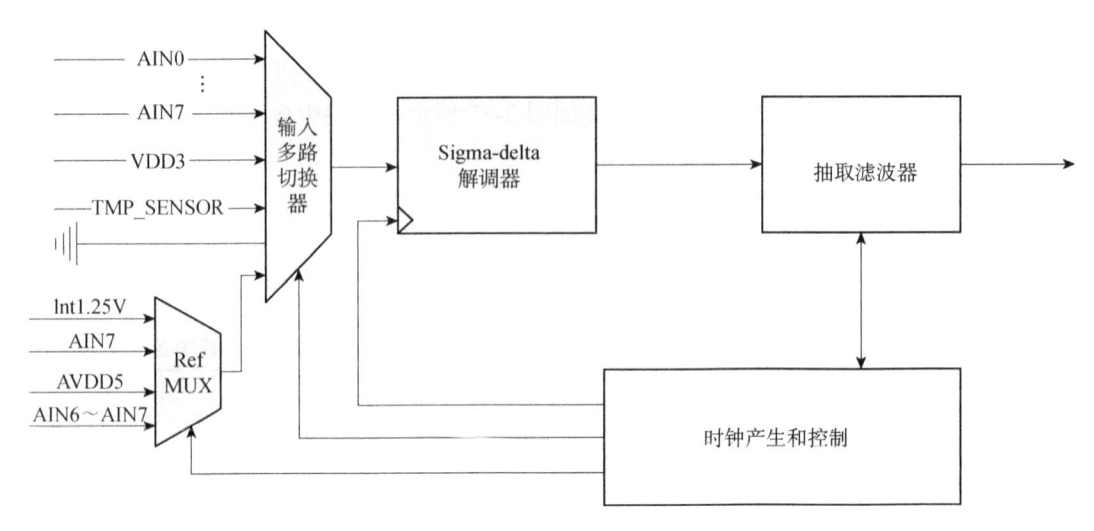

图 2-59 ADC 的结构

④ 转换结束产生中断请求。

⑤ 转换结束时触发 DMA。

⑥ 片内温度传感器可作为输入信号。

⑦ 具有电池电压测量功能。

（2）ADC 的输入。ADC 的输入端可配置成单端输入、差分输入、片上温度传感器输入、AVDD3 输入。

单端输入共 8 个通道，通道编号为 0～7，输入引脚分别为 AIN0～AIN7，即 P0 口的 P00～P07 引脚。

差分输入共 4 个通道，通道编号为 8～11，输入引脚分别为 AIN0～AIN1、AIN2～AIN3、AIN4～AIN5、AIN6～AIN7。

片上温度传感器输入用来测量片上温度，通道号为 14，无输入引脚。

AVDD3 输入的通道号为 15，输入端为 AVDD5 引脚。

（3）ADC 的转换方式。

ADC 有单通道转换和序列转换两种方式。

单通道转换的特点是，只对所指定的通道进行 ADC 转换，转换结束后硬件电路会将 ADC 中断请求标志位 ADCIF 置 1。

单通道转换由 APCFG 寄存器和 ADCCON3 寄存器配置，向 ADCCON3 写入数据就启动一次单通道转换。

系列转换的特点是，ADC 自动对所开放的通道依次进行 AD 转换，并由 DMA 控制器将转换结果移送至存储器中，整个过程不需要 CPU 参与，序列转换结束后不产生中断请求。

转换序列由寄存器 APCFG 和 ADCCON2 设置。设 ADCCON2.SCH 的值为 i，转换序列有以下特点：

① 当 i<8 时，ADC 对通道 0～通道 i 进行序列转换，其中 APCFG 寄存器的第 j 位为 0 时，通道 j 将被跳过。例如，ADCCON2.SCH=5，APCFG=0xaa=10101010B，ADC 只对通道 1、3、5 进行序列转换。通道 7 虽然使能，但不在序列转换范围内，只能进行单通道转换。

② 当 8≤i≤11 时，ADC 对差分输入的通道进行序列转换，即对通道 8～通道 i 进行序列转换，到底是哪几个通道参与转换，取决于 APCFG 寄存器中使能的 AD 输入，若通道的模拟输入没被使能，即 APCFG.2i 位或者 APCFG.2i+1 位为 0，则该通道将被跳过。例如，ACCON2.SCH=11，APCFG=11001100B，则通道 8（AIN0～AIN1）、通道 10（AIN4～AIN5）的差分输入被禁止，序列转换的通道为通道 9、通道 11。

③ 当 i>11 时，序列为指令所指定的通道 i。

序列转换由寄存器 ADCCON2 配置，其启动方式有 P20 引脚的外部触发、定时器 1 的通道 0 比较事件等 4 种方式，由 ADCCON1.STSEL 位配置。

（4）ADC 的转换结果。ADC 转换结果是以二进制补码形式表示的，结果存放在寄存器 ADCH、ADCL 中，其中，ADCH 为高 8 位寄存器，ADCL 为低 8 位寄存器。转换结果的存放格式如图 2-60 所示。其中，D13 位为符号位，D12 位为有效数据的最高位。

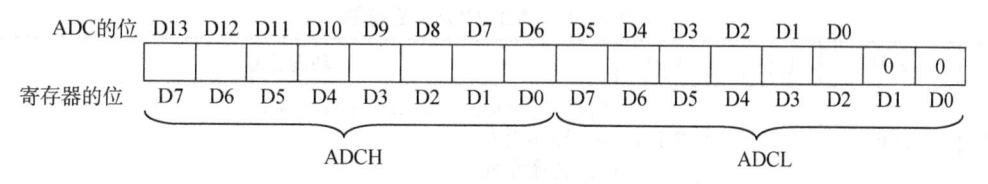

图 2-60 AD 数据的存放格式

对于 12 位分辨率的 ADC 转换而言，其 AD 值的有效数位为 D12～D1，低 3 位无效，若 AD 值为正数，则将转换结果右移 3 位即得 AD 的有效值。

对于 10 位分辨率的 ADC 转换而言，其 AD 值的有效数位为 D12～D3，低 5 位无效，若 AD 值为正数，则将 ADC 转换的结果右移 5 位即得 AD 的有效值。

对于 9 位分辨率的 ADC 转换而言，其 AD 值的有效数位为 D12～D4，低 6 位无效，若 AD 值为正数，则将 ADC 转换的结果右移 6 位即得 AD 的有效值。

对于 7 位分辨率的 ADC 转换而言，其 AD 值的有效数位为 D12～D6，低 8 位无效，ADCH 的内容为 AD 的有效值。

对于单端输入而言，由于输入信号与地之间的电压差为正，ADC 的转换结果为正数。对于差分输入而言，输入信号为两引脚之间的电压差，其值可为正数也可以是负数。

3. ADC 的寄存器

（1）ADCL 寄存器。ADCL 是 ADC 数据低 8 位寄存器，其字节地址为 0xBA，无位地址，只能整字节访问，ADCL 的定义如表 2-29 所示。

表 2-29 ADCL 寄存器

位	名称	复位值	操作	功能描述
7:2	ADC[5:0]	000000	R	ADC 转换结果的低位部分
1:0	-	00	R0	没有使用。读出来一直是 0

（2）ADCH 寄存器。ADCH 是 ADC 数据高 8 位寄存器，其字节地址为 0xBB，无位地址，只能整字节访问，ADCH 的定义如表 2-30 所示。

表 2-30 ADCH 寄存器

位	名称	复位值	操作	功能描述
7:0	ADC[13:6]	0x00	R	ADC 转换结果的高位部分

（3）ADCCON1 寄存器。ADCCON1 寄存器的字节地址为 0xB4，无位地址，只能整字节访问，ADCCON1 的定义如表 2-31 所示。

表 2-31 ADCCON1 寄存器

位	名称	复位值	操作	功能描述
7	EOC	0	R/H0	转换结束标志。读 ADCH 时清除。 0：转换没有完成 1：转换完成
6	ST	0		开始转换。读为 1，直到转换完成。 0：没有转换正在进行 1：如果 ADCCON1.STSEL=11 并且没有序列正在运行就启动一个转换序列
5:4	STSEL[1:0]	11	R/W1	启动选择。选择该事件，将启动一个新的转换序列。 00：P20 引脚的外部触发。 01：全速。不等待触发器 10：定时器 1 通道 0 比较事件 11：ADCCON1.ST=1
3:2	RCTRL[1:0]	00	R/W	控制 16 位随机数发生器。写入 01 时，操作完成后设置值自动返回到 00。 00：正常运行 01：LFSR 的时钟一次 10：保留 11：停止（关闭随机数发生器）
1:0	-	11	R/W	保留。一直设为 11

（4）ADCCON2 寄存器。ADCCON2 寄存器的字节地址为 0xB5，无位地址，只能整字节访问，ADCCON2 的定义如表 2-32 所示。

表 2-32　ADCCON2 寄存器

位	名称	复位值	操作	功能描述
7:6	SREF[1:0]	00	R/W	选择序列转换的参考电压。 00：内部 1.25V 参考电压 01：AIN7 引脚上的外部参考电压 10：AVDD5 引脚的电压 11：AIN6~AIN7 差分输入外部参考电压
5:4	SDIV[1:0]	01	R/W	为包含在转换序列内的通道设置抽取率。抽取率也决定了完成转换所需要的时间和分辨率。 00：64 抽取率(7 位有效分辨率) 01：128 抽取率(9 位有效分辨率) 10：256 抽取率(10 位有效分辨率) 11：512 抽取率(12 位有效分辨率)
3:0	SCH[3:0]	0000	R/W	序列通道选择。读取时值为当前进行转换的通道号。 0000：AIN0 0001：AIN1 0010：AIN2 0011：AIN3 0100：AIN4 0101：AIN5 0110：AIN6 0111：AIN7 1000：AIN0~AIN1 1001：AIN2~AIN3 1010：AIN4~AIN5 1011：AIN6~AIN7 1100：GND 1101：正电压参考 1110：温度传感器 1111：AVDD/3

（5）ADCCON3 寄存器。ADCCON3 寄存器的字节地址为 0xB6，无位地址，只能整字节访问，ADCCON3 的定义如表 2-33 所示。

表 2-33　ADCCON3 寄存器

位	名称	复位值	操作	功能描述
7:6	EREF[1:0]	00	R/W	为单通道转换选择转换的参考电压。 00：内部 1.25V 参考电压 01：AIN7 引脚上的外部参考电压 10：AVDD5 引脚的电压 11：在 AIN6~AIN7 差分输入的外部参考电压

续表

位	名称	复位值	操作	功能描述
5:4	EDIV[1:0]	00	R/W	设置单通道转换的抽取率。抽取率也决定了完成转换所需要的时间和分辨率。 00：64 抽取率(7 位有效分辨率) 01：128 抽取率(9 位有效分辨率) 10：256 抽取率(10 位有效分辨率) 11：512 抽取率(12 位有效分辨率)
3:0	ECH[3:0]	0000	R/W	单个通道选择。当单个转换完成，该位自动清除。 0000：AIN0 0001：AIN1 0010：AIN2 0011：AIN3 0100：AIN4 0101：AIN5 0110：AIN6 0111：AIN7 1000：AIN0～AIN1 1001：AIN2～AIN3 1010：AIN4～AIN5 1011：AIN6～AIN7 1100：GND 1101：正电压参考 1110：温度传感器 1111：AVDD/3

（6）TR0 寄存器。TR0 是测试寄存器 0，其字节地址为 0x624B，无位地址，只能整字节访问，TR0 的定义如表 2-34 所示。

表 2-34 TR0 寄存器

位	名称	复位值	操作	功能描述
7:1	-	0000000	R0	保留。写为 0
0	ACTM	0	R/W	0：断开内部温度传感器与 ADC 的连接 1：将内部温度传感器与 ADC 相连接

（7）APCFG 寄存器。APCFG 是模拟外设 I/O 配置寄存器，其字节地址为 0xF2，无位地址，只能整字节访问，APCFG 的定义如表 2-35 所示。

表 2-35 APCFG 寄存器

位	名称	复位值	操作	功能描述
7:0	APCFG[7:0]	0x00	R/W	模拟外设 I/O 配置。APCFG[7:0]选择 P07～P00 是否使能模拟 I/O 功能。 0：禁止模拟 I/O 1：使能模拟 I/O

4. ADC 应用程序的编写方法

ADC 转换有序列转换和单通道转换两种方式，这两种方式所涉及的寄存器不同，但编程序的方法相似，ADC 的应用程序主要包括初始化 ADC、读 AD 转换值、将 AD 值转换成电压等 3 部分。下面以单通道转换为例，介绍 ADC 应用程序的编写方法。

（1）初始化 ADC。初始化 ADC 所要做的工作是使能模拟 I/O 口。其方法是将 APCFG 寄存器中的对应位置为 1。例如，若外部输入电压接在 AIN6 脚，则需将 APCFG 的第 6 位置 1，初始化 ADC 的程序如下：

```
1    void   InitADCPort(void)
2    {
3        APCFG |=1<<6;         //使能 P06/AIN6 脚上的模拟 I/O 功能
4    }
```

（2）读 AD 转换值。在编写读 ADC 转换值程序时要注意以下几点：

① 向 ADCCON3 写入数据就启动单通道转换。

② ADC 转换结束后，ADC 中断请求标志位 ADCIF 置 1，若使能了 ADC 中断，则引起 ADC 中断，因此 ADC 转换值可用中断方式读取，也可以用查询方式读取。采用查询方式读取 ADC 转换值时，可以通过查询 ADCIF 位是否为 1 来得知 ADC 转换是否结束。

③ ADC 转换结束后，ADCCON3 中所选择的通道号自动清除，若需再次进行 ADC 转换，则需要重新选择通道号，并设置通道的参考电压以及转换的抽取率。

用查询方式获取 ADC 转换值时，读取 ADC 转换值的程序的编写方法是，选择转换通道号，并设置好通道的参考电压和转换的抽取率，启动 ADC 转换后，通过查询 ADCIF 是否为 1 来等待 ADC 转换结束。当 ADC 转换结束后再从 ADCH、ADCL 中读取 ADC 转换结果。

若 ADC 参考电压为 AVDD5 引脚电压，ADC 的有效分辨率为 12 位，读取 AIN6 引脚输入电压的 AD 转换值，其程序如下：

```
1    uint16   GetADCVal(void)
2    {
3        uint16   adval;
4        ADCIF=0;    //清除 ADC 中断标志
5        ADCCON3 =0x80|0x30|0x06;     //通道 6 的参考电压为 AVDD5(3.3V),分辨率为 12 位
6        //   ADCCON3 = 0xb6;
7        while(ADCIF==0);              //等待转换结束
8        adval = ADCL;                 //读 ADC 转换值
9        adval |= (uint16)ADCH<<8;
10       return   adval;
11   }
```

（3）将 AD 值转换成电压。在编写将 AD 值转换成电压的程序时要注意以下几点：

① 设 AD 值有效值为 adval，AD 的有效位数为 n 位，AD 的参考电压为 V_{REF}，则模拟通道的输入电压 volt 为：

$$\text{volt} = \frac{V_{REF} \times \text{adval}}{2^n - 1}$$

② CC2530 单片机的 ADC 为 14 位的 ADC，但其有效位数取决于程序中所设置的通道转换抽取率，并不是 14 位。

③ 在 ADC 的转换结果中，低位是无效的，设 AD 的有效位数为 n 位，ADC 的转换结果存放在 adval 中，则 adval 的低 15−n 位无效，AD 的有效值为 adval>>15−n。

设 12 位分辨率的 AD 转换结果为 adval，ADC 的参考电压为 ref，则将 AD 值转换成电压的程序如下：

```
1    uint16   ADtoVolt(uint16 adval,uint16  ref)
2    {
3      uint16   volt;
4      adval >>= 15-12;            //取 12 位的有效 AD 值
5      volt = (uint32)adval*ref/4095;//AD 值转换成电压
6      return   volt;
7    }
```

5. Basic RF 软件包中的 ADC 函数

Basic RF 软件包中提供了一个单通道转换的 ADC 函数，在 TI 公司的软件包中，ADC 函数的定义位于 adc.c 文件中，在新大陆公司的软件包中，ADC 函数的定义位于 hal_adc.c 文件中（参考表 2-3），ADC 函数的原型说明如下：

int16 adcSampleSingle(uint8 reference, uint8 resolution, uint8 channel);

该函数的功能是，按照指定的分辨率和参考电压对指定的通道进行 ADC 转换。

函数中各参数的含义如下：

① reference：ADC 转换的参考电压，其取值如表 2-36 所示。

表 2-36　参考电压的取值

符号	值	含义
ADC_REF_1_25_V	0x00	内部 1.25V 参考电压
ADC_REF_P0_7	0x40	AIN7 引脚上的外部参考电压
ADC_REF_AVDD	0x80	AVDD5 引脚电压
ADC_REF_P0_6_P0_7	0xc0	AIN6～AIN7 差分输入外部参考电压

② resolution：ADC 转换的分辨率，其取值如表 2-37 所示。

表 2-37　ADC 分辨率的取值

符号	值	含义
ADC_7_BIT	0x00	7 位分辨率
ADC_9_BIT	0x10	9 位分辨率
ADC_10_BIT	0x20	10 位分辨率
ADC_12_BIT	0x30	12 位分辨率

③ channel：ADC 转换通道，其取值如表 2-38 所示。

表 2-38　ADC 转换通道的取值

符号	值	含义
ADC_AIN0	0x00	通道 0，P00 引脚
ADC_AIN1	0x01	通道 1，P01 引脚
ADC_AIN2	0x02	通道 2，P02 引脚
ADC_AIN3	0x03	通道 3，P03 引脚
ADC_AIN4	0x04	通道 4，P04 引脚
ADC_AIN5	0x05	通道 5，P05 引脚
ADC_AIN6	0x06	通道 6，P06 引脚
ADC_AIN7	0x07	通道 7，P07 引脚
ADC_GND	0x0C	地
ADC_TEMP_SENS	0x0E	片内温度传感器
ADC_VDD_3	0x0F	AVDD/3

函数的返回值为 16 位的 ADC 转换结果。结果中，D15 位为符号位，D14 位为 AD 值的最高有效位。

例如，若 ADC 参考电压为 AVDD5 引脚电压，其值为 3.3V，ADC 的分辨率为 10 位，读取 P01 引脚输入电压值（单位为 mV），其程序如下：

```
uint16  GetVolt(void)
{
    uint16  adval;
    adval = adcSampleSingle(ADC_REF_AVDD,ADC_10_BIT,ADC_AIN1);//AD 转换
    adval >>= 15-10;              //取 AD 的有效值
    adval = 3300L*adval/1023;     //AD 有效值转换成电压，注意 3300 后面的 L 不能省
    return  adval;
}
```

实现方法与步骤

1. 搭建气体传感器的控制电路

本任务中,气体传感器的控制电路如图 2-61 所示。

图 2-61 中,气体传感器的 AO 脚接在 CC2530 单片机的模拟 I/O 脚 AIN6 上,用模拟通道 6 检测气体传感器模块的输出电压。在开板上将气体传感器插入 P3 传感器座上就构成了上述电路。

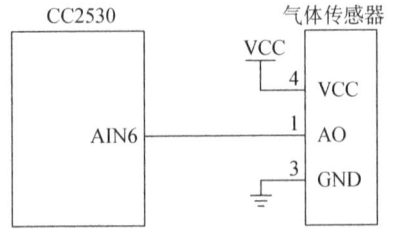

图 2-61 气体传感器控制电路

2. 编制气体传感器驱动程序文件

气体传感器驱动程序文件由 GasSensor.c 和 GasSensor.h 两个文件组成,GasSensor.c 文件是驱动程序的源程序文件,GasSensor.h 是 GasSensor.c 文件的接口文件,这两个文件都存放在 Sensor 文件夹中。编制气体传感器驱动程序文件的步骤如下:

(1)将任务 6 的 Task6 文件夹复制到 D:\EX_WSN 文件夹中,并将复制后的文件夹改名为 Task7,这样可减少新建工程、配置工程等操作。

(2)双击 D:\EX_WSN\Task7\Project\ SensorNet.eww 文件,打开 SensorNet 工程。

(3)在 IAR 中新建 GasSensor.c 和 GasSensor.h 两个文件,并将这两个文件保存至 Sensor 文件夹中。

(4)将 GasSensor.c 文件添加至 SensorNet 工程中的 Sensor 组中,并删除 Sensor 组中的 SoundSensor.c 文件。

(5)在 GasSensor.c 文件中添加初始化传感器函数、读传感器输出函数等程序代码。GasSensor.c 文件的内容如下:

```
1   /***************************************************************
2                          GasSensor.c
3                        气体传感器驱动程序
4   说明:传感器的AO接AIN6,AD参考电压为AVDD5引脚上的3.3V电压
5   ***************************************************************/
6   #include  <ioCC2530.h>
7   #include  "hal_defs.h"
8
9   /***************************************************************
10                     void    InitGasSensor(void)
11  功能:初始化气体传感器所接的模拟I/O口AIN6
12  参数:无
```

```
13      返回值:无
14      说明: P06 接气体传感器 AO 脚
15      *********************************************************************/
16      void    InitGasSensor(void)
17      {
18          APCFG |= 1<<6;                    //使能P06 引脚上的模拟 I/O 功能
19      }
20      /*********************************************************
21                        uint16 GetADCVolt(void)
22      功能: 读 AIN6 的电压值
23      参数: 无
24      返回值: AIN6 引脚的电压,单位: mV
25      说明: 参考电压为 3300mV
26      *********************************************************************/
27      uint16 GetADCVolt(void)
28      {
29        uint16   adval;
30        ADCIF=0;                            //清除 ADC 中断标志
31        ADCCON3 =0x80|0x30|0x06;            //通道 6 的参考电压为 AVDD5(3.3V),分辨率为 12 位
32        while(ADCIF==0);                    //等待转换结束
33        adval = ADCL;                       //读 ADC 转换值
34        adval |= (uint16)ADCH<<8;
35        adval = adval>>3;                   //形成 12 位的 AD 有效值
36        adval = adval*3300L/4095;           //AD 值转换成电压,单位:mV
37        return   adval;                     //返回电压值
38      }
```

（6）在 GasSensor.h 文件中添加以下代码：

```
1       /*********************************************************
2                                     GasSensor.h
3                                 气体传感器驱动程序
4       *********************************************************************/
5       #ifndef   __GASSENSOR_H__
6       #define   __GASSENSOR_H__
7
8       extern   void InitGasSensor(void);       //初始化气体传感器
9       extern   uint16 GetADCVolt(void);        //读 AIN6 的电压
10
11      #endif
```

（7）保存 GasSensor.c 和 GasSensor.h 文件。

3. 编制节点的程序文件

本任务中的网络节点有数据汇集节点和传感器节点两个节点,节点的程序文件与任务6中的节点程序文件同名,我们只需修改 Collector.c 和 Sensor.c 文件的内容。编制节点的程序文件的步骤如下:

(1) 在 Collector.c 文件中添加以下代码,其中黑体部分是相对于任务6中程序所添加或修改的部分。

```
1   /*****************************************************************
2                           Collector.c
3       功能:汇集节点程序
4   *****************************************************************/
5
6   /*****************************************************************
7                           头文件包含
8   *****************************************************************/
9   #include "hal_defs.h"
10
11  #include <hal_led.h>
12  #include <hal_board.h>
13  #include <hal_int.h>
14  #include "hal_mcu.h"
15  #include "hal_rf.h"
16  #include "basic_rf.h"
17
18  #include "hal_uart.h"
19  #include  "string.h"
20  #include  "stdio.h"
21  /*****************************************************************
22                           常数定义
23  *****************************************************************/
24  #define RF_CHANNEL           12           //34 信道定义
25  #define PAN_ID               0x1989       //37 网络ID
26  #define SENSOR_ADDR          0x0726       //38 传感节点地址
27  #define COLLECTOR_ADDR       0x2021       //39 汇集节点地址
28
29  #define RF_RX_BUF_LEN   128               //射频接收缓冲区的长度
30  #define UART_TX_BUF_LEN 128               //串口发送缓冲区的长度
31  /*****************************************************************
32                           变量定义
33  *****************************************************************/
34  static uint8 rfRxData[RF_RX_BUF_LEN];     //射频接收缓冲区
35  uint8 uartTxBuf[UART_TX_BUF_LEN];         //串口发送缓冲区
```

```
36    /******************************************************************
37                              main()函数
38    ******************************************************************/
39    void   main(void)
40    {
41        basicRfCfg_t basicRfConfig;              //定义用于存放配置参数的变量
42        uint16  len,slen;                        //数据长度
43        uint8 sum,i,cnt;
44        basicRfConfig.myAddr = COLLECTOR_ADDR;//设置本机地址
45        basicRfConfig.panId = PAN_ID;            //设置网络ID号
46        basicRfConfig.channel = RF_CHANNEL;      //设置信道号
47        basicRfConfig.ackRequest = TRUE;         //应答信号
48
49        halBoardInit();                          //板载资源初始化(时钟、中断、串口等)
50        while(halRfInit()==FAILED);              //射频模块初始化,若失败,则停止
51        while(basicRfInit(&basicRfConfig) == FAILED);//配置射频参数,若失败,则停止
52        basicRfReceiveOn();                      //打开射频接收器
53        halUartInit(115200);                     //初始化串口0,BR=115200bit/s,8数据位,1起始位,1停止位
54        halMcuWaitMs(2);                         //等待2ms,以便串口可输出
55        halLedSet(1);                            //点亮LED1,指示初始化成功
56        halUartWrite("初始化成功!\r\n",13);        //串口输出提示信息
57
58        while(1)                                 //死循环
59        {
60            if(basicRfPacketIsReady())           //检查RF层是否有新数据
61            {
62                len = basicRfReceive(rfRxData, RF_RX_BUF_LEN, NULL);//接收RF数据并存入rfRxData[]中
63                if(len>0)                        //检查是否接收到数据
64                {//收到射频数据
65                    if((rfRxData[0]==0xfc)&&(rfRxData[1]==0xfd))//检查数据头是否正确
66                    {
67                        sum=0;                   //求校验和
68                        for(i=0;i<9;i++)
69                            sum += rfRxData[i];
70                        if(rfRxData[9]==sum)     //检查校验和是否正确
71                        {
72                            if(rfRxData[2]==2)   //判断传感器的类型
73                            {//气体传感器
74                                float SensorVal;
75                                SensorVal=(rfRxData[4]-'0')+(rfRxData[5]-'0')*0.1;   //还原气体传感器输出电压值
76                                cnt=rfRxData[8];
```

```
77              slen=sprintf((char *)uartTxBuf,"收到第%d 次气体传感数据，传感器输出电
                压是:%.1fV\r\n",cnt,SensorVal);//将串口发送的数据存入数组 uartTxBuf[]中
78              halUartWrite(uartTxBuf,slen);  //用串口输出 uartTxBuf[]中的数据
79  //          memset(rfRxData,0,len);        //将 rfTxData[]的数据清 0,以防对下次串口输
    出产生影响
80          }
81         }
82        }
83      }
84    }
85   }
86  }
```

（2）在 Sensor.c 文件中添加以下代码：

```
1   /***************************************************************
2                              Sensor.c
3   功能：传感节点程序
4   ***************************************************************/
5
6   /***************************************************************
7                              头文件包含
8   ***************************************************************/
9   #include "hal_defs.h"
10
11  #include <hal_led.h>
12  #include <hal_board.h>
13  //#include <hal_int.h>
14  #include "hal_mcu.h"
15  #include "hal_rf.h"
16  #include "basic_rf.h"
17
18  #include "hal_uart.h"
19  #include  "stdio.h"
20  //#include   "string.h"
21  #include   "TIMER.h"
22  #include   "GasSensor.h"
23  /***************************************************************
24                              常数定义
25  ***************************************************************/
26  #define RF_CHANNEL          12        //34 信道定义
27  #define PAN_ID              0x1989    //37 网络 ID
28  #define SENSOR_ADDR         0x0726    //38 传感节点地址
29  #define COLLECTOR_ADDR      0x2021    //39 汇集节点地址
```

```c
30
31  #define RF_TX_BUF_LEN    128            //射频发送缓冲区的长度
32  #define UART_TX_BUF_LEN  128            //串口发送缓冲区的长度
33  /***************************************************************
34                         变量定义
35  ***************************************************************/
36  static uint8 rfTxData[RF_TX_BUF_LEN];   //射频发送缓冲区
37  uint8 uartTxBuf[UART_TX_BUF_LEN];       //串口发送缓冲区
38  /***************************************************************
39                         main()函数
40  ***************************************************************/
41  void  main(void)
42  {
43      basicRfCfg_t basicRfConfig;         //定义用于存放配置参数的变量
44      uint16 slen;                        //数据长度
45      uint16 SensorVal;                   //传感器的输出值
46      uint8 cnt=0;                        //发送次数
47      uint8 sum;                          //校验和
48      uint8 i;
49      basicRfConfig.myAddr = SENSOR_ADDR; //设置本机地址
50      basicRfConfig.panId = PAN_ID;       //设置网络ID号
51      basicRfConfig.channel = RF_CHANNEL; //设置信道号
52      basicRfConfig.ackRequest = TRUE;    //应答信号
53
54      halBoardInit();                     //板载资源初始化(时钟、中断、串口等)
55      while(halRfInit()==FAILED);         //射频模块初始化,若失败,则停止
56      while(basicRfInit(&basicRfConfig) == FAILED);//配置射频参数,若失败,则停止
57      basicRfReceiveOn();                 //打开射频接收器
58      halUartInit(115200);                //初始化串口 0,BR=115200bit/s,8 数据位,1 起始位,1 停止位
59      Timer4_Init();                      //初始化定时器T4
60      Timer4_On();                        //开定时器T4
61      halMcuWaitMs(2);                    //等待2ms,以便串口可输出
62      halLedSet(1);                       //点亮LED1,指示初始化成功
63      halUartWrite("初始化成功!\r\n",13);  //串口输出提示信息
64      InitGasSensor();                    //初始化气体传感器所接端口
65      while(1)                            //死循环
66      {
67          if(GetSendDataFlag())           //读1s 定时发送数据标志,检查是否达到1s
68          {//达到1s,即允许发送数据
69              SensorVal=GetADCVolt();     //读传感器的输出电压并存入SensorVal中
70              //按协议发送气体传感器输出电压值,单位为0.1V
71              cnt++;                      //发送次数加1
72              rfTxData[0]=0xfc;           //数据头为0xfcfd
```

73	rfTxData[1]=0xfd;	
74	rfTxData[2]=0x02;	//传感器类型,气体:2
75	rfTxData[3]=0x02;	//数据长度:2 字节
76	rfTxData[4]='0'+SensorVal/1000;	//电压的整数位的 ASCII 码,单位:V
77	rfTxData[5]='0'+SensorVal%1000/100;	//0.1V 位的 ASCII 码
78	rfTxData[6]=0;	//无效位
79	rfTxData[7]=0;	//无效位
80	rfTxData[8]=cnt;	//发送次数
81	sum=0;	//求校验和
82	for(i=0;i<9;i++)	
83	sum += rfTxData[i];	
84	rfTxData[9]=sum;	//校验和写入 CHK 字段中
85	basicRfSendPacket(COLLECTOR_ADDR,rfTxData,10);// 向汇集节点发送数组 rfTxData[]中的字符	
86	slen=sprintf((char *)uartTxBuf," 第 %d 次发送数据，气体传感器输出电压:%dmV\r\n",cnt,SensorVal);//将准备串口发送的数据存入数组 uartTxBuf[]中	
87	halUartWrite(uartTxBuf,slen);	//用串口输出 uartTxBuf[]中的数据
88	}	
89	}	
90	}	

（3）保存 Collector.c 文件和 Sensor.c 文件。

4. 下载运行程序

本任务中的下载运行程序的步骤和方法与任务 6 中的步骤和方法相同，请读者按照任务 6 中所介绍的步骤和方法分别对 Sensor 节点程序和 Collector 节点程序进行编译连接，并分别下载至两个开发板中，然后打开串口调试助手，可看到传感器节点的串口所输出的数据如图 2-62 所示，汇集节点的串口所输出的数据如图 2-63 所示。

图 2-62　传感器节点中的数据

图 2-63　汇集节点中的数据

程序分析

本任务所编制的程序文件有 GasSensor.c、GasSensor.h、Sensor.c 和 Collector.c 等 4 个文件，这些文件中的绝大多数代码我们已在知识储备和前面的任务中做了详细的分析和介绍，为了节省篇幅，我们只分析前面没有介绍的代码。

1. Collector.c 文件中的代码分析

本任务中的 Collector.c 文件与任务 6 中的 Collector.c 文件基本相同，其差别主要是代码中黑体部分，这部分代码的功能是对所接收到的射频数据进行分析处理。

第 65 行：判断所接收的射频数据是否合法。本任务中数据通信是按照协议进行的，其协议如表 2-26 所示。按照通信协议，接收数据的第 0 字节、第 1 字节为数据头，其值分别为 0xfc、0xfd。如果字节 0 不是 0xfc 或者字节 1 不是 0xfd，表明所接收到的数据非法，则不进行数据分析处理。

第 67 行～第 70 行：进行和校验，即检查字节 0～字节 8 的和与校验和字段（字节 9）是否相等，其中第 67 行～第 69 行的作用是求字节 0～字节 8 的和。按照通信协议，字节 9 的内容为字节 0～字节 8 的和，在接收的数据中，如果字节 0～字节 8 的和与字节 9 的内容不同，表明数据传输出错，则不进行数据分析处理。

第 72 行：判断传感器的类型是否为气体传感器。按照通信协议，字节 2 为传感器的类型，其值为 2 时，表示当前的数据是气体传感器的数据。若汇集节点中要对多个传感节点发来的传感数据进行处理，此处可改为 switch-case 语句。

第 74 行：定义变量 SensorVal，该变量用来存放传感器输出的电压值，单位为 V。

第 75 行：从接收数据中取出气体传感器的输出电压值。按照协议，字节 4 为电压值个位数的 ASCII 码，字节 5 为电压值小数十分位的 ASCII 码。数值 i 的 ASCII 码为 0x30+i，其中，0x30 为数值 0 的 ASCII 码，也可用'0'表示。所以，rfRxData[4]-'0'为电压的个位数，rfRxData[5]-'0'为电压小数值的十分位数。

第 76 行：取传输的序列号，也就是数据传输的次数。按照协议，字节 8 为传输的序列号。

第 77 行：用 sprintf()函数生成格式化输出数据，并保存至数组 uartTxBuf[]中。语句中有两个格式输出控制符，第 1 个是%d，它是对第 1 个变量 cnt 进行输出控制，其含义是，此处以十进制数的形式输出变量 cnt 的值。第 2 个是%.1f，它是对第 2 个变量 SensorVal 进行输出控制，其含义是，此处以保留 1 位小数的浮点数形式输出变量 SensorVal 的值，所以此处的输出值为 x.y。

第 78 行：用串口输出 uartTxBuf[]中的数据。

2. Sensor.c 文件中的代码分析

本任务中的 Sensor.c 文件与任务 6 中的 Sensor.c 文件基本相同，其差别主要是发送数据的格式不同。

第 22 行：包含头文件 GasSensor.h。GasSensor.h 文件是气体传感器驱动程序的接口文件。

第 64 行：调用 InitGasSensor()函数，初始化气体传感器所接端口。

第 69 行：读传感器的输出电压并存入变量 SensorVal 中，电压值的单位为 mV。

第 71 行：发送的次数加 1，即发送数据的序列号加 1。

第 72、73 行：填写数据头。按照通信协议，在发送数据中，字节 0、字节 1 为数据头，其值分别为 0xfc、0xfd。

第 74 行：填写传感器类型代码。按照通信协议，字节 2 为传感器类型，气体传感器的类型代码为 2。

第 75 行：填写数据长度。字节 3 为数据长度，气体传感器的数据长度为 2 字节。

第 76、77 行：填写电压值的整数位和小数十分位的 ASCII 码。变量 SensorVal 中存放的是传感器的输出电压值，其单位为 mV，本任务中传感器输出电压值的最大值为 3.3V，SensorVal/1000 为电压的整数值，SensorVal%1000 为电压的小数值，SensorVal%1000/100 为电压的小数十分位的值。按照协议，电压值需用 ASCII 码表示，数值 i+'0'为数值 i 的

ASCII 码。所以第 76 行的功能是，求电压值的整数位的 ASCII 码，并填入发送数据的整数位处；第 77 行的功能就是，求电压值的小数十分位值的 ASCII 码，并填入发送数据的小数位处。

第 78、79 行：无效数据位处填充 0。

第 80 行：填写发送数据的次数，即发送数据的序列号。

第 81 行～第 84 行：求字节 0～字节 8 的校验和，并填入校验和字段处。

第 85 行：向汇集节点发送数组 rfTxData[]中的数据，即按协议发送传感器数据。

第 86 行：用 sprintf()函数生成格式化输出数据，并保存至数组 uartTxBuf[]中。

第 87 行：用串口输出 uartTxBuf[]中的数据。

实践拓展

（1）用杜帮线将气体传感器的 AO 改接在 AIN2 脚上，重新实现任务 7 的功能。

（2）阅读任务 16 中 DHT11 的工作特性、DHT11 的访问操作等内容，用 Basic RF 采集温湿度数据，其中，温湿度传感器 DHT11 的驱动程序可直接使用任务 16 中的驱动程序。数据通信协议如表 2-26、表 2-27 所示，温湿度传感器的类型号为 0x04，数据长度为 4，Data0 为温度的十位数，Data1 为温度的个位数，Data2 为湿度的十位数，Data1 为湿度的个位数。

（3）用 4 个 ZigBee 模块组建一个 Basic RF 传感网，模块 A 作汇集节点，模块 B 作声音传感器节点，模块 C 作气体传感器节点，模块 D 作温湿度传感器节点。传感器节点上装有对应的传感器，每隔 1s 传感器节点就将传感数据发送至汇集节点，数据通信协议如表 2-39 所示，协议中各字段的含义如表 2-40 所示。

表 2-39　数据通信协议

Head	Len	Type	Data			Chk
0xcc			Data0	…	DataN	

表 2-40　数据字段的含义

字段	长度	含义
Head	1 字节	数据头，表示有效传输开始。固定为 0xcc
Len	1 字节	数据长度，表示从 Head 到 Chk 的字节数
Type	1 字节	传感器的类型。0x01：声音，0x02：气体，0x03：光照度，0x04：温湿度，……
Data	N 字节	传感数据
Chk	1 字节	从 Head 到 DataN 各字节的校验和（相加后取低 8 位）

实践总结

气体传感器是一种用于检测特定气体浓度的传感器，其输出电压与气体的浓度一一对应。气体传感器模块与单片机的连接方法是，模块的电源地与单片机的模拟地相接，模块的 AO 脚与单片机的模拟输入口相接。

CC2530 单片机的 ADC 是一个 14 位的 ADC，其分辨率可高达 12 位，有单端、差分等多种输入方式，参考电压也有多种选择。ADC 的转换方式有单通道转换和序列转换两种方式，在无线传感网应用开发中常用单通道转换方式。

ADC 转换结果存放在 ADCH、ADCL 寄存器中，ADCH 寄存器的 D6 位为转换结果的最高有效位。

ADC 应用程序包括初始化 ADC、读 ADC 转换结果、将 AD 值转换成电压等 3 部分。初始化 ADC 的方法是将 APCFG 寄存的对应位置为 1。读 ADC 转换结果的方法是，在 ADC 转换结束后从 ADCH、ADCL 寄存器中读取转换值。查询 ADC 转换是否结束的方法是，查阅中断请求标志位 ADCIF 是否为 1。

在 Basic RF 软件包中，ADC 的 API 函数为 adcSampleSingle()。在使用该函数时需要注意的问题是，该函数的返回值是 AD 转换结果，而不是电压值，在实际应用中还需要将 AD 值转换成电压值。

用 Basic RF 远程采集模拟量传感数据时需要编写模拟量传感器驱动程序、汇集节点程序和模拟量传感器节点程序。模拟量传感器驱动程序主要由初始化模拟量传感器所接的模拟 I/O 口和读传感器输出电压两个函数组成，这两个函数实际上是 CC2530 单片机的 ADC 应用程序。汇集节点所要完成的工作是接收射频数据，并对所接收的射频数据进行解析处理。传感器节点所要完成的工作是读取模拟量传感器的输出电压，并将其发送出去。

习题

1. CC2530 单片机片内集成有一个____位的 ADC，ADC 的最高分辨率为____位。

2. ADC 有 16 个通道，其中通道 5 的输入引脚是_____，通道 8 的输入引脚是_____。

3. 若 ADC 的参考电压选择内部端电压，其参考电压为_____V。

4. 若 ADC 的分辨率为 12 位，ADC 转换结果存放在变量 adval 中，则获取 12 位的 AD 有效值的语句为_____。

5. 请按下列要求编写程序。

（1）使能 ADC 的第 2 通道。

（2）使能 ADC 的第 9 通道。

（3）若 P07 引脚外接 3.3V 的电压源，ADC 参考电压选自 AIN7 引脚上的外部电压，ADC 的分辨率为 12 位，读取第 2 通道输入电压。

（4）若 ADC 参考电压为 AVDD5 引脚电压，ADC 的分辨率为 10 位，读取 P01 引脚输入电压的有效 AD 值。

6．在 Basic RF 软件包中，获取 ADC 转换结果的 API 函数是_____。

7．用 Basic RF 软件包中的 API 函数实现下列功能。

（1）ADC 参考电压为 AVDD5 引脚电压，ADC 的分辨率为 12 位，读取 P06 引脚输入电压的有效 AD 值。

（2）若 P07 引脚外接 3.3V 的电压源，ADC 参考电压选自 AIN7 引脚上的外部电压，ADC 的分辨率为 12 位，读取第 5 通道输入电压。

项目 3　ZStack 中基本组件的应用设计

任务 8　在 ZStack 中控制 LED 闪烁

任务要求

选用一个 ZigBee 模块作为协调器，协调器上电后组建网络，并使协调器上的 LED1 以每秒 1 次的频率进行闪烁，其中 LED1 亮灭的时间均为 0.5s。

知识储备

1. 协议与协议栈

协议是指进行数据通信的双方实体为了保证通信或者服务的成功而事先定义的一组通信规则或者约定，如数据单元的格式、数据传输的速度、数据的内容和含义、通信开始的表示、通信结束的表示等。

网络通信的协议比较复杂，但网络中的设备进行数据通信时必须严格遵守通信协议，否则通信就会失败。例如，在网络中，A 设备用 0xfffc 表示数据传输的开始，而 B 设备则用 0xfffe 表示数据传输的开始，A 设备向 B 设备开始发送数据时就会先发送 0xfffc，以通知 B 设备接收数据，但是 B 设备认为 0xfffe 才是表示数据传输的开始，因而不会接收数据，这样 B 设备就接收不到 A 设备发来的数据。

通俗地讲，协议栈是一组用程序代码实现网络通信协议的库函数。它是一些厂商为了方便用户组网而编写的函数库，不同的函数实现通信协议中的不同约定，所有这些函数集合在一起就实现了通信协议，这些函数的集合就称为协议栈。不同厂商所提供的协议栈并不一定相同，本书中所介绍的 ZStack 就是 TI 公司开发的 ZigBee 协议栈。

协议是通信的约定，协议栈是实现约定的函数集。读者学习 ZigBee 无线组网技术时应将主要精力放在研究 ZigBee 协议栈中提供了哪些函数、如何使用这些函数组建用户所需要的网络上来，不必将主要精力花费在对 ZigBee 协议本身及协议实现过程的研究上。

2. ZigBee 网络中的设备

ZigBee 网络中主要有协调器、路由器、终端节点 3 种设备。

协调器主要负责网络的组建、维护、控制节点的加入、数据包路由选择等。所谓路由，是指数据在网络中传输时的路径选择与控制。在 ZigBee 网络中有且只有一个协调器。

路由器主要负责数据包的路由选择、网络连接等。在 ZigBee 网络中可以有多个路由器，也可以不设路由器。

终端节点的主要功能是负责数据的采集和执行机构的控制，如温度、湿度的采集，电机、照明灯的控制等。在 ZigBee 网络中可以有一个或者多个终端节点。

在 ZigBee 网络中，协调器具备路由器的功能，也可以作为一个终端节点来使用。路由器则不具备网络组建功能，可作为一个终端节点来使用。终端节点不具备路由功能。一个 ZigBee 网络至少要包含一个协调器和一个终端节点，其中终端节点可以由路由器来兼任。

3. 系统事件与用户事件

在 ZigBee 网络中，事件是指能被系统识别、用以驱动某个程序执行的一种操作或者事务，如定时时间到、用户按下按键、发送传感器数据等。

为了方便用户使用，TI 公司在开发 ZigBee 协议栈（ZStack）时将事件分为系统事件和用户事件两种。系统事件是协议栈内部预先定义的事件，用户不必定义。在 ZStack 中，系统事件用宏 SYS_EVENT_MSG 表示，它的定义位于 comdef.h 文件中，其定义如下：

```
#define SYS_EVENT_MSG        0x8000
```

ZStack 中的系统事件是一个事件的集合，包括天线收到了报文类（MSG 类）的消息、节点加入网络等许多子事件，这些子事件主要是在 ZComDef.h 文件中以宏的形式定义给出的。在进行 ZigBee 应用系统开发时，用户只需了解协议栈中事件宏代表的是什么含义、如何使用这些事件宏即可，不必重新定义这些宏。系统事件及其常用的子事件如表 3-1 所示。

表 3-1 系统事件及其常用的子事件

事件宏	值	含义	说明
SYS_EVENT_MSG	0x8000	系统事件	节点接收到一个消息，包括键值对 (Key Value Pair，KVP)消息和报文 (Message，MSG) 消息，节点中就触发此事件

续表

事件宏	值	含义	说明
AF_DATA_CONFIRM_CMD	0xFD	收到数据确认事件	A 节点发送数据时要求接收方收到数据后发送确认应答信号，当 A 节点收到接收数据方发来的确认应答信号就会在 A 设备中触发此事件
AF_INCOMING_MSG_CMD	0x1A	收到报文（MSG）类消息	A 节点用 AF_DataRequest() 函数发送报文消息，B 节点收到此报文消息后就会在 B 节点中触发此事件
AF_INCOMING_KVP_CMD	0x1B	收到键值对（KVP）类的消息	
AF_INCOMING_GRP_KVP_CMD	0x1C	收到群键值对类型的消息	
KEY_CHANGE	0xC0	按键状态发生变化	A 节点中的按下按键就会在 A 节点中触发此事件
ZDO_NEW_DSTADDR	0xD0	ZDO 获得新地址	ZDO：ZigBee Device Object 的缩写，即 ZigBee 网络中的设备对象，也就是网络中的节点。A 节点加入绑定后，在 A 节点中就会触发此事件
ZDO_STATE_CHANGE	0xD1	ZDO 改变了网络的状态	当 A 节点的变化而导致网络状态发生变化时（如节点加入网络），A 节点中就会触发此消息
ZDO_MATCH_DESC_RSP_SENT	0xD2	描述符匹配响应发送	A 节点用 ZDP_MatchDescReq() 函数发送请求描述符匹配绑定时，B 节点收到请求后用函数 ZDP_MatchDescRsp() 发送响应信号后，B 节点中将触发此事件
ZDO_CB_MSG	0xD3	收到 ZDO 反馈消息	A 节点发送绑定请求，B 节点收到后发送匹配响应，A 节点收到 B 节点发来的响应信息后在 A 节点中触发此事件。注意：仅当节点用函数 ZDO_RegisterForZDOMsg() 注册了某个特定消息后，节点才能用此消息事件接收解析此特定的消息
ZDO_NETWORK_REPORT	0xD4	ZDO 收到网络状态报告消息	
ZDO_NETWORK_UPDATE	0xD5	ZDO 收到网络状态更新消息	

用户事件是用户在应用系统开发的过程中根据实际需要自定义的事件，如获取 AD 采集值事件、获取串口接收数据事件等。用户事件需要用户在应用程序中定义，定义的方法是在应用程序中用宏定义指定事件的编码。例如，在应用程序中我们可以用以下代码定义

一个 LED 翻转事件：

```
#define    LED_TOGGLE_EVT 0x0001
```

ZStack 中，事件的定义有以下特点：

（1）一个任务可以包含多个事件，即一个任务可以由几个事件中的某个事件触发。

（2）一个事件只能归属于一个任务之中，即一个事件的发生，只能触发一个任务的执行。因此，我们在提及事件时，一般情况下称为任务事件。

（3）任务的事件用 16 位二进制数表示，一个二进制位代表一个单一的事件，二进制位的值为 1 时，表示该位二进制位所代表的事件发生了；二进制位的值为 0 时，表示该位二进制位所代表的事件没有发生。所以，单一事件的编码值一般为 0x8000（1000 0000 0000 0000B）、0x4000（0100 0000 0000 0000B）、0x2000（0010 0000 0000 0000B）、0x1000（0001 0000 0000 0000B）、0x0800、0x0400、0x0200、0x0100、0x0080、0x0040、0x0020、0x0010、0x0008、0x0004、0x0002、0x0001。复合事件的编码为上述单一事件编码的按位或后的值。例如，0x0003（0000 0000 0000 0011B）就表示编码为 0x0002 和 0x0001 这两个事件都发生了。

（4）同一任务的各个事件的编码不能相同，不同任务的事件编码可以相同。

在 ZStack 中，进行事件处理的原理是根据任务的先后顺序检查任务的事件，若有事件发生，则执行该任务的事件处理程序，即先查任务，再查任务的事件。因此，不同任务的事件编码相同不会产生混乱。但是，同一任务的事件编码相同就会出现事件处理错误。

（5）事件编码中，0x8000 为系统事件的编码，用户为每个任务所能定义的单一事件最多只有 15 个，它们的编码为 0x0001、0x0002、0x0004、0x0008、…、0x4000。

4. osal_msg_receive()函数

该函数的功能是为指定的任务从消息队列中检索一条消息。函数的原型如下：

```
uint8 *osal_msg_receive( uint8 task_id );
```

其中，参数 task_id 为任务编号。函数的返回值为指向存放该消息的缓冲区的指针。如果没有消息，则返回 NULL。

5. osal_msg_deallocate()函数

该函数的功能是释放消息所占存储空间。函数的原型说明如下：

```
uint8 osal_msg_deallocate( uint8 *msg_ptr );
```

其中，参数 msg_ptr 为指向所需回收的消息缓冲区的指针。函数的返回值为操作结果，若操作成功，则返回 SUCCESS（0x00）；若失败，则返回 INVALID_MSG_POINTER（0x05）。

6. osal_start_timerEx()函数

该函数的功能是启动定时器，当定时时间到后为指定的任务设置事件。函数的原型说明如下：

```
uint8 osal_start_timerEx( uint8 taskID, uint16 event_id, uint16 timeout_value );
```

函数中各参数的含义如下。

① taskID：指定任务的任务号。当定时时间到后，该任务将被告知所设定的事件发生。

② event_id：所需设置事件的事件编码。

③ timeout_value：定时的时长，单位为 ms。

函数的返回值为操作的结果，定时器启动成功时返回 SUCCESS，定时器启动失败则返回 NO_TIMER_AVAIL。

7. HalLedSet()函数

该函数的功能是设置指定发光二极管的状态。函数的原型说明如下：

```
uint8 HalLedSet (uint8 leds, uint8 mode);
```

函数中各参数的含义如下。

① leds：待设置的发光二极管。leds 的取值如表 3-2 所示。

表 3-2　leds 的取值

符号	值	含义
HAL_LED_1	0x01	与 P1_0 脚相接的发光二极管 LED1
HAL_LED_2	0x02	与 P1_1 脚相接的发光二极管 LED2
HAL_LED_3	0x04	与 P1_4 脚相接的发光二极管 LED3
上述符号的按位或		LED1、LED2、LED3 的组合

② mode：待设置的状态。mode 取值如表 3-3 所示。

表 3-3　mode 的取值

符号	值	含义
HAL_LED_MODE_OFF	0x00	熄灭模式
HAL_LED_MODE_ON	0x01	点亮模式
HAL_LED_MODE_BLINK	0x02	闪烁模式
HAL_LED_MODE_FLASH	0x04	周期性地闪烁模式
HAL_LED_MODE_TOGGLE	0x08	状态翻转模式

函数的返回值为所设置的状态。例如，使发光二极管 LED1、LED2 的状态翻转的程序如下：

HalLedSet (HAL_LED_1 | HAL_LED_2, HAL_LED_MODE_TOGGLE);

8. HalLedBlink()函数

该函数的功能是控制指定的发光二极管闪烁，函数的原型说明如下：

void HalLedBlink (uint8 leds, uint8 numBlinks, uint8 percent, uint16 period);

函数中各参数的含义如下。

① leds：要闪烁的 LED。leds 的取值如表 3-2 所示。

② numBlinks：闪烁的次数。numBlinks 为 0 时表示不停地闪烁，为其他值时表示闪烁的次数。

③ percent：LED 点亮时间占闪烁周期的百分比。percent 的值为 0 时发光二极管熄灭，大于等于 100 时点亮发光二极管，为其他值时表示点亮时间的百分比。

④ period：闪烁的周期。period 的单位为 ms。

例如，控制 LED1 以 1s 的周期不停地闪烁的程序代码如下：

HalLedBlink (HAL_LED_1,0,50,1000);

实现方法与步骤

基于 ZigBee 的应用系统开发的方法是，从 ZStack 中选择某个样例工程，然后根据任务的功能要求对所选工程中的程序进行适当剪裁，再对剪裁后的程序进行编译、连接、调试，最后将程序下载至 ZigBee 模块中运行。由于直接对样例程序进行剪裁会破坏原来的程序文件，不利于下次开发其他应用系统。在实际的开发中，一般的方法是，先将 ZStack 中的样例工程复制到某个文件夹中，然后对工程中的应用程序进行剪裁。整个工作包括准备程序文件、编制节点程序、编译调试程序、下载程序等几步。

1. 准备文件

准备文件包括从协议栈中复制样例工程、在工程中添加节点程序文件、移除工程中多余的应用程序文件等几部分。其操作步骤如下。

第 1 步：复制 ZigBee 协议栈中的样例工程文件至工作目录中。

（1）在 E 盘根目录下新建文件夹 ZigBee。

（2）打开 ZStack 的安装文件夹 C:\Texas Instruments\ZStack-CC2530-2.5.1a，将该文件夹中的 Projects、Components 两个文件夹复制到 E:\ ZigBee 文件夹中。

（3）删除 E:\ZigBee\Projects\zstack\Samples 文件夹中 GenericApp、SimpleApp 两个文件夹，只保留 SampleApp 文件夹。

第 2 步：启动协议栈中的 SampleApp 工程。

打开 E:\ZigBee\Projects\zstack\Samples\SampleApp\CC2530DB 文件夹，找到 SampleApp.eww 文件，如图 3-1 所示。双击 SampleApp.eww 文件图标，则启动 SampleApp 工程。

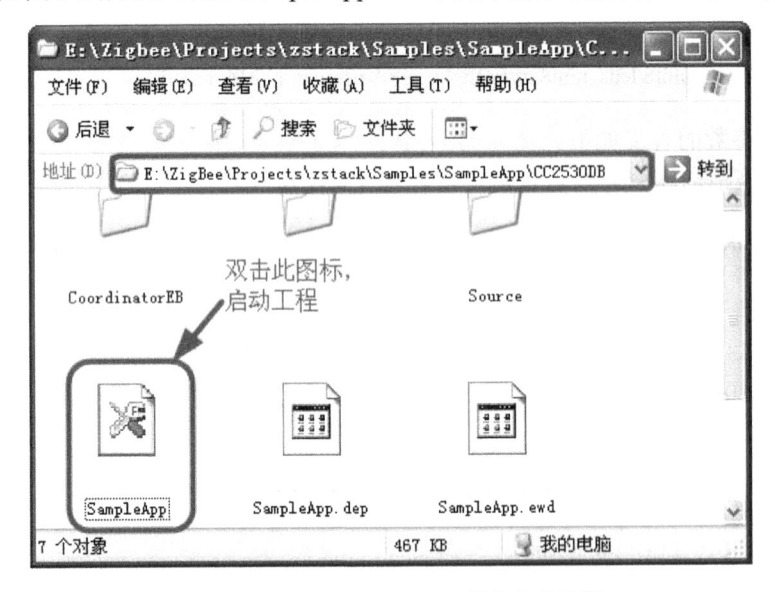

图 3-1 SampleApp.eww 工程文件的位置

第 3 步：新建 Coordinator.c、Coordinator.h 文件。

（1）单击工具栏中的"新建文件"图标按钮，如图 3-2 所示，新建一个空白文件。

（2）单击工具栏中的"保存文件"图标按钮，在弹出的"另存为"对话框中将所新建的文件保存为 Coordinator.c，文件存放在 E:\ZigBee\Projects\zstack\Samples\SampleApp\Source 文件夹中，如图 3-3 所示。

图 3-2 新建文件

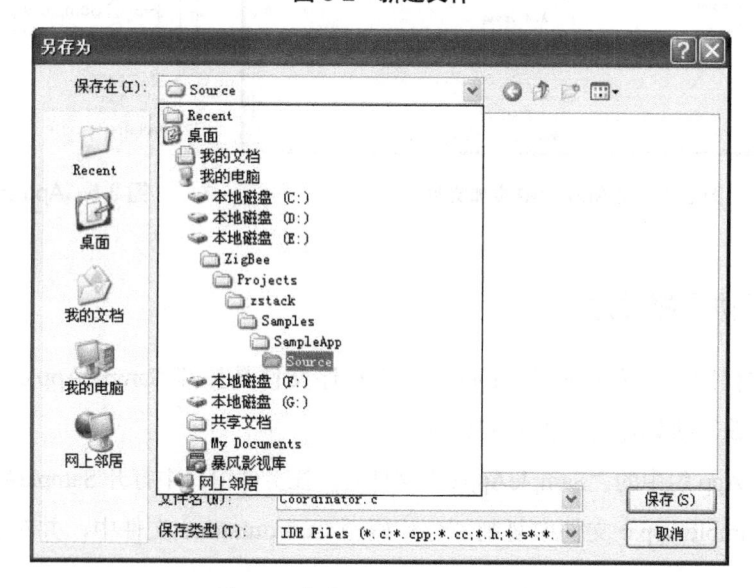

图 3-3 保存 Coordinator.c 文件

（3）重复上述过程，在 E:\ZigBee\Projects\zstack\Samples\SampleApp\Source 文件夹中新建 Coordinator.h 文件。

第 4 步：将 Coordinator.c、Coordinator.h 文件添加至 App 组中。

（1）在 Workspace 窗口中单击"SampleApp"工程名前面的"+"号，展开 SampleApp 工程中的组结构图。

（2）右击 App 组，在弹出的快捷菜单中单击"Add"→"Add Files"菜单命令项，如图 3-4 所示，然后在弹出的"Add Files-App"对话框中选择刚才所新建的 Coordinator.c 文件，再单击"打开"按钮，IAR 就会将 Coordinator.c 文件添加到 App 组中。

（3）重复上述过程，将 Coordinator.h 文件添加至 App 组。App 组添加文件后的结构如图 3-5 所示。

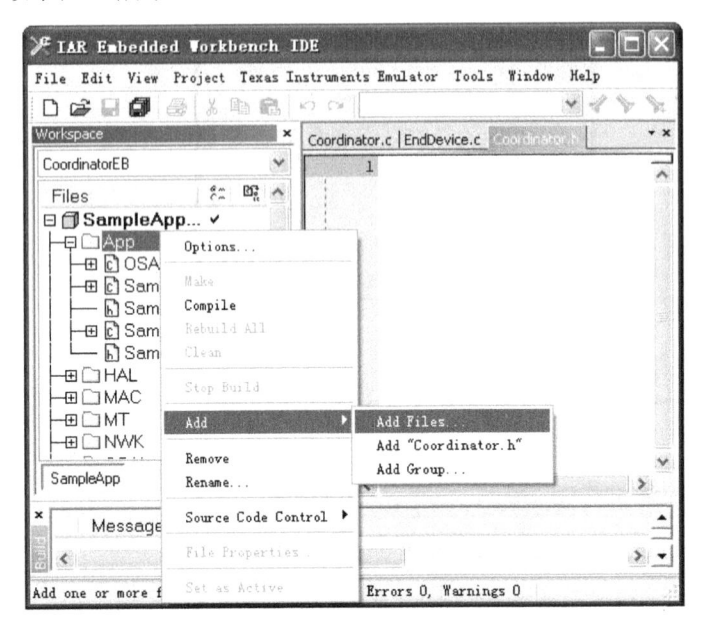

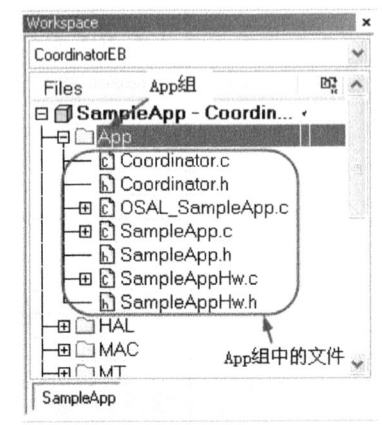

图 3-4　在 App 组中添加文件　　　　　　　图 3-5　App 组中的文件

2. 编写协调器程序

协调器的程序文件为 Coordinator.c，这个程序文件是按照 SampleApp.c 文件中的程序结构编写的。编写协调器程序的步骤如下：

（1）双击 App 组中的"SampleApp.c"文件名，在文件窗口中打开 SampleApp.c 文件。

（2）从 SampleApp.c 文件中复制部分代码至 Coordinator.c 文件中，并对复制后的程序代码进行修改。

复制修改后的协调器程序代码如下：

```
1    /***************************************************************
2                       任务8  在 ZStack 中控制 LED 闪烁
3                            协调器程序(Coordinator.c)
4    ***************************************************************/
5    #include "OSAL.h"              //59
6    #include "ZGlobals.h"          //60
7    #include "AF.h"                //61
8    #include "ZDApp.h"             //63
9    #include "Coordinator.h"       //65  改
```

```c
10  #include "OnBoard.h"                              //68
11  #include "hal_led.h"                              //72
12
13  const cId_t SampleApp_ClusterList[SAMPLEAPP_MAX_CLUSTERS] =//92
14  {                                                 //93
15      SAMPLEAPP_PERIODIC_CLUSTERID,                 //94
16  };                                                //96
17
18  const SimpleDescriptionFormat_t SampleApp_SimpleDesc =//98  简单的端口描述
19  {                                                 //99
20      SAMPLEAPP_ENDPOINT,                           //100  端口号
21      SAMPLEAPP_PROFID,                             //101  应用规范ID
22      SAMPLEAPP_DEVICEID,                           //102  应用设备ID
23      SAMPLEAPP_DEVICE_VERSION,                     //103  应用设备版本号(4bit)
24      SAMPLEAPP_FLAGS,                              //104  应用设备标志(4bit)
25      SAMPLEAPP_MAX_CLUSTERS,                       //105  输入簇命令个数
26      (cId_t *)SampleApp_ClusterList,               //106  输入簇列表
27      SAMPLEAPP_MAX_CLUSTERS,                       //107  输出簇命令个数
28      (cId_t *)SampleApp_ClusterList                //108  输出簇列表
29  };                                                //109
30
31  endPointDesc_t SampleApp_epDesc;                  //115  应用端口描述
32  uint8 SampleApp_TaskID;                           //128  应用程序中的任务ID号
33  devStates_t SampleApp_NwkState;                   //131  网络状态
34  uint8 SampleApp_TransID;                          //133  传输ID,每传输一个数据包,则加1
35  //应用程序初始化函数
36  void SampleApp_Init( uint8 task_id )              //173
37  {                                                 //174
38      SampleApp_TaskID = task_id;                   //175  应用任务(全局变量)初始化
39      SampleApp_NwkState = DEV_INIT;                //176  网络状态初始化:无连接
40      SampleApp_TransID = 0;                        //177  传输ID号初始化
41      // 应用端口初始化
42      SampleApp_epDesc.endPoint = SAMPLEAPP_ENDPOINT;   //213  端口号
43      SampleApp_epDesc.task_id = &SampleApp_TaskID;     //214  任务号
44      SampleApp_epDesc.simpleDesc                       //215  端口的其他描述
45          = (SimpleDescriptionFormat_t *)&SampleApp_SimpleDesc;//216
46      SampleApp_epDesc.latencyReq = noLatencyReqs;     //217  端口的延迟响应
47
48      afRegister( &SampleApp_epDesc );              //220  端口注册
49  }                                                 //233
50  //事件处理函数
51  uint16 SampleApp_ProcessEvent( uint8 task_id, uint16 events )//248
52  {                                                 //249
53      afIncomingMSGPacket_t *MSGpkt;                //250  定义指向接收消息的指针
```

```
54        (void)task_id;                                    //251 未引用的参数
55
56        if ( events & SYS_EVENT_MSG )                     //253 判断是否为系统强制事件
57        {
58          MSGpkt = (afIncomingMSGPacket_t *)osal_msg_receive( SampleApp_TaskID );
                                                            //255  从消息队列中取消息
59          while ( MSGpkt )                                //256 有消息(消息处理完毕)?
60          {
61            switch ( MSGpkt->hdr.event )                  //258 判断消息中的事件域
62            {
                                                            //259
63              case ZDO_STATE_CHANGE:                      //271 ZDO 的状态变化事件
64                SampleApp_NwkState = (devStates_t)(MSGpkt->hdr.status);
                                                            //272  读设备状态
65                if ( (SampleApp_NwkState == DEV_ZB_COORD)    //273 若为协调器
66                  || (SampleApp_NwkState == DEV_ROUTER)      //274 路由器
67                  || (SampleApp_NwkState == DEV_END_DEVICE) )//275  或终端节点
68                {                                         //276
69                  osal_start_timerEx( SampleApp_TaskID,   //278 延时一段时间后
70                      SAMPLEAPP_SEND_PERIODIC_MSG_EVT,//279 设置用户事件
71                      SAMPLEAPP_SEND_PERIODIC_MSG_TIMEOUT );//280
72                }                                         //281
73                break;                                    //286
74              //在此处可添加系统事件的其他子事件处理
75              default:                                    //288
76                break;                                    //289
77            }                                             //290
78
79            osal_msg_deallocate( (uint8 *)MSGpkt );       //293 释放消息所占存储空间
80
81            MSGpkt = (afIncomingMSGPacket_t *)osal_msg_receive( SampleApp_TaskID );
                                                            //296 再从消息队列中取消息
82          }                                               //297
83
84          return (events ^ SYS_EVENT_MSG);                //300 返回未处理完的系统事件
85        }                                                 //301
86        //以下为用户事件处理
87        if ( events & SAMPLEAPP_SEND_PERIODIC_MSG_EVT )//305 是用户事件吗?
88        {                                                 //306
89          HalLedSet(HAL_LED_1,HAL_LED_MODE_TOGGLE);//LED1 的状态翻转
90          // 再次触发用户事件
91          osal_start_timerEx( SampleApp_TaskID, SAMPLEAPP_SEND_PERIODIC_MSG_EVT,
                                                            //311 设置下次启动事件的时间
92              (SAMPLEAPP_SEND_PERIODIC_MSG_TIMEOUT + (osal_rand() & 0x00FF)) );
                                                            //312
```

```
93
94          return (events ^ SAMPLEAPP_SEND_PERIODIC_MSG_EVT);
                                              //315 返回未处理完毕的用户事件
95      }                                     //316
96
97      return 0;                             //319 丢弃未知事件
98  }                                         //320
```

3. 编制头文件 Coordinator.h

Coordinator.h 文件的样例文件是 SampleApp.h 文件，该文件是 Coordinator.c 文件对其他程序模块的接口文件。编制 Coordinator.h 文件的方法是，从 SampleApp.h 文件中复制代码至 Coordinator.h 文件中，并对复制后的程序代码进行修改。复制修改后的协调器程序代码如下：

```
1   /*********************************************************************
2                        任务 8 在 ZStack 中控制 LED 闪烁
3                                (Coordinator.h)
4   功能:宏定义,函数说明
5   *********************************************************************/
6   #ifndef SAMPLEAPP_H                                   //40
7   #define SAMPLEAPP_H                                   //41
8
9   #include "ZComDef.h"                                  //51
10
11  #define SAMPLEAPP_ENDPOINT              20            //59
12  #define SAMPLEAPP_PROFID                0x0F08        //61
13  #define SAMPLEAPP_DEVICEID              0x0001        //62
14  #define SAMPLEAPP_DEVICE_VERSION        0             //63
15  #define SAMPLEAPP_FLAGS                 0             //64
16  #define SAMPLEAPP_MAX_CLUSTERS          1             //66 改
17  #define SAMPLEAPP_PERIODIC_CLUSTERID    1             //67
18
19  // 发送消息的时间间隔
20  #define SAMPLEAPP_SEND_PERIODIC_MSG_TIMEOUT   500     //71 改 时间间隔0.5s
21
22  // 定义用户事件
23  #define SAMPLEAPP_SEND_PERIODIC_MSG_EVT       0x0001  //74
24
25  extern void SampleApp_Init( uint8 task_id );          //93
26  extern UINT16 SampleApp_ProcessEvent( uint8 task_id, uint16 events );  //98
27
28  #endif                                                //105
```

4. 修改 OSAL_SampleApp.c 文件

在实际应用中，一般不会对 OSAL_SampleApp.c 文件做较大幅度的修改，本例中仅需将 OSAL_SampleApp.c 文件中第 65 行的#include "SampleApp.h"改为#include "Coordinator.h"。为了节省篇幅，在此我们就不列出修改后的 OSAL_SampleApp.c 文件了。

5. 移除 App 组中的多余文件

App 组中的 OSAL_SampleApp.c、SampleApp.c、SampleApp.h、SampleAppHw.c、SampleAppHw.h 共 5 个文件是 TI 公司提供给用户的 5 个样例文件。基于 ZStack 的应用系统开发主要是根据应用的功能要求对这 5 个文件进行剪裁。

本例中，我们直接对 OSAL_SampleApp.c 进行了修改，这个文件需保存在工程中，对于其他的几个文件，我们采取的方法是根据需要从这些文件中复制相关代码至对应的应用程序文件中。程序编写完毕后，SampleApp.c、SampleApp.h、SampleAppHw.c、SampleAppHw.h 等 4 个文件就是多余的，另外，这 4 个文件中的许多全局变量、宏、函数等与我们编写的应用程序中的全局变量、宏、函数同名，程序编译时会产生错误，因此需要将这 4 个样例文件从工程中移除出去。从 App 组中移除多余文件的方法如下：

（1）用鼠标右键单击 App 组中的 SampleApp.c 文件，在弹出的快捷菜单中单击"Remove"菜单命令项，如图 3-6 所示，系统会弹出如图 3-7 所示的移除确认对话框。然后在移除确认对话框中单击"是"按钮，IAR 就会将所选择的 SampleApp.c 文件从工程中移除出去。

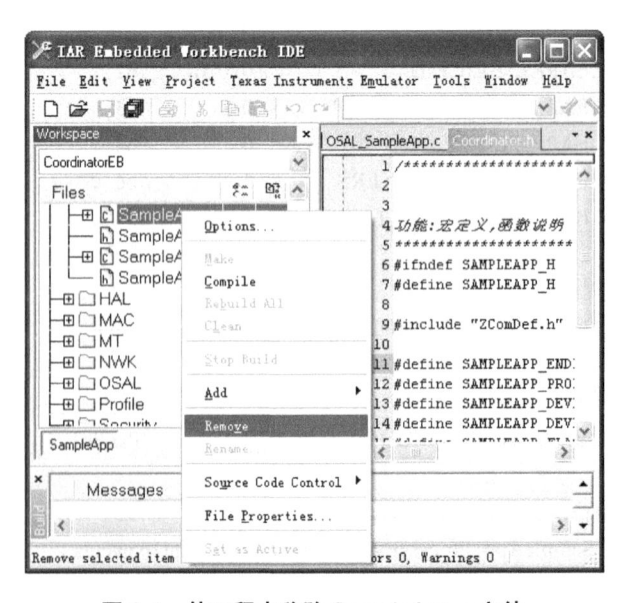

图 3-6　从工程中移除 SampleApp.c 文件

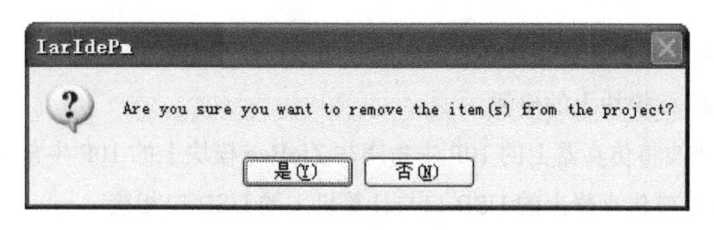

图 3-7 移除确认对话框

（2）按照上述方法将 SampleApp.h、SampleAppHw.c、SampleAppHw.h 从工程中移除。

6. 编译下载程序

编译下载程序包括编译、连接协调器程序，将程序下载至协调器中两部分内容，其操作方法如下：

（1）将设备类型设置成协调器。单击"Workspace"窗口中的下拉列表框，从展开的列表框中选择"CoordinatorEB"列表项，如图 3-8 所示。

【说明】在图 3-8 中，下拉列表框中所展示的 4 种设备的含义如下。

DemoEB：设备示例。

CoordinatorEB：协调器。

RouterEB：路由器。

EndDeviceEB：终端节点。

本例的设备为协调器，所以需从 Workspace 窗口的下拉列表框中选择 CoordinatorEB 设备。

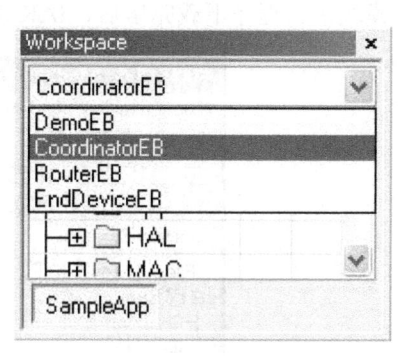

图 3-8 选择协调器

（2）编译、连接程序。单击菜单栏上的"Project"→"Make"菜单命令项，IAR 就会对工程中的文件进行编译、连接，并在"Build"窗口中显示编译、连接后的结果，如图 3-9 所示。

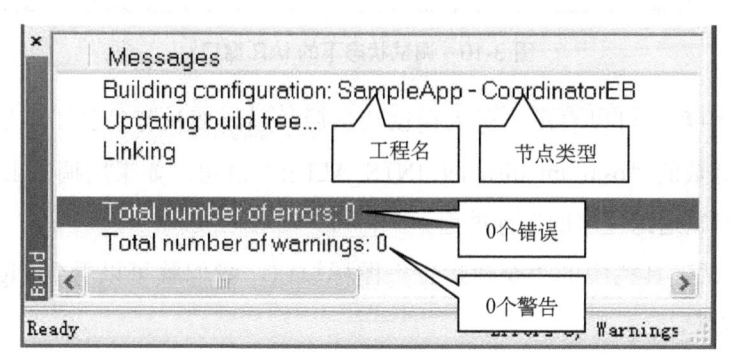

图 3-9 build 窗口

(3) 连接仿真器。连接仿真器的操作步骤如下：

① 关掉 ZigBee 模块上的电源。

② 用 10P 排线将仿真器上的 10P 牛角座与 ZigBee 模块上的 10P 牛角座相连。

③ 用 USB 线将仿真器上的 USB 口与计算机上的 USB 口相接。

④ 接通 ZigBee 模块上的电源。这时可以看到仿真器上的指示灯呈红色显示，表明仿真器还不能与 ZigBee 模块进行通信。

⑤ 按下仿真器上的复位按钮，让仿真器复位。这时可以看到仿真器上的指示灯呈绿色显示，表明仿真器与 ZigBee 模块通信成功，当前可以通过仿真器给 ZigBee 模块下载程序或者对程序进行硬件仿真调试。

(4) 下载程序至协调器中。下载程序的操作步骤如下：

① 单击工具栏中的下载调试图标按钮" ▶ "（参考图 1-46），或者单击菜单栏上的"Project"→"Download and Debug"菜单命令，IAR 就会通过仿真器将程序下载至 ZigBee 模块中。程序下载完毕后，IAR 进入仿真调试状态，如图 3-10 所示。

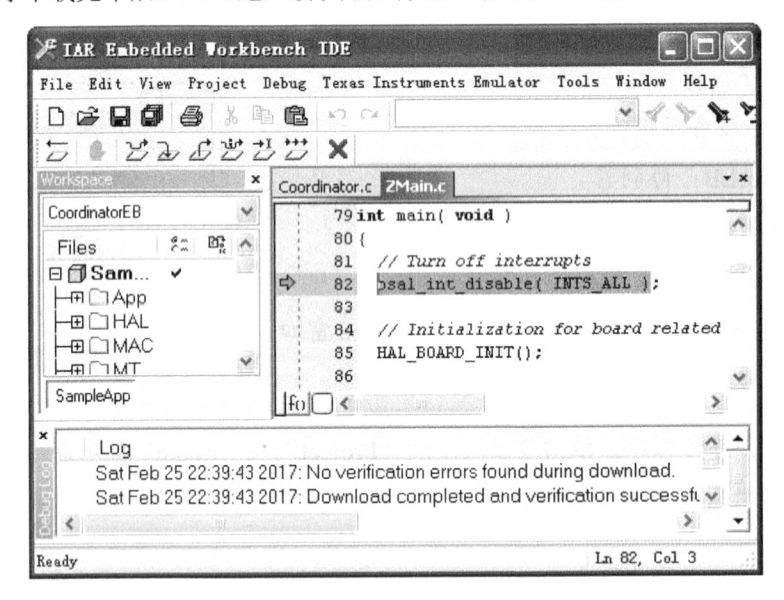

图 3-10 调试状态下的 IAR 窗口

从图 3-10 中我们可以看出，进入调试状态后，系统要执行的第 1 条语句是 ZMain.c 文件中 main()函数的"osal_int_disable(INTS_ALL);"语句。如果用调试工具栏中的相关命令，我们就可以追踪程序的运行过程。

② 单击调试工具栏中的"全速运行"图标按钮，我们就可以看到 ZigBee 模块上的 LED1 不停地闪烁。

③ 单击"结束调试"图标按钮，IAR 就会退出调试状态而进入编辑状态，此时我们

可以看到 ZigBee 模块上的 LED1 仍会不停地闪烁。

【说明】本例中所介绍的实现步骤也是基于 ZStack 的其他应用系统开发的一般步骤，在后续各项目的实施过程中我们都是按照上述步骤实施的。

程序分析

1. App 组中的文件

在 ZStack 提供的 SamplesApp 例程中，App 组中有 SampleApp.c、SampleApp.h、OSAL_SampleApp.c、SampleAppHw.c 和 SampleAppHw.h 等 5 个程序文件。这 5 个文件的作用如下：

（1）SampleApp.c 文件。该文件是 ZDO 应用程序的模板文件，文件中只提供了一个应用程序的框架结构，并没有做什么实质性的工作。文件的核心部分是 SampleApp_ProcessEvent()和函数 SampleApp_Init()函数，每一个基于 ZStack 的应用系统中都有这两个函数，这两个函数分别完成应用初始化和应用事件的处理。有关这两个函数的代码功能，我们将在后续的学习中结合实例再进行分析。在 OSAL_SampleApp.c 文件中需要调用这两个函数，这两个函数必须在 SampleApp.h 文件中进行说明。

文件中还包括一些其他函数，如消息处理函数 SampleApp_MessageMSGCB()、发送消息函数 SampleApp_SendPeriodicMessage()等，这些函数并不是每个设备都必须具备的，它们是根据应用的需要而定制的，这些函数只在本模块文件中调用，其函数说明放在本文件的开头部分。

进行应用系统开发时，协调器、路由路和终端节点的应用程序一般是由 SampleApp.c 文件剪裁而成的。例如，本例中的协调器程序文件 Coordinator.c 文件就是根据 SampleApp.c 文件剪裁而成的。

（2）SampleApp.h 文件。SampleApp.h 是 SampleApp.c 对应的头文件，是 SampleApp.c 文件对其他程序模块的接口文件，其作用是对 SampleApp.c 文件中所用的部分宏进行定义，同时对 SampleApp.c 文件中的部分全局变量、函数进行说明，以便于在其他模块文件中可以使用这些宏、全局变量和函数。

SampleApp.c 文件中使用了许多宏，同时定义了许多全局变量和函数，在这些宏、全局变量和函数中，有一部分需要开放给其他模块文件使用，有一部分只在 SampleApp.c 文件中使用。开放给其他模块文件使用的宏就放在 SampleApp.h 中定义，不开放给其他模块文件使用的宏则在 SampleApp.c 文件的开头处定义，所有的全局变量和函数都在 SampleApp.c

文件中定义。上述原则实际上是模块化程序设计中有关宏、全局变量、函数的定义和说明的规则。

（3）OSAL_SampleApp.c 文件。OSAL_SampleApp.c 文件由函数 osalInitTasks()、数组 tasksArr[]、变量 tasksCnt、tasksEvents 组成。函数 osalInitTasks()的作用是对系统中的任务进行初始化，数组 tasksArr[]中存放的是各任务的事件处理函数入口地址（函数名），变量 tasksCnt 存放的是系统中任务总数，tasksEvents 用来存放各任务的事件状态。有关这些函数、变量的用法我们将在后续的学习中再进行详细介绍。

每一个节点程序中都要使用 OSAL_SampleApp.c 模块程序，由于 OSAL_SampleApp.c 文件的结构比较固定，在实际应用中对该模块文件的修改比较少。

（4）SampleAppHw.c 文件。该文件主要是由一些跳线引脚的宏定义和函数 readCoordinatorJumper()组成，其作用是对硬件电路进行设置。TI 公司提供的 ZigBee 模块中设置了一些跳线，改变这些跳线的位置后就会改变模块的电路结构，该文件就是为了解决因跳线改变而导致电路变化时需对相关硬件电路进行设置的问题。

在实际应用中，如果使用的不是 TI 公司生产的 ZigBee 模块，那么 SampleAppHw.c 文件及其对应的头文件 SampleAppHw.h 一般不用。

（5）SampleAppHw.h 文件。SampleAppHw.h 是 SampleAppHw.c 文件对其他程序模块的接口文件。其内容是对函数 readCoordinatorJumper()进行说明。

2. Coordinator.c 文件中的代码分析

（1）文件的总体结构。Coordinator.c 文件比较简单，它是按照模块文件的组织规范由 SampleApp.c 文件剪裁而成的，文件中只有头文件包含、全局变量定义、函数定义等 3 部分。Coordinator.c 文件的组织结构如表 3-4 所示。

表 3-4　Coordinator.c 文件的总体结构

行号	内容
5～11 行	头文件包含
13～34 行	全局变量定义
36～49 行	SampleApp_Init()函数的定义
51～99 行	SampleApp_ProcessEvent()函数的定义

Coordinator.c 文件中使用了一些在其他文件中定义的数据类型、函数、全局变量、宏。例如，第 13 行中的 cId_t 类型是在 AF.h 文件中定义的，第 39 行中的 DEV_INIT 是在 ZDApp.h 文件中定义的，第 79 行中的 osal_msg_deallocate()函数的说明位于 OSAL.h 文件

中。所以需要在程序的开头处用"#include"指令将这些数据类型、宏定义所在的头文件及全局变量、函数说明所在的头文件包含至文件中，否则程序编译时就会出现许多错误。

【说明】

① 用"Go to definition of"快捷菜单命令可以查看程序中有关数据类型、宏、变量、和函数的定义，其具体方法详见任务 5 中的程序分析部分。

② 单击窗口中的查看函数图标"fo"按钮可以查看一个程序文件中的函数。以查看 Coordinator.c 文件中的函数为例，查看程序文件中函数的操作方法如下。

第 1 步：在 IAR 处于文件编辑状态时打开 Coordinator.c 文件，Coordinator.c 文件就会变成编辑窗口中的当前文件，窗口的底部会出现查看函数图标按钮"fo"，如图 3-11 所示。

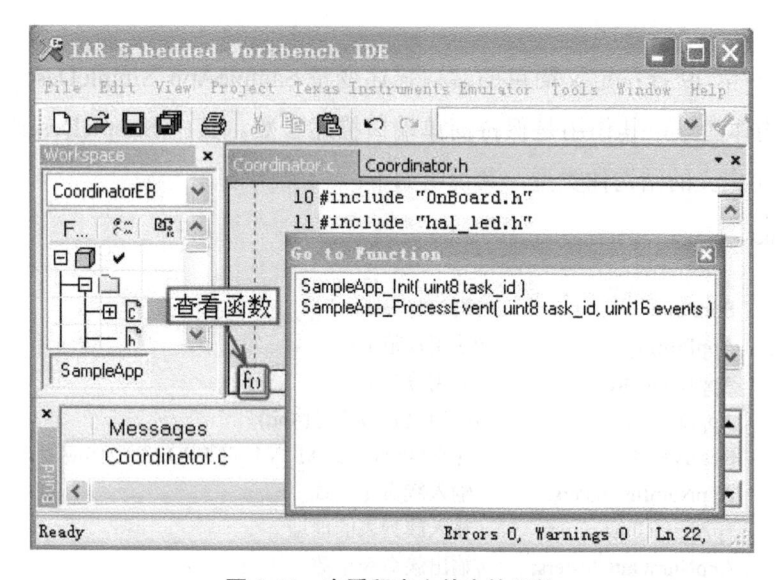

图 3-11 查看程序文件中的函数

第 2 步：单击查看函数图标按钮"fo"，系统会弹出"Go to Function"窗口，并在窗口中显示文件中的所有函数，如图 3-11 所示。

第 3 步：在"Go to Function"窗口中双击某个函数名，例如，双击"SampleApp_Init (unit8 task_id)"，光标就会转到 Coordinator.c 文件中 SampleApp_Init()函数的定义处。

（2）全局变量定义。Coordinator.c 文件中的第 13 行～第 34 行为全局变量定义，文件中定义了 SampleApp_ClusterList、SampleApp_SimpleDesc、SampleApp_epDesc、SampleApp_TaskID、SampleApp_NwkState、SampleApp_TransID 等 6 个全局变量。

第 13 行～第 16 行：定义簇列表数组 SampleApp_ClusterList。

数组 SampleApp_ClusterList[]的类型为 cId_t，它是一个自定义类型，代表的是

unsigned short 型，其定义位于 AF.h 文件中。数组定义的前面有关键字 const，表示这个数组是一个常型数组，即数组的各元素的值只能读取，不能改写。

C 语言中，关键字 const 常用来将一个变量说明成只读型变量，只读变量只能在变量定义时初始化，不能在程序运行中赋初值。所以在定义 SampleApp_ClusterList[]数组时我们同时对数组中的各元素进行了初始化。数组中，符号 SAMPLEAPP_MAX_CLUSTERS 为簇命令的个数，即数组中元素的个数。符号 SAMPLEAPP_PERIODIC_CLUSTERID 是用户自定义的簇命令代码。这两个符号是 Coordinator.h 中定义的两个宏。

簇列表数组用来存放用户自定义的簇命令，即自定义的无线传输中的命令。本例中，我们并没有进行无线通信，定义此数组并没有什么实际意义，但考虑到后面的端口描述变量中需指定簇列表及簇命令的个数，为了将问题简单化，在本例的程序中我们仍保留了此数组。

第 18 行~第 29 行：定义简单的端口描述变量 SampleApp_SimpleDesc。该变量是一个只读型结构体变量，其作用是保持简单端口描述参数。其中 SimpleDescriptionFormat_t 是 AF.h 文件中定义的结构体类型，其说明如下：

```
typedef struct
{
    byte     EndPoint;                //端口号
    uint16   AppProfId;               //应用规范 ID
    uint16   AppDeviceId;             //应用设备 ID
    byte     AppDevVer:4;             //应用设备版本号(4bit)
    byte     Reserved:4;              //保留(4bit)，在 AF_V1_SUPPORT 中作应用设备标志
    Byte     AppNumInClusters;        //输入簇命令个数
    cId_t    *pAppInClusterList;      //输入簇列表的地址
    byte     AppNumOutClusters;       //输出簇命令个数
    cId_t    *pAppOutClusterList;     //输出簇列表的地址
} SimpleDescriptionFormat_t;
```

代码中，第 20 行~第 28 行是结构体变量的各成员的初始值，它们是用一些符号来表示的，这些符号是 Coordinator.h 中定义的宏。

第 31 行：定义应用端口的描述变量 SampleApp_epDesc。该变量是一个结构体变量，其作用是保存应用端口描述参数。其中，endPointDesc_t 是 AF.h 文件中定义的结构体类型，其说明如下：

```
typedef struct
{
    byte endPoint;                    //端口号
    byte *task_id;                    //指向应用任务号的指针
```

```
    SimpleDescriptionFormat_t *simpleDesc;    //指向简单的端口描述变量的指针
    afNetworkLatencyReq_t latencyReq;         //端口的延迟响应
} endPointDesc_t;
```

由此可见，endPointDesc_t 类型的变量中包含了 SimpleDescriptionFormat_t 变量的信息，在后面程序分析中我们可以看到，SampleApp_epDesc 变量包含了 SampleApp_SimpleDesc 变量的相关信息。

SampleApp_SimpleDesc 变量描述的是 ZigBee 联盟中所规定的端口参数，它只是对端口进行了一些最基本的描述，因而称之为简单的端口描述。

SampleApp_epDesc 变量是 ZStack 为了方便编程而定义的应用端口变量。它是对 SampleApp_SimpleDesc 的一种扩充，增加了端口的任务号、端口号、端口的延迟响应时间等可以在程序中进行设置的参量。由于 SampleApp_SimpleDesc 是一个只读变量，在应用程序中读写应用端口的端口号时访问的是 SampleApp_epDesc.endPoint 而不是 SampleApp_SimpleDesc.EndPoint。有关端口的含义、怎样使用端口等相关知识我们将在后续学习中再作详细讲解。

第 32 行：定义变量 SampleApp_TaskID，该变量用来存放应用程序中的任务号。

第 33 行：定义变量 SampleApp_NwkState，该变量用来存放节点的网络状态，变量的类型为枚举型。其中，devStates_t 的定义位于 ZDApp.h 文件中，其定义如下：

```
typedef enum
{
    DEV_HOLD,                    //已初始化，但没有启动
    DEV_INIT,                    //已初始化，无任何连接
    DEV_NWK_DISC,                //发现个域网加入
    DEV_NWK_JOINING,             //加入至个域网
    DEV_NWK_REJOIN,              //重新加入个域网
    DEV_END_DEVICE_UNAUTH,       //已加入但未被认证，为终端设备
    DEV_END_DEVICE,              //已认证、已启动，为终端设备
    DEV_ROUTER,                  //已认证、已启动，为路由器
    DEV_COORD_STARTING,          //已起动，为协调器
    DEV_ZB_COORD,                //已以协调器的角色启动
    DEV_NWK_ORPHAN               //无父信息
} devStates_t;
```

第 34 行：定义变量 SampleApp_TransID，该变量用来存放传输数据包的编号，以便数据接收方可以检查数据传输是否存在丢包现象，并计算丢包率。该变量实际上是一个软件计数器，在数据传输中，每传输一个数据包，ZStack 就会将此变量的值加 1。

（3）应用初始化程序分析。

第 36 行～第 49 行为初始化程序的代码。初始化程序只做了两件事，一是对文件中的

全局变量赋初值，二是注册应用端口。Coordinator.c 文件中定义了 6 个全局变量，其中有两个为只读变量，它们的初始化是在变量定义时完成的，其他 4 个变量的初始化是在 SampleApp_Init()函数中完成的。

第 38 行：变量 SampleApp_TaskID（任务号）初始化，其值是由函数调用时通过参数 task_id 传递过来的，实际上是任务列表中最后一个任务的任务号（其原因我们将在 OSAL 工作机理分析时再做介绍）。

第 39 行：变量 SampleApp_NwkState（节点的网络状态）初始化，其值为无连接。其中 DEV_INIT 是 ZDApp.h 文件中定义的一个枚举值，表示节点已初始化，但无任何连接。

第 40 行：变量 SampleApp_TransID（传输 ID 号）初始化，初值为 0。

第 42 行～第 46 行：应用端口描述变量 SampleApp_epDesc 初始化。

第 42 行：设置应用端口的端口号。

第 43 行：设置应用端口的任务号

第 44 行～第 45 行：设置应用端口的簇命令数、簇列表地址等参数，这些参量是通过指针指向简单端口描述变量 SampleApp_SimpleDesc 来实现的。

第 46 行：设置应用端口的响应延迟时间。其中，noLatencyReqs 是 AF.h 文件中定义的枚举常数，其值为 0。

第 48 行：用 afRegister()函数注册应用端口 SampleApp_epDesc。在 ZStack 中，端口只有注册后，OSAL 才能为其提供系统服务。

afRegister()函数的定义位于 AF.c 文件中，其原型说明如下：

```
afStatus_t afRegister( endPointDesc_t *epDesc );
```

该函数的功能是注册一个应用端口。其参数是应用端口变量的地址，返回值为注册后的状态。

（4）事件处理程序分析。SampleApp_ProcessEvent()函数由两个 if 语句与一个 return 语句组成，每个 if 语句中各包含一个 return 语句。SampleApp_ProcessEvent()函数可简化成以下结构：

```
uint16 SampleApp_ProcessEvent( uint8 task_id, uint16 events )
{
    if ( events & SYS_EVENT_MSG )                              //56  第 1 个 if 语句
    {
        //第 58 行～第 83 行代码     功能：系统事件处理
        return (events ^ SYS_EVENT_MSG);                       //84
    }
```

```
    if ( events & SAMPLEAPP_SEND_PERIODIC_MSG_EVT )           //87   第 2 个 if 语句
    {
        //第 89 行～第 94 行代码    功能：用户事件处理
        return (events ^ SAMPLEAPP_SEND_PERIODIC_MSG_EVT);    //95
    }
    return 0;                                                 //97
}
```

第 1 个 if 语句复杂一些，if 语句中嵌套了一个 while 循环，while 循环中又嵌套了一个 switch-case 语句。第 59 行～第 81 行为 while 循环语句，第 61 行～第 77 行为 switch-case 语句。SampleApp_ProcessEvent()函数的流程图如图 3-12 所示，其中，每个框内文字后的数字为代码的行号。

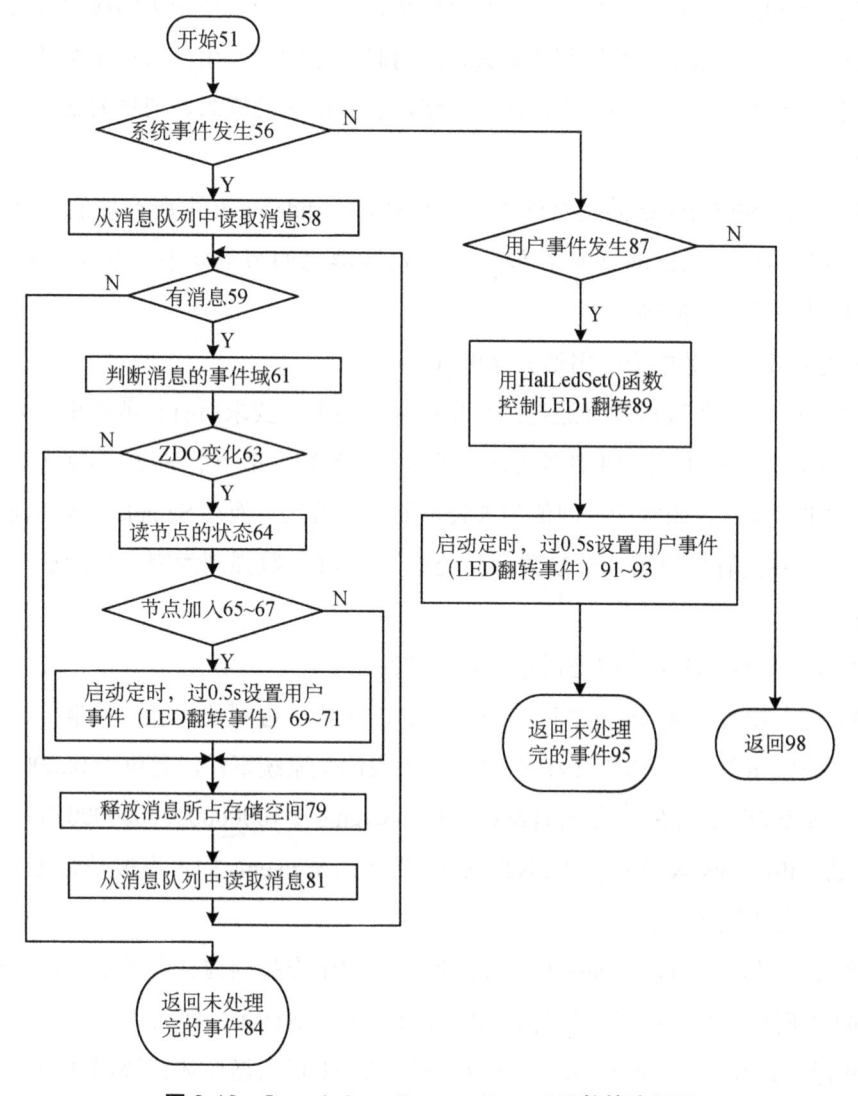

图 3-12　SampleApp_ProcessEvent()函数的流程图

在 ZStack 中，SampleApp_ProcessEvent()函数是在一个死循环中被调用的，每隔一段时间，该函数将被执行一次。在理解 SampleApp_ProcessEvent()函数时，需要将该函数想象成在函数体的开始处与结束处有一个死循环。

通过上述结构分析，我们可以看出该函数的总体功能是检查当前任务的事件，若有系统事件发生，则进行系统事件处理，若有用户事件发生，则进行用户事件处理。该函数每调用一次，最多只处理一个事件，而且优先处理系统事件。

函数体中各行代码的具体功能如下：

第 53 行：定义指向消息结构体的指针变量 MSGpkt。其中，afIncomingMSGPacket_t 是 AF.h 文件中定义的消息结构体类型。

消息结构体中包含许多信息，包括消息的事件编码，与事件相关的应用数据，节点的状态，数据是哪里发送来、发送到哪里去、是何时发送的、是用什么命令发送的，等等。为了使问题简单化，在此我们就不作深入介绍，有关消息的概念、消息的结构等我们将在后续的学习中再做详细介绍。

当指针变量 MSGpkt 指向某个消息后，MSGpkt->hdr.event 中所存放的是该消息的事件编码，MSGpkt->hdr.status 中所存放的是接收该消息的节点状态，包括节点是何种类型、其工作状态是怎样的等。

第 54 行：说明函数中未引用形参 task_id。

ZStack 中，事件处理函数是通过函数指针来调用的，要求所有任务的事件处理函数都采用统一的形式，每个任务的事件处理函数都有两个参数，第一个参数为任务号，第二个参数为任务的事件编码，函数的返回值为未处理的事件编码。而在 SampleApp_ProcessEvent()函数中，我们并没有使用第一个参数，此处将 task_id 参数强制为空，表示这个参数在函数中没被使用。

第 56 行：判断当前事件中是否存系统事件。

我们知道，事件是用 16 位二进制数表示的，每位二进制位代表一种事件，其中最高位代表的是系统事件。宏 SYS_EVENT_MSG 代表的是系统事件，其值为 0x8000。因此，events & SYS_EVENT_MSG = events & 0x8000 = events & 1000000000000000B。

很显然，if(events & SYS_EVENT_MSG)判断的是 events 的最高位是否为 1，即判断的是系统事件是否发生了。

第 58 行：用 osal_msg_receive()函数在消息队列中查找当前任务的消息，并使指针变量 MSGpkt 指向该消息，如果无消息则 MSGpkt 的值为 NULL，即为 0。

第 59 行～第 82 行：while 循环，第 61 行～第 81 行为循环体。该循环所完成的工作是根据消息的事件类型做对应的事件处理，事件处理结束后，释放消息所占用的存储空间，然后再从消息队列中取一条消息，如此反复，直至所有消息处理完毕。

第 59 行：判断 MSGpkt 所指的消息是否为空。

第 61 行～第 77 行：switch-case 分支结构。这几行的功能是根据消息的事件类型做对应的事件处理。

第 61 行：判断消息中 hdr 域的 event 域，即判断消息中所存放的事件编码。

第 63 行：判断消息中的事件是否为节点加入网络事件。

第 64 行：读取消息中 hdr 域的 status 域，即读取接收该消息的节点的状态值，并将其状态赋给变量 SampleApp_NwkState。

第 65 行～第 67 行：判断节点的类型。其中，DEV_ZB_COORD、DEV_ROUTER、DEV_END_DEVICE 是 ZDApp.h 文件中定义的 3 个枚举值，分别表示协调器、路由器、终端节点。

第 69 行：调用 osal_start_timerEx()函数启动定时，定时时长为 SAMPLEAPP_SEND_PERIODIC_MSG_TIMEOUT，定时时间到后为 SampleApp_TaskID（当前任务）设置 SAMPLEAPP_SEND_PERIODIC_MSG_EVT 事件。其中，SAMPLEAPP_SEND_PERIODIC_MSG_EVT 是 Coordinator.h 中定义的宏，在本例中，它代表的是 LED1 状态翻转事件。SAMPLEAPP_SEND_PERIODIC_MSG_TIMEOUT 也是 Coordinator.h 中定义的宏，它代表的是定时器定时的时长。本例中，我们主要是想让读者了解基于 ZStack 的应用程序开发方法，程序中的标识符我们尽量采用了 ZStack 样例文件中提供的标识符，以方便读者在实践中查找相对应的代码。在后续的项目中，我们将会按照宏所表示的意义对宏名进行适当修改。

第 73 行：第 1 个分支结束。

如果还需要处理其他子事件，可在第 74 行处模仿第 63 行～第 73 行的结构添加子事件处理代码。

第 79 行：用 osal_msg_deallocate()函数释放消息所占据的存储空间。

在 ZStack 中，节点接收到的消息是存放在堆中的，如果不及时释放，这些无用的消息就会占据大量的存储空间，很容易造成内存泄露。因此，当一个消息处理完毕后，就需要用 osal_msg_deallocate()函数将该消息所占据的存储空间释放掉。

第 81 行：用 osal_msg_receive()函数在消息队列中查找下一条消息，然后转至第 59 行再对消息进行处理，直至消息队列中的所有消息处理完毕。

第 84 行：返回未处理完的事件。

SYS_EVENT_MSG 的值为 0x8000=1000000000000000B，events ^ SYS_EVENT_MSG 的结果是，events 的最高位被清零，其他位的值保持不变。因此返回值中只清除了系统事

件的标志位，其他事件的标志位并没有清除，如果在下次调用 SampleApp_ProcessEvent()函数之前无系统事件发生的话，则 SampleApp_ProcessEvent()函数就会对其他事件进行判断处理。

第 85 行：第 1 个 if 语句的结束处，本行的"}"与第 57 行的"{"对应。

第 87 行～第 96 行：第 2 个 if 语句。其作用是判断处理用户事件。

第 87 行：判断当前事件中是否存在用户事件。

SAMPLEAPP_SEND_PERIODIC_MSG_EVT 是用户事件宏，其定义位于 Coordinator.h 文件中，本例中代表 LED1 状态翻转事件。

第 89 行：用 HalLedSet()函数将 LED1 的状态翻转一次。

本行是我们编写的唯一一句程序代码。

第 91 行～第 92 行：再次启动定时，过 SAMPLEAPP_SEND_PERIODIC_MSG_TIMEOUT + (osal_rand() & 0x00FF)时间后再次设置 SAMPLEAPP_SEND_PERIODIC_MSG_EVT 用户事件（LED1 状态翻转事件）。

在 SampleApp_ProcessEvent()事件处理函数中，事件处理完毕后会将事件的标志位清零，如果不再设置 SAMPLEAPP_SEND_PERIODIC_MSG_EVT 事件，那么第 89 行的代码以后就不会再被执行。

代码中 osal_rand()是 OSAL.c 文件中定义的函数，其作用是产生一个随机数，此处的作用是随机产生一个附加时间，在程序中可以删去 osal_rand() & 0x00FF。SAMPLEAPP_SEND_PERIODIC_MSG_TIMEOUT 是 Coordinator.h 文件中定义的宏，代表的是定时的时长，值为 500，即定时 0.5s。

第 94 行：返回未处理完的事件。

SAMPLEAPP_SEND_PERIODIC_MSG_EVT 的值为 0x0001。由此我们可以看出，在本例中我们是用 events 的最低位表示 LED1 翻转这个用户事件的。events ^ SAMPLEAPP_SEND_PERIODIC_MSG_EVT 的结果是将 events 的最低位清零，所以这一行代码的功能是清除 LED1 翻转这一用户事件，并返回 events 中其他事件。

3. Coordinator.h 文件中的代码分析

Coordinator.h 是 Coordinator.c 对应的头文件，是 Coordinator.c 文件对其他程序模块的接口文件，其作用是对 Coordinator.c 文件中所用的部分宏进行定义，同时对 Coordinator.c 文件中的部分全局变量、函数进行说明，以便于在其他模块文件中可以使用这些宏、全局变量和函数。Coordinator.h 文件中各行代码的功能如下：

第 6 行与第 28 行是一对条件编译指令。其含义是如果程序中没有定义 SAMPLEAPP_H 符号，则定义 SAMPLEAPP_H 符号，再对第 7 行～第 26 行代码进行编译。

第 7 行：定义符号 SAMPLEAPP_H。这里所定义的符号与第 6 行中所提及的符号为同一个符号。

第 9 行：包含头文件 ZComDef.h。ZComDef.h 文件中主要是一些数据类型定义，其中还包含了头文件 comdef.h。在第 26 行中用到自定义类型 UINT16，这个数据类型的定义位于 comdef.h 文件，如果注释掉第 9 行的文件包含命令，文件编译时就会出现符号没定义的错误。

第 11 行～第 23 行：宏定义。这些宏的含义如下。

第 11 行：定义端口号。

第 12 行：定义应用规范 ID。此值是 ZigBee 联盟统一规划的。

第 13 行：定义应用设备 ID。

第 14 行：定义应用设备版本号。

第 15 行：定义应用设备标志。

第 16 行：定义簇命令个数。

第 17 行：定义命令的标识符。

第 20 行：定义定时时间，单位为 ms。

第 23 行：定义用户事件。在本例中，SAMPLEAPP_SEND_PERIODIC_MSG_EVT 代表的是 LED1 状态翻转事件。

第 25 行～第 26 行：对 Coordinator.c 中的函数进行说明。关键字 extern 用来说明所申明的函数或者变量是在其他模块文件中定义的。

实践拓展

为了进一步探究协调器在网络中的角色，下面我们在本例的基础上再做两个实验，请读者观察实验现象，并弄清楚产生这些现象的原因。

1. 在无协调器的条件下运行程序

（1）关闭协调器的电源。

（2）打开 E:\ZigBee\Projects\zstack\Samples\SampleApp\CC2530DB 文件夹，双击 SampleApp.eww 文件图标，则启动 SampleApp 工程。

（3）将设备类型设置成路由器。单击"Workspace"窗口中的下拉列表框，从如图 3-8

所示的列表框中选择 RouterEB 列表项。

【说明】本实践中也可以选择终端节点进行实验，如果要将本程序编译、连接成终端节程序，则在列表框中选择 EndDeviceEB 列表项。

（4）编译、连接。单击图标工具栏中的连接图标按钮" "（参考图 1-46），IAR 就会以路由器的角色编译、连接程序，所生成的程序为路由器程序。

（5）另选一个 ZigBee 模块，然后将这个模块接上仿真器并给模块上电。

（6）单击图标工具栏中的下载与调试图标按钮" "（参考图 1-46），IAR 就会将程序下载到 ZigBee 模块中，这个 ZigBee 模块就变成了路由器。

（7）在程序中设置断点。

① 在代码窗口中单击"Coordinator.c"文件名标签，使 Coordinator.c 文件成为当前文件。如果代码窗口中无"Coordinator.c"文件名标签，则表示当前 Coordinator.c 文件处于关闭状态，此时只需双击 App 组中的 Coordinator.c 文件名，IAR 就会打开 Coordinator.c 文件，并在代码窗口中以当前文件的形式显示 Coordinator.c 文件。

② 用鼠标左键双击 Coordinator.c 文件第 56 行行号左边灰色部分，行号左侧处就会出现一个红色的圆点，该行代码上会出现红色底纹，表示我们已经在该行处设置了一个断点，如图 3-13 所示。

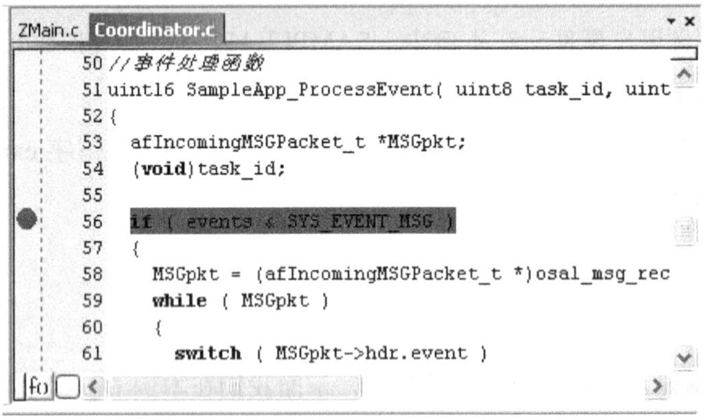

图 3-13 设置断点

③ 重复上述操作，在第 64 行、89 行处设置断点。

（8）在调试窗口中单击全速运行图标按钮" "，让程序全速运行。我们可以看到在调试工具栏的 9 个调试工具图标按钮中，只有停止、停止调试两个图标按钮呈可用状态，其他 7 个图标按钮都呈灰色不可使用状态，表明路由器在一直执行程序，但是程序并没有在第 56 行的断点处停下来。我们还可以看到路由器中的发光二极管并不闪烁。

上述现象表明，在无协调器的条件下，路由器并不会执行应用的任务事件处理函数 SampleApp_ProcessEvent()。其理由是，在 SampleApp_ProcessEvent()函数中，第 53 行、第 54 行只是对函数中的变量进行定义和说明，它们并不是函数中的可执行代码，函数的第一行可执行代码位于第 56 行，实践中，路由器在全速执行程序时并没有在该行停下来，表明程序还没有执行到这里，即没有进入 SampleApp_ProcessEvent()函数中。

2. 在有协调器的条件下运行程序

（1）复位程序。单击调试工具栏上的停止图标按钮"🖐"，停止程序运行，然后再单击调试工具栏上的复位图标按钮"↻"，复位路由器。

【说明】第（1）步是在上一实验基础上来做的，如果单独做本实验，则请按照上一实验过程先完成第（1）～（8）步，然后进行下面的操作。

（2）给协调器通电。

（3）单击调试工具栏上的全速运行图标按钮，我们可以看到过一会儿后程序就会在第 56 行的断点处停下来，如果再单击调试工具栏上的单步运行图标按钮"↷"，程序就会依次执行第 56 行、58 行、59 行……

上述实验表明：在有协调器的条件下，路由器会执行 SampleApp_ProcessEvent() 函数。

（4）重复按调试工具栏上的全速运行图标按钮，我们可以看到以下现象：

① 程序多次进入第 56 行断点处。表明路由器中不停地执行 SampleApp_ProcessEvent() 函数。其原因是 SampleApp_ProcessEvent()函数是在一个死循环中调用的。

② 第 64 行断点处只停下一次，以后只在第 89 行断点处停下，并且在第 64 行断点处停下的那一次中并不在第 89 行断点处停下。这一现象表明 SampleApp_ProcessEvent()函数每次执行时只处理一个事件，ZDO_STATE_CHANGE 事件只发生了一次，用户自定义的 LED1 翻转事件 SAMPLEAPP_SEND_PERIODIC_MSG_TIMEOUT 多次发生。

③ 发光二极管 LED1 的状态不停地由点亮到熄灭再由熄灭到点亮进行翻转显示。

实践总结

ZigBee 网络中有协调器、路由器、终端节点 3 种设备。其中，只有协调器才具有网络组建和维护网络的功能，其他设备都不具备此功能。一个 ZigBee 网络中有且只有一个协调器。

只有 ZigBee 网络建立成功后，节点中用户编写的任务事件处理函数才被执行。由于协调器负责网络的组建和维护，因此协调器通电后，协调器中用户编写的任务事件处理函数是会被执行的。如果无协调器，则路由器、终端节点中用户编写的任务事件处理函数是不会被执行的。

基于 ZStack 的应用系统开发的方法是，根据应用系统中的功能要求，对 ZStack 提供的样例文件 SampleApp.c、SampleApp.h、OSAL_SampleApp.c 进行剪裁。其核心工作是修改 SampleApp.c 文件中的事件处理函数。

事件处理函数主要由几个 if 语句组成，用来判断当前任务中的事件类型，并做相应的处理。第 1 个 if 语句用来对系统事件进行处理。系统事件的处理过程是，先从消息队列中读取消息，然后检查消息的事件域中所存放的子事件类型，最后用 switch-case 语句对各子事件分别进行处理。

事件处理函数是在一个死循环中被调用的，理解该函数时应想象在函数的首尾处有一个死循环。事件处理函数每次只处理一个事件，通过多次执行事件处理函数，可将应用程序中的事件处理完毕。事件处理函数对函数中的各事件处理存在优先级，函数中先判断处理的事件其优先级高。

ZStack 采取的是事件触发处理机制。系统事件由 ZStack 内部程序设置，而用户事件一般是由用户在节点（协调器、路由器、终端节点）的应用程序中设置的。设置用户事件常用的函数是 osal_start_timerEx() 函数和 osal_set_event() 函数，前者的功能是过一段时间后设置事件，后者的功能是立即设置事件。

习题

1．ZigBee 网络中有哪几种设备？各种设备的功能分别是什么？

2．请指出下列事件所代表的含义。

（1）SYS_EVENT_MSG。

（2）AF_INCOMING_MSG_CMD。

（3）ZDO_STATE_CHANGE。

3．某应用系统中需要定义一个用户串口接收数据事件 USER_SERIAL_EVT，请写出用户事件定义代码。

4．请指出下列函数的功能

（1）osal_msg_receive()。

（2）osal_msg_deallocate()。

(3) osal_start_timerEx()。

(4) afRegister()。

5．简述 IAR 中查看程序文件中的函数的操作方法，并上机实践。

6．阅读 Coordinator.c 文件，请解答以下问题。

(1) 写出 Coordinator.c 文件的结构。

(2) 指出文件中 6 个全局变量的作用。

(3) 请画出事件处理函数的流程图。

(4) 在第 65 行～第 67 行代码中，DEV_ZB_COORD、DEV_ROUTER、DEV_END_DEVICE 的含义是什么？

(5) 如果删除第 91 行～第 92 行代码，程序执行的结果是什么？为什么？请实验。

7．简述 Coordinator.h 文件的作用及其结构。

任务 9　在 ZStack 中用串口收发数据

任务要求

选用 1 个 ZigBee 模块作为协调器，对 ZStack 中的样例程序进行适当剪裁，并添加串口初始化程序和串口收发数据处理程序，要求串口的接收数据采用事件触发处理，当协调器收到计算机发送来的数据后将所接收到的数据再发送到计算机中显示。其中，串口通信的波特率为 115200bit/s。

知识储备

1．端口的概念

在计算机中，端口是指数据的输入或输出口，分硬件端口和软件端口两种。硬件端口是指我们看得见的数据通信口，如 USB 口、串行口等。软件端口又叫逻辑端口，它是指对某种数据进行处理的应用程序对象（数据流入口）和产生某种数据的应用程序对象（数据流出口）。ZigBee 网络中的端口与 TCP/IP 网络中的端口相似，是指处理数据包的应用程序对象。产生数据包的应用程序对象叫数据包的源端口，简称为源端口；加工处理数据包的应用程序对象叫数据包的目的端口，简称为目的端口或者目标端口。

端口号是端口在节点上的编号。一个节点的程序中可以有许多个处理数据包的应用程序对象，为了方便操作系统访问这些应用程序，操作系统将这些应用程序对象进行了编号，这个编号就是端口号。ZigBee 网络中，节点上的端口号可以为 0~240，其中端口号 0 分配给 ZDO（ZigBee 设备对象），其他端口号由用户指定给某个端口。

例如，在任务 8 中，我们在 Coordinator.h 中用宏定义指定应用端口号为 20，在应用初始化函数中，我们将此端口号赋给应用端口变量（第 42 行），然后用 afRegister()函数注册应用端口（第 48 行），操作系统就会将端口号 20 分配给应用初始化所对应的应用事件处理函数 SampleApp_ProcessEvent()。也就是说，在任务 8 的协调器程序中，端口 20 就是指应用事件处理程序。

ZigBee 规定，数据包只能在不同节点的端口之间传输，不能在同一节点上的不同端口之间传输。也就是说，A 节点发出的数据包只能由 B 节点上的端口接收处理，A 节点上的所有端口都不能接收和处理该数据包。

2. HalUARTOpen()函数

HalUARTOpen()函数的定义位于 hal_uart.c 文件中，函数的原型说明如下：

uint8 HalUARTOpen(uint8 port, halUARTCfg_t *config);

该函数的功能是用指定的参数初始化串口。函数中各参数的含义如下。

① port：所要初始化串口的串口号，其值为 0、1、2、……

② config：串口配置变量的地址。该变量是一个指向 halUARTCfg_t 型的指针变量，其中 halUARTCfg_t 是 hal_uart.h 文件中所定义的结构体类型。其说明如下：

```
typedef struct
{
    bool                    configured;             //1 是否进行串口配置
    uint8                   baudRate;               //2 串口的波特率
    bool                    flowControl;            //3 是否进行流控制
    uint16                  flowControlThreshold;   //4
    uint8                   idleTimeout;            //5
    halUARTBufControl_t     rx;                     //6
    halUARTBufControl_t     tx;                     //7
    bool                    intEnable;              //8
    uint32                  rxChRvdTime;            //9
    halUARTCBack_t          callBackFunc;           //10 串口的回调函数
}halUARTCfg_t;
```

现代的串口通信中，一般是用 TXD 和 RXD 这两根线进行串行数据传输的，串口并不采用流控制。在 halUARTCfg_t 类型的变量中，第 4~9 个参数用来设置流控制的相关参数，并不常用，在实际应用中一般只需设置第 1、2、3、10 个参数，这 4 个参数的含义如下。

① Configured：是否进行串口配置。参数可设定的值为 TRUE、FALSE，一般设为 TRUE，表示要进行串口配置。

② baudRate：串口的波特率。baudRate 的取值如表 3-5 所示。

表 3-5   baudRate 的取值

符号	波特率(bit/s)
HAL_UART_BR_9600	9600
HAL_UART_BR_19200	19200
HAL_UART_BR_38400	38400
HAL_UART_BR_57600	57600
HAL_UART_BR_115200	115200

表 3-5 中的符号是 hal_uart.h 文件中所定义的宏，其中的数值表示串口的波特率大小。例如，如果我们要将串口的波特率设置为 115200bit/s，那么就应该将串口配置变量的 baudRate 参数设成 HAL_UART_BR_115200。

③ flowControl：是否进行流控制。参数可设定的值为 TRUE、FALSE，一般设为 FALSE，表示串口不用流控制。

④ callBackFunc：串口的回调函数。如果不用回调函数处理串口接收数据，则此参数应设置为 NULL，表示串口无回调函数。如果采用回调函数处理串口接收数据，则应将串口的回调函数的地址（即回调函数的名字）赋给该参数。

函数的返回值为函数调用的结果。

例如，串口 0 不采用流控制，波特率为 115200bit/s，串口接收数据采用事件驱动处理，其初始程序如下：

```
void    InitUart(void)
{     halUARTCfg_t    UartConfig;                //1 定义串口配置变量
      UartConfig.configured = TRUE;              //2
      UartConfig.baudRate = HAL_UART_BR_115200;  //3 波特率为 115200
      UartConfig.flowControl   = FALSE;          //4 不进行流控制
      UartConfig.callBackFunc = NULL;            //5 无回调函数
      HalUARTOpen(0,&UartConfig);                //6 按所设定参数初始化串口 0
}
```

程序中，我们在调用 HalUARTOpen()函数（第 6 行代码）时，第 2 个参数前面的

"&"为取地址运算符，表示取变量 UartConfig 的地址。在 HalUARTOpen()的原型说明中可以看出，该函数的第 2 个参数为指针变量，因此在调用该函数时，函数的第 2 个实参应为配置串口参数变量的地址。

3. HalUARTRead()函数

HalUARTRead()函数的定义位于 hal_uart.c 文件中，函数的原型说明如下：

uint16 HalUARTRead(uint8 port, uint8 *buf, uint16 len);

该函数的功能是从串口中读取指定长度的数据，并存入用户缓冲区中。函数中各参数的含义如下。

① port：所要读取串口的串口编号，其值为 0、1、2、……

② buf：数据读取后所存放缓冲区的地址。

③ len：所读取数据的长度。该变量的类型为 uint16，隐含的意思是，用该函数从串口接收缓冲区中最多只能读取 65535 字节的数据。

函数的返回值类型为 uint16，值为实际所读得的数据长度。

在实际应用中，HalUARTRead()函数的一般用法是，先定义一个 uint8 数组用来存放所接收的数据，然后调用该函数从串口中读取数据，再对接收到的数据个数进行判断，仅当函数的返回值不为 0 时，再进行接收数据的处理。其程序结构如下：

```
uint8    UsartBuf[50];
uint16   len;
len=HalUARTRead(0,UsartBuf,50);
if(len>0)
{
 //接收数据的处理
}
```

4. HalUARTWrite()函数

函数的定义位于 hal_uart.c 文件中，该函数的功能是用串口发送用户缓冲区中的数据。函数的原型说明如下：

uint16 HalUARTWrite(uint8 port, uint8 *buf, uint16 len);

函数中各参数的含义如下。

① port：串口的编号，其值为 0、1、2、……

② buf：发送数据所存放的地址。

③ len：所要发送数据的长度。该变量的类型为 uint16，隐含的意思是，用串口发送数据每次最多只能发送 65535 字节。

函数的返回值为实际发送数据的长度。

例如，用串口 0 发送 buf[]数组中的 5 字节数据的程序如下：

```
uint8  buf[5]={0x01,0x02,0x03,0x04,0x05};
HalUARTWrite(0,bvf,5);
```

5. osal_set_event()函数

函数的定义位于 OSAL.c 文件中，函数的原型说明如下：

```
uint8 osal_set_event( uint8 task_id, uint16 event_flag );
```

该函数的功能是为指定的任务设置事件。函数中各参数的含义如下。

① task_id：指定任务的任务号。

② event_flag：所需设置事件的事件编码。

函数的返回值为操作结果，值为 SUCCESS 时表示操作成功，值为 INVALID_TASK 则表示无效的事件。

例如，为任务 SampleApp_TaskID 设置串口接收数据事件 USER_UART_EVT 的程序如下：

```
osal_set_event(SampleApp_TaskID,USER_UART_EVT);
```

6. osal_memcmp()函数

函数的定义位于 OSAL.c 文件中，函数的原型说明如下：

```
uint8 osal_memcmp( const void GENERIC *src1, const void GENERIC *src2, unsigned int len );
```

该函数的功能是对两个存储区的内容进行比较。函数中各参数的含义如下。

① src1：待比较的第 1 个数据区的首地址。

② src2：待比较的第 2 个数据区的首地址。

③ len：所需比较的字节数。

函数的返回值为比较的结果，共有两个值，其含义如下。

TRUE：内容相同。

FALSE：内容不同。

例如，比较数组 buf1[]与 buf2[]的前 20 个字节的内容是否相同的程序如下：

```
if(osal_memcmp ( buf1,buf2,20 ))
{       //内容相同时的处理代码
}
else
{       //内容不同时的处理代码
}
```

7. osal_strlen()函数

函数的定义位于 OSAL.c 文件中，函数的原型说明如下：

```
int osal_strlen( char *pString );
```

该函数的功能是计算一个字符串的长度。函数中各参数的含义如下：

pString：所要计算的字符串，要求字符串必须以 NULL（值为 0x00）结尾。

函数的返回值为字符串的长度，即 NULL 之前的非 0 数值的个数。

例如，

```
unsigned   int   len;                           //1
len=osal_strlen( "无线组网技术" );              //2
```

语句 2 执行后，len 的值为 12。

再如，

```
unsigned   int   len;                                    //1
unsigned   char buf[]={0x30,0x31,0x32,0x33,0x00};        //2
len=osal_strlen( buf );                                  //3
```

语句 3 执行后，len 的值为 4。

8. osal_memset()函数

函数的定义位于 OSAL.c 文件中，函数的原型说明如下：

```
void *osal_memset( void *dest, uint8 value, int len );
```

该函数的功能是将用户缓冲区的内容设置成指定值。函数中各参数的含义如下。

① dest：用户缓冲区的地址。

② value：所要设置的值。

③ len：所需设置的长度。

函数的返回值为目的存储区的首地址。

例如，将用户缓冲区 UsartBuf 中最开始的 10 个字节数据设置成 0x5a，其程序段

如下:

```
uint8 UsartBuf[50];
osal_memset(UsartBuf,0x5a,10);
```

实现方法与步骤

1. 编制协调器的程序文件 Coordinator.c

编制 Coordinator.c 文件的操作包括新建 Coordinator.c 文件、从 SampleApp.c 中复制代码、对所复制的代码进行修改等几步。这些步骤与任务 8 中的操作步骤相同,在此不再赘述。Coordinator.c 文件的内容如下,其中,黑体部分是相对任务 8 中的协调器程序所添加或修改的部分,文件中各符号的含义与任务 8 各文件中的符号含义相同。

1	/**
2	任务9 在 ZStack 中用串口收发数据
3	协调器程序(Coordinator.c)
4	**/
5	#include "OSAL.h" //59
6	#include "ZGlobals.h" //60
7	#include "AF.h" //61
8	#include "ZDApp.h" //63
9	#include "Coordinator.h" //65 改
10	#include "OnBoard.h" //68
11	#include "hal_led.h" //72
12	
13	//const cId_t SampleApp_ClusterList[SAMPLEAPP_MAX_CLUSTERS] =//92
14	//{ //93
15	// SAMPLEAPP_PERIODIC_CLUSTERID, //94
16	//}; //96
17	
18	**#define USER_UART_EVT 0x0001** //加 用户事件:串口接收数据
19	**uint8 UsartBuf[51];** //加 串口缓冲区:存放接收或发送的数据
20	
21	const SimpleDescriptionFormat_t SampleApp_SimpleDesc =//98 简单端口描述
22	{ //99
23	SAMPLEAPP_ENDPOINT, //100 端口号
24	SAMPLEAPP_PROFID, //101 应用规范 ID
25	SAMPLEAPP_DEVICEID, //102 应用设备 ID
26	SAMPLEAPP_DEVICE_VERSION, //103 应用设备版本号(4bit)
27	SAMPLEAPP_FLAGS, //104 应用设备标志(4bit)
28	**0,** //105 改 输入簇命令个数

```
29      (cId_t *)NULL,                                    //106 改    输入簇列表
30      0,                                                //107 改    输出簇命令个数
31      (cId_t *)NULL                                     //108 改    输出簇列表
32    };                                                  //109
33
34    endPointDesc_t SampleApp_epDesc;                    //115 应用端口描述
35    uint8 SampleApp_TaskID;                             //128 应用程序中的任务ID号
36    devStates_t SampleApp_NwkState;                     //131 网络状态
37    uint8 SampleApp_TransID;                            //133 传输ID
38    //应用程序初始化函数
39    void SampleApp_Init( uint8 task_id )                //173
40    {                                                   //174
41      halUARTCfg_t   UartConfig;           //加 定义串口配置变量
42      SampleApp_TaskID = task_id;                       //175 应用任务初始化
43      SampleApp_NwkState = DEV_INIT;                    //176 网络状态初始化:无连接
44      SampleApp_TransID = 0;                            //177 传输ID号初始化
45      // 应用端口初始化
46      SampleApp_epDesc.endPoint = SAMPLEAPP_ENDPOINT;   //213 端口号
47      SampleApp_epDesc.task_id = &SampleApp_TaskID;     //214 任务号
48      SampleApp_epDesc.simpleDesc                       //215 端口的其他描述
49          = (SimpleDescriptionFormat_t *)&SampleApp_SimpleDesc;//216
50      SampleApp_epDesc.latencyReq = noLatencyReqs;      //217 端口的延迟响应
51      afRegister( &SampleApp_epDesc );                  //220 端口注册
52      //串口配置
53      UartConfig.configured = TRUE;                     //加
54      UartConfig.baudRate = HAL_UART_BR_115200;         //加 波特率为115200
55      UartConfig.flowControl   = FALSE;                 //加 不进行流控制
56      UartConfig.callBackFunc = NULL;                   //加 无回调函数
57      HalUARTOpen(0,&UartConfig);                       //加 按所设定参数初始化串口
58    }                                                   //233
59    //事件处理函数
60    uint16 SampleApp_ProcessEvent( uint8 task_id, uint16 events )//248
61    {                                                   //249
62      afIncomingMSGPacket_t *MSGpkt;                    //250 定义指向接收消息的指针
63      (void)task_id;                                    //251 未引用的参数
64
65      if( events & SYS_EVENT_MSG )                      //253 判断是否为系统强制事件
66      {                                                 //254
67        MSGpkt = (afIncomingMSGPacket_t *)osal_msg_receive( SampleApp_TaskID );//255 从消
      息队列中取消息
68        while( MSGpkt )                                 //256 有消息
69        {                                               //257
70          switch( MSGpkt->hdr.event )                   //258 判断消息中的事件域
71          {                                             //259
```

72	case ZDO_STATE_CHANGE:	//271 ZDO 的状态变化事件
73	SampleApp_NwkState = (devStates_t)(MSGpkt->hdr.status);//272 读设备状态	
74	if (SampleApp_NwkState == DEV_ZB_COORD)	//273 改 若为协调器
75	{	//276
76	osal_set_event(SampleApp_TaskID,USER_UART_EVT);//加	
77	}	//281
78	break;	//286
79	//在此处可添加系统事件的其他子事件处理	
80	default:	//288
81	break;	//289
82	}	//290
83	osal_msg_deallocate((uint8 *)MSGpkt);	//293 释放消息所占存储空间
84	MSGpkt = (afIncomingMSGPacket_t *)osal_msg_receive(SampleApp_TaskID);//296 再从消息队列中取消息	
85	}	//297
86	return (events ^ SYS_EVENT_MSG);	//300 返回未处理完的事件
87	}	//301
88	//以下为用户事件处理	
89	if (events & USER_UART_EVT)	//305 改
90	{	//306
91	int len;	//加
92	len =HalUARTRead(0,UsartBuf,50);	//加 从串口中读 50 个数据
93	if(len>0)	//加 判断是否接收到了数据
94	{	//加
95	HalUARTWrite(0,"\r\n",2);	//加 发送回车换行符
96	HalUARTWrite(0,UsartBuf,len);	//加 将所接收到的数据送回计算机中显示
97	}	
98	// 再次触发用户事件	
99	osal_start_timerEx(SampleApp_TaskID, USER_UART_EVT,//311 过 1s 后再设置事件	
100	1000);	//312 改
101	return (events ^ USER_UART_EVT);	//315 改 返回未处理完毕的事件
102	}	//316
103		
104	return 0;	//319 丢弃未知事件
105	}	//320

2. 编制程序接口文件 Coordinator.h

Coordinator.h 文件的样例文件是 SampleApp.h 文件，Coordinator.h 文件的内容如下，其中，黑体部分是相对任务 8 中的 Coordinator.h 文件所添加或修改的部分。

1	/***
2	任务9　在 ZStack 中用串口收发数据

```
3                              (Coordinator.h)
4       功能:宏定义,函数说明
5       ************************************************************/
6       #ifndef SAMPLEAPP_H                                      //40
7       #define SAMPLEAPP_H                                      //41
8
9       #include "ZComDef.h"                                     //51
10
11      #define SAMPLEAPP_ENDPOINT           20                  //59
12      #define SAMPLEAPP_PROFID             0x0F08              //61
13      #define SAMPLEAPP_DEVICEID           0x0001              //62
14      #define SAMPLEAPP_DEVICE_VERSION     0                   //63
15      #define SAMPLEAPP_FLAGS              0                   //64
16      //#define SAMPLEAPP_MAX_CLUSTERS     1                   //66 改
17      //#define SAMPLEAPP_PERIODIC_CLUSTERID 1                 //67
18
19      // 发送消息的时间间隔
20      //#define SAMPLEAPP_SEND_PERIODIC_MSG_TIMEOUT   500  //71
21
22      // 定义用户事件
23      //#define SAMPLEAPP_SEND_PERIODIC_MSG_EVT       0x0001 //74
24
25      extern void SampleApp_Init( uint8 task_id );             //93
26      extern UINT16 SampleApp_ProcessEvent( uint8 task_id, uint16 events );  //98
27
28      #endif                                                   //105
```

3. 修改 OSAL_SampleApp.c 文件

修改后的 OSAL_SampleApp.c 文件与任务 8 中的 OSAL_SampleApp.c 文件完全一样。为了分析程序的方便,我们列出该文件的内容如下:

```
1       /************************************************************
2                      任务9  在ZStack 中用串口收发数据
3                           (OSAL_SampleApp.c)
4       ************************************************************/
5       #include "ZComDef.h"                 //45
6       #include "hal_drivers.h"             //46
7       #include "OSAL.h"                    //47
8       #include "OSAL_Tasks.h"              //48
9
10      #if defined ( MT_TASK )              //50
11        #include "MT.h"                    //51
```

```
12      #include "MT_TASK.h"                    //52
13      #endif                                  //53
14
15      #include "nwk.h"                        //55
16      #include "APS.h"                        //56
17      #include "ZDApp.h"                      //57
18      #if defined ( ZIGBEE_FREQ_AGILITY ) || defined ( ZIGBEE_PANID_CONFLICT )//58
19        #include "ZDNwkMgr.h"                 //59
20      #endif                                  //60
21      #if defined ( ZIGBEE_FRAGMENTATION )    //61
22        #include "aps_frag.h"                 //62
23      #endif                                  //63
24      #include "Coordinator.h"                //65 改
25
26      const pTaskEventHandlerFn tasksArr[] = {    //72
27        macEventLoop,                         //73
28        nwk_event_loop,                       //74
29        Hal_ProcessEvent,                     //75
30      #if defined( MT_TASK )                  //76
31        MT_ProcessEvent,                      //77
32      #endif                                  //78
33        APS_event_loop,                       //79
34      #if defined ( ZIGBEE_FRAGMENTATION )    //80
35        APSF_ProcessEvent,                    //81
36      #endif                                  //82
37        ZDApp_event_loop,                     //83
38      #if defined ( ZIGBEE_FREQ_AGILITY ) || defined ( ZIGBEE_PANID_CONFLICT )//84
39        ZDNwkMgr_event_loop,                  //85
40      #endif                                  //86
41        SampleApp_ProcessEvent                //87
42      };                                      //88
43
44      const uint8 tasksCnt = sizeof( tasksArr ) / sizeof( tasksArr[0] );//90
45      uint16 *tasksEvents;                    //91
46
47      void osalInitTasks( void )              //106
48      {                                       //107
49        uint8 taskID = 0;                     //108
50
51        tasksEvents = (uint16 *)osal_mem_alloc( sizeof( uint16 ) * tasksCnt);//110   建立数组uint16 tasksEvents[taskCnt]
52        osal_memset( tasksEvents, 0, (sizeof( uint16 ) * tasksCnt));   //111  将数组 tasksEvents 中的元素值设为0,即无事件发生
53
```

```
54      macTaskInit( taskID++ );              //113
55      nwk_init( taskID++ );                 //114
56      Hal_Init( taskID++ );                 //115
57   #if defined( MT_TASK )                   //116
58      MT_TaskInit( taskID++ );              //117
59   #endif                                    //118
60      APS_Init( taskID++ );                 //119
61   #if defined ( ZIGBEE_FRAGMENTATION )     //120
62      APSF_Init( taskID++ );                //121
63   #endif                                    //122
64      ZDApp_Init( taskID++ );               //123
65   #if defined ( ZIGBEE_FREQ_AGILITY ) || defined ( ZIGBEE_PANID_CONFLICT )//124
66      ZDNwkMgr_Init( taskID++ );            //125
67   #endif                                    //126
68      SampleApp_Init( taskID );             //127
69   }                                         //128
```

4. 程序编译与下载运行

（1）按照任务 8 中所介绍的方法将程序编译、连接仿真器后再将程序下载至协调器中。

（2）用 USB 线将计算机的 USB 口与协调器上的 USB 口相连，然后按照任务 2 中介绍的方法在计算机中查看 USB 转串口的串口号，并记录与协器调器相连的串口号。

（3）打开串口调试助手，并在串口调试助手中设置串口参数，如图 3-14 所示。其中，串口号 COM2 是计算机与 ZigBee 模块进行串行通信时的串口号。

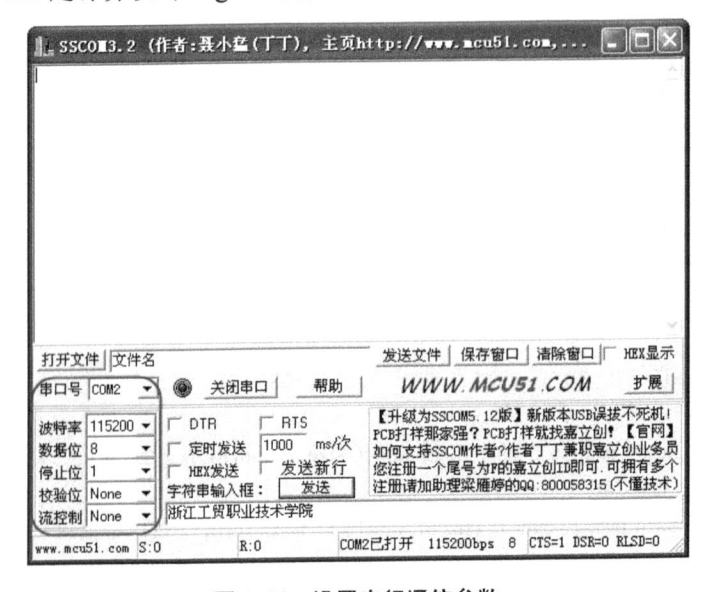

图 3-14　设置串行通信参数

(4) 在串口调试助手的"字符串"输入框中输入所要发送的字，然后单击"发送"按钮。我们可以看到接收窗口中并无字符显示，表明协调器与计算机串行通信失败。

产生上述现象的原因是，在 ZStack 中采用了大量的条件编译，在默认的条件下，对 ZStack 中的程序进行编译时，并不产生初始化串口的程序代码，因而协调器中的串口不能使用。如果我们用任务 8 中所介绍的程序调试方法去跟踪程序运行的话，可以发现协调器在执行 hal_drivers.c 文件中的 HalDriverInit()函数（硬件初始化函数）时，并没有执行第 161 行的调用 HalUARTInit()函数语句。同时，我们还可以看到该行代码之前有条件编译语句，语句如下：

```
#if (defined HAL_UART) && (HAL_UART == TRUE)
    HalUARTInit();
#endif
```

因此，只要我们在程序中定义了符号 HAL_UART，并且将其设置为 TRUE，则编译后的程序就会执行串口初始化函数 HalUARTInit()。

(5) 单击调试工具栏中的"结束调试"工具图标按钮（参考图 1-33），使 IAR 退出调试状态，IAR 就会返回程序编辑状态。

(6) 用鼠标右键单击"Workspace"窗口中的 SampleApp 工程名，在弹出的快捷菜中单击"Options"菜单项，如图 3-15 所示。窗口中就会弹出如图 3-16 所示的"Options for node 'SampleApp'"对话框。

图 3-15　Options 快捷菜单

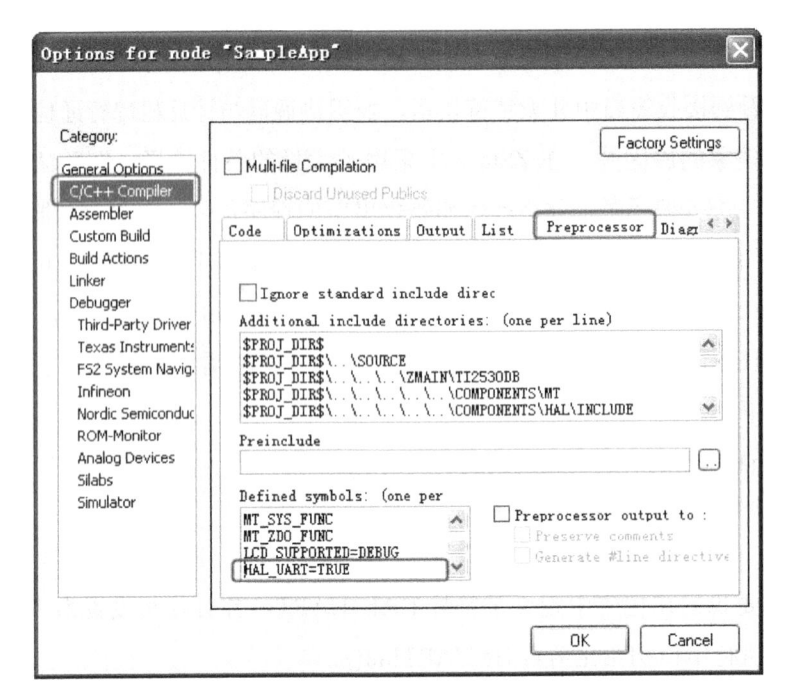

图 3-16　"Options for node 'SampleApp'"对话框

（7）在"Options for node 'SampleApp'"对话框的"Category"列表框中单击"C/C++ Compiler"列表项，再单击右边的"Preprocessor"标签。

（8）在"Preprocessor"标签的"Defined symbols"文本框的新一行中输入"HAL_UART=TRUE"，如图 3-16 所示。然后单击"OK"按钮，结束符号的定义。

【说明】

① 在"Defined symbols"文本框中定义符号可以避免破坏 ZStack 中的程序文件。在"Defined symbols"文本框中定义符号时，每行只能定义一个符号。

② "HAL_UART=TRUE"的含义是定义符号"HAL_UART"，并将其值设置成"TRUE"，如果只输入"HAL_UART"，则表示只定义符号"HAL_UART"。

③ 取消符号定义的方法有两种：一是删除在"Defined symbols"文本框中所定义的符号；二是在符号前面加上一个小写字母，例如，加上 x，但常用的做法是在符号前加小写字母。

（9）重新编译程序，然后将程序下载至协调器中，并全速运行程序。

（10）用串口调试软件向协调器发送一组字符串，我们就可以看到串口调试助手的接收窗口中会出现我们所发送的字符串，如图 3-17 所示，表明计算机与协调器通信成功。

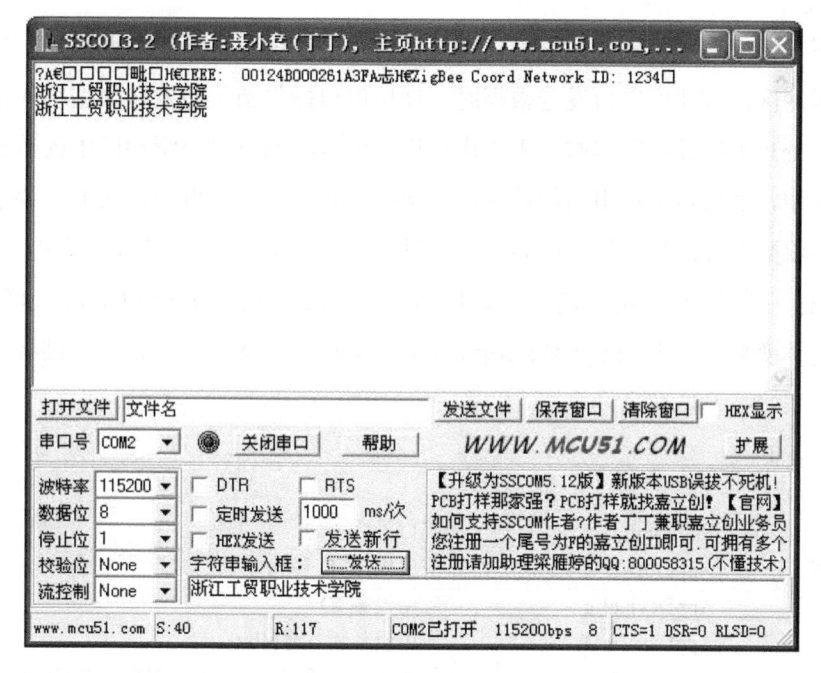

图 3-17 串行通信的结果

程序分析

1. Coordinator.c 文件中的代码分析

在 Coordinator.c 文件中，多数代码我们已在任务 8 中分析过，在此我们只分析本例中新增加或修改的程序代码。

第 13 行～第 16 行：这几行是相对任务 8 所去掉的定义簇列表的程序代码。本例中，我们只使用了一个协调器，不存在协调器与其他节点进行数据通信的问题，也就是说，不存在传输簇 ID 问题，因此就不必定义簇列表了。

第 18 行：定义接收串口数据事件。ZStack 中嵌入了一个操作系统，用操作系统实现时间管理，如果需要周期性地处理某事务，其处理方法相对于单片机课程中介绍的方法发生了较大的变化。在单片机课程中，我们的做法是选用一个定时/计数器，让定时/计数器定时某个时长，然后在定时中断服务程序中来处理这些事务。在 ZStack 中，周期性地处理某事务的方法是先定义一个用户事件，然后启动定时器，当定时时间到后设置该事件，最后在事件处理程序中对该事件进行事务处理。本例中，我们需要每隔 1s 处理一次串口接收数据，所以需要先定义串口接收数据事件。

第 19 行：定义用户串口缓冲区。ZStack 中虽然定义了两个串口缓冲区，但这些缓冲区是供 DMA 控制器读写串口使用的，为了方便表达，我们把它们叫作系统串口缓冲区。

通常情况下，用户不直接操作系统串口缓冲区。用户使用串口一般的做法是，先定义一个用户串口缓冲区，需要用串口发送数据时，就用串口操作函数将发送数据写入系统串口缓冲区，需要处理串口接收数据时，则用串口操作函数将系统串口缓冲区中的数据读入用户串口缓冲区中，然后对用户串口缓冲区中的数据进行处理。本例中，我们需要读取串口接收数据，再将数据发回到计算机中显示，所以需要先定义一个用户串口缓冲区。

第 21 行～第 32 行：定义简单端口描述变量 SampleApp_SimpleDesc。该变量是一个只读型结构体变量，其中 SimpleDescriptionFormat_t 是 AF.h 文件中定义的结构体类型，其说明如下：

```
typedef struct
{
    byte      EndPoint;              //端口号
    uint16    AppProfId;             //应用规范 ID
    uint16    AppDeviceId;           //应用设备 ID
    byte      AppDevVer:4;           //应用设备版本号(4bit)
    byte      Reserved:4;            //保留(4bit)，在 AF_V1_SUPPORT 中作应用设备标志
    Byte      AppNumInClusters;      //输入簇命令个数
    cId_t     *pAppInClusterList;    //输入簇列表的地址
    byte      AppNumOutClusters;     //输出簇命令个数
    cId_t     *pAppOutClusterList;   //输出簇列表的地址
} SimpleDescriptionFormat_t;
```

第 23 行：设置简单端口的端口号。其中，SAMPLEAPP_ENDPOINT 是 Coordinator.h 中定义的宏，它所代表的值为 20。

第 24 行：设置简单端口的应用规范 ID。其中，SAMPLEAPP_PROFID 是 Coordinator.h 中定义的宏，它所代表的值为 0x0F08。应用规范 ID 是 ZigBee 联盟统一规划的，此值一般不需要改动。

第 25 行：设置简单端口的应用设备 ID。其中，SAMPLEAPP_DEVICEID 是 Coordinator.h 中定义的宏，它所代表的值为 0x0001。此值一般不需要改动。

第 26 行：设置简单端口的应用设备版本号。其中，SAMPLEAPP_DEVICE_VERSION 是 Coordinator.h 中定义的宏，它所代表的值为 0。此值一般不需要改动。

第 27 行：设置简单端口的应用设备标志。其中，SAMPLEAPP_FLAGS 是 Coordinator.h 中定义的宏，它所代表的值为 0。此值一般不需要改动。

第 28 行：设置输入簇命令个数。本例中，协调器不与其他节点进行数据通信，不存在输入/输出簇命令，所以此处需填写 0。

第 29 行：设置输入簇列表的地址。本例中，我们没有定义簇列表，协调器的输入簇

列表的地址为空（NULL）。

第 30 行：设置输出簇命令个数。本例中，协调器不与其他节点进行数据通信，不存在输入/输出簇命令，所以此处需填写 0。

第 31 行：设置输出簇列表的地址。本例中，我们没有定义簇列表，协调器的输出簇列表的地址为空（NULL）。

第 41 行：定义串口配置变量 UartConfig。该变量是 halUARTCfg_t 类型的结构体变量，第 53 行～第 56 行代码就是设置该结构体变量的相关成员的值。

第 53 行：使能串口配置。如果串口 0、串口 1 采用 DMA 控制，则此参数可以不设置。在本例中，我们使用的是默认的串口 0，串口 0 采用的是默认的 DMA 控制，所以此行代码实际上是多余的。

第 54 行：将串口的波特率设置为 115200bit/s。

第 55 行：设置串口的流控制。本例中，我们采用的是 RXD、TXD 两线进行串行数据传输，串口不采用流控制，所以 UartConfig.flowControl 应设置成 FALSE。

第 56 行：设置串口的回调函数。本例中，我们采用的是事件驱动处理串口接收数据，而不是用回调函数方式处理串口接收数据，不存在回调函数，所以回调函数的地址为空（NULL）。

第 57 行：用 UartConfig 变量中所设置的参数初始化串口。在 HalUARTOpen()函数中，第 2 个参数为指向 halUARTCfg_t 型结构体变量的指针，所以函数的第 2 个实参应为配置串口参数变量的地址，这里的&为取地址运算符。

第 73 行～第 77 行：判断协调器的状态是否发生改变，即判断是否是协调器组建网络，若是，则用 osal_set_event()函数为 SampleApp_TaskID 任务设置 USER_UART_EVT 事件，即为当前任务设置读串口数据事件。

第 89 行～第 104 行：处理接收串口数据事件。

第 89 行：判断是否存在接收串口数据事件。

第 91 行：定义变量 len。该变量用来保存从系统串口缓冲区中所读取的数据长度。

第 92 行：用 HalUARTRead()函数从串口 0 的系统缓冲区读取 50 个字节的数据并存入数组 UsartBuf[]中。HalUARTRead()函数的返回值为实际所读数据的长度，所以第 92 行代码执行后，len 中所存放的是从串口中所读取的字节数，数组 UsartBuf[]中所存放的是实际读入的数据。如果串口 0 的系统缓冲区无新数据，则 len 的值为 0，数组 UsartBuf[]中内容不变。

第 93 行：判断是否接收到了数据。

第 95 行：用串口 0 发送回车换行符。其中，\r 和\n 为转义字符，分别表示回车符和换行符。

第 96 行：将串口 0 所接收到的数据从串口 0 中发送到计算机中显示。其中，UsartBuf 是串口数据缓冲区的地址，数组 UsartBuf[]中存放的是从串口 0 中所读取的接收数据，len 是接收数据的长度。

第 99、100 行：再次启动 1s 的定时器，过 1s 后为 SampleApp_TaskID 任务再次设置 USER_UART_EVT 事件。如果去掉这两行代码，则只能进行一次串口接收数据处理。osal_start_timerEx()函数与 osal_set_event()函数都可以设置事件，两者的区别是，前者是延时一段时间设置事件，后者是立即设置事件。

2. OSAL_SampleApp.c 文件中的代码分析

与 ZStack 提供的样例程序相比，本例的 OSAL_SampleApp.c 文件只是将样例文件的第 65 行代码修改成了#include "Coordinator.h"。OSAL_SampleApp.c 文件中各代码的作用介绍如下。

第 5 行～第 24 行：头文件包含。其中，第 5 行～第 23 行的头文件中包含了第 27 行～第 40 行所引用函数的说明，这几行代码一般不需要修改。第 24 行的头件中包含了第 41 行所引用函数 SampleApp_ProcessEvent()的说明。

第 26 行～第 42 行：定义只读型数组 tasksArr[]。该数组的类型是 pTaskEventHandlerFn 型，它是一个函数指针类型。因此，该数组是一个函数指针数组，用来存放各任务的事件处理函数的入口地址，即事件处理函数的函数名，我们把这个数组叫作任务的事件处理函数表。

我们用"Go to definition of"快捷菜单命令查看 pTaskEventHandlerFn 类型的定义，可以看到该类型的定义位于 OSAL_Tasks.h 文件中，其定义如下：

```
typedef unsigned short (*pTaskEventHandlerFn)( unsigned char task_id, unsigned short event );
```

很显然，pTaskEventHandlerFn 是一个函数指针类型，它所指向的函数有两个形参，一个是 unsigned char task_id，另一个是 unsigned short event，函数的返回值为 unsigned short。

因此，数组 tasksArr[]是一个函数指针数组，数组中存放的是函数指针，即函数名。数组 tasksArr[]中所存放的函数指针具有以下特点：函数的返回值为 unsigned short 类型；有两个形参，一个形参是 unsigned char task_id，另一个形参是 unsigned short event。使用函数指针数组可以极大地方便编程，关于函数指针数组的用法我们将在后续的 OSAL 原理分析部分再作介绍。

第 44 行：定义只读型变量 tasksCnt，该变量值为数组 tasksArr[]中元素的个数，即系统中任务数。其中，sizeof(tasksArr)用来计算数组的长度，sizeof(tasksArr[0])用来计算数组中元素的长度。

第 45 行：定义指向 uint16 类型的指针变量。在第 51 行、52 行代码分析中我们可以看出，tasksEvents 实际上是一个 uint16 类型的数组名，数组中的元素个数与函数指针数组 tasksArr[]中的元素个数相等，用来存放各任务的事件状态，我们把它叫作任务事件数组。

第 47 行～第 69 行：定义任务初始化函数 osalInitTasks()。该函数的主要功能是为任务事件数组分配存储空间，将各任务的事件状态设置成 0（无事件发生），为系统中各任务分配任务号。

第 49 行：定义任务 ID 号变量 taskID。该变量实际上是一个计数器，初值为 0。

第 51 行：为任务事件数组分配存储空间。

语句中，函数 osal_mem_alloc()的功能是分配若干字节的存储区，并返回这一存储区的首地址。sizeof(uint16)的作用是计算一个 uint16 型变量所占的字节数，在第 44 行代码中，tasksCnt 的值为系统中任务数，所以，第 51 行语句执行后，系统会分配一个存储区，该存储区的字节数为 2×tasksCnt，并将该存储区的首地址赋给变量 tasksEvents，也就是说，tasksEvents 代表这一存储区的首地址。

定义 uint16 型数组的语句"uint16 tasksEvents[tasksCnt];"执行后，数组 tasksEvents[]所占的字节数为 2×tasksCnt，数组名 tasksEvents 代表的是这一存储区的首地址。

由此可见，第 45 行、第 51 行实际上是定义数组 tasksEvents[]，该数组的类型为 uint16，数组中的元素个数为任务数。

第 52 行：将第 51 行中所分配的存储区设置成 0，即将数组 tasksEvents 中的元素值设为 0。也就是将各任务的事件状态设置成无事件发生状态。

第 54 行～第 67 行：介质访问控制层、网络层、硬件层等任务的初始化。其作用是，对各层中所用的全局变量赋初值、设置相关硬件的参数（例如串口的波特率、定时器的计数初值等）、给任务分配任务 ID 号。这几行代码及其排放的顺序一般不要修改。

这几行代码的特点是函数的实参为 taskID++，函数执行后变量 taskID 的值加 1。

第 68 行：应用层任务初始化。其作用是对应用层中相关全局变量进行初始化、对相关硬件按用户要求进行初始化、给应用层分配任务 ID 号。

本例中，SampleApp_Init()是 osalInitTasks()函数中最后执行的一个初始化函数，其后再无其他任务的初始化，该函数执行后，任务 ID 号就不必加 1，所以该函数的实参是 taskID，实参的后面无++运算符。如果在协议栈中还增加了其他任务，并且该任务的初始化排放在 SampleApp_Init()之后，则函数 SampleApp_Init()的实参应改为 taskID++，而将最后调用的那个函数的实参设为 taskID。

OSAL_SampleApp.c 文件实际上是操作系统 OSAL 中的一部分。其功能是定义任务的事件处理函数表 tasksArr[]、任务的事件表 tasksEvents[]、任务数 tasksCnt 等 3 个参数，定义任务初始化函数 osalInitTasks()。这些参数和函数有以下特点：

（1）事件处理函数表 tasksArr[]、任务的事件表 tasksEvents[]中的元素一一对应、个数相等，其个数为任务数 tasksCnt。

（2）任务初始化函数 osalInitTasks()中所调用的任务初始化函数与事件处理函数表 tasksArr[]中所列出的事件处理函数一一对应，即它们在数量上、顺序上相同。本例事件处理函数表 tasksArr[]中任务事件处理函数与 osalInitTasks()中所调用的任务初始化函数的对应关系如表 3-6 所示。

表 3-6　事件处理函数与任务初始化函数的对应关系

序号	tasksArr[]中的元素	含义	osalInitTasks()调用函数	含义
0	macEventLoop	介质访问控制事件处理函数	macTaskInit()	介质访问控制层任务初始化函数
1	nwk_event_loop	网络层事件处理函数	nwk_init()	网络层任务初始化函数
2	Hal_ProcessEvent	硬件层事件处理函数	Hal_Init()	硬件层任务初始化函数
……	……	……	……	……
8	SampleApp_ProcessEvent	应用层事件处理函数	SampleApp_Init()	应用层任务初始化函数

（3）代码编写的顺序按上述要求编排后，各任务的 ID 号实际上是事件处理函数表 tasksArr[]中的下标号。例如，在 osalInitTasks()中第 9 次调用任务初始化函数时调用的函数是 SampleApp_Init()，应用层的任务 ID 号是 8，其对应的事件处理函数是 tasksArr[]中的第 9 个元素，其下标号也是 8。

3. OSAL 工作原理分析

ZStack 中嵌入了一个操作系统，这个操作系统叫 OSAL，它采取任务轮询、事件驱动的方式来实现任务事件处理。为了帮助读者理解 ZStack 中各任务事件是如何处理的，下面对 OSAL 的工作原理及系统运行的过程进行分析，其中涉及的程序文件主要有 ZMain 组中的 ZMain.c 文件、OSAL 组中的 OSAL.c 文件、APP 组中的 OSAL_SampleApp.c 文件和 SampleApp.c 文件（Coordinator.c 的样例文件）等 4 个文件。

（1）OSAL 轮询处理的原理。OSAL 依靠 tasksEvent[]数组（任务的事件表）、tasksArr[]数组（任务的事件处理函数表）、tasksCnt 变量（任务个数）、idx 变量（任务号）共 4 个参数来实现任务事件的轮询处理。其中，tasksEvent[]数组、tasksArr[]数组和 tasksCnt 变量的定义位于 OSAL_SampleApp.c 文件中，idx 变量的定义位于 OSAL.c 文件的 osal_run_system()函数中，它实际上是轮询任务事件表 tasksEvent[]时的下标变量。从

OSAL_SampleApp.c 文件的程序代码中我们可以看出任务事件表和事件处理函数表是一一对应的。上述 4 个参数之间的关系如图 3-18 所示。

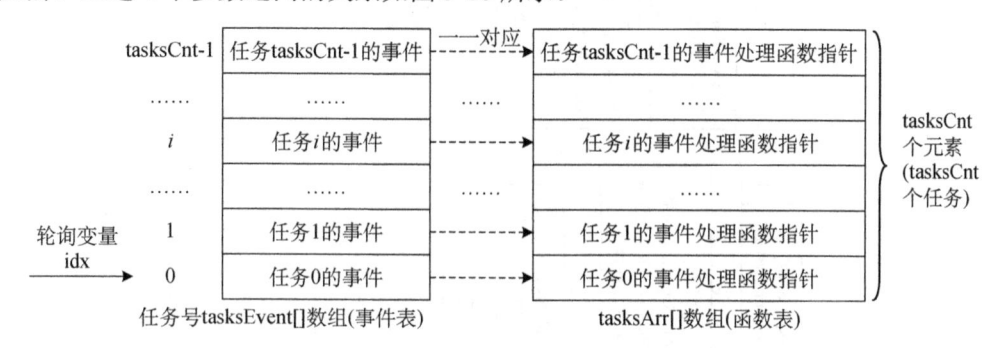

图 3-18　任务事件表与事件处理函数表的关系

任务事件发生后，需要将任务的事件代码填写至 tasksEvent[]数组（任务事件表）的对应位置处，系统事件的填写由 OSAL 完成，用户事件的填写则由用户编程完成（用 osal_set_event()函数或者 osal_start_timerEx()函数来实现）。

OSAL 进行事件处理时，从 tasksEvent[]数组的第 0 个元素开始，即从任务 0 开始，依次查询各任务是否有事件发生（表中元素的值是否为 0），若有事件发生（元素的值不为 0），则到 tasksArr[]数组（函数表）中对应的位置处找到任务事件的处理函数入口地址（函数指针），并进行事件处理，事件处理结束后，再将该任务中当前尚没处理的事件填写到 tasksEvent[]数组（事件表）的当前任务处，以便下一轮回继续处理该任务的余下事件，然后再检查下一任务是否有事件发生，并做相应处理。当所有任务的事件都查询完毕后，则再从任务 0 开始重新查询处理，如此无限循环。

（2）OSAL 轮询处理程序分析。OSAL 中，事件的轮询及对应处理函数的调用是由 OSAL.c 文件中的 osal_run_system()函数完成的。用户事件的填写及事件处理函数的实现则是由用户在协调器、路由器、终端节点的应用程序中实现的。以 TI 公司提供的样例程序为例，系统运行的流程图如图 3-19 所示。

单片机通电后从 main()函数开始执行程序，ZStack 的 main()函数位于 ZMain 组的 Zmain.c 文件中，Zmain.c 第 79 行～143 行为 main()函数的内容，其中第 119 行调用的是 OSAL.c 文件中的 osal_init_system()函数，第 140 行调用的是 OSAL.c 中的 osal_start_system()函数。

在 Zmain.c 文件中，用 IAR 提供的"Go to definition of"快捷菜单命令可以打开 osal_init_system()函数所在文件 OSAL.c，并查看该函数的内容。我们可以看到，osal_init_system()函数的定义位于 OSAL.c 的第 985～1006 行。逐次用"Go to definition of"快捷菜单命令查看函数的定义（为了简化篇幅，后面的描述中我们不再提及函数查看的过

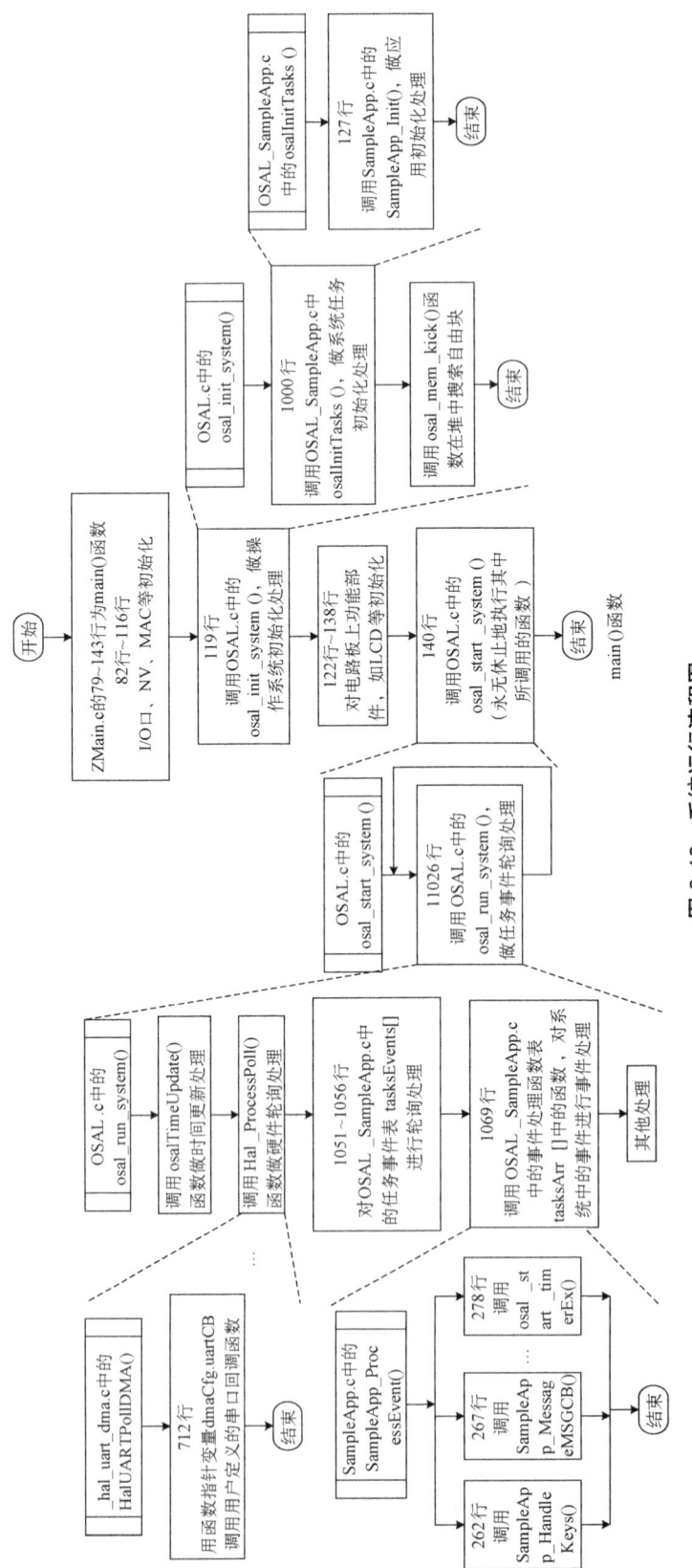

图 3-19 系统运行流程图

程，只介绍相关函数及函数所在的文件，请读者用"Go to definition of"快捷菜单命令自行查看），我们可以看到，第 1000 行处调用的是 OSAL_SampleApp.c 文件中的 osalInitTasks()函数。osalInitTasks()函数中，在第 127 行处调用的是 SampleApp.c 文件中的 SampleApp_Init()函数。

从上述代码的观察中我们可以看出，OSAL_SampleApp.c 文件中的 osalInitTasks()函数实际上是 main()函数中最后调用的初始化函数，而 SampleApp_Init()函数是 osalInitTasks()函数中最后调用的用户初始化函数。如果在 SampleApp_Init()函数中对单片机的硬件进行设置，例如，定义 I/O 口的功能、重新设置串口的波特率等，系统将按照用户的设置去配置单片机。

在 Zmain.c 文件中，我们再查看第 140 行 osal_start_system()函数的定义。我们可以看到，osal_start_system()函数的定义位于 OSAL.c 文件的第 1020～1028 行。该函数的定义如下：

1	void osal_start_system(void)	//1020
2	{	//1021
3	#if !defined (ZBIT) && !defined (UBIT)	//1022
4	for(;;)　　// Forever Loop	//1023
5	#endif	//1024
6	{	//1025
7	**osal_run_system();**	//1026
8	}	//1027
9	}	//1028

由此可见，osal_start_system()函数由一个死循环构成，循环体中只调用了 osal_run_system()函数。因此，osal_run_system()函数是永无休止地执行的。

再查看 osal_run_system()函数，我们可以看到，该函数中包含了一些条件编译指令和开关中断的代码，其中关中断的作用是保证系统中全局变量在某段时间内不被其他程序同时访问。简化这部分代码，则 osal_run_system()函数如下所示，其中注释后面的数值为该代码在 OSAL.c 文件中的行号。

1	void osal_run_system(void)	//1044
2	{	//1045
3	uint8 idx = 0;	//1046 任务查询初始化,从任务 0 开始
4	osalTimeUpdate();	//1048 更新系统时钟
5	Hal_ProcessPoll();	//1049 硬件(串口/SPI 口/定时器等)轮询处理
6	do {	//1051 循环检查任务事件表
7	if (tasksEvents[idx])	//1052 当前任务是否有事件发生?
8	{	//1053
9	break;	//1054 若有事件发生,则跳出循环

```
10        }                                              //1055
11      } while (++idx < tasksCnt);                      //1056 准备查下一任务,直至事件表中所有
    任务查询完毕
12      if (idx < tasksCnt)                              //1058 判断是哪种情况结束的事件查询
13      { //1059 找到了有事件发生的任务,则进行事件处理
14        uint16 events;                                 //1060 定义事件号变量
15        halIntState_t intState;                        //1061 定义中断状态变量
16        HAL_ENTER_CRITICAL_SECTION(intState);          //1063 保存当前的中断状态后再关闭中断
17        events = tasksEvents[idx];                     //1064 从任务事件表中读取事件
18        tasksEvents[idx] = 0;                          //1065 清除当前任务的事件
19        HAL_EXIT_CRITICAL_SECTION(intState);           //1066 恢复中断状态
20        activeTaskID = idx;                            //1068 活动任务号设为当前任务
21        events = (tasksArr[idx])( idx, events );       //1069 执行函数表中对应的处理函数,并
    获取当前没处理完的事件
22        activeTaskID = TASK_NO_TASK;                   //1070 活动任务号设为无任务
23        HAL_ENTER_CRITICAL_SECTION(intState);          //1072 保存当前的中断状态后再关闭中断
24        tasksEvents[idx] |= events;                    //1073 将未处理完的事件写入任务事件表
    的当前任务处
25        HAL_EXIT_CRITICAL_SECTION(intState);           //1074 恢复中断状态
26      }                                                //1075 事件处理结束
27    }                                                  //1089
```

第 6~11 行代码的作用是用 do-while 循环检查任务事件表中各任务的事件状态,若有事件发生,则跳出循环,此时 idx 的值一定小于 tasksCnt。若无事件发生,则检查下一任务的事件状态,直至所有任务检查完毕。若是事件表中的所有任务都无事件发生,循环结束时 idx 的值等于 tasksCnt。

第 12 行代码的作用是判断当前是否找到了有事件发生的任务。idx<tasksCnt 表明 do-while 是提前结束的,即为找到了有事件发生的任务时结束的循环。

第 18 行代码的作用是将当前任务的事件暂时设为 0。

第 21 行代码的作用是执行当前任务的事件处理函数。

在分析 OSAL_SampleApp.c 文件中的程序代码时,我们曾介绍过,tasksArr[]数组存放的函数指针。当 idx=8 时,osal_run_system ()函数中的第 21 行代码就等价于:

```
events = (tasksArr[8])( 8, events );
```

查看 tasksArr[]数组的内容,我们可以看到 tasksArr[8]的内容为任务 8 的任务事件处理函数的函数名 SampleApp_ProcessEvent,因此第 21 行代码就等价于:

```
events = SampleApp_ProcessEvent ( 8, events );
```

也就是调用 SampleApp_ProcessEvent()函数对任务 8 的事件进行处理,并将未处理的事件返回给变量 events。

第 24 行代码的作用是将未处理完的事件写入任务事件表中的当前任务处。

第 18 行代码执行后，tasksEvents[idx]=0。因此，第 24 行代码等价于"tasksEvents[idx] = 0 | events;"，也就是将事件处理函数中返回的未处理事件（第 21 行代码执行后的结果）写入事件表中的当前任务处。

实践拓展

用新任务处理串口数据

用新任务处理某个事件的编程方法是，首先在节点程序文件中定义新任务全局变量和新任务的事件代码；然后在节点的程序文件中编写新任务的初始化函数和新任务的事件处理函数，并在其接口文件中增加这两个函数的说明；最后在任务的事件处理函数表 tasksArr[]中添加新任务的事件处理函数，并在 osalInitTasks()函数中调用新任务的初始化函数。用新任务实现本例功能的步骤如下：

（1）在 Coordinator.c 文件中定义新任务全局变量和新任务的事件代码，其代码如下：

```
#define USER_UART_EVT 0x0001
uint8 UserTask_ID;
```

（2）在 Coordinator.c 文件中编写新任务的初始化函数和新任务的事件处理函数，其代码如下：

```
void UserTask_Init( uint8 task_id )
{
  UserTask_ID=task_id;
  osal_set_event(UserTask_ID,USER_UART_EVT);
}

uint16 UserTask_Event( uint8 task_id, uint16 events )
{
  (void)task_id;                          //未引用的参数
  if ( events & USER_UART_EVT )           //305 改
  {                                       //306
    uint16 len;                           //加
    len=HalUARTRead(0,UsartBuf,50);       //加 从串口中读 50 个数据
    if(len>0)                             //加 判断是否接收到了数据
    {                                     //加
      HalUARTWrite(0,"\r\n",2);           //加 发送回车换行符
      HalUARTWrite(0,UsartBuf,len);       //加 将所接收到的数据送回计算机中显示
      osal_memset(UsartBuf,0,len);        //加 将接收数据缓冲区清空
```

```
            }
            // 再次触发用户事件
            osal_start_timerEx( UserTask_ID, USER_UART_EVT,//311 过 1s 后再设置事件
                1000 );                                    //312 改
            return (events ^ USER_UART_EVT);               //315 改 返回未处理完毕的事件
        }                                                  //316
        return 0;                                          //319 丢弃未知事件
    }                                                      //320
```

（3）删除 Coordinator.c 中第 76 行、第 89 行～第 103 行代码。这几行代码的作用是在 SampleApp_TransID 任务中设置串口事件、处理串口事件，此处需要在 UserTask_ID 任务中设置串口事件、处理串口事件，所以必须删除掉。

为了让读者能了解 Coordinator.c 文件修改后的结构，现列出修改后的 Coordinator.c 文件，其中省略的部分为原 Coordinaot.c 中对应代码。

```
#include "OSAL.h"                                          //59
...
#include "OnBoard.h"                                       //68
#define USER_UART_EVT 0x0001     //用户事件:串口接收数据
uint8 UsartBuf[51];              //串口缓冲区:存放接收或发送的数据
...
uint8 SampleApp_TaskID;                                    //128 应用程序中的任务 ID 号
uint8 UserTask_ID;               //新任务的任务 ID 号
devStates_t SampleApp_NwkState;                            //131 网络状态
...
uint16 SampleApp_ProcessEvent( uint8 task_id, uint16 events )//248
{                                                          //249
    ...
            if ( SampleApp_NwkState == DEV_ZB_COORD )//273 改 若为协调器
            {                                              //276
                //此处用来处理 SampleApp_TaskID 任务中的 ZDO_STATE_CHANGE 事件
            }                                              //281
            break;                                         //286
        ...
        return (events ^ SYS_EVENT_MSG);                   //300 返回未处理完的事件
    }                                                      //301
    //此处添加处理 SampleApp_TaskID 任务中用户事件代码
    return 0;                                              //319 丢弃未知事件
}                                                          //320
void UserTask_Init( uint8 task_id )
{
    UserTask_ID=task_id;
    osal_set_event(UserTask_ID,USER_UART_EVT);
```

}

uint16 UserTask_Event(uint8 task_id, uint16 events)
{
　…
}   //320

（4）在 Coordinator.h 文件中增加新任务的初始化函数和新任务的事件处理函数的说明，其代码如下：

extern　void UserTask_Init(uint8 task_id);//新任务的初始化函数
extern　uint16 UserTask_Event(uint8 task_id, uint16 events);//新任务的事件处理函数

（5）在 OSAL_SampleApp.c 文件的 tasksArr[]中添加新任务的事件处理函数，其代码如下：

const pTaskEventHandlerFn tasksArr[] = {   //72
…
　SampleApp_ProcessEvent,   //87
　UserTask_Event
};   //88

其中，第 87 行后面要加上 ","。

（6）在 OSAL_SampleApp.c 文件的 osalInitTasks()函数中增加调用新任务的初始化函数的代码，其代码如下：

void osalInitTasks(void)   //106
{   //107
　…
　SampleApp_Init(taskID++);   //127
　UserTask_Init(taskID);
}   //128

其中，第 127 行的实参 "taskID" 要改为 "taskID++"。

（7）重新编译程序，并将程序下载至协调器中，用串口调试助手向协调器发送一串字符，协调器就会将所接收到的字符再发送到计算机中显示。

实践总结

串口编程包括初始化串口和读写串口两部分。在协议栈中初始化串口的方法是，先定义一个 halUARTCfg_t 型的结构体变量，然后通过设置该变量的 baudRate 成员、callBackFunc 成员、flowControl 成员等成员的值来配置串口的波特率、回调函数和是否使

用流控制等参数，再用 HalUARTOpen() 函数按照结构体变量所设置的参数初始化串口，串口初始化程序一般放在应用初始化函数中。在协议栈中读串口的操作函数是 HalUARTRead()，写串口的操作函数是 HalUARTWrite()。

对于节点的串口而言，发送数据是主动的，接收数据是被动的。关于何时该发送数据，在程序中是事先预知的，而对于串口中何时接收到了数据，程序中事先是不知道的。用串口发送数据一般是在程序需要的地方直接调用 HalUARTWrite() 函数，读取串口接收数据常采用回调函数法或者事件驱动法来实现。

用事件驱动法处理串口接收数据的编程方法是，先定义一个接收串口数据事件，然后利用节点的状态改变事件来设置接收串口数据事件，再在接收串口数据事件处理程序中用 HalUARTRead() 函数将串口缓冲区中的接收数据读至用户缓冲区中，并对其处理，然后用 osal_start_timerEx() 函数再次设置接收串口数据事件。

ZStack 中采用了大量的条件编译，在协议栈中使用串口时需要定义符号"HAL_UART"，并将其值设置为"TRUE"，否则程序编译时并不产生串口初始化代码。定义符号的方法是在 IAR 的"C/C++ Compiler"列表项的新行中输入"HAL_UART=TRUE"。

OSAL 是一个任务轮询、事件驱动的操作系统，它通过任务的事件表 tasksEvent[]、任务的事件处理函数表 tasksArr[]、任务个数变量 tasksCnt 和任务号变量 idx 来实现任务事件的轮询处理。其中任务事件表 tasksEvent[] 和事件处理函数表 tasksArr[] 是一一对应的，其元素的个数为 tasksCnt。任务事件的轮询处理方法是，从 tasksEvent[] 的第 0 个元素开始，依次查询 tasksEvent[i]（i=0～tasksCnt-1）的值是否非 0，若为非 0，则执行 tasksArr[i] 中的事件处理函数［执行语句"events =(tasksArr[idx])(idx, events);"］，事件处理结束后，再将任务 i 中当前尚未处理的事件填写到事件表的 tasksEvent[i] 中，然后再检查 tasksEvent[i+1] 是否非 0，并做相应处理。当 tasksEvent[] 项中所有元素都查询完毕后，再从任务 0 (tasksEvent[0]) 开始重新查询处理。

开发 ZigBee 应用程序时常需在 OSAL 中添加新任务。添加新任务的方法是，先在节点程序中定义新任务的全局变量和新任务的事件代码，然后编写新任务的初始化函数和事件处理函数，最后在任务的事件处理函数表 tasksArr[] 的末尾处添加新任务的事件处理函数，在 osalInitTasks() 函数的末尾处添加新任务的初始化函数，以保证任务的事件处理函数与任务初始化函数在位置上一一对应。

习题

1. 初始化串口的函数是_____。

2．从串口中读取数据的函数是_____。

3．用串口发送数据的函数是_____。

4．为指定的任务设置事件的函数是_____。

5．比较两个存储区的内容的函数是_____。

6．计算字符串长度的函数是_____。

7．将用户缓冲区的内容设置成指定值的函数是_____。

8．比较数组 buf1[]与 buf2[]的前 20 个字节的内容是否相同，如果相同，则将数组 buf1[]的前 20 个字节的内容设置成 0xff，否则将其前 20 字节的内容设置成 0x00。请编程实现上述功能。

9．串口 0 不采用流控制，波特率为 9600bit/s，串口接收数据采用事件驱动方式进行处理，请写出串口初始化函数。

10．某应用系统中需用串口 0 接收上位机发送来的数据，并将接收数据再用串口 1 发送至计算机中显示，请编写串口数据处理程序。

11．某应用系统开发的过程中需要在 IAR 中定义符号 ZTOOL_P1，请简述其设置方法，并上机实践。

12．简述用事件驱动法处理串口接收数据的编程方法。

13．简述在 OSAL 中添加新任务的方法。

14．简述 OSAL 轮询处理的原理。

任务 10　在 ZStack 中用 NV 存储器保存数据

任务要求

计算机用串口与协调器相连，计算机向协调器发送写命令时，协调器就将接收到的数据写入 NV 存储器中，计算机发送读命令时，协调器就将存入 NV 存储器的用户数据读取出来，并送回计算机中显示。其中，读数命令为字符"RD"，写数命令为字符"WR"，读写命令的格式如表 3-7 所示。

表 3-7　读写命令的格式

字节	1～2	3～4	5～len+4
写数	命令代码"WR"	写入数据的长度 len	len 字节的待写入数据
读数	命令代码"RD"	读出数据的长度 len	无效

例如，向 NV 存储器写入数据"浙江省"，则用串口发送的命令为"WR06 浙江省"。

知识储备

1. NV 存储器

NV 是 non-volatile 的缩写，NV 存储器是指非易失性存储器。NV 存储器的特点是数据写入 NV 存储器后，即使系统断电，数据也不会丢失。单片机的 Flash 存储器就是 NV 存储器。

为了便于管理，ZStack 将单片机的 NV 存储器划分为若干区域，不同的区域存放不同的数据。每个区域叫作一个条目（item），区域的首地址叫作条目的 ID 号。在 ZStack-CC2530-2.5.1a 中，NV 存储器各区域的规划位于 OSAL 组的 ZComDef.h 中。其中，地址 0x0401～0x0FFF 的区域为用户自定义区，用户只能在这个区域内定义自己的条目。其他地址区供 ZStack 使用或者保留到以后扩展时用，用户不可在这部分区域内定义自己的条目。ZStack-CC2530-2.5.1a 中 NV 存储器的区域划分如表 3-8 所示。

表 3-8　NV 存储器的区域划分

地址范围	作用
0x0000	保留
0x0001～0x0020	操作系统抽象层（OSAL）NV 条目
0x0021～0x0040	网络层（NWK）NV 条目
0x0041～0x0060	应用程序支持子层（APS）NV 条目
0x0061～0x0080	安全 NV 条目
0x0081～0x0090	ZigBee 设备对象（ZDO）NV 条目
0x0091～0x00A0	ZigBee 簇群库（ZCL）NV 条目
0x00A1～0x00B0	非标准的 NV 条目
0x00B1～0x0400	保留给通信起动、APS 链接密钥表等使用
0x0401～0x0FFF	用户使用区，供用户自定义条目用
0x1000～0xFFFF	保留

在协议栈中使用 NV 存储器的方法是，先在 ZComDef.h 文件中定义自己的条目 ID，然后在应用程序中对自定义的条目进行初始化，最后对已初始化的条目进行读写访问。其中，定义条目 ID 的方法是用 define 定义一个符号，使符号所代表的数为 NV 中用户使用区的某个地址值。例如，下面的定义就是定义一个用户测试 NV 的条目 USER_TEST_NV_ITEM，其条目 ID 为 0x0401。

```
#define USER_TEST_NV_ITEM    0x0401        //定义用户测试条目
```

2. osal_nv_item_init()函数

osal_nv_item_init()函数的定义位于 OSAL_Nv.c 文件中，函数的原型说明如下：

```
uint8 osal_nv_item_init( uint16 id, uint16 len, void *buf );
```

该函数的功能是指定条目的大小，并对条目进行初始化。若指定的条目不存在，则先创建条目，再对条目进行初始化。函数中各参数的含义介绍如下。

（1）id：所要初始化条目的 ID 号。

（2）len：指定条目的长度。

（3）buf：初始化数据所存放的缓冲区，若不对条目进行初始化，则此参数设为 NULL。

函数的返回值为初始化的结果，共有 3 个值，其含义介绍如下。

（1）NV_ITEM_UNINIT：条目不存在，但已成功创建。

（2）SUCCESS：条目已存在。

（3）NV_OPER_FAILED：操作失败。

【使用说明】

① osal_nv_item_init()函数及我们即将要讲的 osal_nv_read()函数、osal_nv_write()函数，它们的定义位于 OSAL 组中的 OSAL_Nv.c 文件中，函数的说明位于 OSAL_Nv.h 文件中。若要使用这些函数，则需在程序文件的开头处加上包含头文件的语句 "#include OSAL_Nv.h"。

② 在对条目读写之前，必须先用此函数对所要读写的条目进行初始化。

③ 条目初始化函数一般放在应用初始化函数中。

例如，创建长度为 100 字节的 USER_TEST_NV_ITEM 条目的程序如下：

```
osal_nv_item_init(USER_TEST_NV_ITEM, 100, NULL );
```

3. osal_nv_read()函数

函数的原型说明如下：

```
uint8 osal_nv_read( uint16 id, uint16 ndx, uint16 len, void *buf );
```

该函数的功能是在指定条目中，从指定位置处开始读取若干字节数据，并存入指定的缓冲区中。函数中各参数的含义介绍如下。

① id：所要读取的条目编号。

② ndx：数据在条目中的偏移地址。

③ len：所要读取字节数。

④ buf：数据存放缓冲区。

函数的返回值为读操作的结果，共有两个值，其含义介绍如下。

① SUCCESS：从 NV 中读数成功。

② NV_OPER_FAILED：操作失败。

例如，在 NV 的 USER_TEST_NV_ITEM 条目中从第 6 字节开始读取 50 字节的数据至 buf 缓冲区的程序如下：

uint8 buf[50];
osal_nv_read(USER_TEST_NV_ITEM, 6, 50, buf);

4. osal_nv_write()函数

函数的原型说明如下：

uint8 osal_nv_write(uint16 id, uint16 ndx, uint16 len, void *buf);

该函数的功能是向指定条目中指定位置处写入若干字节的数据。函数中各参数的含义介绍如下。

① id：所要写数的条目编号。

② ndx：数据在条目中的偏移地址。

③ len：所要写入的字节数。

④ buf：源数据存放缓冲区。

函数的返回值为读操作的结果，共有 3 个值，其含义介绍如下。

① SUCCESS：写数成功。

② NV_ITEM_UNINIT：NV 中条目不存在且偏移地址非 0。

③ NV_OPER_FAILED：操作失败。

实现方法与步骤

本例的功能要求比较简单，只需一个协调器就可以实现。本例中所涉及的程序文件主要有 ZComDef.h、OSAL_SampleApp.c、Coordinator.h、Coordinator.c 共 4 个文件，其中 OSAL_SampleApp.c、Coordinator.h 与任务 9 中的对应文件的内容完全相同。本例的操作步骤与任务 9 中的操作步骤相同，也是先编写程序，然后对程序进行编译，再下载到协调器中运行。为了节省篇幅，我们对这些相同的部分就不再介绍，请读者参考前面的内容自行完成。

1. 定义用户条目

定义用户条目的操作方法如下：

（1）打开 OSAL 组中的 ZComDef.h 文件。

（2）在 ZComDef.h 文件的用户应用区内定义 USER_TEST_NV_ITEM 条目，其首地址为 0x0401，如图 3-20 所示。

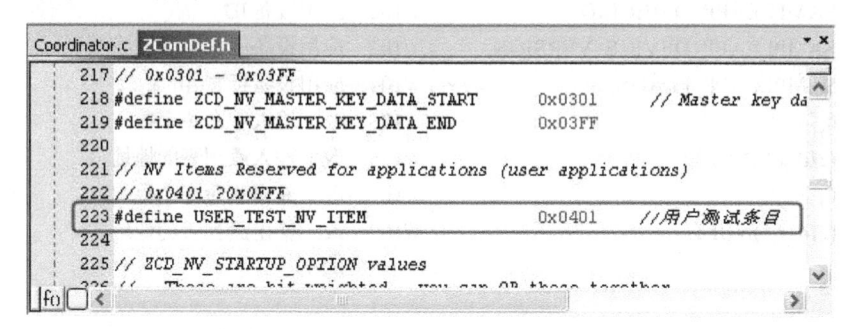

图 3-20 定义用户条目

2. 编制协调器的程序文件

Coordinator.c 文件的内容与任务 9 中 Coordinator.c 文件的内容基本相同，其差别主要是串口接收程序不同，另外，在应用初始化程序中增加了 NV 存储器初始化代码。Coordinator.c 文件的内容如下：

```
1   /***************************************************************
2               任务 10  在 ZStack 中用 NV 存储器保存数据
3                       协调器程序(Coordinator.c)
4   ***************************************************************/
5   #include "OSAL.h"                            //59
6   #include "ZGlobals.h"                        //60
7   #include "AF.h"                              //61
8   //#include "aps_groups.h"                    //62
9   #include "ZDApp.h"                           //63
10  #include "Coordinator.h"                     //65 改
11  #include "OnBoard.h"                         //68
12  #include "hal_led.h"                         //72
13  #include    "OSAL_Nv.h"                      //加
14
15  #define USER_UART_EVT 0x0001                 //加 用户事件:串口发送数据
16  uint8 UsartBuf[104];                         //加 串口缓冲区:存放接收或发送的数据
17  //簇列表
18  //const cId_t SampleApp_ClusterList[SAMPLEAPP_MAX_CLUSTERS] =//92
19  //{                                          //93
```

```
20    //   SAMPLEAPP_PERIODIC_CLUSTERID,           //94
21    //};                                         //96
22    //简单端口描述
23    const SimpleDescriptionFormat_t SampleApp_SimpleDesc =//98
24    {                                            //99
25      SAMPLEAPP_ENDPOINT,              //100    端口号
26      SAMPLEAPP_PROFID,                //101    应用规范ID
27      SAMPLEAPP_DEVICEID,              //102    应用设备ID
28      SAMPLEAPP_DEVICE_VERSION,        //103    应用设备版本号(4bit)
29      SAMPLEAPP_FLAGS,                 //104    应用设备标志(4bit)
30      0,                               //105  改  输入簇命令个数
31      (cId_t *)NULL,                   //106  改  输入簇列表的地址
32      0,                               //107  改  输出簇命令个数
33      (cId_t *)NULL                    //108  改  输出簇列表的地址
34    };                                 //109
35
36    endPointDesc_t SampleApp_epDesc;             //115  应用端口
37    uint8 SampleApp_TaskID;                      //128  应用程序中的任务ID号
38    devStates_t SampleApp_NwkState;              //131  网络状态
39    uint8 SampleApp_TransID;                     //133  传输ID
40
41    void   rxCB(void);                           //串口接收数据处理程序
42    /***********************************************************************
43                    应用程序初始化函数
44    ***********************************************************************/
45    void SampleApp_Init( uint8 task_id )         //173
46    {                                            //174
47      halUARTCfg_t   UartConfig;                 //加  定义串口配置变量
48      SampleApp_TaskID = task_id;                //175  应用任务(全局变量)初始化
49      SampleApp_NwkState = DEV_INIT;             //176  网络状态初始化
50      SampleApp_TransID = 0;                     //177  传输ID号初始化
51      //  应用端口初始化
52      SampleApp_epDesc.endPoint = SAMPLEAPP_ENDPOINT;//213  端口号
53      SampleApp_epDesc.task_id = &SampleApp_TaskID;//214  任务号
54      SampleApp_epDesc.simpleDesc               //215  端口的其他描述
55              = (SimpleDescriptionFormat_t *)&SampleApp_SimpleDesc;//216
56      SampleApp_epDesc.latencyReq = noLatencyReqs; //217  端口的延迟响应
57      afRegister( &SampleApp_epDesc );             //220  端口注册
58
59      //串口配置
60      UartConfig.configured = TRUE;                //加
61      UartConfig.baudRate = HAL_UART_BR_115200;    //加  波特率为115200
62      UartConfig.flowControl    = FALSE;           //加  不进行流控制
63      UartConfig.callBackFunc = NULL;              //加  回调函数:无
```

```c
64      HalUARTOpen(0,&UartConfig);                    //加 按所设定参数初始化串口0
65      osal_nv_item_init(USER_TEST_NV_ITEM,100,NULL);//加   NV 初始化
66  }
67  /************************************************************************
68                          任务事件处理函数
69  ************************************************************************/
70  uint16 SampleApp_ProcessEvent( uint8 task_id, uint16 events )//248
71  {                                                  //249
72      afIncomingMSGPacket_t *MSGpkt;                 //250 定义指向接收消息的指针
73      (void)task_id;                                 //251 未引参数task_id
74      if ( events & SYS_EVENT_MSG )                  //253 判断是否为系统事件
75      {                                              //254
76          MSGpkt = (afIncomingMSGPacket_t *)osal_msg_receive( SampleApp_TaskID );//255 从消息队列中取消息
77          while ( MSGpkt )                           //256 有消息?
78          {                                          //257
79              switch ( MSGpkt->hdr.event )           //258 判断消息中的事件域
80              {                                      //259
81                case ZDO_STATE_CHANGE:               //271 ZDO 的状态变化事件
82                  SampleApp_NwkState = (devStates_t)(MSGpkt->hdr.status);//272   读设备状态
83                  if ( SampleApp_NwkState == DEV_ZB_COORD )    //273 改 若为协调器
84                  {                                  //276
85                    osal_set_event(SampleApp_TaskID,USER_UART_EVT);//加
86                  }                                  //281
87                  break;                             //286
88              //在此处可添加系统事件的其他子事件处理
89                default:                             //288
90                  break;                             //289
91              }                                      //290
92          osal_msg_deallocate( (uint8 *)MSGpkt );//293 释放消息所占存储空间
93          MSGpkt = (afIncomingMSGPacket_t *)osal_msg_receive( SampleApp_TaskID );//296 再从消息队列中取消息
94          }                                          //297
95          return (events ^ SYS_EVENT_MSG);           //300 返回未处理的事件
96      }                                              //301
97      //用户事件处理
98      if ( events & USER_UART_EVT )                  //305 改
99      {                                              //306
100         rxCB();                                    //加   串口接收数据处理
101         // 再次触发用户事件
102         osal_start_timerEx( SampleApp_TaskID, USER_UART_EVT,//311 过0.2s 后再设置事件
103             200 );                                 //312 改
104         return (events ^ USER_UART_EVT);           //315 改 返回未处理完毕的事件
105     }                                              //316
```

```
106        return 0;                          //319 丢弃未知事件
107    }                                      //320
108
109 /*******************************************************************
110                      串口接收数据处理函数
111 *******************************************************************/
112 void  rxCB(void)
113 {
114   uint16 len;
115   uint8 n;
116   len=HalUARTRead(0,UsartBuf,104);
117   if(len>0)
118   {
119     n=(UsartBuf[2]-0x30)*10+UsartBuf[3]-0x30;
120     if(osal_memcmp(UsartBuf,"RD",2))
121     { //读命令
122       osal_nv_read(USER_TEST_NV_ITEM,0,n,UsartBuf);
123       HalUARTWrite(0,"\r\n",2);
124       HalUARTWrite(0,"从NV中读出的数据如下:",21);
125       HalUARTWrite(0,"\r\n",2);
126       HalUARTWrite(0,UsartBuf,n);
127       HalUARTWrite(0,"\r\n",2);
128     }
129     else  if(osal_memcmp(UsartBuf,"WR",2))
130     { //写命令
131       HalUARTWrite(0,"\r\n",2);
132       HalUARTWrite(0,"向NV 写入",8);
133       HalUARTWrite(0,&UsartBuf[2],2);
134       HalUARTWrite(0,"个数据! \r\n",10);
135       osal_nv_write(USER_TEST_NV_ITEM,0,n,&UsartBuf[4]);
136       HalUARTWrite(0,"写入的数据为: ",14);
137       HalUARTWrite(0,&UsartBuf[4],n);
138       HalUARTWrite(0,"\r\n",2);
139       HalUARTWrite(0,"向NV 写数结束!",13);
140       HalUARTWrite(0,"\r\n",2);
141     }
142   }
143 }
144
```

程序编写完毕后，将程序编译并下载到协调器中，打开串口调试助手，然后运行协调器中的程序。我们可以看到，串口调试助手中显示协调器的MAC地址、网络ID号等信息后不再显示任何信息。

用串口调试助手向协调器发送写数命令"WR20 浙江工贸职业技术学院",协调器就会将数据写入 NV 存储器中,并将其操作结果送回计算机中显示,如图 3-21 所示。在计算机发送的命令中,"WR"表示写数操作,"20"为写入数据的个数,20 之后的内容为所要写入的数据,共 10 个汉字。

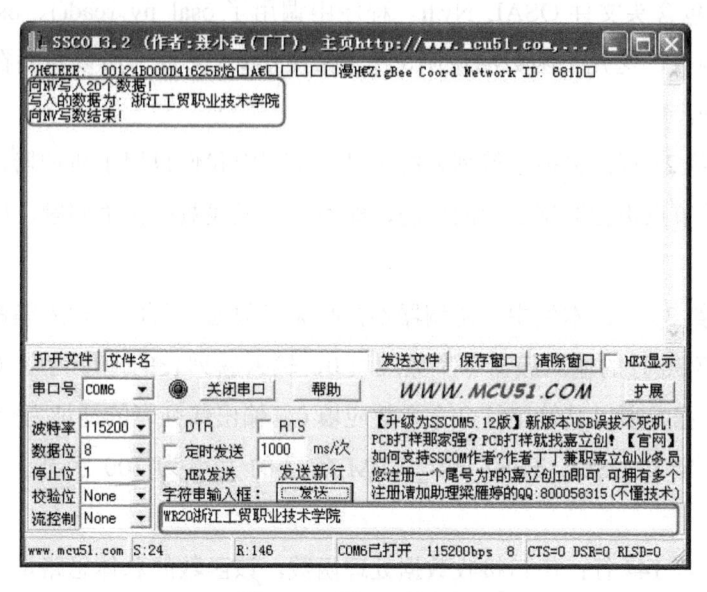

图 3-21 写 NV 的结果

关闭协调器上的电源,然后给协调器通电,再用串口调试助手向协调器发送读数命令"RD20",从 NV 存储器中读取 20 个字节数据。我们可以看到串口调试助手中就会显示我们所写入的数据,如图 3-22 所示。

图 3-22 读 NV 的结果

程序分析

本例的程序代码中，多数代码我们已在任务 9 中分析过，在此我们只分析本例中新增加或修改的程序代码。

第 13 行：包含头文件 OSAL_Nv.h。程序中调用了 osal_nv_read()、osal_nv_write()等几个 NV 操作函数，这几个函数的说明位于 OSAL_Nv.h 文件，所以需要在程序开头处将该文件包含进来。

第 18 行～第 21 行：去掉了簇列表的定义。本例中我们只用了协调器，并不存在协调器与网络中其他节点进行数据通信的问题，即不存在无线数据传输问题，所以不必定义簇列表。

第 30 行～第 33 行：本例中，协调器不接收无线数据，所以无输入簇命令，也无输入簇列表，因此第 30 行的输入簇命令个数应填 0，输入簇列表的地址为空（NULL）。协调器不发送无线数据，所以其输出簇命令个数应填 0，输出簇列表的地址为空（NULL）

第 65 行：定义 USER_TEST_NV_ITEM 条目的大小为 100 字节，不设置条目的初值。

第 113 行～第 144 行：串口接收数据处理函数。该函数的总体思路是，先从串口接收缓冲区中读取数据，然后对所接收的数据进行分析判断，若为读数命令，则从 NV 存储器中读数，再送回计算机中显示；若为写数命令，则将数据写入 NV 存储器中，并向计算机发送写操作的结果。

第 120 行：从串口命令中取读/写数据的长度。本例中，我们约定的是命令的第 3 字节为数据长度的十位，第 4 节字为数据长度的个位，数据是用字符表示的。所以 UsartBuf[2]中保存的是长度的十位数的 ASCII 码，UsartBuf[2]-0x30 就将十位数的 ASCII 码转换成数值，该数再乘以 10 就得十位数。因此，(UsartBuf[2]-0x30)*10+UsartBuf[3]-0x30 就是将命令串中的数据长度取出来，并转换成数值。

第 121 行：判断命令的类型是否为读数命令。本例中，我们约定的是命令的第 1、2 字节为命令的类型，若为 RD，则表示是读数命令，若为 WR，则表示是写数命令。osal_memcmp(UsartBuf,"RD",2)的作用是将数组 UsartBuf[]最开始的两个字节的内容与 RD 进行比较，若相同，则函数的返回值为真，否则为假。

第 123 行：从 USER_TEST_NV_ITEM 条目的 0 偏移地址处读取 n 个字节数据，并存放至 UsartBuf[]数组中，其中，n 为串口命令中数据的长度。

第 124 行～第 126 行：输出提示信息。

第 127 行：输出从 NV 中所读取的数据。

第 128 行：输出回车换行符。

第 130 行：判断命令类型是否为写数命令。

第 131 行～第 135 行：输出操作提示信息。其中第 134 行输出的是串口命令中第 3、4 字节的内容，即数据的长度。

第 136 行：从 USER_TEST_NV_ITEM 条目的 0 偏移地址处开始写入用户输入的数据，所写入数据的个数为命令中所指定的长度 n。在串行命令中，第 1～4 字节为命令类型、数据长度，第 5 字节开始则为所需保存的数据。因此数组 UsartBuf[]中，元素 UsartBuf[4]为所需保存数据的首字节，&UsartBuf[4]为其地址。

第 137 行～第 141 行：输出操作的提示信息。

实践拓展

读取节点的 MAC 地址

为了进一步探究 NV 存储器的作用，下面我们在本例的基础上再做 1 个读取节点的 MAC 地址实验，请读者观察实验现象，并弄清楚 ZComDef.h 文件中所定义的系统条目的作用。

操作方法如下：

（1）打开 OSAL 组中的 ZComDef.h 文件，研究文件中的条目定义。其中，第 98 行的 "#define ZCD_NV_EXTADDR   0x0001" 定义的是节点的扩展地址条目，即节点的 MAC 地址条目。

（2）用 ZCD_NV_EXTADDR 替换 Coordinator.c 文件中第 123 行的 USER_TEST_NV_ITEM。这样，当我们用串口调试助手发送写命令时所写入的数据被存放至用户条目中，发送读命令时，所读出的数据是 ZStack 中定义的 ZCD_NV_EXTADDR 条目存储区中的内容。

（3）重新编译程序，并将程序下载至协调器中。

（4）在 Coordinator.c 文件的第 124 行处设置一个断点，如图 3-23 所示。

（5）在观察窗口中设置观察的变量。

① 单击菜单栏上的"View"→"Watch"菜单命令，打开"Watch"窗口。

② 在"Watch"窗口中单击"Expression"列中的带虚线框的单元格，光标就会移入该单元格中，表示当前可在该单元格中输入所要观察的变量。

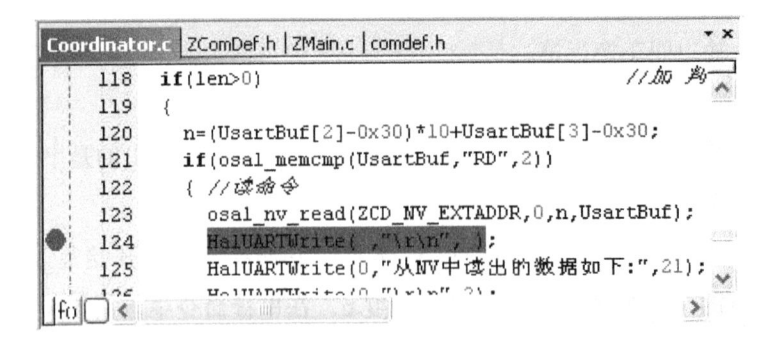

图 3-23　设置断点

③ 在"Expression"列中输入"UsartBuf",然后按回车键,如图 3-24 所示。

(6) 将计算机的串口与协调器的串口相连,打开串口调试助手。

(7) 全速运行协调器中的程序。我们可以看到串口调试助手中会显示协调器上电运行后的相关信息,如图 3-25 所示。其中,"IEEE:"后面的 16 个字符为节点的 MAC 地址,"ZigBee Coord Network ID:"后面的 4 个字符为网络的 PANID。

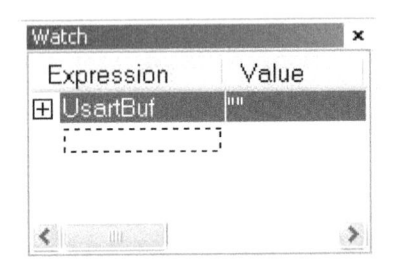

图 3-24　输入所要观察的变量

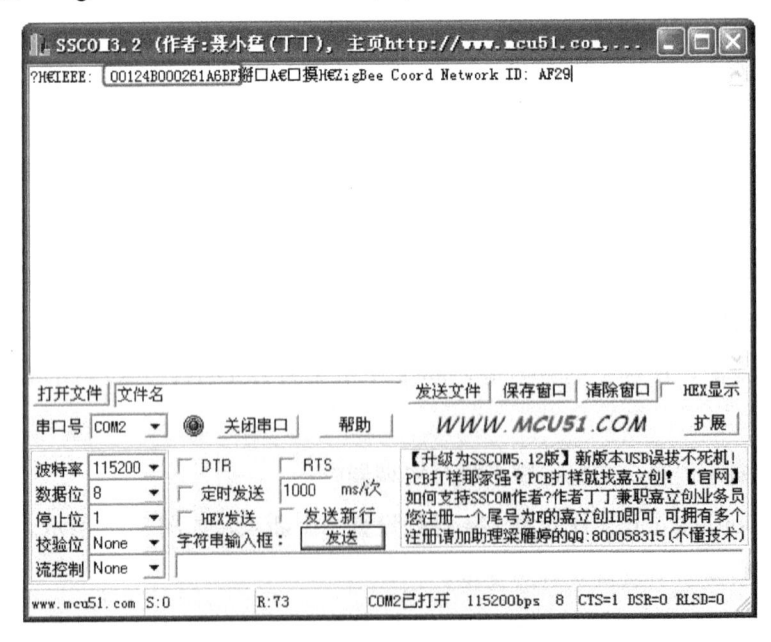

图 3-25　协调器上电后相关信息

(8) 用串口调试助手向协调器发送读数命令"RD20",我们可以看到程序运行至第 124 行处就会停下。

（9）在"Watch"窗口中单击"UsartBuf"前面的"+"号，使窗口显示数组 UsartBuf[] 中各元素的当前值。我们可以看到 UsartBuf[]中元素 UsartBuf[0]～UsartBuf[7]的内容与协调器上电所输出的 MAC 地址信息相同，如图 3-26 所示。

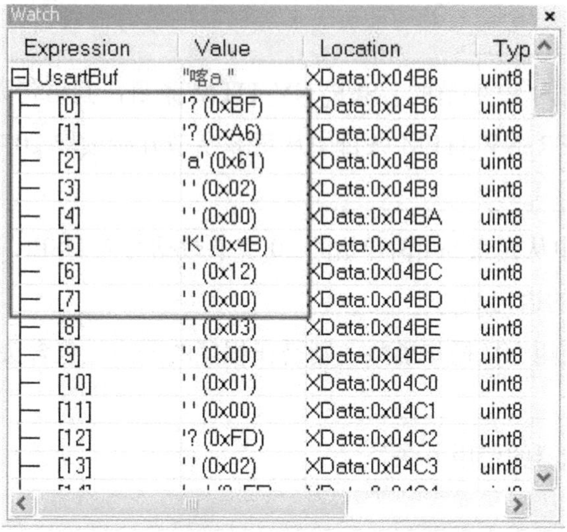

图 3-26 数组 UsartBuf[]中各元素的值

这个实验表明，节点的 MAC 地址保存在 NV 存储器中；在 NVZComDef.h 文件中，第 98 行的"#define ZCD_NV_EXTADDR   0x0001"定义的是节点的 MAC 地址条目。

实践总结

NV 存储器是一种非易失的存储器，主要用来保存系统的运行参数，例如，节点的 MAC 地址，以便节点复电后仍以断电前的状态运行。

对 NV 存储器的操作主要有 3 步：第 1 步是在 ZComDef.h 文件中用#define 指令定义用户条目；第 2 步是在应用初始化程序中用 osal_nv_item_init()函数设置条项存储区的大小；第 3 步是在需要读写 NV 存储区时用 osal_nv_read()函数和 osal_nv_write()函数对已定义的条目存储区进行读写操作。

进行 NV 存储器操作时需要注意的问题是：第一，在进行读写操作之前，必须先定义条目，并指定条目存储器的大小；第二，在定义用户条目时，条目的 ID 号必须是 ZStack 保留给用户的条目 ID 号；第三，ZStack 中所定义的系统条目主要是供系统运行使用的，用 NV 操作的方法虽然可以任意读取这些条目的内容，但是，为了防止运行出现错误，在对 ZStack 研究不是非常透彻的情况下，用户一般不要改写这些保留给系统使用的条目。

习题

1．在 ZStack 中，规划 NV 存储器各区域的代码位于_____组的_____文件中。

2．若用户条目 USER_NV_ITEM 的条目 ID 为 0x0408，则定义用户条目 USER_NV_ITEM 的语句为_____。

3．创建一个长度为 50 字节的 USER_NV_ITEM 条目，其语句为_____。

4．在 NV 的 USER_NV_ITEM 条目中从第 8 字节开始读取 20 字节的数据至 buf 缓冲区的语句是_____。

5．将数组 buf[] 中从元素 buf[3] 开始的 20 字节数据写入 USER_NV_ITEM 条目从 0 偏移地址开始的存储区的语句是_____。

6．程序中若需使用 NV 操作函数，则需在程序的开头处包含头文件_____。其语句是_____。

7．简述 NV 存储器的使用方法。

项目 4　用 ZStack 组建 ZigBee 网络

任务 11　用计算机控制远程节点上的灯

任务要求

用两个 ZigBee 模块组建一个无线网络，模块 A 作协调器，模块 B 作终端节点。计算机通过串口向协调器发送串口控制命令，串行通信的波特率为 115200bit/s。协调器接收到计算机发送来的命令后对命令进行解析，然后转换成网络中的控制命令，并以广播的方式发送至网络中的节点，控制终端节点上 LED1 的点亮、熄灭和闪烁。计算机发送的串口命令和协调器发送的控制命令如表 4-1 所示。

表 4-1　串口命令和网络中的控制命令

计算机的串口命令	网络中的控制命令	含义
a	1	终端节点上的 LED1 点亮
b	2	终端节点上的 LED1 熄灭
c	3	终端节点上的 LED1 闪烁
其他	无效	无效

知识储备

1. 数据包与消息

数据包与消息是两个不同的概念。数据包是网络通信中数据的传输单位，一个数据包通常包含所要传输的净数据、地址信息和一些附加的控制信息等。例如，A 节点向 B 节点发送字符 "LED"，字符 "LED" 就是所要发送的净数据，净数据从 A 节点到达 B 节点可能会经过许多中间节点，为了保证净数据能可靠地传送到 B 节点，在数据传输中除了传输净数据，还要传送数据的源地址、目的地址等附加数据，这些数据的集合就是数据包。

网络中的数据传输类似于日常生活中的快件传送，数据包相当于一份快件，净数据相当于我们要快递的物品，数据的地址相当于快件中收发人的地址、电话号码，其他附加数据相当于快件的包装盒、防护泡沫等。为了将物品传送到目的地，我们在传送物品时需要传送许多附加物品，所有这些物品就组成了一个快件。同样地，在网络中为了传送净数据，我们需要同时传送收发方的地址、数据的长度等许多附加数据，所有这些数据就构成了一个数据包。

消息是数据与事件的集合。在 ZigBee 网络中，一个事件的发生通常会伴随着一定量的数据的产生，例如，天线接收到数据这个事件就伴随着无线数据的产生。在进行任务事件处理时，通常是对伴随事件所产生的数据进行处理。也就是说，事件和数据是紧密地联系在一起的，为了方便程序的处理，ZStack 就将事件和伴随事件所产生的数据封装在一起而形成一个新的数据，这个新数据就是消息。

在 ZStack 中，当节点接收一个数据包后，就会对数据包进行分析处理。如果数据包是发往其他节点的，节点就会将此数据包转发出去，如果数据包是发送给本节点的，就会从数据包中提取所需要的信息，再将这些有用的信息与事件的编码组合在一起并封装成一个消息，然后存入消息队列中，供应用程序处理。上述处理过程是由 ZStack 完成的，对于应用开发者而言，我们只需了解其基本原理，不必深究其实现的过程。

消息数据比较复杂。在 ZStack 中，消息数据是用一个 afIncomingMSGPacket_t 型的结构体表示的。afIncomingMSGPacket_t 类型的定义位于 Profile 组的 AF.h 文件中，其定义如下：

```
typedef struct
{
    osal_event_hdr_t hdr;              //OSAL 消息头
    uint16 groupId;                    //消息的组 ID 号，不设置时为 0
    uint16 clusterId;                  //消息的簇 ID 号
    afAddrType_t srcAddr;              //源地址类型
    uint16 macDestAddr;                //目的地的 MAC 地址
    uint8 endPoint;                    //目的地的端口
    uint8 wasBroadcast;                //是否为广播
    uint8 LinkQuality;                 //接收数据帧的链路质量
    uint8 correlation;                 //接收数据帧的相关原始值
    int8   rssi;                       //接收的射频功率
    uint8 SecurityUse;                 //弃用
    uint32 timestamp;                  //接收时间标记
    uint8 nwkSeqNum;                   //报文头的帧序列号
    afMSGCommandFormat_t cmd;          //应用数据
} afIncomingMSGPacket_t;
```

其中，osal_event_hdr_t 是 OSAL.h 文件中定义的结构体，其定义如下：

```
typedef struct
```

```
{
  uint8    event;                    //事件编码
  uint8    status;                   //节点的状态
} osal_event_hdr_t;
```

afAddrType_t 是 AF.h 文件中定义的结构体，其定义如下：

```
typedef struct
{
  union
  {
    uint16        shortAddr;         //节点的短地址（网络地址）
    ZLongAddr_t   extAddr;           //节点的扩展地址（MAC 地址）
  } addr;
  afAddrMode_t addrMode;             //数据通信的类型（单播、组播、广播）
  uint8 endPoint;                    //数据的端口号
  uint16 panId;                      //网络 ID 号
} afAddrType_t;
```

afMSGCommandFormat_t 是 AF.h 文件中定义的结构体，其定义如下：

```
typedef struct
{
  uint8    TransSeqNumber;           //数据传输的序列号
  uint16   DataLength;               //本序列中应用数据的长度，单位：字节
  uint8    *Data;                    //应用数据存放的地址
} afMSGCommandFormat_t;
```

由此可见，消息数据（afIncomingMSGPacket_t 型数据）中除了包含应用数据，还包含了许多信息，如消息的事件编码等。在实际应用中，比较常用的是消息中的事件编码、应用数据、节点状态、发送消息的簇 ID 号等。

设变量 pkt 是一个 afIncomingMSGPacket_t 型指针变量，当 pkt 指向某个消息后，则消息中的常用信息如下。

pkt->hdr.event：消息中的事件编码。

pkt->hdr.status：节点的状态。

pkt->clusterId：发送消息的簇 ID 号。

pkt->cmd.DataLength：消息中应用数据的长度。

pkt->cmd.Data：消息中应用数据存放的首地址。

2. 数据通信的 3 种方式

在 ZigBee 网络中，数据通信有广播（Broadcast）、组播（Multicast）和单播（Unicast）

3 种方式。

广播的特点是，一个节点在网络中发送数据包，网络中其他节点都可以接收到此数据包。广播通信类似于在教室里上课，老师讲课，教室内所有学生都可以听到老师所讲的内容。

组播的特点是，一个节点在网络中发送数据包，网络中只有与该节点处于同一组的节点才能收到此数据包，网络中其他节点则接收不到此数据包。组播通信类似于小组讨论，只有小组中的成员才能听得到小组内的发言。

单播的特点是，一个节点在网络中发送数据包，网络中只有指定的节点才能收到该数据包，其他节点则收不到此数据包。单播通信类似于日常生活中的电话通信，只有指定人才能接听得到我们所拨出的电话。

3. 设备的地址

在 ZigBee 网络中，设备的地址有 MAC 地址和逻辑地址两种。

MAC 地址也叫扩展地址（Extended Address），用 64 位二进制数表示。MAC 地址是全球唯一的地址，由设备制造厂商定义并封装在设备内部。设备的 MAC 地址也叫 64-bit 的 IEEE 地址。

逻辑地址也叫短地址（Short Address），用 16 位的二进制数表示，逻辑地址只是在同一个网络中唯一，不同网络中的设备其逻辑地址可以相同。设备的逻辑地址用来标识网络中的不同设备，它是在设备加入网络时，由协调器或者路由器按照一定算法计算得到并分配到网络中的地址。ZigBee 网络中所使用的网络地址就是逻辑地址，所以在 ZigBee 网络中常把逻辑地址称为网络地址。

在网络的逻辑地址中，有 5 个地址比较特殊，它们代表的是一类设备或者某个特定设备。特殊的网络地址如表 4-2 所示。

表 4-2 特殊的网络地址

网络地址	含义
0x0000	协调器的地址。向 0x0000 地址发送数据，数据发往协调器
0xfffc	网络中所有路由器。向 0xfffc 地址发送数据，则所有路由器都可接收到此数据，但终端节点接收不到此数据
0xfffd	未处于休眠状态的节点。向 0xfffd 地址发送数据，则处于休眠状态的节点接收不到此数据，其他节点都可以接收到此数据
0xfffe	使用绑定表进行数据通信。向 0xfffe 地址发送数据，则应用层将不指定目标设备，而是通过协议栈读取绑定表来获得相应目标设备的短地址，数据发往绑定表中所绑定的设备
0xffff	广播地址。向 0xffff 地址发送数据，则网络中所有节点，包括处于休眠状态的节点，都可以接收到此数据

4. AF_DataRequest()函数

AF_DataRequest()函数的定义位于 Profile 组的 AF.c 文件中，其原型说明如下：

```
afStatus_t AF_DataRequest( afAddrType_t *dstAddr, endPointDesc_t *srcEP,
                    uint16 cID, uint16 len, uint8 *buf, uint8 *transID,
                    uint8 options, uint8 radius );
```

介绍该函数的功能是按指定的参数发送若干字节的数据。函数中共有 8 个参数，各参数的含义如下。

① dstAddr：目的地址指针。该参数是一个指向 afAddrType_t 型的指针，其中，afAddrType_t 是 AF.h 文件中定义的结构体类型，其定义如下：

```
typedef struct
{
  union
  {
    uint16         shortAddr;      //节点的短地址（网络地址）
    ZLongAddr_t extAddr;           //节点的扩展地址（MAC 地址）
  } addr;
  afAddrMode_t addrMode;           //地址模式（单播、组播、广播）
  uint8 endPoint;                  //数据的端口号
  uint16 panId;                    //网络 ID 号
} afAddrType_t;
```

在 afAddrType_t 结构体类型中，addrMode 成员的类型为 afAddrMode_t 枚举型，其取值如表 4-3 所示。

表 4-3　addrMode 成员的取值

符号	值	描述
AddrNotPresent	0	通过绑定关系指定目的地址
AddrGroup	1	组播发送
Addr16Bit	2	单播发送
Addr64Bit	3	采用 MAC 地址发送
AddrBroadcast	15	广播发送

使用 AF_DataRequest()函数发送数据时，在 dstAddr 参数中，panId 成员的值一般不用设置，addr 成员的值需要根据 addrMode 成员的取值来确定，addr 成员的取值如表 4-4 所示。

表 4-4　addr 成员的取值

addrMode 成员	addr 成员	
	shortAddr	extAddr
AddrNotPresent	0xFFFE	不设置

续表

addrMode 成员	addr 成员	
	shortAddr	extAddr
AddrGroup	组 ID 号	不设置
Addr16Bit	目的节点的网络地址	不设置
Addr64Bit	不设置	目的节点的 MAC 地址
AddrBroadcast	0xfffc、0xfffd、0xffff	不设置

② srcEP：发送节点的端口描述符指针。该参数是一个指向 endPointDesc_t 型的指针，其中，endPointDesc_t 是 AF.h 文件中定义的结构体类型，其定义如下：

```
typedef struct
{
    byte endPoint;                              //端口号
    byte *task_id;                              //指向应用任务号的指针
    SimpleDescriptionFormat_t *simpleDesc;      //指向简单的端口描述变量的指针
    afNetworkLatencyReq_t latencyReq;           //端口的延迟响应
} endPointDesc_t;
```

③ cID：发送的簇 ID 号。

④ len：发送数据的长度，即 buf 缓冲区的字节数。

⑤ buf：发送数据缓冲区的指针。

⑥ transID：传输序列号的指针。该参数是函数的输出值，若发送成功，则序列号加 1。

⑦ options：发送选项，其常用的选项值如表 4-5 所示。

表 4-5 数据发送常用选项

名称	值	描述
AF_PREPROCESS	0x04	强制 APS 进行回调预处理
AF_ACK_REQUEST	0x10	要求接收方作应答回复，仅用于单播中
AF_DISCV_ROUTE	0x20	路由请求发送，应始终包在内
AF_SKIP_ROUTING	0x80	跳过路由并尝试直接发送信息（不多跳），终端节点不会将信息发送到其首个父节点，此选项有益于单播和广播数据

⑧ radius：最大传输半径（发送的跳数），一般设置为 AF_DEFAULT_RADIUS。

函数的返回值为数据发送的结果，若发送成功，则返回 ZSuccess。

用 AF_DataRequest() 函数发送数据的方法如下：

（1）定义数组 buf[]，并将待发送的数据存入数组 buf[] 中。

（2）定义 afAddrType_t 型的发送目的地址变量 my_DstAddr、传输 ID 号 SampleApp_TransID、发送应用端口描述变量 SampleApp_epDesc，其中传输 ID 号 SampleApp_TransID、发送应用端口描述变量 SampleApp_epDesc 为应用程序中所定义的 6 个全局变量中的 2 个

全局变量。

（3）对 my_DstAddr 的各成员赋值。

（4）调用 AF_DataRequest()函数发送数据。

例如，用广播方式将数组 buf[]中的数据发送出去的程序如下：

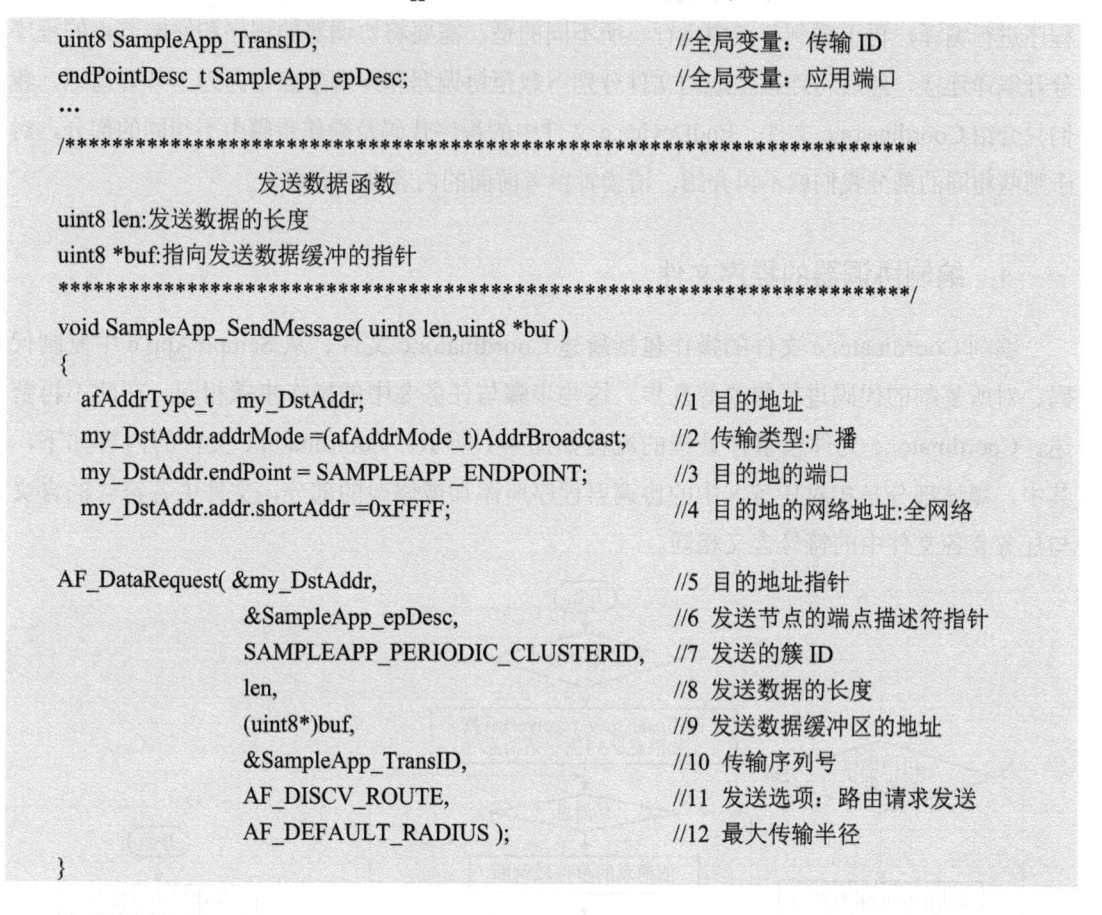

```
uint8 SampleApp_TransID;                              //全局变量：传输 ID
endPointDesc_t SampleApp_epDesc;                      //全局变量：应用端口
…
/******************************************************************
                    发送数据函数
uint8 len:发送数据的长度
uint8 *buf:指向发送数据缓冲的指针
******************************************************************/
void SampleApp_SendMessage( uint8 len,uint8 *buf )
{
    afAddrType_t   my_DstAddr;                        //1 目的地址
    my_DstAddr.addrMode =(afAddrMode_t)AddrBroadcast; //2 传输类型:广播
    my_DstAddr.endPoint = SAMPLEAPP_ENDPOINT;         //3 目的地的端口
    my_DstAddr.addr.shortAddr =0xFFFF;                //4 目的地的网络地址:全网络

    AF_DataRequest( &my_DstAddr,                      //5 目的地址指针
                    &SampleApp_epDesc,                //6 发送节点的端点描述符指针
                    SAMPLEAPP_PERIODIC_CLUSTERID,     //7 发送的簇 ID
                    len,                              //8 发送数据的长度
                    (uint8*)buf,                      //9 发送数据缓冲区的地址
                    &SampleApp_TransID,               //10 传输序列号
                    AF_DISCV_ROUTE,                   //11 发送选项：路由请求发送
                    AF_DEFAULT_RADIUS );              //12 最大传输半径
}
```

如果将第 2 行中的 AddrBroadcast 改为 Addr16Bit，再将第 4 行中的短地址设为目的地的目的节点的网络地址（例如，协调器的地址为 0x0000），上述程序就变成了向指定节点单播发送数据程序。

实现方法与步骤

任务 11 涉及协调器和终端节点两个节点，需要将这两个节点组建成一个 ZigBee 网络，所需编写或修改的程序文件有 Coordinator.c、OSAL_SampleApp.c、Coordinator.h、EndDevice.c 等 4 个程序文件，其中 Coordinator.c 是协调器的程序文件，EndDevice.c 是终端节点的程序文件，Coordinator.h 既是 Coordinator.c 文件的接口文件，也是 EndDevice.c 文件的接口文件，为协调器和终端节点所共有，OSAL_SampleApp.c 供用户定义事件处理函数表、任务事件表和任务数之用，是 OSAL 的一部分，为协调器和终端节点所共有。在这 4 个程序文件中，OSAL_SampleApp.c、Coordinator.h 的内容与任务 9 中的 OSAL_SampleApp.c、Coordinator.h 的内容完全相同（在后续项目中，这两个文件的内容也无变化，我们不再提及这两个文件）。本例的操作步骤与任务 9 中的操作步骤基本相同，也是先编写程序，然后对程序进行编译，再下载到节点中运行。所不同的是，需要将协调器的程序和终端节点的程序分开编译连接，然后将连接生成的文件分别下载至协调器和终端节点中。为了节省篇幅，我们只介绍 Coordinator.c 文件、EndDevice.c 文件中的程序代码及操作步骤中不相同的部分，对于那些相同的部分我们就不再介绍，请读者参考前面的内容自行完成。

1. 编制协调器的程序文件

编制 Coordinator.c 文件的操作包括新建 Coordinator.c 文件、从 SampleApp.c 中复制代码、对所复制的代码进行修改等几步。这些步骤与任务 8 中的操作步骤相同，在此不再赘述。Coordinator.c 文件中事件处理的流程如图 4-1 所示。Coordinator.c 文件的内容如下，其中，黑体部分是相对任务 8 中的协调器程序所添加或修改的部分，文件中各符号的含义与任务 8 各文件中的符号含义相同。

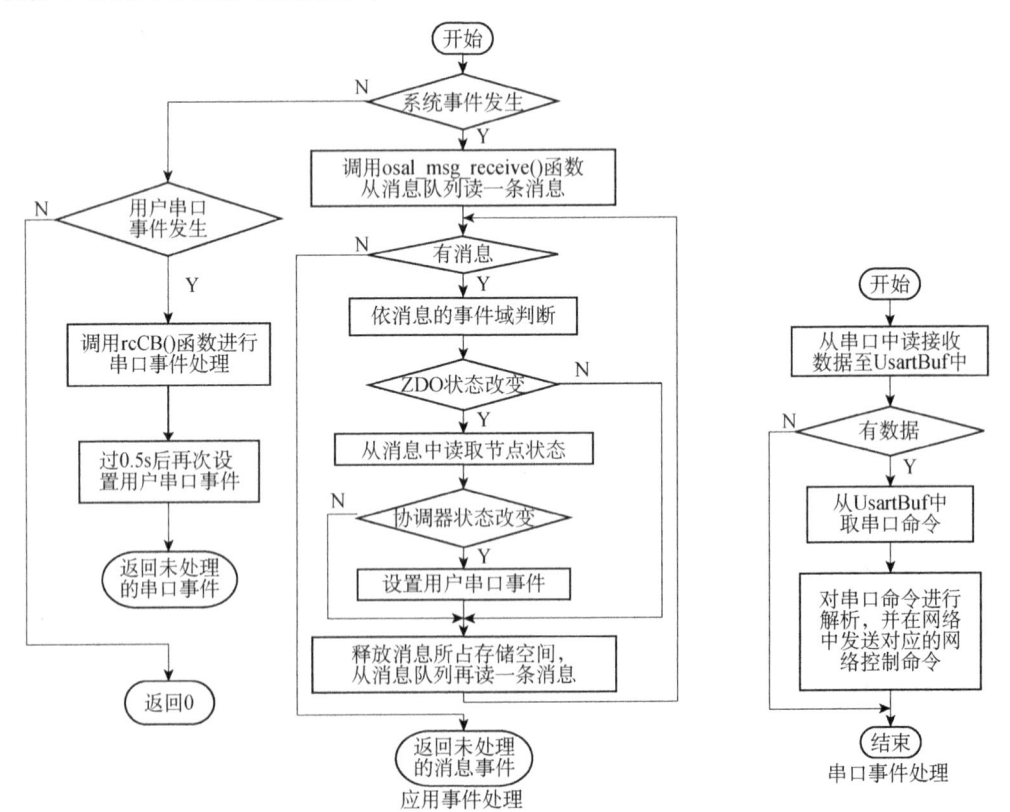

图 4-1 协调器的事件处理流程

```c
/******************************************************************
                任务11 用计算机控制终端节点上的LED
                    协调器程序(Coordinator.c)
******************************************************************/
#include "OSAL.h"                      //59
#include "ZGlobals.h"                  //60
#include "AF.h"                        //61
#include "ZDApp.h"                     //63
#include "Coordinator.h"               //65 改
#include "OnBoard.h"                   //68
#include "hal_led.h"                   //72

#define USER_UART_EVT 0x0001           //加 用户事件:串口接收数据
//簇列表
const cId_t SampleApp_ClusterList[SAMPLEAPP_MAX_CLUSTERS] =//92
{                                      //93
    SAMPLEAPP_PERIODIC_CLUSTERID,      //94
};                                     //96
//简单端口描述
const SimpleDescriptionFormat_t SampleApp_SimpleDesc =//98
{                                      //99
    SAMPLEAPP_ENDPOINT,         //100  端口号
    SAMPLEAPP_PROFID,           //101  应用规范ID
    SAMPLEAPP_DEVICEID,         //102  应用设备ID
    SAMPLEAPP_DEVICE_VERSION,   //103  应用设备版本号(4bit)
    SAMPLEAPP_FLAGS,            //104  应用设备标志(4bit)
    0,                          //105  输入簇命令个数
    (cId_t *)NULL,              //106  输入簇列表的地址
    SAMPLEAPP_MAX_CLUSTERS,     //107  输出簇命令个数
    (cId_t *)SampleApp_ClusterList //108 输出簇列表的地址
};                                     //109

endPointDesc_t SampleApp_epDesc;       //115 应用端口
uint8 SampleApp_TaskID;                //128 应用程序中的任务ID号
devStates_t SampleApp_NwkState;        //131 网络状态
uint8 SampleApp_TransID;               //133 传输ID

//void SampleApp_MessageMSGCB( afIncomingMSGPacket_t *pckt );//147
void SampleApp_SendMessage( uint8 len,uint8 *buf );//148 改
static void rxCB(void);                //加 串口接收数据处理
/******************************************************************
                应用程序初始化函数
```

```
43      *********************************************************************/
44      void SampleApp_Init( uint8 task_id )                    //173
45      {                                                        //174
46        halUARTCfg_t  UartConfig;      //加 定义串口配置变量
47        SampleApp_TaskID = task_id;                            //175 应用任务(全局变量)初始化
48        SampleApp_NwkState = DEV_INIT;                         //176 网络状态初始化:无连接
49        SampleApp_TransID = 0;                                 //177 传输ID号初始化
50
51        // 应用端口初始化
52        SampleApp_epDesc.endPoint = SAMPLEAPP_ENDPOINT;//213 端口号
53        SampleApp_epDesc.task_id = &SampleApp_TaskID;//214 任务号
54        SampleApp_epDesc.simpleDesc                             //215 端口的其他描述
55            = (SimpleDescriptionFormat_t *)&SampleApp_SimpleDesc;//216
56        SampleApp_epDesc.latencyReq = noLatencyReqs;  //217 端口的延迟响应
57        afRegister( &SampleApp_epDesc );                        //220 端口注册
58      //串口配置
59        UartConfig.configured       = TRUE;                    //加
60        UartConfig.baudRate         = HAL_UART_BR_115200;      //加 波特率为115200
61        UartConfig.flowControl      = FALSE;                   //加 不进行流控制
62        UartConfig.callBackFunc     = NULL;                    //加 无回调函数
63        HalUARTOpen(0,&UartConfig);                            //加 按所设定参数初始化串口0
64      }                                                        //233
65      /*********************************************************************
66                     任务事件处理函数
67      *********************************************************************/
68      uint16 SampleApp_ProcessEvent( uint8 task_id, uint16 events )//248
69      {                                                        //249
70        afIncomingMSGPacket_t *MSGpkt;                         //250 定义指向接收消息的指针
71        (void)task_id;                                         //251 未引参数task_id
72        if ( events & SYS_EVENT_MSG )                          //253 判断是否为系统事件
73        {                                                       //254
74          MSGpkt = (afIncomingMSGPacket_t *)osal_msg_receive( SampleApp_TaskID );//255 从消息队列中取消息
75          while ( MSGpkt )                                      //256 有消息?
76          {                                                     //257
77            switch ( MSGpkt->hdr.event )                        //258 判断消息中的事件域
78            {                                                   //259
79              case ZDO_STATE_CHANGE:                            //271 ZDO 的状态变化事件
80                SampleApp_NwkState = (devStates_t)(MSGpkt->hdr.status);//272 读设备状态
81                if ( SampleApp_NwkState == DEV_ZB_COORD )       //273 改 若为协调器
82                {                                               //276
83                  osal_set_event(SampleApp_TaskID,USER_UART_EVT);//加
```

```
84                }                                         //281
85              break;                                      //286
86          //在此处可添加系统事件的其他子事件处理
87          default:                                        //288
88              break;                                      //289
89          }                                               //290
90          osal_msg_deallocate( (uint8 *)MSGpkt );         //293 释放消息所占存储空间
91          MSGpkt = (afIncomingMSGPacket_t *)osal_msg_receive( SampleApp_TaskID );//296 再从消息队列中取消息
92      }                                                   //297
93      return (events ^ SYS_EVENT_MSG);                    //300 返回未处理的事件
94  }                                                       //301
95  //用户事件处理
96  if ( events & USER_UART_EVT )                           //305 改
97  {                                                       //306
98      rxCB();                                             //加 串口接收数据处理
99      // 再次触发用户事件
100     osal_start_timerEx( SampleApp_TaskID, USER_UART_EVT,//311 过0.5s 后再设置事件
101         500 );                                          //312 改
102     return (events ^ USER_UART_EVT);                    //315 改 返回未处理完毕的事件
103 }                                                       //316
104 return 0;                                               //319 丢弃未知事件
105 }                                                       //320
106 /*****************************************************************
107                 发送消息函数
108 uint8 len:发送数据的长度
109 uint8 *buf:指向发送数据缓冲的指针
110 *****************************************************************/
111 void SampleApp_SendMessage( uint8 len,uint8 *buf )//412 改
112 {                                                       //413
113     afAddrType_t   my_DstAddr;                          //加 定义变量my_DstAddr(目的地址)
114     my_DstAddr.addrMode =(afAddrMode_t)AddrBroadcast;//加 传输类型:广播
115     my_DstAddr.endPoint = SAMPLEAPP_ENDPOINT;//加 目的地的端口
116     my_DstAddr.addr.shortAddr =0xFFFF;          //加  目的地的网络地址:全网络
117
118     AF_DataRequest( &my_DstAddr,                        //414 改
119                     &SampleApp_epDesc,                  //414 改
120                     SAMPLEAPP_PERIODIC_CLUSTERID,       //415
121                     len,                                //416 改
122                     (uint8*)buf,                        //417 改
123                     &SampleApp_TransID,                 //418
124                     AF_DISCV_ROUTE,                     //419
```

```
125                     AF_DEFAULT_RADIUS );        //420 改
126     }                                            //427
127 /*****************************************************************
128                     串口接收数据处理函数
129 ******************************************************************/
130 static  void  rxCB(void)
131 {
132     uint8 UsartBuf[10];                    //串口缓冲区:存放接收的数据
133     uint16 len;                            //实际接收数据的长度
134     uint8  UartCmd;                        //计算机发送来的命令
135     len=HalUARTRead(0,UsartBuf,10);        //从串口中读10个数据
136     if(len>0)                              //判断是否接收到了数据
137     {                                      //
138         HalUARTWrite(0,UsartBuf,len);      //将接收到的字符回送至计算机中显示
139         osal_memcpy(&UartCmd,UsartBuf, 1); //从串口缓冲区中取命令
140         switch(UartCmd)                    //对命令进行判断
141         { case  'a':                       //串口命令为a
142             SampleApp_SendMessage(1,"1");  //天线发送命令1:LED1 点亮
143             break;                         //
144           case  'b':                       //串口命令为b
145             SampleApp_SendMessage(1,"2");  //天线发送命令2:LED1 熄灭
146             break;                         //
147           case  'c':                       //串口命令为c
148             SampleApp_SendMessage(1,"3");  //加 天线发送命令3:LED1 闪烁
149             break;                         //
150         }                                  //
151 //      osal_memset(UsartBuf,0,len);       //将接收数据缓冲区清空
152     }
153 }
```

2. 编制终端节点的程序文件

EndDevice.c 文件的样例文件也是 SampleApp.c 文件，EndDevice.c 文件中事件处理流程如图 4-2 所示。EndDevice.c 文件中的内容如下，其中，黑体部分是相对 Coordinator.c 文件所添加或修改部分。

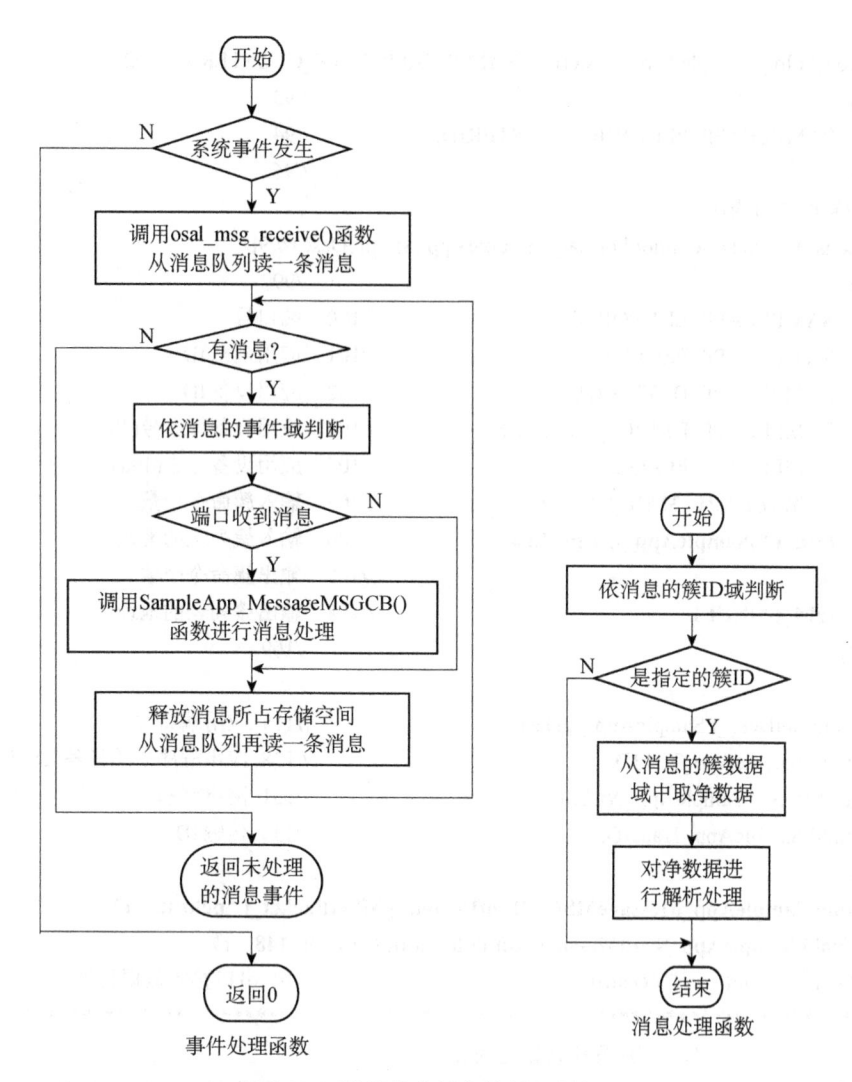

图 4-2 终端节点的事件处理流程

```
1   /******************************************************************
2                   任务11 用计算机控制终端节点上的LED
3                       终端节点程序(EndDevice.c)
4   ******************************************************************/
5   #include "OSAL.h"                        //59
6   #include "ZGlobals.h"                    //60
7   #include "AF.h"                          //61
8   #include "ZDApp.h"                       //63
9   #include "Coordinator.h"                 //65 改
10  #include "OnBoard.h"                     //68
11  #include "hal_led.h"                     //72
12
13  //#define USER_UART_EVT 0x0001    //加 用户事件:串口接收数据
14  //簇列表
```

```c
15   const cId_t SampleApp_ClusterList[SAMPLEAPP_MAX_CLUSTERS] =//92
16   {                                                //93
17     SAMPLEAPP_PERIODIC_CLUSTERID,                  //94
18   };                                               //96
19   //简单端口描述
20   const SimpleDescriptionFormat_t SampleApp_SimpleDesc =//98
21   {                                                //99
22     SAMPLEAPP_ENDPOINT,              //100  端口号
23     SAMPLEAPP_PROFID,                //101  应用规范ID
24     SAMPLEAPP_DEVICEID,              //102  应用设备ID
25     SAMPLEAPP_DEVICE_VERSION,        //103  应用设备版本号(4bit)
26     SAMPLEAPP_FLAGS,                 //104  应用设备标志(4bit)
27     SAMPLEAPP_MAX_CLUSTERS,          //105  输入簇命令个数
28     (cId_t *)SampleApp_ClusterList,  //106  输入簇列表的地址
29     0,                               //107  输出簇命令个数
30     (cId_t *)NULL                    //108  输出簇列表的地址
31   };                                 //109
32
33   endPointDesc_t SampleApp_epDesc;           //115  应用端口
34   uint8 SampleApp_TaskID;                    //128  应用程序中的任务ID号
35   devStates_t SampleApp_NwkState;            //131  网络状态
36   uint8 SampleApp_TransID;                   //133  传输ID
37
38   void SampleApp_MessageMSGCB( afIncomingMSGPacket_t *pckt );//147
39   //void SampleApp_SendMessage( uint8 len,uint8 *buf );//148  改
40   //static void  rxCB(void);                  //加  串口接收数据处理
41   /************************************************************************
42                     应用程序初始化函数
43   ************************************************************************/
44   void SampleApp_Init( uint8 task_id )       //173
45   {                                          //174
46   //  halUARTCfg_t  UartConfig;    //加 定义串口配置变量
47     SampleApp_TaskID = task_id;              //175  应用任务(全局变量)初始化
48     SampleApp_NwkState = DEV_INIT;           //176  网络状态初始化
49     SampleApp_TransID = 0;                   //177  传输ID号初始化
50
51   // 应用端口初始化
52     SampleApp_epDesc.endPoint = SAMPLEAPP_ENDPOINT;//213  端口号
53     SampleApp_epDesc.task_id = &SampleApp_TaskID;//214  任务号
54     SampleApp_epDesc.simpleDesc                //215  端口的其他描述
55        = (SimpleDescriptionFormat_t *)&SampleApp_SimpleDesc;//216
56     SampleApp_epDesc.latencyReq = noLatencyReqs; //217  端口的延迟响应
57     afRegister( &SampleApp_epDesc );           //220  端口注册
58   //串口配置
```

```c
59    //UartConfig.configured = TRUE;                    //加
60    //UartConfig.baudRate = HAL_UART_BR_115200;        //加 波特率为115200
61    //UartConfig.flowControl    = FALSE;               //加 不进行流控制
62    //UartConfig.callBackFunc = NULL;                  //加 无回调函数
63    //HalUARTOpen(0,&UartConfig);                      //加 按所设定参数初始化串口0
64    }
65    /************************************************************************
66                    任务事件处理函数
67    ************************************************************************/
68    uint16 SampleApp_ProcessEvent( uint8 task_id, uint16 events )//248
69    {                                                  //249
70      afIncomingMSGPacket_t *MSGpkt;                   //250 定义指向接收消息的指针
71      (void)task_id;                                   //251 未引参数 task_id
72      if ( events & SYS_EVENT_MSG )                    //253 判断是否为系统事件
73      {                                                //254
74        MSGpkt = (afIncomingMSGPacket_t *)osal_msg_receive( SampleApp_TaskID );//255 从消息队列中取消息
75        while ( MSGpkt )                               //256 有消息?
76        {                                              //257
77          switch ( MSGpkt->hdr.event )                 //258 判断消息中的事件域
78          {                                            //259
79            case AF_INCOMING_MSG_CMD:                  //266 端口收到消息
80              SampleApp_MessageMSGCB( MSGpkt );        //267
81              break;                                   //268
82    
83            //在此处可添加系统事件的其他子事件处理
84            default:                                   //288
85              break;                                   //289
86          }                                            //290
87    
88          osal_msg_deallocate( (uint8 *)MSGpkt );//293 释放消息所占存储空间
89    
90          MSGpkt = (afIncomingMSGPacket_t *)osal_msg_receive( SampleApp_TaskID );//296 再从消息队列中取消息
91        }                                              //297
92    
93        return (events ^ SYS_EVENT_MSG);               //300 返回未处理的事件
94      }                                                //301
95      //用户事件处理
96    
97      return 0;                                        //319 丢弃未知事件
98    }                                                  //320
99    /************************************************************************
100                   消息处理函数
```

```
101     *****************************************************************/
102     void SampleApp_MessageMSGCB( afIncomingMSGPacket_t *pkt )    //387
103     {                                                             //388
104       uint8 buf;
105       switch ( pkt->clusterId )                                   //391
106       {                                                           //392
107         case SAMPLEAPP_PERIODIC_CLUSTERID:                        //393
108           //用户添加的代码
109           osal_memcpy(&buf,pkt->cmd.Data,1);          //加   从数据包的数据域中复制 1 字节数据至 buf 中
110           switch(buf)                                  //加   判断 buf 中的值
111           { case '1':                                  //加   字符 1:点亮 LED1 命令
112             HalLedSet(HAL_LED_1,HAL_LED_MODE_ON);//加   点亮 LED1
113             break;                                     //加
114             case '2':                                  //加   字符 2:熄灭 LED1 命令
115             HalLedSet(HAL_LED_1,HAL_LED_MODE_OFF);//加  熄灭 LED1
116             break;                                     //加
117             case '3':                                  //加   字符 3:使 LED1 闪烁命令
118             HalLedBlink(HAL_LED_1,0,50,500);//加         控制 LED1 闪烁
119             break;                                     //加
120           }                                            //加
121           break;                                                  //394
122       }                                                           //400
123     }                                                             //401
```

3. 程序编译与下载运行

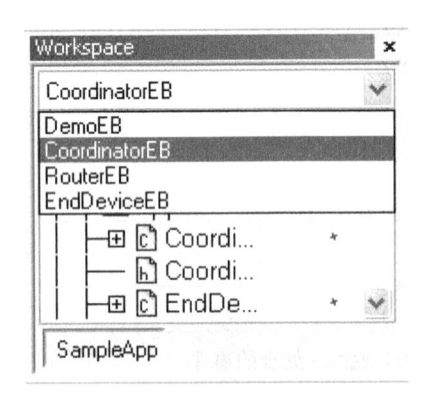

图 4-3 选择协调器

本例中有协调器和终端节点两种类型的设备，需要将所编写的程序分别编译成协调器程序和终端节点程序，然后分别下载至协调器和终端节点中。其操作步骤如下。

第 1 步：将设备类型设置成协调器。

单击"Workspace"窗口中的下拉列表框，从展开的列表框中选择"CoordinatorEB"列表项，如图 4-3 所示。

第 2 步：设置 EndDevice.c 文件不参与编译。

在 App 组中，EndDevice.c 是终端节点的应用程序文件，并不是协调器的应用程序文件，而且 EndDevice.c 文件中许多函数与 Coordinator.c 文件中的函数同名，因此不能参与协调器程序的编译，否则，程序编译时就会出错。设置 EndDevice.c 不参与编译的方法如下：

（1）用鼠标右键单击 App 组中的 EndDevice.c 文件，在弹出的快捷菜单中单击"Options"菜单命令项，如图 4-4 所示。此时，IAR 窗口中会弹出如图 4-5 所示的"Options for node 'SampleApp'"对话框。

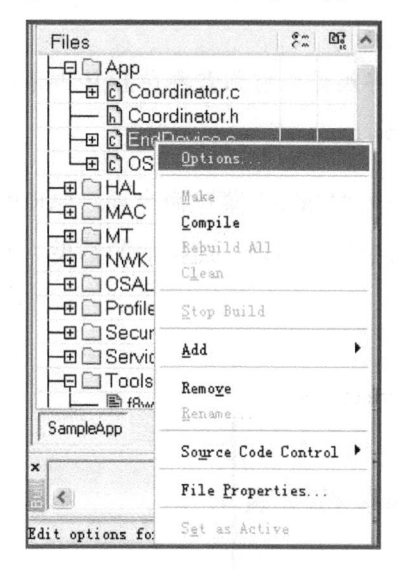

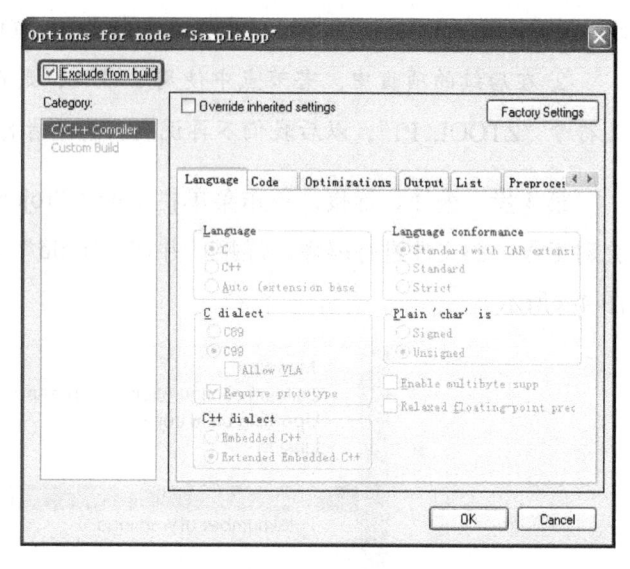

图 4-4 "Options"菜单命令项　　　图 4-5 "Options for node 'SampleApp'"对话框

（2）在"Options for node 'SampleApp'"对话框中勾选"Exclude from build"复选框，如图 4-5 所示，再单击"OK"按钮，这时 EndDevice.c 文件在 IAR 的"Workspace"窗口中呈灰白色状态，表示该文件将不参与当前的程序编译。

第 3 步：参考任务 9 中程序编译与下载运行的第 6 步～第 8 步，在 IAR 中添加预处理符号"ZTOOL_P1"，如图 4-6 所示。

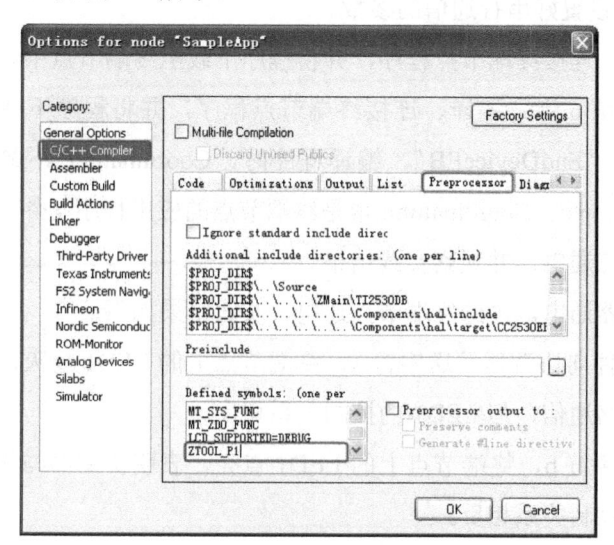

图 4-6 添加预处理符号 ZTOOL_P1

【说明】

① 默认状态下，ZStack 中关闭了串口。若在 IAR 中定义了预处理符号 "ZTOOL_P1"，则 ZStack 将以 DMA 方式使用串口 0。在与本书配套的 ZigBee 模块中，我们使用串口 0 进行串行通信，所以必须在 IAR 中预定义符号 "ZTOOL_P1"。

② 在后续的项目中，若节点中使用了串口，则在程序编译之前都需要在 IAR 中预定义符号 "ZTOOL_P1"，以后我们不再说明，请读者自行加上。

第 4 步：编译、连接。单击菜单栏上的 "Project" → "Make" 菜单命令项，IAR 就会对工程中的文件进行编译、连接，并在 "Build" 窗口中显示编译、连接后的结果，如图 4-7 所示。

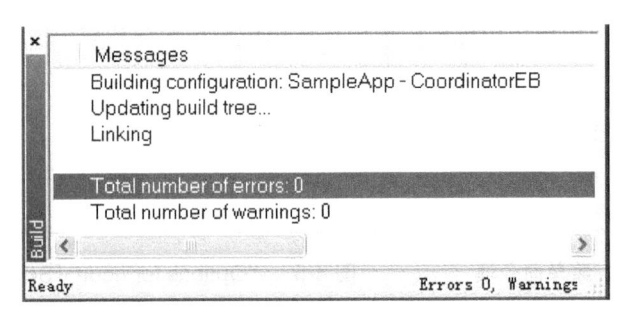

图 4-7 "Build" 窗口

第 5 步：连接仿真器。

第 6 步：下载程序至协调器中。

第 7 步：用串口线将计算机的串口与协调器相连，然后在计算机中打开串口调试软件，并参照图 3-14 设置好串行通信的参数。

第 8 步：编译、连接终端节点程序，并将程序下载至终端节点中。

重复第 1 步～第 6 步，编译、连接终端节点程序，并将程序下载至终端节点中。其中，设备类型选择 "EndDeviceEB"，编译程序时，Coordinator.c 不参与编译，即在 App 组中，OSALSampApp.c、Coordinator.h 也是终端节点的应用程序文件。

第 9 步：给节点通电，并观察实践结果。

（1）先给协调器通电，再给终端节点通电，实践结果如下：

用串口调试软件向协调器发送字符 a，终端节点上的 LED1 熄灭，表明协调器与终端节点能进行通信网络通信，但 LED1 的控制关系相反。

向协调器发送字符 b，终端节点上的 LED1 点亮，表明协调器与终端节点能进行网络通信，但 LED1 的控制关系相反。

向协调器发送字符 c，终端节点上的 LED1 闪烁，LED1 的状态与任务要求相同。

向协调器发送其他字符，终端节点上的 LED1 的状态不变，LED1 的状态与任务要求相同。

产生上述现象的原因是，ZStack 中的驱动程序是根据 TI 公司开发的 ZigBee 模块编写的，在 TI 公司生产的 ZigBee 模块中，LED1 接在 P10 引脚上，采用的是高有效控制。在我们开发的 ZigBee 模块中，LED1 也是接在 P10 引脚上的，但采用的是低有效控制，两者的控制关系刚好是相反的。

解决问题的方法有两种。第一种方法是将 EndDevice.c 文件中第 112 行和 115 行的 HAL_LED_MODE_ON 与 HAL_LED_MODE_OFF 互换。第二种方法是修改 ZStack 中的硬件配置，使其配置与我们所用的实际电路一致，其具体方法我们将在实践拓展部分再做详细介绍。

（2）先给协调器通电，再给终端节点通电，在终端节点不断电的条件下，关闭协调器的电源后，再给协调器通电，实践的结果如下：向协调器发送字符 a、b 或者 c，终端节点上的 LED1 的状态均无变化，表明终端节点接收不到协调器发送来的控制命令，网络通信失败。

产生上述现象的原因是，在本例的组网实践中，我们是按照 ZStack 的默认值组建 ZigBee 网络的。在后面的学习中我们会知道，在 ZStack 中，网络 ID 号（PANID 号）的默认值为 0xffff，此值并不是一个网络 ID 号，而是表示节点建立网络或加入网络的方式。对于协调器而言，若 PANID 值为 0xffff，则协调器通电后会随机选择一个 PANID 值来组建网络；对于终端节点而言，节点通电后会搜寻周围的 ZigBee 网络，并加入它所认为最优的 ZigBee 网络中。本例中，我们先给协调器通电，再给终端节点通电，终端节点会加入此时协调器所建立的网络中；协调器断电后再通电，其所建立的网络与先前所建网络并不是同一个网络，所以此时协调器与终端节点处在不同的 ZigBee 网络中，终端节点就接收不到协调器所发送的控制命令了。

解决问题的办法是在程序中指定节点的网络 ID 号，即指定 PANID 号。有关 PANID 的含义、PANID 的设置方法我们将在任务 12 中再做介绍。

程序分析

1. Coordinator.c 文件中的代码分析

在 Coordinator.c 文件中，多数代码我们已在前面的项目中分析过，在此我们只分析本例中新增加或修改的程序代码。

第 15 行～第 18 行：定义簇列表数组 SampleApp_ClusterList[]。

在 ZStack 中，簇实际上是网络通信中的命令集合，簇 ID 实际上是用户自定义的无线控制命令的编号，簇列表数组用来存放用户自定义的无线控制命令的 ID 号。

本例中的无线控制命令虽然有 3 个，但它们都是控制节点上的某个 LED 灯的状态，可以归并为一类控制命令，为了与前面各项目中的簇列表保持一致，在本例的程序中，我们对所有控制节点上 LED 灯的命令只分配一个簇 ID 号，用符号 SAMPLEAPP_PERIODIC_CLUSTERID 表示，其定义位于 Coordinator.h 文件中。然后通过对命令的内容进行判断来实现不同的命令控制 LED 灯的不同状态。因此，簇列表数组中只有一个元素，该元素就是控制 LED 灯的命令编号。

如果把控制 LED 灯的每个命令视作一个独立的命令，那么就需要在 Coordinator.h 文件中为每个命令定义一个簇 ID，在此处的簇列表中我们就应该填写 3 个元素的簇 ID，并且还需要对第 111 行的 SampleApp_SendMessage()函数进行修改。

第 20 行～第 31 行：定义简单的端口描述变量 SampleApp_SimpleDesc。

本例中，协调器要向终端节点发送无线控制命令，不接收其他节点发送来的无线数据，所以协调器无输入簇列表，但有输出簇列表，其输入簇命令的个数为 0，输出簇命令的个数为 1。因此，第 27 行中的输入簇命令个数应填上 0，输入簇列表的地址应填上NULL（空），第 29 行中的输出簇命令个数应填上 Coordinator.h 文件中所定义的簇命令个数 SAMPLEAPP_MAX_CLUSTERS，在第 30 行中要填上簇列表的地址。

在 ZigBee 网络中，数据收发双方的簇命令是对应的，发送方的输出簇命令即为接收方的输入簇命令。

第 39 行：发送消息函数的说明。

第 40 行：串口接收数据处理函数的说明。

第 44 行～第 64 行：应用初始化函数。该函数我们在前面的项目中已进行了分析。

第 68 行～第 105 行：任务事件处理函数。其代码与前面介绍的任务事件处理函数相同，在此不再重复分析。

第 111 行～第 126 行：发送消息函数。

第 113 行：定义 afAddrType_t 型结构体变量 my_DstAddr。该变量用来存放目的地的网络地址、端口号、地址模式等参数。

第 114 行：设置地址模式参数，也就是设置数据传输的类型。其中，AddrBroadcast 表示数据传输类型是广播。

第 115 行：设置目的地的端口号。其中，SAMPLEAPP_ENDPOINT 是 Coordinator.h 文件中所定义的宏。

第 116 行：设置目的地的网络地址。其中，0xffff 为广播地址。

第 118 行～第 125 行：调用函数 AF_DataRequest()发送数据。

第 130 行～第 153 行：串口接收数据处理函数。

2. EndDevice.c 文件中的代码分析

第 15 行～第 18 行：终端节点中的簇列表定义。它与协调器中的簇列表的定义相同。

第 20 行～第 31 行：定义简单的端口描述变量 SampleApp_SimpleDesc。其中，输入簇与协调器中的输出簇相对应，输出簇与协调器中的输入簇相对应。

第 38 行：消息处理函数说明。

第 79 行：判断消息事件域的值是否为 AF_INCOMING_MSG_CMD。其中，AF_INCOMING_MSG_CMD 表示端口收到了消息。

第 80 行：调用函数 SampleApp_MessageMSGCB()对 MSGpkt 所指向的消息进行处理。

第 102 行～第 123 行：消息处理函数。

第 104 行：定义数据缓冲区变量。协调器所发出的控制信息只有 1 个字节的字符，因此消息的应用数据只有 1 个字节，所以本例中只需定义 1 个字节的变量就可以保存消息中的应用数据。

第 105 行：对消息中的 clusterId 域进行判断，即对接收到的命令 ID 进行判断。

第 107 行：判断当前接收到的消息是否是控制 LED 灯的消息。其中，SAMPLEAPP_PERIODIC_CLUSTERID 是 Coordinator.h 文件中所定义的宏，为输入簇 ID 号，表示控制节点上 LED 灯的命令。

第 109 行：从消息的应用数据域中复制 1 字节数据至 buf 中，也就是从消息中取控制命令的内容，然后存入变量 buf 中。

第 110 行～第 120 行：用 switch-case 语句对控制命令的内容进行判断处理。

实践拓展

修改 ZStack 中 LED 的配置

从前面的学习中我们知道，在使用 ZigBee 模块时要根据实际所使用的硬件资源情况对 hal_board_cfg.h 文件进行适当的修改或配置。下面以 ZStack 中 LED1 的配置为例，我们一起研究 ZStack 中有关 LED 的配置代码，然后再介绍根据实际硬件电路修改 ZStack 中

LED 配置的方法。

（1）ZStack 中 LED 的相关定义。TI 公司开发的 ZigBee 模块有许多版本，不同版本的 ZigBee 模块中所配备的 LED 不同，其中 VER17 版的 ZigBee 模块中有绿、红、黄 3 只发光二极管，分别为 LED1、LED2、LED3，依次接在 P10、P11、P14 口线上，这 3 只发光二极管采用的是高有效控制，即 P10 输出高电平时，LED1 点亮。

在 ZStack 中，有关 LED 的配置代码位于 HAL\Target\CC2530EB\Config 组中的 hal_board_cfg.h 文件中，分为符号定义、LED 初始化、LED 控制函数定义 3 部分。

与 LED 相关的符号定义代码位于文件的第 102 行～第 130 行。其中，第 102 行～第 108 行的作用是定义不同硬件版本中发光二极管的数量，第 113 行～第 129 行为 3 个发光二极管的相关符号定义，每 4 行为一组，定义一个发光二极管的相关符号，每组的定义相同。以 LED1 的定义为例，其发光二极管相关符号的定义如下：

```
#define LED1_BV        BV(0)         //113 置1位的定义：第0位置1
#define LED1_SBIT      P1_0          //114 LED 所接引脚定义：P1_0 引脚
#define LED1_DDR       P1DIR         //115 LED 引脚所在端口的方向寄存器定义
#define LED1_POLARITY  ACTIVE_HIGH   //116 控制有效电平的定义：高有效
```

第 113 行的作用是用符号 LED1_BV 代表一个 8 位的二进制数，该二进制数与方向寄存器按位或运算后刚好使 LED 所接 I/O 口的方向位为 1（输出方向）。其中，BV(0)是 hal_defs.h 文件中定义的宏，其定义如下：

```
#define BV(n)     (1 << (n))
```

其作用是产生一个第 n 位为 1、其他位为 0 的二进制数。

在 REV17 版的 ZigBee 模块中，LED1 接在 P1_0 引脚上，在 LED 初始化程序中需要将 P1_0 设置成输出口，也就是要将 P1DIR 的 D0 位置为 1，所以在这里 BV(n)的参数应选择 0。

第 114 行的作用是定义 LED 所接的 I/O 口。

第 115 行的作用是定义 LED 所在端口的方向寄存器。

第 116 行的作用是定义 LED 有效控制电平。如果 I/O 口输出高电平时发光二极管亮（高有效控制），则有效电平应设置成 ACTIVE_HIGH；如果 I/O 口输出低电平时发光二极管亮（低有效控制），则有效电平应设置成 ACTIVE_LOW。

LED 初始化代码位于第 248 行～253 行，这部分代码实际上是 HAL_BOARD_INIT() 函数中的代码。HAL_BOARD_INIT()函数是用宏定义的形式给出的，其定义如下：

```
#if defined (HAL_BOARD_CC2530EB_REV17) && !defined (HAL_PA_LNA) && !defined (HAL_PA_LNA_CC2590)           /*231*/
#define HAL_BOARD_INIT()        \      /*233*/
```

```
    {                                     \          /*234*/
        ...
        HAL_TURN_OFF_LED1();              \          /*248 熄灭 LED1*/
        LED1_DDR |= LED1_BV;              \          /*249 设置 LED1 所在 I/O 口的方向：输出*/
        HAL_TURN_OFF_LED2();              \          /*250 熄灭 LED2*/
        LED2_DDR |= LED2_BV;              \          /*251 设置 LED2 所在 I/O 口的方向：输出*/
        HAL_TURN_OFF_LED3();              \          /*252 熄灭 LED3*/
        LED3_DDR |= LED3_BV;              \          /*253 设置 LED3 所在 I/O 口的方向：输出*/
        ...
    }                                                /*257*/
#elif    defined    (HAL_BOARD_CC2530EB_REV13)    ||    defined    (HAL_PA_LNA)    ||    defined
(HAL_PA_LNA_CC2590)                                  //259
    #define HAL_BOARD_INIT()              \
    {
        ...
        LED1_DDR |= LED1_BV;              \          /*277 设置 LED1 所在 I/O 口的方向：输出*/
        ...
    }                                                //287
#endif                                               //289
```

其中，HAL_TURN_OFF_LEDn()（n=1、2、3）是文件 hal_board_cfg.h 中定义的宏，以 HAL_TURN_OFF_LED1()为例，其定义如下：

```
#define HAL_TURN_OFF_LED1()          st( LED1_SBIT = LED1_POLARITY (0); )
```

这里的 LED1_SBIT、LED1_POLARITY 及 249 行代码中的 LED1_DDR、LED1_BV 是第 113 行～129 行所定义的符号。

LED 控制函数的定义位于第 303 行～第 347 行。这些函数也是用宏定义的形式给出的，每个发光二极管有 4 个函数，分别是 HAL_TURN_OFF_LEDn()、HAL_TURN_ON_LEDn()、HAL_TOGGLE_LEDn()和 HAL_STATE_LEDn()（n 为发光二极管的编号 0、1、……），它们的功能依次是熄灭发光二极管、点亮发光二极管、使发光二极管的状态翻转及获取发光二极管的显示状态。

（2）修改 ZStack 中 LED 的定义。有 3 种情况需要做不同的处理。

第一种情况是 ZigBee 模块中 LED 的数量与 ZStack 中 LED 数相等，但 LED 所接的 I/O 引脚不同或者是 LED 采用的是低有效控制。在这种情况下，我们只需修改第 113 行～第 129 行中的符号定义。

例如，在与本书配套的 ZigBee 模块中，LED1 接在 P1_0 上，LED2 接在 P1_1 上，LED3 接在 P0_4 上，3 只发光二极管均采用低有效控制，其修改后的符号定义如下：

```
#define LED1_BV              BV(0)            //113 置 1 位的定义：第 0 位置 1
```

#define LED1_SBIT	P1_0	//114 LED1 接 P1_0 引脚
#define LED1_DDR	P1DIR	//115 LED1 所在端口的方向寄存器定义
#define LED1_POLARITY	ACTIVE_LOW	//116 LED1 控制有效电平的定义：低有效
#define LED2_BV	BV(1)	//120 置 1 位控制：第 1 位置 1
#define LED2_SBIT	P1_1	//121 LED2 所接引脚：P1_1 引脚
#define LED2_DDR	P1DIR	//122 LED2 所在端口的方向寄存器定义
#define LED2_POLARITY	ACTIVE_LOW	//123 LED2 控制有效电平的定义：低有效
#define LED3_BV	BV(4)	//126 置 1 位控制：第 4 位置 1
#define LED3_SBIT	P0_4	//127 LED2 所接引脚：P0_4 引脚
#define LED3_DDR	P0DIR	//128 LED3 引脚所在端口的方向寄存器定义
#define LED3_POLARITY	ACTIVE_LOW	//129 LED3 控制有效电平的定义：低有效

第二种情况是 ZigBee 模块中 LED 的数量小于 ZStack 中 LED 数。这时我们需要进行 4 处修改：一是修改第 103 行的发光二极管的数量定义；二是修改第 113 行～第 129 行中的符号定义，并删除多余的 LED 符号定义；三是删除第 248 行～第 253 行中多余的 LED 初始化代码，由于初始化函数是以宏定义形式给出的，所以删除不能用行注释代替；四是删除第 305 行～第 323 行中多余的 LED 控制函数。

第三种情况是 ZigBee 模块中 LED 的数量大于 ZStack 中 LED 数，这时我们也要做 4 处修改：一是修改第 103 行的发光二极管的数量定义；二是修改第 113 行～第 129 行中的符号定义，并添加新的 LED 符号定义；三是在第 253 行之后增加新的 LED 初始化代码，每增加一行代码，需要在行尾添加符号"\"；四是在第 305 行～第 323 行插入新的 LED 控制函数。

实践总结

数据通信包括发送、传输和接收 3 个部分，在无线组网中，我们所要做的工作主要是在发送端发送数据和在接收端接收数据。

数据的发送是通过调用 AF_DataRequest()函数来实现的，需要先定义相关变量，再对变量赋值，然后调用函数。变量的定义主要有 dstAddr、srcEP、len、buf、transID 等 5 个。其中，dstAddr 是 afAddrType_t 型结构体变量，用来存放数据的目的地址，该变量可以定义成局部变量，也可以定义成全局变量；srcEP 是 endPointDesc_t 型结构体变量，用来存放发送端的端口信息，该变量必须定义成全局变量，需要在应用初始化中赋初值并进行端口注册；len 是 uint16 型变量，用来存放发送数据的字节数，可以定义成全局变量，也可以定义成局部变量；buf 是 uint8 型的数组，用来存放待发送的数据，通常定义成全局变量；transID 是 uint8 型的变量，用来存放传输的 ID 号，该变量是 AF_DataRequest()函数的输出参数，必须定义成全局变量。

在变量赋值时要注意数据的通信方式，不同的通信方式要对 dstAddr.addrMode 赋以不同的值。单播通信中，dstAddr.addrMode=Addr16Bit，dstAddr.shortAddr=目的地的网络地址。广播通信中，dstAddr.addrMode= AddrBroadcast，dstAddr.shortAddr=0xffff 或者 0xfffc、0xfffd。

在调用 AF_DataRequest()函数时要注意函数的参数形式。其中，第 1、2、5、6 参数为指针，需用 dstAddr、srcEP、buf[]、transID 这 4 个变量的地址作为 AF_DataRequest()函数的第 1、2、5、6 参数，即调用 AF_DataRequest()函数的形式应为"AF_DataRequest(&dstAddr, &srcEP, cID, len, buf, &transID, options, radius);"。

数据的接收是由 OSAL 完成的，当节点收到发往本节点的数据后，OSAL 就会将数据封装成消息存入消息队列中，并设置系统事件。从应用的角度来说，我们不必关注节点是如何接收数据并将数据封装成消息的，只需掌握消息的处理方法。

在数据接收端，消息的处理方法是在事件处理函数中当检测到有系统事件发生后，用 osal_msg_receive()函数从消息队列中读取一条消息，然后对消息的事件域进行判断，若其为 AF_INCOMING_MSG_CMD（端口接收到数据包）事件，并且消息的簇 ID 域为指定簇 ID 号，则从消息中读取数据通信的净数据，并对净数据进行解析处理，直至消息队列中的所有消息处理完毕。

习题

1. 简述数据包与消息的区别。
2. 设变量 pkt 是一个指向某个消息的指针变量，请给出下列参数的表示方法：
（1）消息中的事件编码。
（2）节点的状态。
（3）发送消息的簇 ID 号。
（4）消息中应用数据的长度。
（5）消息中应用数据存放的首地址。
3. ZigBee 网络中，数据通信有哪几种方式？各种方式的特点是什么？
4. 在 ZigBee 网络中，协调器的网络地址为_____，广播地址为_____。
5. 在 ZStack 中，发送无线数据的函数是_____。
6. 请编写程序实现以下功能：
（1）用广播方式将数组 buf[]中 20 字节的数据发送出去。

（2）用单播方式将数组 buf[] 中 20 字节的数据发送给协调器。

7. 如果要生成协调器的程序，在程序编译时，设备类型应选择_____，如果要生成终端节点的程序，则设备类型应选择_____，如果要生成路由器的程序，则设备类型应选择_____。

8. 简述设置 EndDevice.c 文件不参与编译的方法，并上机实践。

9. 编程实现以下网络功能：

用两个 ZigBee 模块组建无线网络。模块 A 作协调器，模块 B 终端节点，用两台计算机分别与这两个 ZigBee 模块相接。网络中协调器和终端节点都可以在网络中接收和发送数据，A 计算机用串口调试软件通过协调器在网络中发送一组字符串后，终端节点就将所接收到的字符串通过串口发送到 B 计算机中显示；B 计算机用串口调试软件通过终端节点在网络中发送一组字符串后，协调器就将所接收到的字符串通过串口发送到 A 计算机中显示；即两台计算机 ZigBee 网络实现类似于 QQ 聊天的功能。

任务 12　分组传输数据

任务要求

用 3 块 ZigBee 模块组建一个专用的无线网络，网络的 ID 号为 0x1234。模块 A 作协调器，模块 B 作路由器，模块 C 作终端节点。计算机通过串口与网络中各节点相连，用来设置各节点的通信方式，并显示节点所接收到的信息。当计算机串口向节点发送字符 sg 时，节点就加入组名为 Group1 的组中，并按组播方式发送数据；当计算机串口向节点发送字符 rg 时，节点就脱离 Group1 组，并按广播方式发送数据。其中，网络中数据传输采用 12 信道传输，节点接收到网络中的数据后通过串口发送至计算机中显示，节点与计算机进行串行通信的波特率为 BR=115200bit/s。

知识储备

1. 信道

信道是指进行无线数据传输时，数据信号的传送通道，即指用哪个无线频道传送无线数据。

ZigBee 采用的是免执照的工业科学医疗（ISM）频段，ZigBee 网络中可选用 868MHz、915MHz、2.4GHz 这 3 个频段进行无线数据传送。不同国家对上述频段的使用有不同的规定，我国主要是选用 2.4GHz 进行 ZigBee 无线数据传送。

ZigBee 共定义了 27 个物理信道。其中，868MHz 频段上定义了 1 个信道，信道的编号为 0。915MHz 频段上定义了 10 个信道，信道的编号为 1～10。2.4GHz 频段上定义了 16 个信道，信道的编号为 11～26，这 16 个信道的间隔为 5MHz，各个信道的中心频率为 2401+5×（k−11）MHz。其中，k=11～26。

ZigBee 网络工作在不同频段上，其数据传送的速度不同。选用 2.4GHz 频段进行数据传送时，其理论上的数据传输速度为 250Kbit/s，但实际上可能达不到 100Kbit/s。其他两个频段上的数据传输速度更低。

在 ZStack 中，Toos 组中的 f8wConfg.cfg 文件中，第 36 行～第 51 行代码用来定义信道，其定义如下：

```
//-DDEFAULT_CHANLIST=0x04000000    // 26 - 0x1A    //第 36 行
//-DDEFAULT_CHANLIST=0x02000000    // 25 - 0x19    //第 37 行
//-DDEFAULT_CHANLIST=0x01000000    // 24 - 0x18    //第 38 行
//-DDEFAULT_CHANLIST=0x00800000    // 23 - 0x17    //第 39 行
//-DDEFAULT_CHANLIST=0x00400000    // 22 - 0x16    //第 40 行
//-DDEFAULT_CHANLIST=0x00200000    // 21 - 0x15    //第 41 行
//-DDEFAULT_CHANLIST=0x00100000    // 20 - 0x14    //第 42 行
//-DDEFAULT_CHANLIST=0x00080000    // 19 - 0x13    //第 43 行
//-DDEFAULT_CHANLIST=0x00040000    // 18 - 0x12    //第 44 行
//-DDEFAULT_CHANLIST=0x00020000    // 17 - 0x11    //第 45 行
//-DDEFAULT_CHANLIST=0x00010000    // 16 - 0x10    //第 46 行
//-DDEFAULT_CHANLIST=0x00008000    // 15 - 0x0F    //第 47 行
//-DDEFAULT_CHANLIST=0x00004000    // 14 - 0x0E    //第 48 行
//-DDEFAULT_CHANLIST=0x00002000    // 13 - 0x0D    //第 49 行
//-DDEFAULT_CHANLIST=0x00001000    // 12 - 0x0C    //第 50 行
-DDEFAULT_CHANLIST=0x00000800     // 11 - 0x0B    //第 51 行
```

其中，"-D" 是 f8wConfg.cfg 文件中定义宏的一种表达形式，其后的代码为所要定义的宏，宏定义符号 "-D" 与宏名之间无空格，"=" 右边的数为宏所代表的值，注释符号（符号//）后面的数值为信道号。例如，第 51 行代码的含义就是定义符号 DEFAULT_CHANLIST，它所代表的值为 0x00000800，它是 11 信道的定义。

ZStack 的默认信道是 11，如果要选择其他信道，如选择信道 13，其修改方法是将定义信道 13 的代码前面的注释符号（符号//）去掉，即去掉第 49 行代码前面的 "//" 符号，然后再将第 51 行代码注释掉，即在第 51 行前面加上符号 "//"。也就是说，在第 36 行～

第 51 行代码中只保留所选信道的定义,其他行的信道定义全部注释掉。修改后的信道定义如下:

```
...
//-DDEFAULT_CHANLIST=0x00004000    // 14 - 0x0E      //第 48 行
-DDEFAULT_CHANLIST=0x00002000      // 13 - 0x0D      //第 49 行
//-DDEFAULT_CHANLIST=0x00001000    // 12 - 0x0C      //第 50 行
//-DDEFAULT_CHANLIST=0x00000800    // 11 - 0x0B      //第 51 行
```

2. PANID

PANID 是 Personal Area Network ID 的缩写,其含义是个域网的标识符。ZigBee 网络属于个域网,PANID 用来标识不同的 ZigBee 网络,同一个 ZigBee 网络中的节点,其 PANID 相同。也就是说,如果节点的 PANID 相同,那么它们就属于同一个 ZigBee 网络,否则就属于不同的 ZigBee 网络。

在 ZStack 中,PANID 用 14 位的二进制数表示,其值为 0x0000～0x3fff,由 f8wConfg.cfg 文件(位于 Toos 组中)中的 ZDO_CONFIG_PAN_ID 参数来指定。节点的 ZDO_CONFIG_PAN_ID 参数值设置为 0x0000～0x3fff 中的某个值时,节点就以此值为 PANID 值建立(对于协调器而言)或加入(对于路由器、终端节点而言)网络;节点的 ZDO_CONFIG_PAN_ID 的值设为 0xffff 时,节点就选择最优的 PANID 值(位于 0x0000～0x3fff)来建立(对于协调器而言)或加入(对于路由器、终端节点而言)网络。

在 f8wConfg.cfg 文件中,ZDO_CONFIG_PAN_ID 参数的定义位于第 58 行中,其定义如下:

```
-DZDAPP_CONFIG_PAN_ID=0xFFFF
```

很显然,ZDO_CONFIG_PAN_ID 参数的默认值为 0xffff。如果不修改该参数的值,则每次协调器通电后所组建的网络并不一定相同,对于路由器和终端节点而言,如果节点的附近有多个 ZigBee 网络,每次通电后它们所加入的 ZigBee 网络也并不一定相同。

设置网络的 PANID 值的方法是,在上述 ZDO_CONFIG_PAN_ID 参数定义中,将"="右边的数设置成我们所要的 PAN ID 值。例如,将网络的 PAN ID 设为 0x1234 的定义如下:

```
-DZDAPP_CONFIG_PAN_ID=0x1234
```

3. 组播通信的相关函数

在 ZStack 中共有 12 个与组播通信相关的函数,这些函数的原型说明位于 NWK 组的 aps_groups.h 文件中,其中最常用的是 aps_AddGroup()等 3 个函数。

（1）aps_AddGroup()函数。aps_AddGroup()函数的原型说明如下：

ZStatus_t aps_AddGroup(uint8 endpoint, aps_Group_t *group);

该函数的功能是将端口 endpoint 添加至 group 组中。函数中 group 参数的类型是指向 aps_Group_t 结构体的指针，aps_Group_t 类型的定义位于 aps_groups.h 文件中，其类型说明如下：

```
typedef struct
{
  uint16 ID;                          //组 ID 号
  uint8  name[APS_GROUP_NAME_LEN];    //组名
} aps_Group_t;
```

其中，APS_GROUP_NAME_LEN 是 aps_groups.h 文件中定义的宏，其定义如下：

```
#define APS_GROUP_NAME_LEN    16
```

也就是说，在默认状态下，组名的长度最多只能有 16 个字符。

函数的返回值是添加的结果，若添加成功，则返回 ZSuccess。

例如，将端口 SAMPLEAPP_ENDPOINT 加入 SampleApp_Group 组中的程序如下：

aps_AddGroup(SAMPLEAPP_ENDPOINT, &SampleApp_Group);

（2）aps_FindGroup()函数。aps_FindGroup()函数的原型说明如下：

aps_Group_t * aps_FindGroup(uint8 endpoint, uint16 groupID);

该函数的功能是查找组，若端口 endpoint 在组 ID 号为 groupID 的组中，则返回指向该组的指针，否则返回 NULL。

（3）aps_RemoveGroup()函数。aps_RemoveGroup()函数原型说明如下：

aps_RemoveGroup(uint8 endpoint, uint16 groupID);

该函数的功能是将端口 endpoint 从组 ID 号为 groupID 的组中删除。

例如，将端口 SAMPLEAPP_ENDPOINT 从组 ID 号为 SAMPLEAPP_GROUP 的组中删除的程序如下：

```
aps_Group_t *grp;
grp = aps_FindGroup( SAMPLEAPP_ENDPOINT, SAMPLEAPP_GROUP );
if(grp)
    {    aps_RemoveGroup( SAMPLEAPP_ENDPOINT, SAMPLEAPP_GROUP );    }
```

4. 组播通信的实现方法

实现组播通信的一般方法是，先定义一个组，然后将节点中需要进行组播通信的端口添加至组中，在需要进行组播通信时则按组发送数据。

（1）定义组。定义组的方法是，先定义一个 aps_Group_t 型的组变量，然后在变量中设置组 ID 值和组名。

例如，定义一个组 ID 号为 0x0001、组名为 6 字符的 Group1，其程序如下：

```
aps_Group_t SampleApp_Group;                    //1 定义组变量 SampleApp_Group
SampleApp_Group.ID = 0x0001;                    //2 设置组 ID 值
osal_memcpy(SampleApp_Group.name, "Group1", 6 );//3 设置组名
```

程序中，第 1 行的功能是定义 aps_Group_t 型的组变量 SampleApp_Group，第 2 行的功能是对组变量 SampleApp_Group 的 ID 成员赋值 0x0001，也就是将组的 ID 值设置为 0x0001，第 3 行的功能是将字符串 "Group1" 中的 6 个字符复制到 SampleApp_Group.name 所代表的地址处。SampleApp_Group 变量的 name 成员是一个数组，SampleApp_Group.name 表示的是 name 成员的首地址，即 name[0]的地址。osal_memcpy()函数执行后，name[0]= 'G'，name[1]= 'r'，name[2]= 'o'，name[3]= 'u'，name[4]= 'p'，name[5]= '1'，也就是将组变量 SampleApp_Group 的 name 成员的值设置成 Group1，因此第 3 句的功能是将组名设置成 Group1。

在实际应用中，我们有时需要在组变量中保存组名的长度，以方便编程。在这种情况下，我们可以用 name 成员的第 1 个元素保存组名的长度，从第 2 个元素开始存放实际的组名。例如，下面的程序就是用 name[0]保存组名长度，从 name[1]开始存放组名的。

```
aps_Group_t SampleApp_Group;                         //1 定义组变量 SampleApp_Group
SampleApp_Group.ID = 0x0001;                         //2 设置组 ID 值
SampleApp_Group.name[0]=6                            //3 name[0]存放组名的长度 6
osal_memcpy(&SampleApp_Group.name[1], "Group1", 6 );//4 组名存放在从 name[1]开始的 6 个元素中
```

在第 4 行代码中，符号&为取地址运算符，其作用是取 SampleApp_Group.name[1]的地址。osal_memcpy()函数的第 1 个参数为指针，而 name[1]是结构体变量 SampleApp_Group 的 name 成员的第 1 个元素，它相当于一个变量，并不是一个地址，因而需要在其前面加上取地址运算符。

（2）在组中添加端口。在 ZigBee 网络中，端口只有加入一个组之后才能接收到组内的消息，或者向组内其他端口发送消息。在组中添加端口所用的函数是 aps_AddGroup()。

例如，将端口 SAMPLEAPP_ENDPOINT 加入 SampleApp_Group 组中的程序如下：

```
aps_Group_t *grp;
grp = aps_FindGroup( SAMPLEAPP_ENDPOINT, SampleApp_Group.ID );
```

```
        if(grp == NULL)
        {    aps_AddGroup( SAMPLEAPP_ENDPOINT, &SampleApp_Group );    }
```

程序中先定了一个指向组的指针变量，然后检查端口是否在指定组中，若不在，则将此端口添加到组中。

（3）按组发送数据。按组发送数据所用的函数也是 AF_DataRequest()，但调用该函数时的参数值不同，其要求是，发送的地址模式为 AddrGroup（组播），目的地的短地址值为组 ID 号。其他参数的要求与广播时的要求一样，在此不再赘述。

例如，以组播方式发送字符"Group Message"的程序如下：

```
void    SampleApp_SendGroupMessage(void)
{
    uint8 theMessage[]="Group Message";                    //待发送的数据
    afAddrType_t    Send_DstAddr;                          //发送的目的地
    Send_DstAddr.addrMode=(afAddrMode_t)AddrGroup;         //地址模式：组播
    Send_DstAddr.addr.shortAddr=SampleApp_Group.ID;        //目的地的短地址值为组 ID 号
    Send_DstAddr.endPoint=SAMPLEAPP_ENDPOINT;              //目的地的端口号

    AF_DataRequest( &Send_DstAddr, &SampleApp_epDesc,      //发送数据
                    SAMPLEAPP_PERIODIC_CLUSTERID,
                    13,                                    //发送 13 字节
                    (uint8*)theMessage,                    //数据位于 theMessage[]中
                    &SampleApp_TransID,
                    AF_DISCV_ROUTE,
                    AF_DEFAULT_RADIUS );
}
```

实现方法与步骤

1. 编程思路

本例中，节点有广播和组播两种通信方式，由串口命令来设置，可以采取以下方式来实现任务要求：用 SAMPLEAPP_PERIODIC_CLUSTERID、SAMPLEAPP_GROUP_CLUSTERID 等两个簇 ID 号分别表示广播发送和组播发送，用全局变量 User_CommType 标识节点的数据发送方式，User_CommType=0 表示节点用广播方式发送数据，User_CommType=1 表示节点用单播方式发送数据（本例中暂时没用），User_CommType=2 表示节点用组播方式发送数据。节点组建网络后或者加入网络后，我们将 User_CommType 设置为 2，表示节点要用组播方式发送数据，并将节点加入组中。在串口接收数据处理程序中，我们对接收到的数据进行判断，若为 rg，则将节点移出组，并将 User_CommType 设置为 0；若为

sg，则将节点加入组中，并将 User_CommType 设置为 2；若为其他数据，则根据 User_CommType 的值分别以组播或广播方式发送数据。在消息处理程序中，我们可以通过判断消息的簇 ID 域的值来知晓当前接收的是广播数据还是组播数据，并进行提示，然后从消息的数据域中取出所接收到的净数据，并进行显示。节点的事件处理流程如图 4-8 所示，其中串口接收数据处理流程如图 4-9 所示。

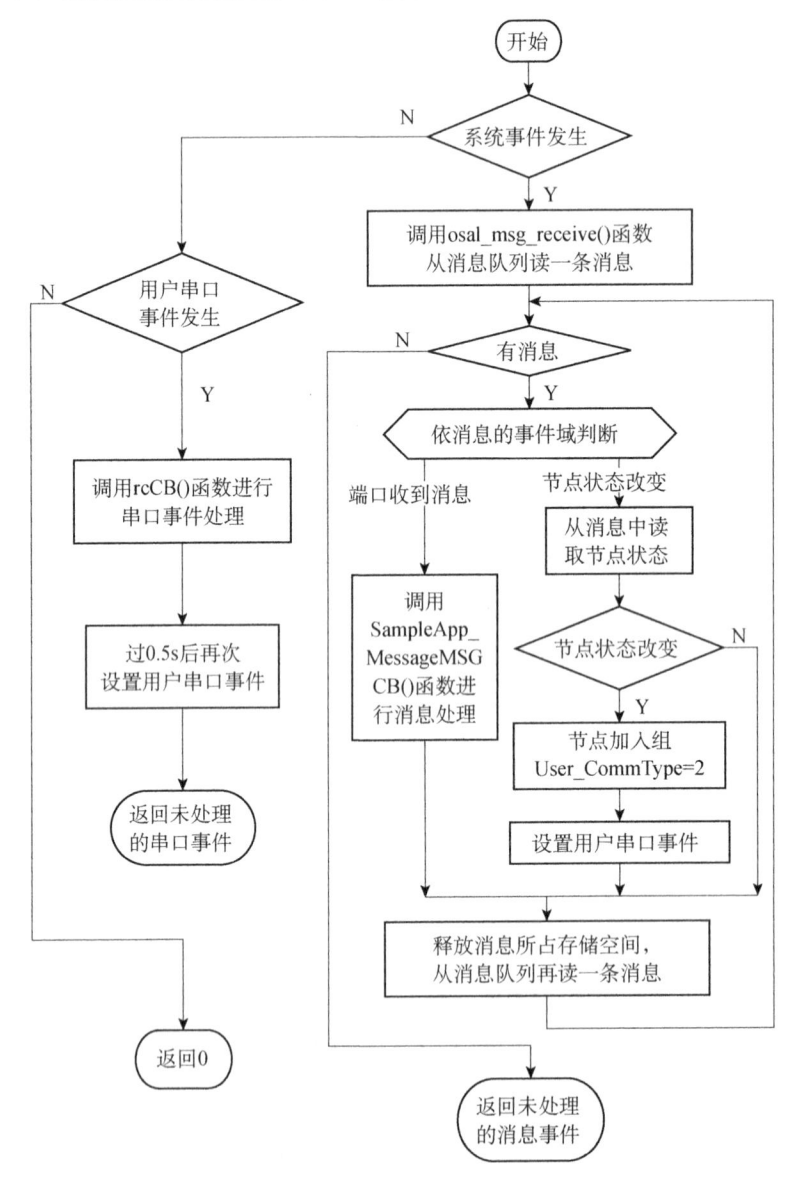

图 4-8 节点的事件处理流程

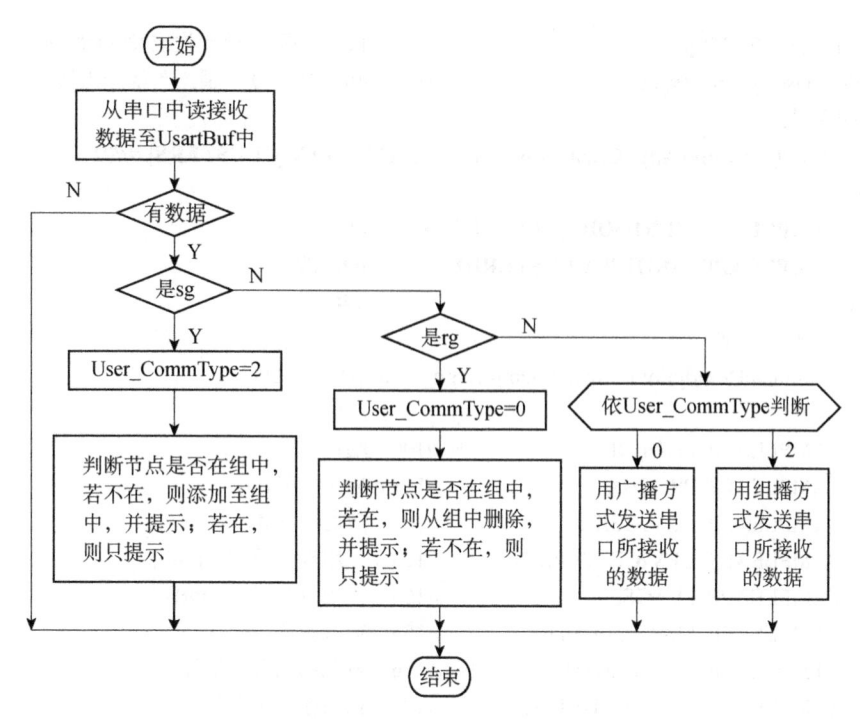

图 4-9 串口接收数据处理流程

2. 编制节点的程序文件

本例中，协调器、路由器和终端节点所要实现的应用功能相同，我们只需编写一个节点的程序。本例所要编制的程序文件包括 Coordinator.c、Coordinator.h、OSAL_SampleApp.c 等 3 个文件，这些文件的编制步骤与任务 8 中的操作步骤相同，在此我们只介绍文件的内容。

（1）Coordinator.c 文件的内容。Coordinator.c 文件的内容如下：

```
1   /***************************************************************
2                    任务12 分组传输数据
3                  协调器/路由器/终端节点程序
4   ***************************************************************/
5   #include "OSAL.h"                       //59
6   #include "ZGlobals.h"                   //60
7   #include "AF.h"                         //61
8   #include "aps_groups.h"                 //62
9   #include "ZDApp.h"                      //63
10  #include "Coordinator.h"                //65 改
11  #include "OnBoard.h"                    //68
12  #include "hal_led.h"                    //72
13
14  #define USER_UART_EVT 0x0001            //加 用户事件:串口接收数据
```

```
15    uint8 UsartBuf[50];                              //加  串口缓冲区:存放接收或发送的数据
16    uint8 User_CommType;                             //加  通信类型   0:广播,1:单播,2:组播
17    //簇列表
18    const cId_t SampleApp_ClusterList[SAMPLEAPP_MAX_CLUSTERS] =//92
19    {                                                //93
20      SAMPLEAPP_PERIODIC_CLUSTERID,                  //94
21      SAMPLEAPP_GROUP_CLUSTERID                      //95 改
22    };                                               //96
23    //简单端口描述
24    const SimpleDescriptionFormat_t SampleApp_SimpleDesc =//98
25    {                                                //99
26      SAMPLEAPP_ENDPOINT,                 //100   端口号
27      SAMPLEAPP_PROFID,                   //101   应用规范ID
28      SAMPLEAPP_DEVICEID,                 //102   应用设备ID
29      SAMPLEAPP_DEVICE_VERSION,           //103   应用设备版本号(4bit)
30      SAMPLEAPP_FLAGS,                    //104   应用设备标志(4bit)
31      SAMPLEAPP_MAX_CLUSTERS,             //105   输入簇命令个数
32      (cId_t *)SampleApp_ClusterList,     //106   输入簇列表的地址
33      SAMPLEAPP_MAX_CLUSTERS,             //107   输出簇命令个数
34      (cId_t *)SampleApp_ClusterList      //108   输出簇列表的地址
35    };                                    //109
36
37    endPointDesc_t SampleApp_epDesc;           //115 应用端口
38    uint8 SampleApp_TaskID;                    //128 应用程序中的任务ID号
39    devStates_t SampleApp_NwkState;            //131 网络状态
40    uint8 SampleApp_TransID;                   //133 传输ID
41    aps_Group_t SampleApp_Group;               //138 定义组变量
42
43    void SampleApp_MessageMSGCB( afIncomingMSGPacket_t *pckt );//147 消息处理
44    void SampleApp_SendMessage( uint16 len,uint8 *buf );//148  广播发送数据
45    void   SampleApp_SendGroupMessage(uint16 len,uint8 *buf);//组播发送数据
46    void   rxCB(void);                              //串口接收数据处理
47    /***************************************************************
48                    应用程序初始化函数
49    ***************************************************************/
50    void SampleApp_Init( uint8 task_id )          //173
51    {                                              //174
52      halUARTCfg_t   UartConfig;          //加  定义串口配置变量
53      SampleApp_TaskID = task_id;                  //175 应用任务(全局变量)初始化
54      SampleApp_NwkState = DEV_INIT;               //176 网络状态初始化
55      SampleApp_TransID = 0;                       //177 传输ID号初始化
56      // 应用端口初始化
57      SampleApp_epDesc.endPoint = SAMPLEAPP_ENDPOINT;//213 端口号
58      SampleApp_epDesc.task_id = &SampleApp_TaskID;//214 任务号
```

```c
59   SampleApp_epDesc.simpleDesc                    //215 端口的其他描述
60            = (SimpleDescriptionFormat_t *)&SampleApp_SimpleDesc;//216
61   SampleApp_epDesc.latencyReq = noLatencyReqs;//217 端口的延迟响应
62   afRegister( &SampleApp_epDesc );               //220 端口注册
63
64   SampleApp_Group.ID = SAMPLEAPP_GROUP;          //226 设置组ID
65   osal_memcpy( SampleApp_Group.name, "Group 1", 7   );//227 设置组名
66   //串口配置
67   UartConfig.configured = TRUE;                  //加
68   UartConfig.baudRate = HAL_UART_BR_115200;      //加 波特率为115200
69   UartConfig.flowControl  = FALSE;               //加 不进行流控制
70   UartConfig.callBackFunc = NULL;                //加 回调函数:无
71   HalUARTOpen(0,&UartConfig);                    //加 按所设定参数初始化串口0
72   }
73   /*******************************************************************
74                         任务事件处理函数
75   *******************************************************************/
76   uint16 SampleApp_ProcessEvent( uint8 task_id, uint16 events )//248
77   {                                              //249
78     afIncomingMSGPacket_t *MSGpkt;               //250 定义指向接收消息的指针
79     (void)task_id;                               //251 未引参数task_id
80     if ( events & SYS_EVENT_MSG )                //253 判断是否为系统事件
81     {                                            //254
82        MSGpkt = (afIncomingMSGPacket_t *)osal_msg_receive( SampleApp_TaskID );//255 从消息队列中取消息
83        while ( MSGpkt )                          //256 有消息?
84        {                                         //257
85          switch ( MSGpkt->hdr.event )            //258 判断消息中的事件域
86          {                                       //259
87            case AF_INCOMING_MSG_CMD:             //266 端口收到消息
88              SampleApp_MessageMSGCB( MSGpkt );//267
89              break;                              //268
90            case ZDO_STATE_CHANGE:                //271 ZDO的状态变化事件
91              SampleApp_NwkState = (devStates_t)(MSGpkt->hdr.status);//272 读设备状态
92              if ( (SampleApp_NwkState == DEV_ZB_COORD)//273 若为协调器
93                 || (SampleApp_NwkState == DEV_ROUTER)//274 路由器
94                 || (SampleApp_NwkState == DEV_END_DEVICE) )//275 或终端节点
95              {                                   //276
96                aps_AddGroup( SAMPLEAPP_ENDPOINT, &SampleApp_Group );//加入组
97                User_CommType=2;                  //数据通信方式为组播
98                osal_set_event(SampleApp_TaskID,USER_UART_EVT);//加
99                HalUARTWrite(0,"\r\n",2);
100             }                                   //281
101             break;                              //286
```

```
102              //在此处可添加系统事件的其他子事件处理
103              default:                             //288
104                break;                             //289
105            }                                      //290
106            osal_msg_deallocate( (uint8 *)MSGpkt );//293  释放消息所占存储空间
107            MSGpkt = (afIncomingMSGPacket_t *)osal_msg_receive( SampleApp_TaskID );//296 再从消息队列中取消息
108          }                                        //297
109          return (events ^ SYS_EVENT_MSG);         //300  返回未处理的事件
110        }                                          //301
111        //用户事件处理
112        if ( events & USER_UART_EVT )              //305 改
113        {                                          //306
114          rxCB();                                  //加   串口接收数据处理
115          // 再次触发用户事件
116          osal_start_timerEx( SampleApp_TaskID, USER_UART_EVT,//311 过0.2s后再设置事件
117              200 );                               //312 改
118          return (events ^ USER_UART_EVT);         //315 改 返回未处理完毕的事件
119        }
120
121        return 0;                                  //319 丢弃未知事件
122      }                                            //320
123   /**************************************************************
124                      消息处理函数
125   pkt:指向待处理消息的结构体指针
126   **************************************************************/
127   void SampleApp_MessageMSGCB( afIncomingMSGPacket_t *pkt )//387
128   {                                                //388
129     uint16 len;
130     uint8 *buf;
131     switch ( pkt->clusterId )                      //391
132     {                                              //392
133       case SAMPLEAPP_PERIODIC_CLUSTERID://393 广播发送的数据
134         len=pkt->cmd.DataLength;
135         buf=pkt->cmd.Data;
136         HalUARTWrite(0,"接收到广播数据! 接收数据为: ",28);
137         HalUARTWrite(0,buf,len);
138         HalUARTWrite(0,"\r\n",2);
139         break;                                     //394
140       case SAMPLEAPP_GROUP_CLUSTERID:  //393 组播发送的数据
141         len=pkt->cmd.DataLength;
142         buf=pkt->cmd.Data;
143         HalUARTWrite(0,"接收到组播数据! 接收数据为: ",28);
144         HalUARTWrite(0,buf,len);
```

```
145            HalUARTWrite(0,"\r\n",2);
146            break;                              //394
147        }                                       //400
148    }                                           //401
149
150 /*********************************************************************
151                串口接收数据处理函数
152 *********************************************************************/
153 void   rxCB(void)
154 {
155     uint16 len;
156     aps_Group_t *grp;                           //357
157     len=HalUARTRead(0,UsartBuf,50);             //加 从串口中读50个数据
158     if(len>0)                                   //加 判断是否接收到了数据
159     { HalUARTWrite(0,"串口接收数据为: ",osal_strlen("串口接收数据为: "));
160       HalUARTWrite(0,UsartBuf,len);
161       if(osal_memcmp(UsartBuf,"sg",2))
162       {//设置组命令
163           User_CommType=2;                     //组播方式
164           grp = aps_FindGroup( SAMPLEAPP_ENDPOINT, SAMPLEAPP_GROUP );//358
165           if( grp)
166           {
167             HalUARTWrite(0,"   节点在组中!\r\n",osal_strlen("   节点在组中!")+2);
168           }
169           else
170           {//端口不在组中,则添加至组中,并采用组播方式收发数据
171             aps_AddGroup( SAMPLEAPP_ENDPOINT, &SampleApp_Group );//367
172             //输出提示信息
173             HalUARTWrite(0,"   节点已加入组!\r\n",osal_strlen("   节点已加入组!")+2);
174           }
175       }
176       else   if(osal_memcmp(UsartBuf,"rg",2))
177       {//删除组命令
178           User_CommType=0;                     //广播方式
179           grp = aps_FindGroup( SAMPLEAPP_ENDPOINT, SAMPLEAPP_GROUP );//358
180           if( grp )
181           {//若组存在,则删除组,并采用广播方式发送
182             aps_RemoveGroup( SAMPLEAPP_ENDPOINT, SAMPLEAPP_GROUP );//362
183             //输出提示信息
184             HalUARTWrite(0,"   节点已移出组,即将进行广播通信!\r\n",34);
185           }
186           else
187           {
188             //输出提示信息
```

```
189              HalUARTWrite(0,"   节点不在组中,现在进行广播通信!\r\n",34);
190          }
191       }
192       else
193       {
194          switch(User_CommType)
195          { case  0:
196               SampleApp_SendMessage(len,UsartBuf);
197               break;
198            case  2:
199               SampleApp_SendGroupMessage(len,UsartBuf);
200               break;
201          }
202       }
203    }
204 }
205 /***********************************************************************
206                  发送消息函数(广播方式)
207 ***********************************************************************/
208 void SampleApp_SendMessage( uint16 len,uint8 *buf )
209 { afAddrType_t myDstAddr;
210    myDstAddr.addrMode = (afAddrMode_t)AddrBroadcast; //广播
211    myDstAddr.endPoint = SAMPLEAPP_ENDPOINT;
212    myDstAddr.addr.shortAddr = 0xffff;
213    HalUARTWrite(0,"\r\n 当前以广播方式发送,发送的数据是: ",35);
214    HalUARTWrite(0,buf,len);
215    AF_DataRequest( &myDstAddr, &SampleApp_epDesc,//414 改
216                    SAMPLEAPP_PERIODIC_CLUSTERID,    //415
217                    len,                             //416 改
218                    buf,                             //417 改
219                    &SampleApp_TransID,              //418
220                    AF_DISCV_ROUTE,                  //419
221                    AF_DEFAULT_RADIUS );             //420 改
222    HalUARTWrite(0,"   数据发送完毕!\r\n",17);
223 }
224 /***********************************************************************
225                  发送消息函数(组播方式)
226 ***********************************************************************/
227 void  SampleApp_SendGroupMessage(uint16 len,uint8 *buf)
228 { afAddrType_t myDstAddr;
229    myDstAddr.addrMode = (afAddrMode_t)AddrGroup; //组播
230    myDstAddr.endPoint = SAMPLEAPP_ENDPOINT;
231    myDstAddr.addr.shortAddr = SampleApp_Group.ID;
232    HalUARTWrite(0,"\r\n 当前以组播方式发送,发送的数据是: ",35);
```

233	HalUARTWrite(0,buf,len);		
234	AF_DataRequest(&myDstAddr, &SampleApp_epDesc,	//414 改	
235	SAMPLEAPP_GROUP_CLUSTERID,	//415	
236	len,	//416 改	
237	buf,	//417 改	
238	&SampleApp_TransID,	//418	
239	AF_DISCV_ROUTE,	//419	
240	AF_DEFAULT_RADIUS);	//420 改	
241	HalUARTWrite(0," 数据发送完毕!\r\n",17);		
242	}		

（2）Coordinator.h 文件的内容。本例中的 Coordinator.h 文件与任务 11 中的 Coordinator.h 文件基本相同，不同的地方是，本例中需定义两个簇 ID 号，另外还需定义一个组 ID 号。本例的 Coordinator.h 文件的内容如下，其中黑体部分是差异部分。

```
1   /****************************************************************
2                   任务12 分组传输数据
3               协调器/路由器/终端节点程序(Coordinator.h)
4   ****************************************************************/
5   #ifndef SAMPLEAPP_H                              //40
6   #define SAMPLEAPP_H                              //41
7
8   #include "ZComDef.h"                             //51
9
10  #define SAMPLEAPP_ENDPOINT            20         //59  定义端口号
11
12  #define SAMPLEAPP_PROFID              0x0F08     //61  定义应用规范ID号
13  #define SAMPLEAPP_DEVICEID            0x0001     //62  定义应用设备ID号
14  #define SAMPLEAPP_DEVICE_VERSION      0          //63  定义应用设备版本
15  #define SAMPLEAPP_FLAGS               0          //64  定义应用标志
16
17  #define SAMPLEAPP_MAX_CLUSTERS        2          //66  定义簇命令个数
18  #define SAMPLEAPP_PERIODIC_CLUSTERID  1          //67  定义簇命令
19  #define SAMPLEAPP_GROUP_CLUSTERID     2          //68  定义簇命令
20
21  #define SAMPLEAPP_GROUP      0x0001              //79 改 定组ID号
22  //函数说明
23  extern void SampleApp_Init( uint8 task_id );//93  应用初始化函数
24  extern UINT16 SampleApp_ProcessEvent( uint8 task_id, uint16 events );//98  事件处理函数
25
26  #endif                                           //107
```

3. 设置 PANID 和信道

本例中，ZigBee 网络的网络 ID 号为 0x1234，数据用 12 信道传输。设置网络 ID 号的步骤如下：

（1）打开 Toos 组中的 f8wConfg.cfg 文件。

（2）单击工具栏上的 Find 图标按钮"🔍"或者按快捷键 Ctrl+C，打开如图 4-10 所示的查找对话框。

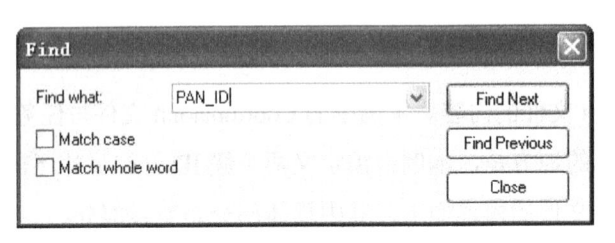

图 4-10 查找对话框

（3）在查找对话框的"Find what"文本框中输入"PAN_ID"，然后单击对话框中的"Find Next"按钮，光标就会跳转到 PAN_ID 定义所在行（第 59 行）。

（4）将行中"=0xFFFF"改为"=0x1234"，修改后的 PANID 定义为：

-DZDAPP_CONFIG_PAN_ID=0x1234

设置传输信道号的方法如下：

① 在 f8wConfg.cfg 文件中找到信道列表定义行，其中查找对话框中所输入的字符为"CHANLIST"。信道的定义位于第 36 行～第 51 行。

② 删除第 50 行（信道 12 的定义）前面的注释，在第 51 行（信道 11 的定义）的行首加上注释符"//"。修改后的信道定义如下：

```
...
//-DDEFAULT_CHANLIST=0x00004000   // 14 - 0x0E   //第 48 行
//-DDEFAULT_CHANLIST=0x00002000   // 13 - 0x0D   //第 49 行
-DDEFAULT_CHANLIST=0x00001000     // 12 - 0x0C   //第 50 行
//-DDEFAULT_CHANLIST=0x00000800   // 11 - 0x0B   //第 51 行
```

③ 保存 f8wConfg.cfg 文件。

4. 程序编译与下载运行

本例中有协调器、路由器和终端节点 3 种类型的设备，虽然 3 种设备的应用程序相同，但仍需要将节点程序分类编译，以便分别生成协调器、路由器和终端节点的程序。程序编译与下载的步骤如下：

第 1 步：参考图 3-5 设置编译控制符号，其中串口的编译控制符号为"ZTOOL_P1"。

第 2 步：单击"Workspace"窗口中的下拉列表框，从列表框中选择"CoordinatorEB"列表项（参考图 5-3）。

第 3 步：单击菜单栏上的"Project"→"Make"菜单命令项，对程序进行编译。

第 4 步：连接仿真器。

第 5 步：下载程序至协调器中。

第 6 步：用串口线将计算机的串口与协调器相连，然后在计算机中打开串口调试软件，并参照图 3-3 设置好串行通信的参数。

第 7 步：重复第 2 步～第 6 步，编译、连接路由器、终端节点程序，并将程序下载至路由器、终端节点中。其中，路由器的设备类型选择"RouterEB"，终端节点的设备类型选择"EndDeviceEB"。

第 8 步：用串口调试助手向节点分别发送 rg、sg 等不同的命令，使节点加入组、脱离组，然后用节点向网络中其他节点发送数据，我们可以看到以下现象：

（1）协调器以组播方式发送数据，则只有组中的节点才能收到此数据，组外节点则收不到此数据。

（2）协调器以广播方式发送数据，则无论节点是否在组中，均可接收此数据。

（3）路由器/终端节点以组播方式发送数据时，只有在组中的节点才能收到此数据，不在组中的节点则收不到此数据。

（4）路由器/终端节点以广播方式发送数据时，无论节点是否在组中，均可收到数据。

其中，协调器发送和接收数据的结果如图 4-11 所示，路由器发送和接收数据的结果如图 4-12 所示。

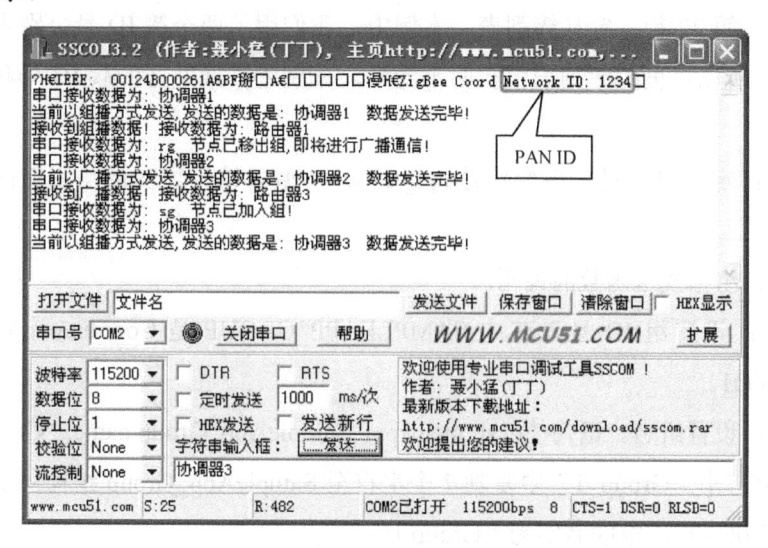

图 4-11　协调器收发数据的结果

图 4-12 终端节点收发数据的结果

程序分析

在 Coordinator.c 文件中，多数代码在前面的项目中我们已分析过，在此我们只分析本例中新增加或修改的程序代码。

第 8 行：将头文件 aps_groups.h 包含至 Coordinator.c 文件中。在 Coordinator.c 文件中，我们使用了 aps_AddGroup()等几个组播信函数，这些函数的定义位于 aps_groups.h 文件中，所以必须在程序的开头处将 aps_groups.h 文件包括至文件中来，否则程序编译时就会报错。

第 18 行~第 22 行：定义簇列表。本例中，我们用了两个簇 ID 号分别表示广播发送和组播发送，所以这里的簇列表中有两个元素，分别为广播发送的簇 ID 号和组播发送的簇 ID 号。

第 41 行：定义组变量，该变量是 aps_Group_t 型的结构体变量，用来保存组名和组 ID。

第 45 行：组播发送函数的说明。

第 64 行：设置组 ID 号，其中 SAMPLEAPP_GROUP 是 Coordinator.h 文件中定的宏，值为 0x0001。

第 65 行：设置组名。语句"osal_memcpy(SampleApp_Group.name, "Group 1", 7);"的功能是从字符串"Group 1"中复制 7 个字符至 SampleApp_Group 结构体变量的 name[]成员中，语句执行后，组的名字为"Group 1"。

第 92 行～第 100 行：检查设备的状态。若设备的状态是协调器启动、路由器认证启动或者终端节点认证启动，则将端口加入组中，并将数据通信类型设为组播通信，然后设置用户串口事件，用串口向计算机输出回车换行符。

第 96 行：将端口 SAMPLEAPP_ENDPOINT 加入 SampleApp_Group 组中。本例中，每个节点只有一个端口，因此我们也可以说是将节点加入组中。需要注意的是，调用 sps_AddGroup()函数时，函数的第 2 个实参为组变量的地址，第 2 个参数前面的"&"运算符为取地址运算符。

第 97 行：将通信类型设置为组播通信。语句中，User_CommType 为全局变量，用来保存 3 种通信类型，其中，0 表示广播通信，1 表示单播通信，2 表示组播通信。

第 127 行～第 148 行：消息处理函数。本例中的消息处理函数与任务 11 中的消息处理函数的结构相同，只是 switch-case 语句中多了一个簇 ID 的判断处理罢了。

第 131 行：判断消息的簇 ID 域。这里的 pkt 是指向消息的指针变量，因此其簇 ID 域的表示为 pkt->clusterId，而不是 pkt.clusterId。

第 133 行～第 139 行：对广播消息的处理。其中，SAMPLEAPP_PERIODIC_CLUSTERID 是节点广播发送数据的簇 ID 号，这几行代码的功能介绍如下。

第 134 行：从消息的数据长度域中读取净数据的长度。

第 135 行：获取消息中净数据存放的地址。

第 136 行：向计算机发送提示信息。

第 137 行：向计算机发送所接收到的净数据。

第 138 行：向计算机发送回车换行符。

第 140 行～第 146 行：对组播消息的处理。其中，SAMPLEAPP_GROUP_CLUSTERID 是节点组播发送数据的簇 ID 号，这几行代码的功能与第 133 行～第 139 行基本相同，只是提示信息不同而已。

第 153 行～第 204 行：串口接收数据处理函数。函数中的分支较多，建议读者对照图 4-9 来分析函数的结构。rxCB()函数的功能是对串口所接收到的数据进行判断，当串口接收数据为 sg 时，则将端口添加至组中，这部分代码位于第 163 行～第 174 行；当串口接收数据为 rg 时，则从组中移除端口，这部分代码位于第 178 行～第 190 行；当串口接收数据既不是 sg，也不是 rg 时，则依 User_CommType 的值以广播方式或者组播方式发送串口所接收到的数据，这部分代码位于第 194 行～第 200 行。

第 156 行：定义指向组的指针变量。在调用 aps_AddGroup()函数和 aps_RemoveGroup()函数时，为了防止操作出错，在调用这两个函数之前，我们先用 aps_FindGroup()函数查找端口是否在组中，然后决定是否调用这两个函数。由于 aps_FindGroup()函数的返回值是指向组的指针，所以在函数的开始处定义了指向组的指针变量 grp，用来存放 aps_FindGroup()函数的返回值。

第 161 行：判断串口接收数据是否是设置组命令 sg。

第 163 行：将通信方式设置成组播方式。

第 164 行：从组中查找端口，并将查找的结果赋给变量 grp。

第 165 行：对查找的结果进行判断，若 grp 的值非空（NULL），表明端口在组中。

第 167 行：输出节点在组中的提示信息。

第 170 行：将端口加入组中。

第 171 行：输出提示信息。

第 178 行：将通信方式设置成广播方式。

第 182 行：从组中删除端口。

第 196 行：用函数 SampleApp_SendMessage()将串口所接收的数据以广播方式发送出去。

第 199 行：用函数 SampleApp_SendGroupMessage ()将串口所接收的数据以组播方式发送出去。

第 227 行～第 242 行：以组播方式发送数据函数。

第 228 行：定义变量 myDstAddr，该变量用来保存目的地的端口号、网络地址、地址模式等参数。

第 229 行：将地址模式设为 AddrGroup，即数据通信采用组播方式。

第 230 行：设置目的地的端口号。

第 231 行：设置目的地的网络地址。在组播通信中，目的地的网络地址要设置成组 ID 号。其中，SampleApp_Group.ID 在第 64 行赋值，其值为 0x0001。

第 232 行：用串口向计算机输出提示信息。

第 233 行：向计算机输出串口所接收的数据。

第 234 行～第 240 行：用 AF_DataRequest()发送数据。

实践总结

组播通信是 ZigBee 网络中一种常用的通信方式，组播通信分 3 步实现。第 1 步是定义组。其方法是先定义一个 aps_Group_t 型的组变量，然后在变量中设置组 ID 号和组名。在程序中，一般将组变量定义成全局变量。第 2 步是将节点中的端口添加至组中。其方法是，先用 aps_FindGroup()函数在组中查找端口，然后根据查找的结果决定是否将端口添加至组中，仅当查找的结果为 NULL 时才能将端口添加至组中，将端口添加至组中的函数是 aps_AddGroup()。将端口添加到组中的代码一般放在某个事件的处理程序中，例如，放在节点建立或加入网络事件的处理程序中，或者放在串口接收数据解析程序中等。

第 3 步是发送数据。发送数据所使用的函数也是 AF_DataRequest()，但发送的地址模式为 AddrGroup（组播），目的地的短地址值为组 ID 号。

协调器以组播方式发送数据时，则只有组中的节点才能收到此数据，组外节点则收不到此数据。路由器/终端节点以组播方式发送数据时，只有在组中的节点才能收到此数据，不在组中的节点则收不到此数据。

信道是无线通信时传送数据的通道。在 ZStack 中，信道的定义位于 Toos 组中的 f8wConfg.cfg 文件中。信道的默认值是 11 信道，修改信道的方法是将信道表中第 11 信道的定义行注释掉，然后取消某个信道定义行的注释。

在 ZigBee 网络中，PANID 用来标识不同的 ZigBee 网络，PANID 的有效值范围是 0x0000～0x3fff。在 ZStack 中，PANID 的定义位于 Toos 组中的 f8wConfg.cfg 文件中，修改 PAN ID 的方法是将 ZDO_CONFIG_PAN_ID 参数的值设置成指定值。

习题

1．在 ZStack 中，信道的配置位于_____组的_____文件中，默认的信道为____。

2．在 ZStack 中，PANID 的默认值为_____，其含义是_____。

3．将端口 SAMPLEAPP_ENDPOINT 添加至 group 组中的语句是_____。

4．请写出将端口 SAMPLEAPP_ENDPOINT 从组 ID 号为 SAMPLEAPP_GROUP 的组中删除的程序段。

5．举例说明组播通信的实现方法。

6．简述将 PANID 设置为 0x0045 的方法，并上机实践。

7．简述将信道号设置成 13 信道的方法，并上机实践。

8．编程实现以下网络功能，并上机实践。

用 3 块 ZigBee 模块组建一个专用的无线网络，网络的 ID 号为 0x1234。模块 A 作协调器，模块 B、模块 C 作终端节点。计算机通过串口与网络中的协调器机相连，用来控制网络中各相关节点上的 LED1 灯。其中，计算机的串口命令为 ai（i=1、2）时，表示对全网络中的 LED1 进行控制，协调器以广播方式发送控制命令；串口命令为 gi（i=1、2、

3、4）时，表示分组控制，协调器分别加入 AB 组或 AC 组，并以组播方式发送控制命令，各控制命令的含义如表 4-6 所示。

表 4-6　串口命令和网络中的控制命令

串口命令	含义	协调器的命令	数据传播方式
'a1'	B、C 的 LED1 点亮	0x11	广播
'a2'	B、C 的 LED1 熄灭	0x12	广播
'g1'	B 的 LED1 点亮，C 的状态不变	0x11	AB 组播
'g2'	B 的 LED1 熄灭，C 的状态不变	0x12	AB 组播
'g3'	C 的 LED1 点亮，B 的状态不变	0x11	AC 组播
'g4'	C 的 LED1 熄灭，B 的状态不变	0x12	AC 组播

任务 13　显示网络节点的地址

任务要求

用两个 ZigBee 模块组建一个无线网络，模块 A 作协调器，模块 B 作路由器，路由器通过串口与计算机相连，串行通信的 BR=115200bit/s。路由器加入网络中后将自己的网络地址、MAC 地址及父节点的网络地址、MAC 地址发送到计算机中显示。

知识储备

1. 协议栈中地址的分配机制

在 ZigBee 网络中，协调器的网络地址是在协调器建立网络后由协调器给自己分配的，其地址为 0x0000，路由器和终端节点的网络地址是这些设备加入网络后由其父节点分配的，父节点给子节点分配网络地址时有两种分配方式，第 1 种是随机分配，第 2 种是分布式分配。

（1）随机分配。随机分配的特点是父节点在给子节点分配网络地址时，从尚未分配过的网络地址中随机选择一个地址分配给子节点，子节点得到这个网络地址后，如果子节点没有收到其地址与其他节点的地址相冲突的声明，子节点将一直使用这个网络地址。

（2）分布式分配。分布式分配下，父节点依据以下 3 个参数给子节点分配网络地址。

① D_m：网络的最大深度。

② R_m：每个父节点拥有的子路由器数的最大值。
③ C_m：每个父节点拥有的子节点（子路由器与子终端节点）数的最大值。

地址分配的算法如下：设路由器 A 位于网络深度为 d 的节点上，其网络地址为 A_p，该路由器下各子路由器的网络地址的间隔为 $K(d)$，则

$$K(d) = \begin{cases} 1+C_m \times (D_m-d-1), & (R_m=1) \\ \dfrac{R_m+C_m \times R_m^{D_m-d-1}-C_m-1}{R_m-1}, & (R_m \neq 1) \end{cases}$$

第 n（$n=1$、2、…）个子路由器的网络地址为 $A_p+1+(n-1) \times K(d)$。

该路由器下各子终端节点的网络地址连续，第 n（$n=1$、2、…）个终端节点的网络地址为 $A_n = A_p + R_m \times K(d) + n$。

例如，在如图 4-13 所示的网络中，协调器是路由器 1、路由器 2、终端节点 1、终端节点 2 的父节点，路由器 1、路由器 2、终端节点 1、终端节点 2 是协调器的子节点，其中路由器 1、路由器 2 是协调器的子路由器。在如图 4-13 所示的网络中，网络的最大深度为 3，第 0 层为协调器。第 1 层由路由器 1、路由器 2、终端节点 1、终端节点 2 组成，共 4 个节点，其中，路由器 2 个。第 2 层由路由器 3、路由器 4、终端节点 3、终端节点 4、终端节点 5 组成，共 5 个节点，其中路由器 2 个。因此，此网络中，$D_m=3$，$R_m=2$，$C_m=5$。

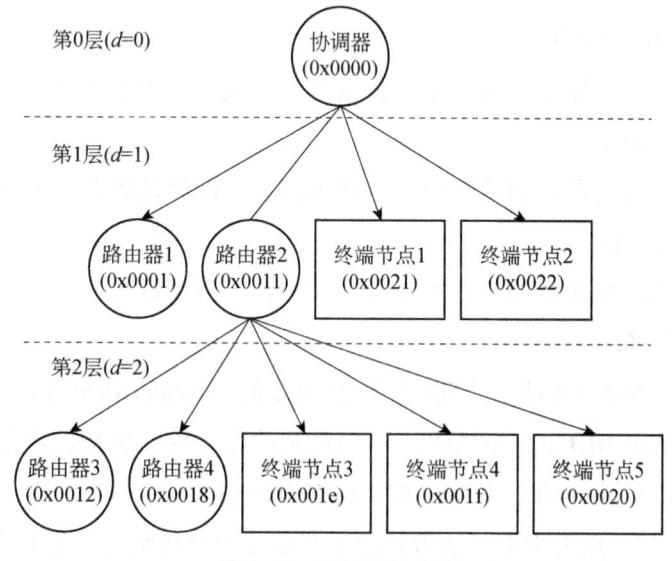

图 4-13 网络拓扑结构

网络中，各子路由器的网络地址的间隔 $K(d)$ 为：

$$K(d) = \frac{R_m + C_m \times R_m^{D_m-d-1} - C_m - 1}{R_m - 1} = \frac{2 + 5 \times 2^{3-d-1} - 5 - 1}{2 - 1} = 5 \times 2^{2-d} - 4$$

$K(0) = 16$

$K(1) = 6$

$K(2) = 1$

协调器下各子路由器（路由器 1、路由器 2）的网络地址的间隔 $K(0)=16$。

路由器 1 为协调器的第 1 个子路由器，其网络地址为 $A_p+1+(n-1) \times K(d)=$ 0x0000+1+(1−1)×16=0x0001。

路由器 2 为协调器的第 2 个子路由器，其网络地址为 $A_p+1+(n-1) \times K(d)=$ 0x0000+1+(2−1)×16=0x0011。

终端节点 1 为协调器的第 1 个子终端节点，其网络地址为 $A_1= A_p+ R_m \times K(d)+n=$ 0x0000+2×16+1=0x0021。

终端节点 2 为协调器的第 2 个子终端节点，其网络地址为 $A_2= A_p+ R_m \times K(d)+n=$ 0x0000+2×16+2=0x0022。

路由器 2 下各子路由器的网络地址的间隔 $K(1)=6$。

路由器 3 为路由器 2 的第 1 个子路由器，其网络地址为 $A_p+1+(n-1) \times K(d)=$ 0x0011+1+(1−1)×6=0x00012。

路由器 4 为路由器 2 的第 2 个子路由器，其网络地址为 $A_p+1+(n-1) \times K(d)=$ 0x0011+1+(2−1)×6=0x00018。

终端节点 3 为路由器 2 的第 1 个子终端节点，其网络地址为 $A_1= A_p+ R_m \times K(d)+n=$ 0x0011+2×6+1=0x001e。

终端节点 4 为路由器 2 的第 2 个子终端节点，其网络地址为 $A_2= A_p+ R_m \times K(d)+n=$ 0x0011+2×6+2=0x001f。

终端节点 5 为路由器 2 的第 3 个子终端节点，其网络地址为 $A_2= A_p+ R_m \times K(d)+n=$ 0x0011+2×6+3=0x0020。

在 ZStack 中，网络地址的分配机制取决于_NIB 的 nwkAddrAlloc 成员和 nwkUniqueAddr 成员的取值，其值由 NIB_init()函数设定，该函数的定义位于 NWK 组的 nwk_globals.c 文件中。当 nwkAddrAlloc=0x02（NWK_ADDRESSING_STOCHASTIC）且 nwkUniqueAddr=0（FALSE）时，父节点采用随机的方式给子节点分配网络地址。当 nwkAddrAlloc=0x00（NWK_ADDRESSING_DISTRIBUTED）且 nwkUniqueAddr=1（TRUE）时，父节点采用分布方式给子节点分配网络地址。默认情况下，ZStack-CC2530-2.5.1a 版本的协议栈采用的是随机分配机制进行网络地址分配。

2. 获取地址的相关函数

获取节点地址的函数主要有 NLME_GetShortAddr()、NLME_GetExtAddr()、LME_GetCoordShortAddr()、NLME_GetCoordExtAddr()等 4 个函数，ZStack 中并没有开放这 4 个函数的源代码，只是在 NLMEDE.h 文件中给出了这 4 个函数的说明。

（1）NLME_GetShortAddr()函数。NLME_GetShortAddr()函数的原型说明如下：

```
uint16 NLME_GetShortAddr( void );
```

该函数的功能是获取节点的短地址（网络地址）。函数的返回值是 16 位的网络地址。例如，将节点的网络地址保存至变量 nwk 中的程序如下：

```
uint16  nwk;                    //定义变量
nwk=NLME_GetShortAddr();        //获取节点的网络地址，并存入变量中
```

（2）NLME_GetExtAddr()函数。NLME_GetExtAddr()函数的原型说明如下：

```
byte *NLME_GetExtAddr( void );
```

该函数的功能是获取节点的扩展地址（MAC 地址）。函数的返回值是指向节点扩展地址的指针。

使用该函数时需要注意的问题是，扩展地址是 64 位的二进制数，需用 8 字节的存储空间保存，在实际应用中一般是用一个带有 8 个元素的无符号字符型数组来保存扩展地址的。例如，下面程序实现的功能就是获取节点的 MAC 地址，并存放至数组 myMAC[]中。

```
uint8 myMAC[8];
myMAC=NLME_GetExtAddr();
```

（3）NLME_GetCoordShortAddr()函数。NLME_GetCoordShortAddr()函数的原型说明如下：

```
uint16 NLME_GetCoordShortAddr( void );
```

该函数的功能是获取节点的父节点的短地址（网络地址）。函数的返回值是父节点的 16 位网络地址。例如，将父节点的网络地址保存至变量 nwk 中的程序如下：

```
uint16  nwk;                         //定义变量
nwk= NLME_GetCoordShortAddr();       //获取父节点的网络地址，并存入变量中
```

（4）NLME_GetCoordExtAddr()函数。NLME_GetCoordExtAddr()函数的原型说明如下：

```
void NLME_GetCoordExtAddr( byte * );
```

该函数的功能是获取节点的父节点的扩展地址（MAC 地址）。函数的参数是父节点扩

展地址的缓冲区指针。例如，下面程序实现的功能就是获取父节点的 MAC 地址，并存放至数组 buf[]中。

```
uint8 buf[8];                    //存放父节点的 MAC
NLME_GetCoordExtAddr(buf);       //获取节点的 MAC(64 位)
```

实现方法与步骤

按照任务要求，我们需要编写协调器和路由器两个节点的程序，但本例的协调器除了组建网络，并无其他功能，我们可以将协调器应用程序和路由器的应用程序合编成一个程序。由于网络地址和 MAC 地址都是二进制数，串口调试助手中只能显示字符，因而需要编写十六进制数转换成字符串的程序，考虑到其他项目中还需要使用这些转换程序，我们将这些数值转换程序编制成一个程序文件。综合上述，本例中所需编制的程序文件有节点的程序文件和数值转换程序文件。

1. 编制节点的程序文件

节点的程序文件包括 Coordinator.c、Coordinator.h、OSAL_SampleApp.c 等 3 个文件，其中，Coordinator.h、OSAL_SampleApp.c 文件的内容与前面项目中对应文件的内容相同。本例中 Coordinator.c 文件的内容如下：

```
1   /*****************************************************************
2                    任务 13 显示节点的地址
3                协调器/路由器/终端节点程序(Coordinator.c)
4    *****************************************************************/
5   #include "OSAL.h"                          //59
6   #include "ZGlobals.h"                      //60
7   #include "AF.h"                            //61
8   #include "ZDApp.h"                         //63
9   #include "Coordinator.h"                   //65
10  #include "OnBoard.h"                       //68
11  #include "hal_led.h"                       //72
12  #include "NLMEDE.h"       //加
13  #include  "num.h"         //加
14  #include  "string.h"      //加
15
16  #define USER_DISP_EVT 0x0002        //加 用户事件:显示信息
17  //数据类型定义    加
18  typedef struct
19  { uint8 myNWK[4];
```

```
20      uint8 myMAC[16];
21      uint8 pNWK[4];
22      uint8 pMAC[16];
23   }ZDOAddr;
24
25   uint8 UsartBuf[50];                              // 串口缓冲区:存放接收或发送的数据
26   //簇列表
27   //const cId_t SampleApp_ClusterList[SAMPLEAPP_MAX_CLUSTERS] =//92
28   //{                                              //93
29   //   SAMPLEAPP_PERIODIC_CLUSTERID,               //94
30   //};                                             //96
31   //简单端口描述
32   const SimpleDescriptionFormat_t SampleApp_SimpleDesc =//98
33   {                                                //99
34      SAMPLEAPP_ENDPOINT,              //100    端口号
35      SAMPLEAPP_PROFID,                //101    应用规范ID
36      SAMPLEAPP_DEVICEID,              //102    应用设备ID
37      SAMPLEAPP_DEVICE_VERSION,        //103    应用设备版本号(4bit)
38      SAMPLEAPP_FLAGS,                 //104    应用设备标志(4bit)
39      0,                               //105    输入簇命令个数
40      (cId_t *)NULL,                   //106    输入簇列表的地址
41      0,                               //107    输出簇命令个数
42      (cId_t *)NULL                    //108    输出簇列表的地址
43   };                                  //109
44
45   endPointDesc_t SampleApp_epDesc;                 //115 应用端口
46   uint8 SampleApp_TaskID;                          //128 应用程序中的任务ID号
47   devStates_t SampleApp_NwkState;                  //131 网络状态
48   uint8 SampleApp_TransID;                         //133 传输ID
49
50   void    DispAddr(void);
51   /*****************************************************************
52                     应用程序初始化函数
53   *****************************************************************/
54   void SampleApp_Init( uint8 task_id )             //173
55   {                                                //174
56      halUARTCfg_t   UartConfig;                    //加  定义串口配置变量
57      SampleApp_TaskID = task_id;                   //175 应用任务(全局变量)初始化
58      SampleApp_NwkState = DEV_INIT;                //176 网络状态初始化
59      SampleApp_TransID = 0;                        //177 传输ID号初始化
60      // 应用端口初始化
61      SampleApp_epDesc.endPoint = SAMPLEAPP_ENDPOINT;//213 端口号
62      SampleApp_epDesc.task_id = &SampleApp_TaskID;//214 任务号
63      SampleApp_epDesc.simpleDesc               //215 端口的其他描述
```

```
64            = (SimpleDescriptionFormat_t *)&SampleApp_SimpleDesc;//216
65    SampleApp_epDesc.latencyReq = noLatencyReqs;//217  端口的延迟响应
66    afRegister( &SampleApp_epDesc );                   //220 端口注册
67
68    //串口配置
69    UartConfig.configured = TRUE;              //加
70    UartConfig.baudRate = HAL_UART_BR_115200;  //加 波特率为115200
71    UartConfig.flowControl   = FALSE;          //加 不进行流控制
72    UartConfig.callBackFunc = NULL;            //加 回调函数:无
73    HalUARTOpen(0,&UartConfig);                //加 按所设定参数初始化串口0
74  }
75  /**********************************************************************
76                       任务事件处理函数
77  **********************************************************************/
78  uint16 SampleApp_ProcessEvent( uint8 task_id, uint16 events )//248
79  {                                                    //249
80    afIncomingMSGPacket_t *MSGpkt;                     //250 定义指向接收消息的指针
81    (void)task_id;                                     //251 未引参数task_id
82    if ( events & SYS_EVENT_MSG )                      //253 判断是否为系统事件
83    {                                                  //254
84      MSGpkt = (afIncomingMSGPacket_t *)osal_msg_receive( SampleApp_TaskID );//255 从消息队列中取消息
85      while ( MSGpkt )                                 //256 有消息?
86      {                                                //257
87        switch ( MSGpkt->hdr.event )                   //258 判断消息中的事件域
88        {                                              //259
89          case ZDO_STATE_CHANGE:                       //271 ZDO的状态变化事件
90            SampleApp_NwkState = (devStates_t)(MSGpkt->hdr.status);//272 读设备状态
91            if ( (SampleApp_NwkState == DEV_ZB_COORD)//273 若为协调器
92              || (SampleApp_NwkState == DEV_ROUTER)//274 路由器
93              || (SampleApp_NwkState == DEV_END_DEVICE) )//275 或终端节点
94            {                                          //276
95                DispAddr();
96            }                                          //281
97            break;                                     //286
98          //在此处可添加系统事件的其他子事件处理
99          default:                                     //288
100           break;                                     //289
101       }                                              //290
102       osal_msg_deallocate( (uint8 *)MSGpkt );//293 释放消息所占存储空间
103       MSGpkt = (afIncomingMSGPacket_t *)osal_msg_receive( SampleApp_TaskID );//296 再从消息队列中取消息
104     }                                                //297
105     return (events ^ SYS_EVENT_MSG);                 //300 返回未处理的事件
```

```c
106        }                                                    //301
107      //用户事件处理
108
109      return 0;                                              //319 丢弃未知事件
110    }                                                        //320
111  /*******************************************************************
112                       显示地址函数
113  *******************************************************************/
114  void    DispAddr(void)
115  {
116    ZDOAddr address;
117    uint16   nwk;
118    uint8 buf[8];                                             //存放父节点的MAC
119
120    nwk=NLME_GetShortAddr();                                  //获取本节点的网络地址
121    HexToString(address.myNWK,(uint8 *)&nwk, 2);              //16位的网络地址转换成4字节的字符串
122    HexToString(address.myMAC,NLME_GetExtAddr(), 8);//获取节点的MAC(64位),并转换成8字节的字符串
123    nwk=NLME_GetCoordShortAddr();                             //获取父节点的网络地址
124    HexToString(address.pNWK,(uint8 *)&nwk, 2);               //16位的网络地址转换成4字节的字符串
125    NLME_GetCoordExtAddr(buf);                                //获取节点的MAC(64位)
126    HexToString(address.pMAC,buf, 8);                         //8字节16进制数转换成字符串
127
128    //用串口显示地址信息
129    HalUARTWrite(0,"\r\n 地址信息如下:\r\n",17);               //输出回车换行符
130    HalUARTWrite(0,"myNWK: ",strlen("myNWK: "));              //输出提示信息
131    HalUARTWrite(0,address.myNWK,4);                          //输出节点网络地址
132
133    HalUARTWrite(0,"\r\n",2);                                 //输出回车换行符
134    HalUARTWrite(0,"myMAC: ",strlen("myMAC: "));              //输出提示信息
135    HalUARTWrite(0,address.myMAC,16);                         //输出节点网络地址
136
137    HalUARTWrite(0,"\r\n",2);                                 //输出回车换行符
138    HalUARTWrite(0,"pNWK: ",strlen("pNWK: "));                //输出提示信息
139    HalUARTWrite(0,address.pNWK,4);                           //输出节点网络地址
140
141    HalUARTWrite(0,"\r\n",2);                                 //输出回车换行符
142    HalUARTWrite(0,"pMAC: ",strlen("pMAC: "));                //输出提示信息
143    HalUARTWrite(0,address.pMAC,16);                          //输出节点网络地址
144  }
```

2. 编制数值转换的程序文件

数值转换的程序文件由 num.c 和 num.h 等两个文件组成。其中 num.c 是源程序文件，num.h 是 num.c 的接口文件，这两个文件的编制方法与 Coordinator.c、Coordinator.h 文件的编制方法相同。为了方便日后的开发使用，我们将这两个文件存放在一个单独的文件夹中，该文件夹为 user，其路径为 E:\ZigBee\Projects\zstack\Samples\SampleApp\user。num.c 文件的内容如下：

```
1   /***************************************************************
2                        数值转换程序
3                          num.c
4   ***************************************************************/
5   #include   "num.h"
6   /***************************************************************
7                   uint8 HexToChar(uint8 hex)
8   功能:4 位二进制数转换成一个字节的字符
9   参数:
10  uint8 hex:待转换的 4 位二进制数
11  按回值:转换后的字符
12  ***************************************************************/
13  uint8 HexToChar(uint8 hex)
14  {
15      uint8 dst;
16      if (hex < 10){
17          dst = hex + '0';
18      }else{
19          dst = hex -10 +'A';
20      }
21      return dst;
22  }
23  /***************************************************************
24        void   HexToString(uint8 *dst,uint8 *src, uint8 len)
25  功能:多字节的 16 进制数转换成字符串
26  参数:
27  uint8 *dst:转换的结果所放的地址
28  uint8 *src:待转换的 16 进制数
29  uint8 len:16 进制数的字节数
30  ***************************************************************/
31  void   HexToString(uint8 *dst,uint8 *src, uint8 len)
32  {
33      uint8 i;
34      uint8 *tp;
35      tp=src+len-1;
```

```
36      for(i=0;i<len;i++,tp--)
37      {
38        *(dst+2*i)=HexToChar(*tp>>4);
39        *(dst+2*i+1)=HexToChar(*tp&0x0f);
40      }
41      *(dst+2*i)=0;
42    }
```

num.h 文件的内容如下：

```
1   /*******************************************************************
2                            数值转换程序
3                              num.h
4   *******************************************************************/
5   #ifndef _NUM_H_
6   #define _NUM_H_
7   #include  "hal_types.h"
8
9   uint8 HexToChar(uint8 hex);
10  void   HexToString(uint8 *dst,uint8 *src, uint8 len);
11
12  #endif
```

3. 新建 User 组

num.c 文件是我们编写的数值转换程序，属于用户程序，我们把它归入用户组中。这样就需要在工程中增加一个用户组，我们把这个组的组名叫作 User。新建 User 组的操作步骤如下：

（1）新建组。

第 1 步：用鼠标右键单击"Workspace"窗口中的"SampleApp"工程名，在弹出的快捷菜单中单击"Add"→"Add Group…"菜单项，如图 4-14 所示。窗口中会弹出如图 4-15 所示的"Add Group-SampleApp"对话框。

第 2 步：在"Add Group-SampleApp"对话框的"Group name"文本框中输入组名"User"，然后单击"OK"按钮，SampleApp 工程的文件组中就会增加一个 User 组。

（2）在组中添加文件。用鼠标右键单击"Workspace"窗口中的 User 组名，在弹出的快捷菜单中单击"Add"→"Add Files"菜单项，如图 4-16 所示。然后在弹出的"Add Files"对话框中选择刚才所新建的 num.c 文件，再单击"打开"按钮，IAR 就会将 num.c 文件添加到 User 组中。

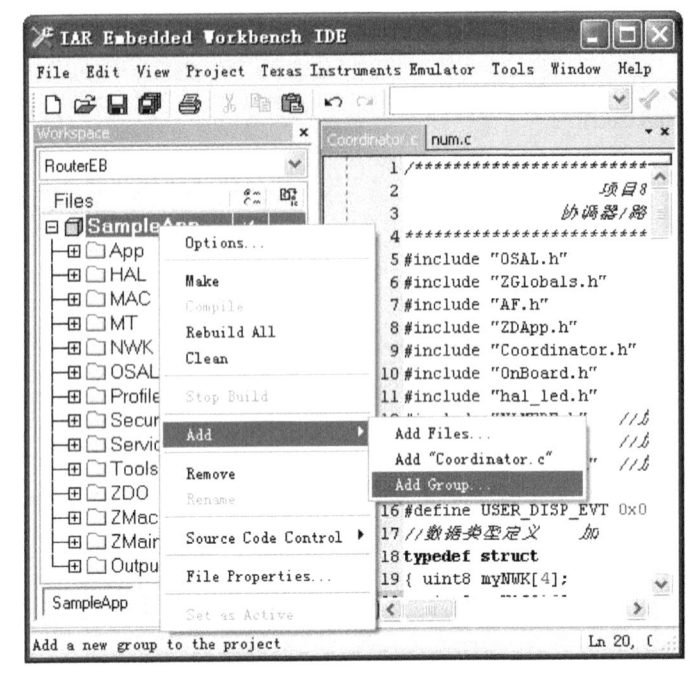

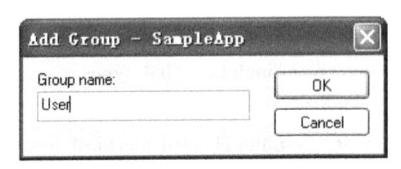

图 4-14　在工程中添加组

图 4-15　Add Group 对话框

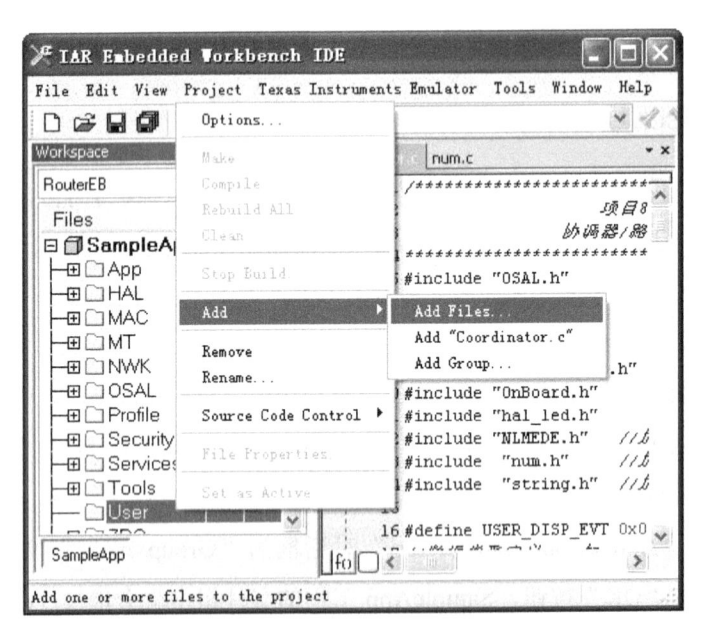

图 4-16　在 User 组中添加文件

（3）添加 include 目录。

第 1 步：右击"Workspace"窗口中的"SampleApp"工程名，在弹出的快捷菜单中单击"Options"菜单项（参考图 4-14），打开如图 4-17 所示的"Options for node 'SampleApp'"对话框。

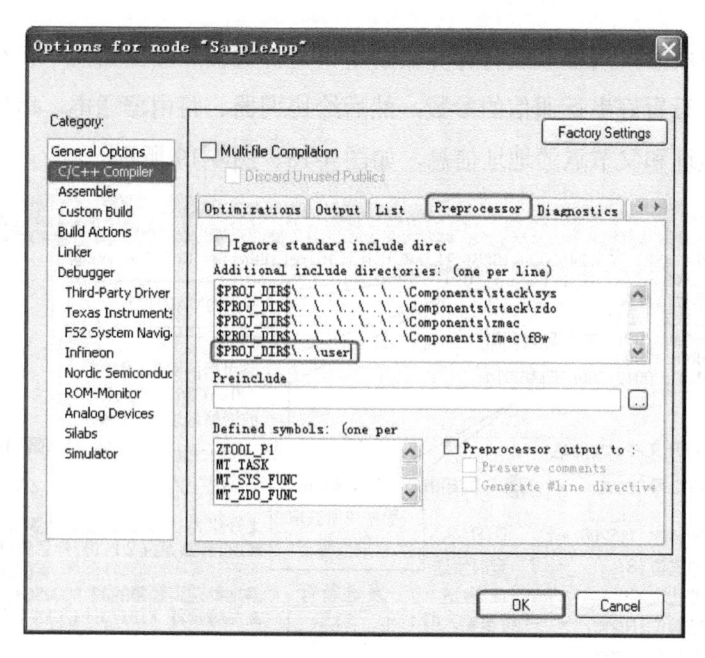

图 4-17 "Options for node 'SampleApp'" 对话框

第 2 步：在"Options for node 'SampleApp'"对话框中，选中"Category"列表框中的"C/C++ Compiler"列表项，然后单击对话框右边的"Preprocessor"标签。

第 3 步：在"Additional include directories：（one per line）"文件框的尾部插入一个新行，再在新行中输入"$PROJ_DIR$\..\user"，然后单击"OK"按钮，完成 include 目录的添加工作。

【说明】

① 在 Coordinator.c 文件的第 13 行处有包含语句"#include "num.h""，在程序编译前必须在 IAR 中指出 num.h 文件所在的位置，否则程序编译时就会出错。

② 在 IAR 中，$PROJ_DIR$ 表示工程文件所在的目录，\..表示上一级目录。本例中，工程文件所在的目录是 E:\ZigBee\Projects\zstack\Samples\SampleApp\CC2530DB，$PROJ_DIR$\..表示的目录是 E:\ZigBee\Projects\zstack\Samples\SampleApp，所以 $PROJ_DIR$\..\user 表示的是 num.h 文件所在的目录 E:\ZigBee\Projects\zstack\Samples\SampleApp\user。

4. 程序的编译与下载运行

本例中有协调器、路由器两个节点，需要将节点程序分类编译，分别生成协调器和路由器的程序，然后分别下载至两个 ZigBee 模块中。程序的编译与下载过程与任务 11 相同，在此不再赘述。

程序下载完成后，用串口线将计算机的串口与协调器、路由器的串口相连，再打开串口调试助手，并设置好串行通信的参数，然后给协调器、路由器通电，串口调试助手中就会显示节点的地址和父节点的地址信息，如图4-18、图4-19所示。

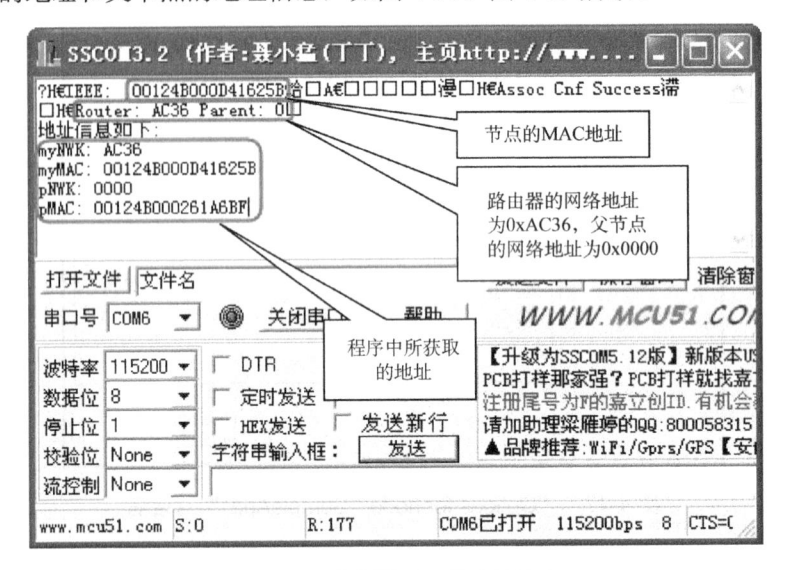

图 4-18　路由器显示的地址信息

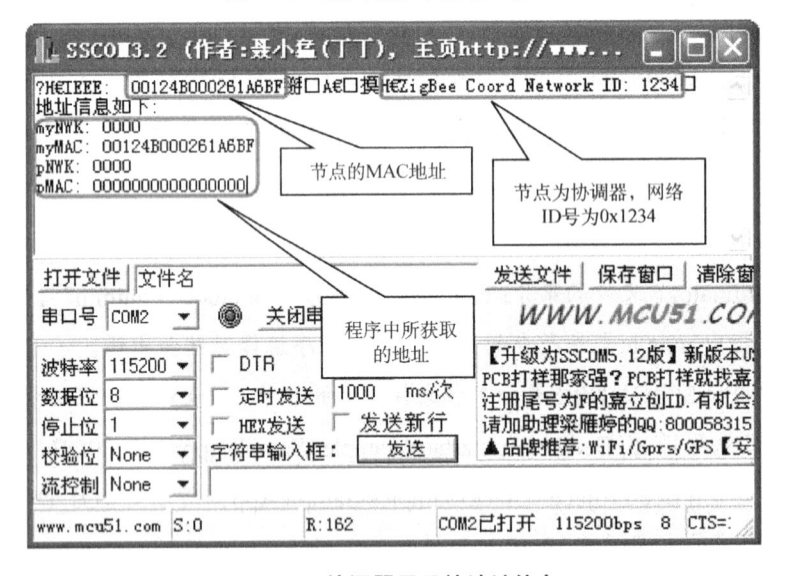

图 4-19　协调器显示的地址信息

在图4-18中，第1行和第2行是路由器通电后的输出信息，其中，"IEEE：00124B000D41625B"的含义是节点的MAC地址为0x00124B000D41625B；"Router：AC36"的含义是节点为路由器，其网络地址为0xAC36；"Parent:0"的含义是节点的父节点的网络地址为0。第3行～第7行是节点的应用程序运行后所输出的信息，也就是执行了DispAddr()函数后的输出信息。

在图 4-19 中，第 1 行是协调器通电后的输出信息，其中，"IEEE：00124B000261A6BF"的含义是节点的 MAC 地址为 0x00124B000261A6BF；"ZigBee Coord Network ID:1234"的含义是节点为 ZigBee 网络中的协调器，网络 ID 号为 0x1234。第 2 行～第 6 行是节点执行了 DispAddr()函数后的输出信息。

比较图 4-18、图 4-19 中的地址信息，我们可以看出，程序中所获取的地址信息与节点通电后所输出的地址信息是一致的。

我们还可以看出，协调器的父节点的 MAC 地址为 0x0000000000000000，表明协调器是没有父节点的。路由器的网络地址为 0xAC36，如果网络中的地址是按分布式分配的，则其地址应为 0x0001，这就表明本例所用的协议栈（ZStack-CC2530-2.5.1a 版本的协议栈）是采用随机方式分配网络地址的。

★ 程序分析

第 12 行：包含头文件 NLMEDE.h。在 Coordinator.c 文件中，我们使用了 NLME_GetShortAddr()等 4 个获取地址的相关函数，这些函数的说明位于 NLMEDE.h 中，所以我们要在文件的开头处将 NLMEDE.h 包含进来。

第 13 行：包含头文件 num.h。程序中，我们使用了 HexToString()函数，该函数的说明位于 num.h 中。

第 14 行：包含头文件 string.h。在第 130 行、134 行中我们使用了 strlen()函数，该函数的说明位于 string.h 中。

第 16 行：定义显示地址信息事件。该事件是用户事件，其代码为 0x0002。

第 18 行～第 23 行：定义结构体类型 ZDOAddr。该类型有 4 个成员，分别用来存放节点的网络地址、MAC 地址，父节点的网络地址、MAC 地址。

第 27 行～第 30 行：取消簇列表定义。本例中，各节点之间无数据传输，因而不必定义簇列表。

第 39 行～第 42 行：端口的输入、输出簇的定义。本例的各节点之间无数据传输，也没定义簇列表，因而其输入、输出簇命令的个数为 0，簇列表的地址为空（NULL）。

第 50 行：函数 DispAddr()的说明。该函数的功能是获取节点、父节点的网络地址和 MAC 地址，转换成可显示的 ASCII 码后，向计算机输出显示。

第 94 行：当协调器组建网络后或者路由器、终端节点加入网络后，调用 DispAddr()函数显示地址信息。

第 114 行～第 144 行：DispAddr()函数的定义。

第 116 行：定义结构体变量 address，该变量为 ZDOAddr 类型的结构体，它有 4 个成员，每个成员都是一个数组，分别用来存放节点的网络地址、节点的 MAC 地址、父节点的网络地址、父节点的 MAC 地址。

第 120 行：用 NLME_GetShortAddr()函数获取节点的网络地址，并将地址值存放在 nwk 变量中。

第 121 行：将 2 字节的网络地址转换成 4 字节的字符串，并存入 address 的 myNWK 域中。其中，HexToString()函数的定义位于 num.c 文件中，其功能是将十六进制数转换成字符串。语句中，(uint8 *)&nwk 的含义是取变量 nwk 的地址，再强制转换成指向 uint8 型变量的指针，也就是转换成 uint8 型变量的地址。nwk 变量的类型是 uint16 型的，&nwk 是 uint16 型变量的地址，并不是 uint8 型变量的地址。在 HexToString()函数中，第 2 个形参为 uint8 *src，它是指向 uint8 型变量的指针，即 uint8 型变量的地址，所以必须将&nwk 强制转换成 uint8 *型。

第 122 行：用 NLME_GetExtAddr()函数获取节点的 MAC 地址，然后用 HexToString() 函数将其转换成字符串，并存入 address.pNWK 中。语句中，NLME_GetExtAddr()是 HexToString()函数的一个实参。

第 123 行：用 NLME_GetCoordShortAddr()函数获取父节点的网络地址，并将结果存入变量 nwk 中。

第 124 行：将 nwk 中所存放的父节点的网络地址转换成字符串，并存放至 address 的 pNWK 域中。

第 125 行：用 NLME_GetCoordExtAddr()函数获取父节点的 MAC 地址，并存放到 buf[]数组中。

第 126 行：将 buf[]数组中的 MAC 地址转换成字符串，并存放至 address 的 pMAC 域中。

第 129 行～第 143 行：用串口输出提示信息以及 address 的各成员的值，即输出所获取的网络地址、MAC 地址。

实践拓展

绘制网络拓扑图

实践的要求如下：在本例的实践基础上，将本例的程序编译成终端节点程序，并将程序下载到另外两个 ZigBee 模块中（一共是 4 个 ZigBee 模块），从串口调试助手中读取各节点的网络地址和父节点的网络地址，画出网络中各节点的连接关系图。

实践拓展中共有 4 个节点，路由器与协调器所显示的地址信息如图 4-18、图 4-19 所示，终端节点 1 所显示的地址信息如图 4-20 所示，终端节点 2 所显示的地址信息如图 4-21 所示。

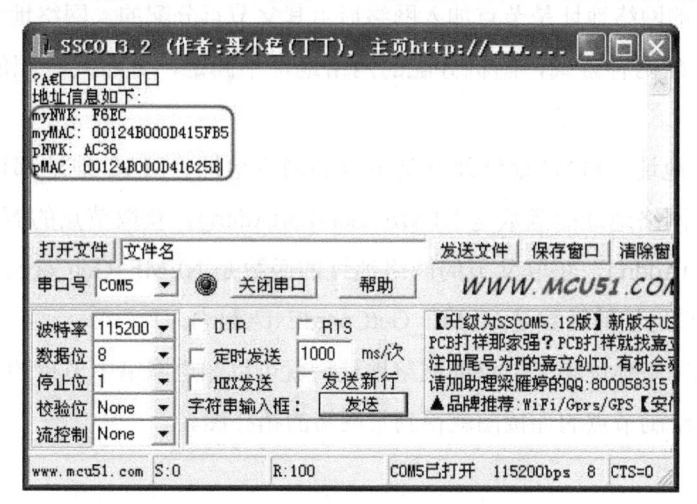

图 4-20　终端节点 1 显示的地址信息

图 4-21　终端节点 2 显示的地址信息

从图 4-19、图 4-20、图 4-21、图 4-22 中可以看出，终端节点 1 的网络地址为 0xF6EC，其父节点的网络地址为 0xAC36；终端节点 2 的网络地址为 0x2988，其父节点的网络地址为 0xAC36；路由器的网络地址为 0xAC36，其父节点的网络地址为 0x0000；协调器的网络地址为 0x0000。所以两个终端节点都连接在路由器上，路由器连接在协调器上。根据这些节点的连接关系可以得出网络拓扑结构如图 4-22 所示。

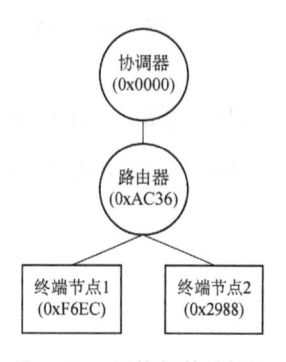

图 4-22　网络拓扑结构图

实践总结

ZigBee 网络中，协调器的网络地址是由其自己分配的，其值为 0x0000，协调器无父节点，其他节点的网络地址是节点加入网络后由其父节点分配的。网络地址的分配有随机分配和分布式分配两种方式，随机分配的网络地址不固定，分布式分配的网络地址是固定的。

节点的网络地址、MAC 地址及其父节点的网络地址、MAC 地址都可以用函数来获取，获取节点的网络地址的函数是 NLME_GetShortAddr()，获取节点的 MAC 地址的函数是 NLME_GetExtAddr()，获取父节的网络地址的函数是 NLME_GetCoordShortAddr()，获取父节点的 MAC 地址的函数是 NLME_GetCoordExtAddr()。

获取节点的网络地址和父节点的网络地址后就可以知道网络中节点的连接关系，依据节点的连接关系绘制节点的连接图就得到了网络的拓扑图。

习题

1．在 ZigBee 网络中节点的网络地址有_____和_____两种分配机制。

2．某 ZigBee 网络的拓扑结构如图 4-23 所示，若网络中各节点的网络地址采用分布式分配，请分析计算各节点的网络地址。

3．请按下列要求写出程序段：
（1）获取节点的网络地址并保存至变量 nwk 中；
（2）获取节点的 MAC 地址并保存至数组 mac[]中；
（3）获取父节点的网络地址并保存至变量 nwk 中；
（4）获取父节点的 MAC 地址并保存至数组 mac[]中。

4．简述在 IAR 中新建 USER 组的操作方法，并上机实践。

5．设用户的程序文件及其接口文件（.h 文件）位于 user 目录中，IAR 的工程文件所在目录位于 user 目录的上一级目录中（例如，工程文件位于 D:\prg 目录中，则程序文件位于 D:\prg\user 目录中），简述指定 IAR 在 user 目录中搜寻头文件的操作方法，并上机实践。

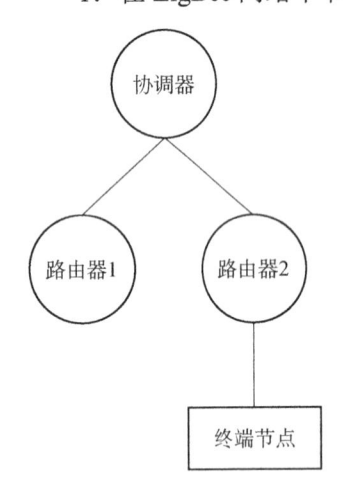

图 4-23　习题 2 图

项目 5　基于 ZStack 无线传感网的应用设计

任务 14　用 ZStack 制作远程防盗监测器

任务要求

用两个 ZigBee 模块组建一个无线网络，模块 A 作协调器，模块 B 作终端节点。终端节点上装有人体感应传感器，用来监测室内是否有人进入，每隔 1s 终端节点将其监测的情况发送至协调器。当协调器收到终端节点发来的监测数据时就通过串口发送到计算机显示，其中协调器与计算机进行串行通信的波特率为 BR=115200bit/s。当有人进入时计算机上显示"有人进入！"，否则显示"无人进入！"。

知识储备

1. 热释电红外传感器的应用特性

热释电红外传感器是一种用于检测人体辐射红外线的传感器，由探测元件、滤光片等几部分组成，其检测的红外线的波长范围为 7～10μm，常称为人体传感器。热释电红外传感器具有非接触检测、灵敏度高、反应快等优点，其外型结构如图 5-1 所示。目前市面上的热释电红外传感器已模块化，包括菲涅尔透镜、热释电红外传感器、传感器的接口电路等几部分，热释电红外传感器模块的实物图如图 5-2 所示。

（1）模块上的接线引脚与调节电位器。为了适用于不同场合，热释电红外传感器模块上除了设有接口引脚 J1，还增设了 W1、W2 等两个电位器和触发跳线 J2（见图 5-2），这些接线引脚与电位器的分布如图 5-3 所示，它们的作用介绍如下。

W1：延时调节电位器，用来调节人离开感应区时关闭高电平输出的延时时间。

W2：距离调节电位器，用来调节传感器的探测距离。

J1：模块与外部电路的连接引脚。J1 中各引脚的功能如表 5-1 所示。

图 5-1　热释电红外传感器　　　　图 5-2　红外传感器模块的实物图

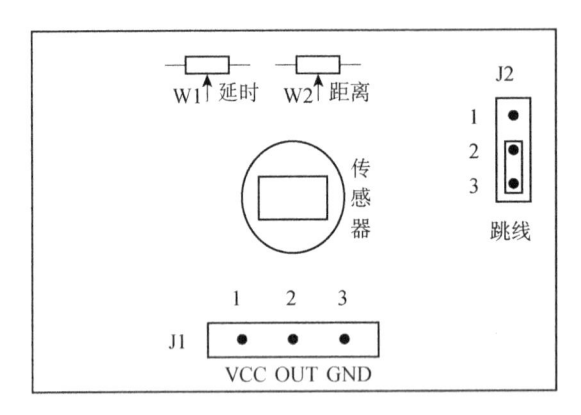

图 5-3　接线引脚的分布

表 5-1　J1 的引脚功能

引脚	符号	功能	使用说明
J1-1	VCC	电源引脚	接 4.5~20V 电源
J1-2	OUT	信号输出引脚	与单片机输入端口相接。有人进入感应区则输出 3.3V，否则输出 0V
J1-3	GND	电源地引脚	接电源地

J2：跳线引脚，用来设置传感器的触发方式。它的设置方法介绍如下。

1-2 脚短接：不可重复触发，即感应输出高电平后，延时一结束，则输出从高电平变为低电平。

2-3 脚短接：可重复触发，即感应输出高电平后，在延时时间内，如果有人体在感应区内活动，其输出将一直保持高电平，直到人体离开感应区后才延时输出低电平。在实际应用中，一般用此触发方式。

项目 5　基于 ZStack 无线传感网的应用设计 | 281

【说明】模块通电后有一个时长大约为 1min 的初始化过程，在初始化期间，OUT 引脚会间隔地输出 0～3 次高电平，1min 后模块输出低电平，进入待机状态。在实际应用中，一般通电后需延时 60s 后才能读取模块的输出状态，以防止因模块通电初始化的输出而产生误报现象。

（2）接口电路。热释电红外传感器模块与单片机的接口电路如图 5-4 所示。

图中，CC2530 单片机用 P0_6 作输入口，与传感器模块的 OUT 引脚相接，用来检测传感器模块的输出状态。传感器模块的 VCC 引脚接+5V 电源，GND 引脚接电源地。

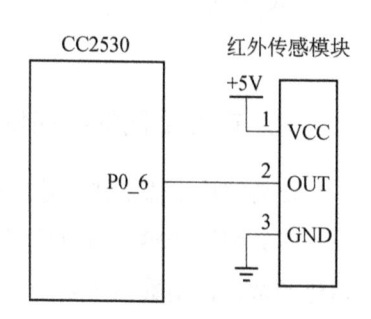

图 5-4　模块与单片机的接口电路

（3）驱动程序。热释电红外传感器模块的驱动程序包括两部分：一是初始化与 OUT 引脚相接的单片机 I/O 口；二是读模块的输出状态。以如图 5-4 所示的电路为例，初始化与 OUT 引脚相接的单片机 I/O 口的程序如下：

```
/*******************************************************
                void    InitHumanSensor(void)
功能:初始化热释电传感器 IO 口
引脚接法:P0_6 接传感器输出
*******************************************************/
void    InitHumanSensor(void)
{
    P0SEL &= ~(1<<6);         //P0_6 为普通 IO 口
    P0DIR &= ~(1<<6);         //P0_6 为输入口
    P0INP &= ~(1<<6);         //P0_6 为上拉/下拉
    P2INP &= ~(1<<5);         //P0 上拉输入
}
```

设程序中已将 P0_6 定义为 pHumanSensor，则读模块输出状态的程序如下：

```
/*******************************************************
                uchar    ReadHumanSensor(void)
功能:读热释电传感器的输出
返回值:    0:有人    1:无人
说明:pHumanSensor：与 OUT 引脚相接的 I/O 口
*******************************************************/
uchar ReadHumanSensor(void)
{
    if(pHumanSensor==0)
    {
        Delayms(10);
```

```
    if(pHumanSensor==0)
    {
      return 1;                      // 无人
    }
  }
  return 0;                          //有人
}
```

2. 在协议栈中添加传感器驱动程序的方法

在协议栈中添加传感器驱动程序的方法如下。

（1）编写传感器的驱动程序。传感器的驱动程序一般包含两个函数：第 1 个函数是初始化函数，该函数的主要功能是初始化与传感器相接的单片机 I/O 口；第 2 个函数是读传感器输出数据函数，简称为读数据函数。

按照传感器输出的数据来分，传感器可分为开关量传感器、模拟量传感器和总线数据型传感器 3 种，不同类型的传感器其初始化函数和读数据函数的编写方法不同。开关量传感器输出的是高低电平，例如，本任务中的热释电红外传感器就是这种传感器。对这类传感器的初始化只需将与传感器相接的单片机 I/O 口设置成输入口，并使能其上拉电阻即可。读传感器数据的方法是判断对应的 I/O 口是否为高电平。模拟量传感器的输出量是连续变化的模拟量，例如，任务 15 中即将要介绍的光敏电阻传感器就属于这种传感器。对于模拟量传感器，初始化所要做的工作是将对应的 I/O 口设置成模拟输入口，并根据传感器的特性设置 ADC 的位数、转换时间、数据对齐方式等，读数据程序所要完成的工作是读 ADC 的转换值。有关模拟传感器的驱动程序编写的实例我们将在任务 15 中再做介绍。对于总线数据型传感器，其初始化函数和读数据函数稍微复杂一些，我们将在任务 16 中结合实例再做介绍。

（2）在协议栈中调用传感器的驱动程序。在协议栈中调用传感器的驱动程序所要做的工作主要有 3 项。第 1 项工作是在节点程序文件的开头处定义一个读传感器数据的事件，其代码如下：

```
#define READ_SENSOR_EVT 0x0001   //读传感器数据事件
```

第 2 项工作是在应用初始化函数的最后调用传感器初始化函数。例如，初始化传感器的函数为 InitSensor()，则应用初始化函数的结构如下：

```
void SampleApp_Init( uint8 task_id )
{
  …
    InitSensor();                    //初始化传感器
}
```

第 3 项工作是在应用事件处理函数中,在节点加入网络(对于协调器是节点组建网络)时设置或者延时设置读传感器数据的事件,然后在读传感器数据的事件处理程序中再读取传感器的输出数据。应用事件处理函数的简化结构如下:

```c
uint16 SampleApp_ProcessEvent( uint8 task_id, uint16 events )//248
{
    ...
    switch ( MSGpkt->hdr.event )
    {
        case ZDO_STATE_CHANGE:
            SampleApp_NwkState = (devStates_t)(MSGpkt->hdr.status);
            if ( SampleApp_NwkState == DEV_END_DEVICE )
            {
                osal_start_timerEx( SampleApp_TaskID , READ_SENSOR_EVT , 60000 );
            }
    }
    ...
    if ( events & READ_SENSOR_EVT )
    {
        ReadSensorData();                    //读传感器数据并处理
        osal_start_timerEx( SampleApp_TaskID, READ_SENSOR_EVT,1000 );
        return (events ^ READ_SENSOR_EVT);
    }
    ...
}
```

实现方法与步骤

本例的节点有协调器、终端节点两个节点,需要编制协调器的程序文件、终端节点的程序文件和传感器的驱动程序文件。

1. 编制传感器驱动程序文件

传感器的驱动程序文件包括 HumanSensor.c、HumanSensor.h 等两个文件。其中,HumanSensor.c 是驱动程序的源程序文件,HumanSensor.h 是 HumanSensor.c 的接口文件。HumanSensor.c 文件的内容如下:

```
1    /*****************************************************************
2                            HumanSensor.c
3                         热释电人体传感器驱动程序
4    *****************************************************************/
5    #include   <ioCC2530.h>
```

```c
6    #include    "HumanSensor.h"
7    //传感器输出引脚定义
8    #define pHumanSensor    P0_6
9    //函数声明
10   void Delayms(uint);            //延时函数
11   /*****************************************************************
12                    void Delayms(uint xms)
13   功能:延时 xms 毫秒
14   *****************************************************************/
15   void Delayms(uint xms)
16   {
17     uint i,j;
18     for(i=xms;i>0;i--)
19       for(j=587;j>0;j--);
20   }
21
22   /*****************************************************************
23                    void    InitHumanSensor(void)
24   功能:初始化热释电传感器 IO 口
25   引脚接法:P0_6 接传感器输出
26   *****************************************************************/
27   void    InitHumanSensor(void)
28   {
29     P0SEL &= ~(1<<6);                    //P06 为普通 IO 口
30     P0DIR &= ~(1<<6);                    //P06 为输入口
31     P0INP &= ~(1<<6);                    //P06 为上拉/下拉
32     P2INP &= ~(1<<5);                    //P0 上拉输入
33   }
34
35   /*****************************************************************
36                    uchar    ReadHumanSensor(void)
37   功能:读热释电传感器的输出
38   返回值:
39   0:有人
40   1:无人
41   *****************************************************************/
42   uchar ReadHumanSensor(void)
43   {
44     if(pHumanSensor==0)
45     {
46       Delayms(10);
47       if(pHumanSensor==0)
48       {
49         return 1;                            // 无人
```

```
50        }
51    }
52    return 0;                              //有人
53 }
```

HumanSensor.h 文件的内容如下：

```
1  /******************************************************************
2                          HumanSensor.h
3                       热释电人体传感器驱动程序
4  ******************************************************************/
5  #ifndef _HUMANSENSOR_H_
6  #define _HUMANSENSOR_H_
7
8  typedef unsigned char  uchar;
9  typedef unsigned int   uint;
10
11 void  InitHumanSensor(void);
12 uchar ReadHumanSensor(void);
13 #endif
```

2. 编制协调器的程序文件

协调器的程序文件由 Coordinator.c、Coordinator.h 等两个文件组成，其中，Coordinator.h 既是协调器的接口文件，也是终端节点的接口文件，其内容与前面的 Coordinator.h 相同。按照任务要求，协调器的功能是组建网络，接收终端节点发送来的数据，并用串口将接收到的数据发送至计算机中显示。Coordinator.c 文件的内容如下：

```
1  /******************************************************************
2                    任务 14 用 ZStack 制作远程防盗监测器
3                         协调器程序(Coordinator.c)
4  ******************************************************************/
5  #include "OSAL.h"                         //59
6  #include "AF.h"                           //61
7  #include "ZDApp.h"                        //63
8  #include "Coordinator.h"                  //65 改
9  #include "OnBoard.h"                      //68
10
11 uint8 UsartBuf[50];                       //加 串口缓冲区:存放接收或发送的数据
12 //簇列表
13 const cId_t SampleApp_ClusterList[SAMPLEAPP_MAX_CLUSTERS] =//92
14 {                                         //93
15    SAMPLEAPP_PERIODIC_CLUSTERID,          //94
```

```
16    };                                              //96
17    //简单端口描述
18    const SimpleDescriptionFormat_t SampleApp_SimpleDesc =//98
19    {                                               //99
20      SAMPLEAPP_ENDPOINT,              //100  端口号
21      SAMPLEAPP_PROFID,                //101  应用规范ID
22      SAMPLEAPP_DEVICEID,              //102  应用设备ID
23      SAMPLEAPP_DEVICE_VERSION,        //103  应用设备版本号(4bit)
24      SAMPLEAPP_FLAGS,                 //104  应用设备标志(4bit)
25      SAMPLEAPP_MAX_CLUSTERS,          //105  输入簇命令个数
26      (cId_t *)SampleApp_ClusterList,  //106  输入簇列表的地址
27      0,                               //107  输出簇命令个数
28      (cId_t *)NULL                    //108  输出簇列表的地址
29    };                                              //109
30
31    endPointDesc_t SampleApp_epDesc;                //115  应用端口
32    uint8 SampleApp_TaskID;                         //128  应用程序中的任务ID号
33    devStates_t SampleApp_NwkState;                 //131  网络状态
34    uint8 SampleApp_TransID;                        //133  传输ID
35    //函数说明
36    void SampleApp_MessageMSGCB( afIncomingMSGPacket_t *pckt );//147
37    /***********************************************************************
38                        应用程序初始化函数
39    ***********************************************************************/
40    void SampleApp_Init( uint8 task_id )            //173
41    {                                               //174
42      halUARTCfg_t  UartConfig;    //加  定义串口配置变量
43      SampleApp_TaskID = task_id;                   //175  应用任务(全局变量)初始化
44      SampleApp_NwkState = DEV_INIT;                //176  网络状态初始化
45      SampleApp_TransID = 0;                        //177  传输ID号初始化
46      //  应用端口初始化
47      SampleApp_epDesc.endPoint = SAMPLEAPP_ENDPOINT;//213 端口号
48      SampleApp_epDesc.task_id = &SampleApp_TaskID;//214 任务号
49      SampleApp_epDesc.simpleDesc                   //215 端口的其他描述
50            = (SimpleDescriptionFormat_t *)&SampleApp_SimpleDesc;//216
51      SampleApp_epDesc.latencyReq = noLatencyReqs; //217 端口的延迟响应
52      afRegister( &SampleApp_epDesc );              //220 端口注册
53      //串口配置
54      UartConfig.configured = TRUE;                 //加
55      UartConfig.baudRate = HAL_UART_BR_115200; //加 波特率为115200
56      UartConfig.flowControl = FALSE;               //加 不进行流控制
57      UartConfig.callBackFunc = NULL;               //加 回调函数:无
58      HalUARTOpen(0,&UartConfig);                   //加 按所设定参数初始化串口0
59    }
```

```c
/***********************************************************************
                任务事件处理函数
***********************************************************************/
uint16 SampleApp_ProcessEvent( uint8 task_id, uint16 events )//248
{                                           //249
  afIncomingMSGPacket_t *MSGpkt;            //250 定义指向接收消息的指针
  (void)task_id;                            //251 未引参数task_id
  if ( events & SYS_EVENT_MSG )             //253 判断是否为系统事件
  {                                         //254
    MSGpkt = (afIncomingMSGPacket_t *)osal_msg_receive( SampleApp_TaskID );//255 从消息队列中取消息
    while ( MSGpkt )                        //256 有消息?
    {                                       //257
      switch ( MSGpkt->hdr.event )          //258 判断消息中的事件域
      {                                     //259
        case AF_INCOMING_MSG_CMD:           //266 端口收到消息
          SampleApp_MessageMSGCB( MSGpkt );//267
          break;                            //268
        //在此处可添加系统事件的其他子事件处理
        default:                            //288
          break;                            //289
      }                                     //290
      osal_msg_deallocate( (uint8 *)MSGpkt );//293 释放消息所占存储空间
      MSGpkt = (afIncomingMSGPacket_t *)osal_msg_receive( SampleApp_TaskID );//296 再从消息队列中取消息
    }                                       //297
    return (events ^ SYS_EVENT_MSG);        //300 返回未处理的事件
  }                                         //301

  return 0;                                 //319 丢弃未知事件
}                                           //320
/***********************************************************************
                消息处理函数
pkt:指向待处理消息的结构体指针
***********************************************************************/
void SampleApp_MessageMSGCB( afIncomingMSGPacket_t *pkt )//387
{                                           //388
  uint8 *buf;
  uint8 len;
  switch ( pkt->clusterId )                 //391
  {                                         //392
    case SAMPLEAPP_PERIODIC_CLUSTERID:      //393
      len=pkt->cmd.DataLength;
      buf=pkt->cmd.Data;
```

```
102            HalUARTWrite(0,"\r\n",2);
103            HalUARTWrite(0,buf,len);
104            HalUARTWrite(0,"\r\n",2);
105            break;                                    //394
106        }                                             //400
107    }                                                 //401
```

3. 编制终端节点的程序文件

终端节点的功能是每隔 1s 进行一次传感器数据采集，并对所采集到的数据进行分析判断，若有人进入，则以单播的方式向协调器发送"有人进入！"，若无人进入，则以单播的方式向协调器发送"无人进入！"。终端节点的程序文件为 EndDevice.c，其内容如下：

```
1   /***************************************************************
2                    任务14 用ZStack制作远程防盗监测器
3                         终端节点程序(EndDevice.c)
4   ***************************************************************/
5   #include "OSAL.h"                              //59
6   #include "AF.h"                                //61
7   #include "ZDApp.h"                             //63
8   #include "Coordinator.h"                       //65 改
9   #include "OnBoard.h"                           //68
10  #include    "HumanSensor.h"                    //加
11  //用户事件定义
12  #define USER_HUMAN_EVT 0x0001                  //采集人体红外传感器数据
13  //簇列表
14  const cId_t SampleApp_ClusterList[SAMPLEAPP_MAX_CLUSTERS] =//92
15  {                                              //93
16      SAMPLEAPP_PERIODIC_CLUSTERID,              //94
17  };                                             //96
18  //简单端口描述
19  const SimpleDescriptionFormat_t SampleApp_SimpleDesc =//98
20  {                                              //99
21      SAMPLEAPP_ENDPOINT,                        //100  端口号
22      SAMPLEAPP_PROFID,                          //101  应用规范ID
23      SAMPLEAPP_DEVICEID,                        //102  应用设备ID
24      SAMPLEAPP_DEVICE_VERSION,                  //103  应用设备版本号(4bit)
25      SAMPLEAPP_FLAGS,                           //104  应用设备标志(4bit)
26      0,                                         //105  输入簇命令个数
27      (cId_t *)NULL,                             //106  输入簇列表的地址
28      SAMPLEAPP_MAX_CLUSTERS,                    //107  输出簇命令个数
29      (cId_t *)SampleApp_ClusterList             //108  输出簇列表的地址
30  };                                             //109
```

```c
31
32     endPointDesc_t SampleApp_epDesc;              //115 应用端口
33     uint8 SampleApp_TaskID;                       //128 应用程序中的任务ID号
34     devStates_t SampleApp_NwkState;               //131 网络状态
35     uint8 SampleApp_TransID;                      //133 传输ID
36     afAddrType_t SampleApp_DstAddr;               //135
37     //函数说明
38     void    SampleApp_Send_Human_Data(void);      //发送传感器数据
39     /****************************************************************
40                       应用程序初始化函数
41     ****************************************************************/
42     void SampleApp_Init( uint8 task_id )          //173
43     {                                              //174
44       halUARTCfg_t    UartConfig;                 //定义串口配置变量
45       SampleApp_TaskID = task_id;                 //175 应用任务(全局变量)初始化
46       SampleApp_NwkState = DEV_INIT;              //176 网络状态初始化
47       SampleApp_TransID = 0;                      //177 传输ID号初始化
48       //初始化消息发送的目的地址
49       SampleApp_DstAddr.addrMode = (afAddrMode_t)Addr16Bit;//203 改 发送方式:单播
50       SampleApp_DstAddr.endPoint = SAMPLEAPP_ENDPOINT;//204 改 目的地的端口
51       SampleApp_DstAddr.addr.shortAddr = 0x0000;//205 改 目的地的网络地址:协调器地址 0x0000
52       // 应用端口初始化
53       SampleApp_epDesc.endPoint = SAMPLEAPP_ENDPOINT;//213 端口号
54       SampleApp_epDesc.task_id = &SampleApp_TaskID;//214 任务号
55       SampleApp_epDesc.simpleDesc                 //215 端口的其他描述
56             = (SimpleDescriptionFormat_t *)&SampleApp_SimpleDesc;//216
57       SampleApp_epDesc.latencyReq = noLatencyReqs; //217 端口的延迟响应
58       afRegister( &SampleApp_epDesc );            //220 端口注册
59       //串口配置
60       UartConfig.configured = TRUE;               //加
61       UartConfig.baudRate = HAL_UART_BR_115200; //加 波特率为115200
62       UartConfig.flowControl   = FALSE;           //加 不进行流控制
63       UartConfig.callBackFunc = NULL;             //加 回调函数:无
64       HalUARTOpen(0,&UartConfig);                 //加 按所设定参数初始化串口0
65
66       InitHumanSensor();                          //加 发送传感器数据
67     }
68     /****************************************************************
69                       任务事件处理函数
70     ****************************************************************/
71     uint16 SampleApp_ProcessEvent( uint8 task_id, uint16 events )//248
72     {                                              //249
73       afIncomingMSGPacket_t *MSGpkt;              //250 定义指向接收消息的指针
```

```
74      (void)task_id;                                    //251 未引参数 task_id
75      if ( events & SYS_EVENT_MSG )                     //253 判断是否为系统事件
76      {                                                 //254
77         MSGpkt = (afIncomingMSGPacket_t *)osal_msg_receive( SampleApp_TaskID );//255 从消
息队列中取消息
78         while ( MSGpkt )                               //256 有消息?
79         {                                              //257
80            switch ( MSGpkt->hdr.event )                //258 判断消息中的事件域
81            {                                           //259
82              case ZDO_STATE_CHANGE:                    //271 ZDO 的状态变化事件
83                SampleApp_NwkState = (devStates_t)(MSGpkt->hdr.status);//272 读设备状态
84                if ( SampleApp_NwkState == DEV_END_DEVICE )  //273 改 若为终端节点
85                {                                       //276
86                    osal_start_timerEx( SampleApp_TaskID,USER_HUMAN_EVT,60000 ); //280 改
延时 60s 设置读传感器数事件, 60s 度过传感器的初始化时间
87                }                                       //281
88                break;                                  //286
89              //在此处可添加系统事件的其他子事件处理
90              default:                                  //288
91                break;                                  //289
92            }                                           //290
93            osal_msg_deallocate( (uint8 *)MSGpkt );//293 释放消息所占存储空间
94            MSGpkt = (afIncomingMSGPacket_t *)osal_msg_receive( SampleApp_TaskID );//296 再从
消息队列中取消息
95         }                                              //297
96         return (events ^ SYS_EVENT_MSG);               //300 返回未处理的事件
97      }                                                 //301
98      //用户事件处理
99      if ( events & USER_HUMAN_EVT )                    //305 改
100     {                                                 //306
101        SampleApp_Send_Human_Data();                   //加   发送传感器数据
102        // 再次触发用户事件
103        osal_start_timerEx( SampleApp_TaskID, USER_HUMAN_EVT,//311 过 1s 后再设置事件
104            1000 );                                    //312 改
105        return (events ^ USER_HUMAN_EVT);              //315 改 返回未处理完毕的事件
106     }                                                 //316
107
108     return 0;                                         //319 丢弃未知事件
109  }                                                    //320
110
111  /*****************************************************************
112                    发送传感器数据函数
113  ******************************************************************/
114  void   SampleApp_Send_Human_Data(void)
```

```
115    {
116        uint8 buf[20];                              //发送数据缓冲区
117        uint8 len;                                  //发送数据的长度
118        uint8 res;                                  //读传感器的结果
119        res=ReadHumanSensor();                      //读传感器输出,有人时返回0
120        if(res==0)                                  //判断是否有人进入
121        {//有人
122            len=osal_strlen("有人进入!");            //计算发送数据的长度
123            osal_memcpy(buf,"有人进入!",len);        //准备发送数据
124        }
125        else
126        {//无人
127            len=osal_strlen("无人进入!");            //计算发送数据的长度
128            osal_memcpy(buf,"无人进入!",len);        //准备发送数据
129        }
130        //向协调器发送监测结果
131        AF_DataRequest( &SampleApp_DstAddr, &SampleApp_epDesc,//414 改
132                        SAMPLEAPP_PERIODIC_CLUSTERID,    //415
133                        len,                             //416 改
134                        (uint8*)buf,                     //417 改
135                        &SampleApp_TransID,              //418
136                        AF_DISCV_ROUTE,                  //419
137                        AF_DEFAULT_RADIUS );             //420 改
138        //本地串口输出,调试用
139        HalUARTWrite(0,"\r\n",2);
140        HalUARTWrite(0,buf,len);
141        HalUARTWrite(0,"\r\n 数据发送完毕!",osal_strlen("数据发送完毕!")+2);
142    }
```

4. 程序编译与下载运行

本例中有协调器、终端节点两个节点,需要将节点程序分类编译,分别生成协调器和终端节点的程序,然后分别下载至两个 ZigBee 模块中。程序的编译与下载过程与任务 11 相同,在此不再赘述。

程序下载完成后,用串口线将计算机的串口与协调器、终端节点的串口相连,再打开串口调试助手,并设置好串行通信的参数,然后给协调器、终端节点通电,串口调试助手中就会显示传感器监测的信息,当有人进入传感器监测范围时,串口调试助手中就会显示"有人进入!",否则就显示"无人进入!"。其中,与协调器相连的计算机中所显示的信息如图 5-5 所示,与终端节点相连的计算机中所显示的信息如图 5-6 所示。

图 5-5 协调器输出的信息

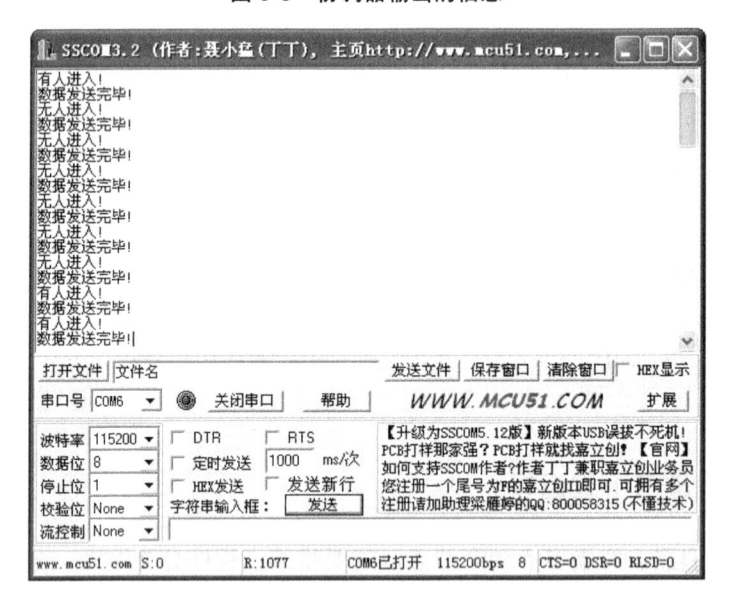

图 5-6 终端节点输出的信息

程序分析

本例中的程序有协调器程序、终端节点程序和传感器的驱动程序。其中，传感器的驱动程序我们在热释电红外传感器应用特性中已做了讲解，协调器的程序比较简单，其中的代码在前面的项目中已做了分析，在此我们只分析终端节点中的相关代码。

第 10 行：包含头文件 HumanSensor.h。HumanSensor.h 文件是传感器驱动程序的接口文件，在 EndDevice.c 文件中我们调用 InitHumanSensor()等与传感器相关的函数，这些函数的说明位于 HumanSensor.h 文件中。

第 12 行：定义用户事件，本例中的用户事件是采集热释电红外传感的输出数据，该事件的编码为 0x0001。

第 36 行：定义发送数据的目的地址变量 SampleApp_DstAddr。该变量是全局变量，用来存放目的地的网络地址、端口号和地址模式（数据发送的类型）。第 49 行~第 51 行代码是对该变量的 3 个成员赋初值。

第 38 行：发送传感器数据函数的说明。

第 49 行：将 SampleApp_DstAddr 的 addrMode 成员设置成 Addr16Bit，终端节点以单播方式发送数据。

第 51 行：设置目的地的网络地址，这里的 0x0000 是协调器的网络地址，因此终端节点采用单播通信，数据接收方为协调器。

第 66 行：调用 InitHumanSensor()函数对与传感器相接的单片机 I/O 口进行初始化设置。在协议栈中添加传感器时，初始化传感器端的语句要放在应用初始化函数的尾部，其原因是，ZStack 按照默认的方式对单片机的 I/O 口已做了初始化处理，默认的初始化并不一定符合用户的实际要求，我们将自己所编写的初始化程序放在应用初始化的最后面可以更改 ZStack 中有关硬件资源的初始化设置，使单片机的硬件配置符合实际应用的要求。

第 86 行：启动定时器，定时时长为 60000ms，即 1min，定时时间到后设置读传感器数据事件。该语句位于终端节点加入网络事件处理程序中，因此语句的功能是终端节点加入网络后，过 1min 再设置读传感器数据事件。这里要延时 1min 设置读传感器数据事件的原因是热释电红外传感器通电后有 1min 的初始化过程，在初始化期间，传感器可能会有 0~3 次输出，延时 1min 再读取传感器输出数据可以越过传感器初始化期，以防止传感器误报。

第 99 行：判断读传感器事件是否发生。

第 101 行：调用 SampleApp_Send_Human_Data()函数。该函数的功能有两个，一是读取传感器的输出数据，二是向协调器发送监测的结果。

第 114 行~第 142 行：发送传感器数据函数。

第 119 行：读取传感器的输出数据，并将结果存入变量 res 中。其中 ReadHumanSensor()函数的定义位于 HumanSensor.c 文件中，该函数的返回值如下：

0：有人进入，1：无人进入。

第 120 行：判断是否有人进入。

第 121 行~第 124 行为有人进入的处理，第 126 行~第 129 行为无人进入的处理。

第 122 行：计算发送数据的长度，并存入变量 len 中。

第 123 行：向数组 buf[]中写入字符串"有人进入！"。数组 buf[]为节点向协调器发送数据的缓冲器。

第 131 行～第 137 行：调用 AF_DataRequest()函数，向协调器发送 buf[]数组中的数据。其中，SampleApp_DstAddr 是全局变量，用来存放目的地的地址（0x0000）、端口号、地址的模式（Addr16Bit），对该变量赋值的语句位于第 49 行～第 51 行。

实践总结

热释电红外传感器是一种用于检测人体活动的传感器，模块的工作电压为 4.5～20V，有人进入感应区时，模块输出高电平；无人进入感应区时，模块输出低电平；模块与单片机的连接方法是用单片机的一根 I/O 口线与模块的 OUT 引脚相接。

热释电红外传感器的驱动程序包括两个函数：第 1 个是初始化函数，其功能是初始化与传感器模块相接的单片机 I/O 口；第 2 个函数是读传感器的输出数据函数。

在协议栈中调用传感器驱动程序的方法是，首先在节点的开头处定义一个读传感器数据的事件，然后在应用初始化函数的最后调用传感器初始化函数，最后在节点加入网络（对于协调器是节点组建网络）时设置或者延时设置读传感器数据的事件，并在读传感器数据的事件处理程序中再读取传感器的输出数据，并做处理。

习题

1．热释电红外传感器是一种用于检测_____的传感器。

2．热释电红外传感器模的应用特性是，有人进入感应区时，模块输出_____电平，无人进入感应区时，模块输出_____电平。

3．若热释电红外传感器模块的 OUT 引脚接在单片机的 P0_3 引脚上，请写出传感器初始化程序和读传感器输出数据的程序。

4．简述在协议栈中添加传感器驱动程序的方法。

5．请按下列功能要求组建一个 ZigBee 网络，并写出节点的应用程序。

用两个 ZigBee 模块组建一个无线网络，模块 A 作协调器，并与计算机的串口相接，模块 B 作终端节点。模块 B 中接有一个继电器模块，用继电器控制照明灯的点亮与熄灭，继电器模块的控制输入端接在 CC2530 单片机的 P0_6 引脚上：P0_6=1 时，继电器吸合，照明灯点亮；P0_6=0 时，继电器断开，照明灯熄灭。计算机通过串口向协调器发送串口控制命令，串行通信的波特率为 115200bit/s。协调器接收到计算机发送来的命令后对命令进行解析，然后转换成网络中的控制命令，控制终端节点上的继电器的吸合和断开。

计算机发送的串口命令和协调器发送的控制命令如表 5-2 所示。

表 5-2　　串口命令和网络中的控制命令

计算机的串口命令	网络中的控制命令	含义
on	1	终端节点上的继电器吸合
off	2	终端节点上的继电器断开

任务 15　用 ZStack 制作远程光照信息采集器

任务要求

用两个 ZigBee 模块组建一个无线网络，模块 A 作协调器，模块 B 作终端节点。终端节点上装有光敏传感器，用来采集环境的光照度，每隔 1s 终端节点就将环境的光照度发送至协调器。当协调器收到终端节点发来的光照度数据后就通过串口发送到计算机显示。其中协调器与计算机进行串行通信的波特率为 BR=115200bit/s。

知识储备

1. 光敏电阻的特性

光敏电阻是一种用半导体材料制作而成的特殊电阻，光敏电阻的实物图如图 5-7 所示。

光敏电阻的特性是其电阻值随入射光的强度变化而变化，且光照度与电阻值一一对应。光敏电阻有两种，第 1 种是光敏电阻的电阻值随入射光的增强而减小，第 2 种是电阻值随入射光的增强而增大。常用的光敏电阻是其电阻值随入射光增强而减小的光敏电阻，这种光敏电阻的两端电压保持不变时，光照度与电阻及电流间的关系如图 5-8 所示。

图 5-7　光敏电阻实物图

由于光敏电阻的电阻值与光照度一一对应，只要测出光敏电阻的电阻值就可以换算得出光照度，利用光敏电阻检测光照度的电路如图 5-9 所示。目前光敏电阻传感器已模块化，光敏电阻传感器模块的实物如图 5-10 所示。

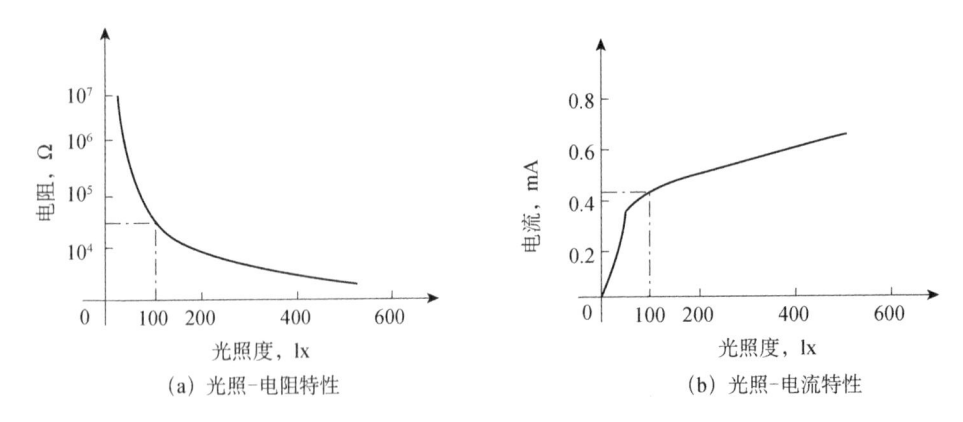

图 5-8 光敏电阻的特性曲线

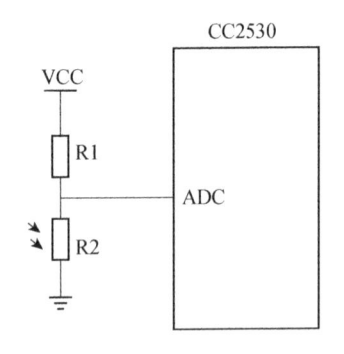

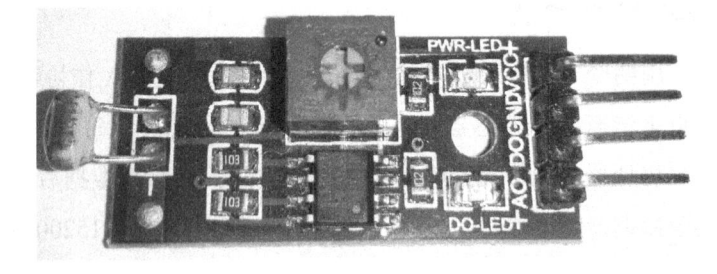

图 5-9 光照度检测电路

图 5-10 光敏电阻传感器模块实物图

模块中各引脚的功能如下。

AO：模拟量输出脚，接 ADC 的输入脚。

DO：TTL 电平输出脚。

GND：电源地。

VCC：电源脚，接 3.3～5V 直流电源。

2. ZStack 中的 ADC 函数

ZStack 中提供了许多 ADC 函数，常用的函数主要有 HalAdcInit()函数、HalAdcSetReference()函数、HalAdcRead()函数等几个函数，这些函数原型说明位于 hal_adc.h 文件中。

（1）HalAdcInit()函数。HalAdcInit()函数的原型说明如下：

```
void HalAdcInit (void);
```

该函数的功能是设置 CC2530 单片机片内 ADC 进行单通道转换时的默认参考电压，在默认情况下，ADC 的参考电压为 AVDD5 引脚的电压，在使用该函数之前需要先使能

I/O 口的模拟功能。

（2）HalAdcSetReference()函数。HalAdcSetReference()函数的原型说明如下：

void HalAdcSetReference (uint8 reference);

该函数的功能是设置 CC2530 单片机片内 ADC 进行单通道转换时的参考电压，函数的形参为所要设置的参考电压，其取值如表 5-3 所示。

表 5-3　　参考电压的取值

符号	值	含义
HAL_ADC_REF_125V	0x00	内部参考电压，对于 CC2530 单片机而言值为 1.25V
HAL_ADC_REF_AIN7	0x40	AIN7 引脚上的外部参考电压
HAL_ADC_REF_AVDD	0x80	AVDD5 引脚电压
HAL_ADC_REF_DIFF	0xc0	AIN6～AIN7 差分输入外部参考电压

HalAdcInit()函数和 HalAdcSetReference()函数的功能一样，都是设置 ADC 的参考电压，但是，HalAdcInit()函数只能将 ADC 的参考电压设置成默认值，HalAdcSetReference()函数比较灵活，可以在调用函数时指定 ADC 的参考电压值，在实际应用中一般用 HalAdcSetReference()函数设置 ADC 的参考电压。

（3）HalAdcRead()函数。HalAdcRead()函数的原型说明如下：

uint16 HalAdcRead (uint8 channel, uint8 resolution);

该函数的功能是按照指定的分辨率读取指定通道的 ADC 转换值。函数中各参数的含义如下。

① channel：ADC 的通道号，其取值如表 5-4 所示。

表 5-4　　ADC 的通道号

参数	含义	参数	含义
HAL_ADC_CHN_AIN0	通道 0	HAL_ADC_CHN_AIN4	通道 4
HAL_ADC_CHN_AIN1	通道 1	HAL_ADC_CHN_AIN5	通道 5
HAL_ADC_CHN_AIN2	通道 2	HAL_ADC_CHN_AIN6	通道 6
HAL_ADC_CHN_AIN3	通道 3	HAL_ADC_CHN_AIN7	通道 7

② resolution：ADC 的分辨率，其取值如表 5-5 所示。

表 5-5　　ADC 的分辨率

参数	含义
HAL_ADC_RESOLUTION_8	8 位分辨率
HAL_ADC_RESOLUTION_10	10 位分辨率

续表

参数	含义
HAL_ADC_RESOLUTION_12	12 位分辨率
HAL_ADC_RESOLUTION_14	14 位分辨率

函数的返回值为 16 位的 AD 转换值。

3. ZStack 中 ADC 的使用方法

在协议栈中使用 ADC 的方法如下。

(1) 在节点程序文件的开头处包含头文件 hal_adc.h，其代码如下：

```
#include  "hal_adc.h"      //包含 ADC 的头文件
```

(2) 在节点程序文件的开头处定义一个读 ADC 事件，其代码如下：

```
#define READ_ADC_EVT 0x0001//读 ADC 事件
```

(3) 在应用初始化函数的尾部添加初始化 ADC 的程序代码，其方法如下：

① 设置寄存器 APCFG 的值来使能 I/O 口的模拟功能。

② 调用 HalAdcSetReference()函数或者 HalAdcInit()函数来设置 ADC 的参考电压。

例如，我们要在协议栈中使用 P0_6 引脚上的 ADC 功能，则应用初始化函数中有关 ADC 初化的程序代码如下：

```
void SampleApp_Init( uint8 task_id )              //173
{                                                  //174
   //ADC 口配置
   APCFG |=1<<6;                                   //配置模拟口:P0_6 为模拟输入口
   HalAdcSetReference ( HAL_ADC_REF_AVDD );        //设置 ADC 的参考电压
}
```

(4) 在应用事件处理函数中，在节点加入网络（对于协调器是节点组建网络）时设置或者延时设置读 ADC 事件，然后在读 ADC 事件的处理程序中再用 HalAdcRead()函数读取指定通道的 ADC 值，并对 ADC 的值进行处理。简化后的应用事件处理函数的结构如下：

```
uint16 SampleApp_ProcessEvent( uint8 task_id, uint16 events )//248
{
   ...
   switch ( MSGpkt->hdr.event )
   {
      case ZDO_STATE_CHANGE:
         SampleApp_NwkState = (devStates_t)(MSGpkt->hdr.status);
         if ( SampleApp_NwkState == DEV_END_DEVICE )
```

```
                {
                    osal_start_timerEx( SampleApp_TaskID , READ_ADC_EVT , 1000 );
                }
            }
            …
        if ( events & READ_ADC_EVT )
        {
            adval = HalAdcRead (HAL_ADC_CHN_AIN6, HAL_ADC_RESOLUTION_10);//读 AD 值
            …
            osal_start_timerEx( SampleApp_TaskID, READ_ADC_EVT,1000 );
            return (events ^ READ_ADC_EVT);
        }
        …
    }
```

实现方法与步骤

1. 编制节点的程序文件

按照任务要求，我们需要编写协调器和终端节点两个节点的程序，还需要编写十六进制数转换成字符串的程序。

（1）Coordinator.c 文件。本例中的 Coordinator.c 文件与任务 14 中的 Coordinator.c 文件相比，仅仅只是第 102 行的提示信息不同，我们只需将任务 14 中 Coordinator.c 文件的第 102 行修改成以下代码，就构成了本例中的 Coordinator.c 文件。

"HalUARTWrite(0,"\r\n 节点上的光照度: ",osal_strlen("节点上的光照度: ")+2);"

（2）EndDevice.c 文件。本例中，终端节点的功能与任务 14 中终端节点的功能相似，只是所用的传感器不同，传感器的驱动程序不同罢了。本例中的 EndDevice.c 文件与任务 14 中的 EndDevice.c 文件的结构相似，EndDevice.c 文件的内容如下：

```
1    /***************************************************************
2                    任务 15  制作光照信息采集器
3                    终端节点程序(EndDevice.c)
4    ***************************************************************/
5    #include "OSAL.h"                    //59
6    #include "AF.h"                      //61
7    #include "ZDApp.h"                   //63
8    #include "Coordinator.h"             //65
9    #include "OnBoard.h"                 //68
10   #include "hal_adc.h"                 //加
```

```
11   #include  "num.h"                              //加  num.c 是自编数字处理程序
12
13   #define USER_LIGHT_GATH_EVT 0x0001             //加  用户事件:光照度采集
14   //簇列表
15   const cId_t SampleApp_ClusterList[SAMPLEAPP_MAX_CLUSTERS] =//92
16   {                                              //93
17     SAMPLEAPP_PERIODIC_CLUSTERID,                //94
18   };                                             //96
19   //简单端口描述
20   const SimpleDescriptionFormat_t SampleApp_SimpleDesc =//98
21   {                                              //99
22     SAMPLEAPP_ENDPOINT,              //100   端口号
23     SAMPLEAPP_PROFID,                //101   应用规范 ID
24     SAMPLEAPP_DEVICEID,              //102   应用设备 ID
25     SAMPLEAPP_DEVICE_VERSION,        //103   应用设备版本号(4bit)
26     SAMPLEAPP_FLAGS,                 //104   应用设备标志(4bit)
27     0,                               //105   改 输入簇命令个数
28     (cId_t *)NULL,                   //106   改 输入簇列表的地址
29     SAMPLEAPP_MAX_CLUSTERS,          //107   输出簇命令个数
30     (cId_t *)SampleApp_ClusterList   //108   输出簇列表的地址
31   };                                 //109
32
33   endPointDesc_t SampleApp_epDesc;              //115 应用端口
34   uint8 SampleApp_TaskID;                       //128 应用程序中的任务ID号
35   devStates_t SampleApp_NwkState;               //131 网络状态
36   uint8 SampleApp_TransID;                      //133 传输ID
37   afAddrType_t SampleApp_DstAddr;               //135
38
39   void   CollectLight(void);                    //加  自定义光照度采集函数
40   /*****************************************************************
41                     应用程序初始化函数
42   *****************************************************************/
43   void SampleApp_Init( uint8 task_id )          //173
44   {                                             //174
45     halUARTCfg_t   UartConfig;                  // 定义串口配置变量
46     SampleApp_TaskID = task_id;                 //175 应用任务(全局变量)初始化
47     SampleApp_NwkState = DEV_INIT;              //176 网络状态初始化
48     SampleApp_TransID = 0;                      //177 传输ID号初始化
49     //初始化消息发送的目的地址
50     SampleApp_DstAddr.addrMode = (afAddrMode_t)Addr16Bit;//203 改 单播发送
51     SampleApp_DstAddr.endPoint = SAMPLEAPP_ENDPOINT;//204 改 目的地的端口
52     SampleApp_DstAddr.addr.shortAddr = 0x0000;//205 改 目的地:协调器
53     // 应用端口初始化
54     SampleApp_epDesc.endPoint = SAMPLEAPP_ENDPOINT;//213 端口号
```

```
55    SampleApp_epDesc.task_id = &SampleApp_TaskID;//214 任务号
56    SampleApp_epDesc.simpleDesc                    //215 端口的其他描述
57        = (SimpleDescriptionFormat_t *)&SampleApp_SimpleDesc;//216
58    SampleApp_epDesc.latencyReq = noLatencyReqs;//217 端口的延迟响应
59    afRegister( &SampleApp_epDesc );               //220 端口注册
60    //ADC 口配置
61    APCFG |=1<<6;                                  //加 配置模拟口:P06 为模拟输入口
62    HalAdcSetReference ( HAL_ADC_REF_AVDD );//加 设置 ADC 的参考电压
63    }
64    /*****************************************************************
65                         任务事件处理函数
66    *****************************************************************/
67    uint16 SampleApp_ProcessEvent( uint8 task_id, uint16 events )//248
68    {                                              //249
69        afIncomingMSGPacket_t *MSGpkt;             //250 定义指向接收消息的指针
70        (void)task_id;                             //251 未引参数 task_id
71        if ( events & SYS_EVENT_MSG )              //253 判断是否为系统事件
72        {                                          //254
73            MSGpkt = (afIncomingMSGPacket_t *)osal_msg_receive( SampleApp_TaskID );//255 从消息队列中取消息
74            while ( MSGpkt )                       //256 有消息?
75            {                                      //257
76                switch ( MSGpkt->hdr.event )       //258 判断消息中的事件域
77                {                                  //259
78                    case ZDO_STATE_CHANGE:         //271 ZDO 的状态变化事件
79                        SampleApp_NwkState = (devStates_t)(MSGpkt->hdr.status);//272 读设备状态
80                        if ( (SampleApp_NwkState == DEV_ROUTER)//274 若为路由器
81                            || (SampleApp_NwkState == DEV_END_DEVICE) )//275 或终端节点
82                        {                          //276
83                            osal_set_event(SampleApp_TaskID,USER_LIGHT_GATH_EVT);//加
84                        }                          //281
85                        break;                     //286
86                    //在此处可添加系统事件的其他子事件处理
87                    default:                       //288
88                        break;                     //289
89                }                                  //290
90                osal_msg_deallocate( (uint8 *)MSGpkt );//293 释放消息所占存储空间
91                MSGpkt = (afIncomingMSGPacket_t *)osal_msg_receive( SampleApp_TaskID );//296 再从消息队列中取消息
92            }                                      //297
93            return (events ^ SYS_EVENT_MSG);       //300 返回未处理的事件
94        }                                          //301
95    //用户事件处理
96        if ( events & USER_LIGHT_GATH_EVT )        //305 改
```

```
97      {                                              //306
98          CollectLight();                            //加   采集光照度
99          // 再次触发用户事件
100         osal_start_timerEx( SampleApp_TaskID, USER_LIGHT_GATH_EVT,//311 过1s后再设置事件
101                 1000 );                            //312 改
102         return (events ^ USER_LIGHT_GATH_EVT);//315 改 返回未处理完毕的事件
103     }                                              //316
104
105     return 0;                                      //319 丢弃未知事件
106 }                                                  //320
107
108 /***************************************************************
109                 采集光照度函数
110 ***************************************************************/
111 void   CollectLight(void)
112 {
113     uint16   adval;                                 //AD 采集值
114     uint8 len,buf[5];
115     adval = HalAdcRead (HAL_ADC_CHN_AIN6, HAL_ADC_RESOLUTION_10);//读 AD 值
116     len=uitoa ( buf,adval );                        //AD 值转换成ASCII 并存入数组 buf 中
117     //发送 buf 中的数据,数据长度为 len
118     AF_DataRequest( &SampleApp_DstAddr, &SampleApp_epDesc,//414 改
119                     SAMPLEAPP_PERIODIC_CLUSTERID,   //415
120                     len,                            //416 改
121                     (uint8*)buf,                    //417 改
122                     &SampleApp_TransID,             //418
123                     AF_DISCV_ROUTE,                 //419
124                     AF_DEFAULT_RADIUS );            //420 改
125 }
```

（3）num.c 文件与 num.h 文件。本例中，我们需要将二进制的 AD 值转换成字符串才能在串口调试助手中显示，需要使用任务 13 中所编写数值转换的程序文件 num.c 和 num.h，我们只需要将这两个文件添加至工程中，其方法我们在任务 13 中已做了详细的介绍，在此不再赘述。

2. 程序编译与下载运行

本例中有协调器、终端节点两个节点，需要将节点程序分类编译，分别生成协调器和终端节点的程序，然后分别下载至两个 ZigBee 模块中。程序的编译与下载过程与任务 13 相同，在此不再赘述。

程序下载完成后，用串口线将计算机的串口与协调器的串口相连，再打开串口调试助手，并设置好串行通信的参数，然后给协调器、终端节点通电，串口调试助手中就会显示终端节点上的光照度信息，用物体挡住光敏电阻的入射光线，我们会看到串口调试助手中所显示的光照度也随之变化。协调器输出的信息如图 5-11 所示。

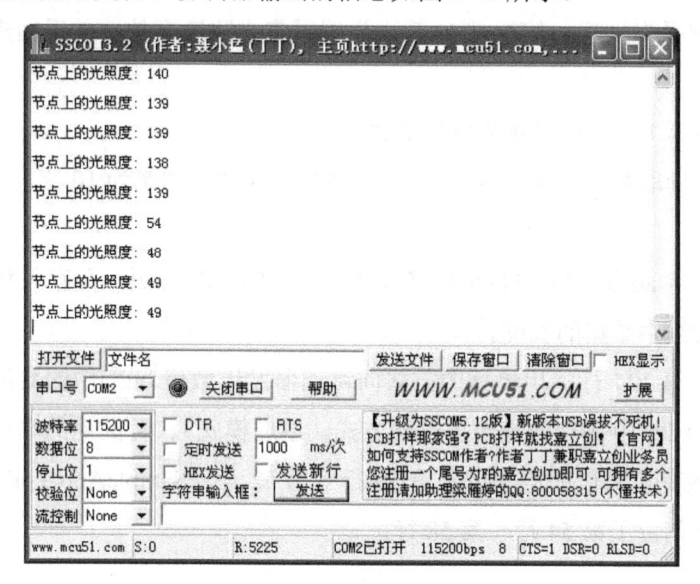

图 5-11 协调器输出的信息

🔧 程序分析

本例中的协调器程序、数值转换程序在前面的项目中已做了详细分析，在此我们只分析终端节点中的相关代码。

第 10 行：包含头文件 hal_adc.h。程序中使用了 HalAdcSetReference()等 ADC 函数，这些函数的说明位于 hal_adc.h 文件，所以必须在程序的开头处将其头文件包含至文件中来。

第 11 行：包含头文件 num.h 文件。程序文件的第 116 行处使用了 uitoa()函数，该函数的说明位于 num.h 中。

第 13 行：定义采集光照度事件 USER_LIGHT_GATH_EVT，该事件是一个用户事件。

第 61 行：将端口 P0_6 设置为模拟口。将 P0_i（i=0～7）配置成模拟输入口的方法是将寄存器 APCFG 的第 i 位置为 1。本例中，光敏电阻传感的输出信号是接在 P06 引脚上的，需要将端口 P0_6 配置成模拟输入口，第 61 行代码的作用就是将 APCFG 寄存器的第 6 位置为 1。

第 62 行：用函数 HalAdcSetReference()设置 ADC 的参考电压，其参考电压是 CC2530 的 AVDD5 引脚上的电压。

第 83 行：节点加入网络后就设置采集光照度事件。

第 96 行~第 103 行：判断采集光照度事件是否发生，若发生，则调用 CollectLight()函数进行光照度采集处理，然后过 1s 后再设置采集光照度事件，并返回未处理的其他用户事件。

第 111 行~第 125 行：采集光照度函数。

第 115 行：读取第 6 通道的 AD 转换值，AD 转换的分辨率为 10 位，并将结果保存至变量 adval 中。

第 116 行：将 adval 中的 AD 值转换成十进制数的 ASCII 码，并存入数组 buf[]中，其中 len 为 buf[]数组中数据的长度。

第 118 行~第 124 行：用单播的方式向协调器发送数组 buf[]中的数据。其中，变量 SampleApp_DstAddr 中保存的是数据发送方式（地址模式）、目的地的端口号、目的地的网络地址，对该变量赋值的语句位于第 50 行~第 52 行，SampleApp_epDesc 是应用端口变量，其赋值语句位于第 54 行~第 58 行。

实践总结

光敏电阻是一种电阻值随入射光的强弱变化而变化的特殊电阻，其电阻值与光照度的大小一一对应，是常用的光照度传感器之一。光敏电阻模块的工作电压为 3.3~5V，模块与单片机的连接方法是，模块的电源地与单片机的模拟地相接，模块的 AO 脚与单片机的一根模拟输入口线相接。

ZStack 中提供了许多 ADC 操作函数，常用的函数是 HalAdcInit()函数、HalAdcSetReference()函数和 HalAdcRead()函数。在这 3 个函数中，HalAdcInit()函数和 HalAdcSetReference()函数的功能都是设置 ADC 的参考电压，但前者只能将 ADC 的参考电压设置成默认值，后者可以根据用户的需要灵活地设置 ADC 的参考电压。HalAdcRead()函数的功能是按指定的分辨率读取指定通道的 AD 转换值。

在 ZStack 中使用 ADC 的方法是，在节点的程序文件开头处先定义一个读 ADC 事件，然后在应用初始化函数中使用单片机的模拟输入功能，再用 HalAdcSetReference()函数或者 HalAdcInit()函数来设置 ADC 的参考电压。这里需要注意的是，ZStack 的各函数中并没有使能单片机的模拟输入功能，因此在设置 ADC 参考电压之前一定要使能 I/O 口的模拟输入功能。最后是在事件处理函数中在节点加入网络时设置读 ADC 事件，然后在读 ADC 事件的处理程序中再用 HalAdcRead()函数读取指定通道的 ADC 值，并对 ADC 的值进行处理。

习题

1. ZStack 中提供了许多 ADC 操作函数,其中,＿＿＿＿＿＿和＿＿＿＿＿＿函数的功能是设置 ADC 的参考电压的函数。

2. 将 AIN7 引脚上的电压设置成 ADC 的参考电压的语句是＿＿＿＿＿＿＿＿＿＿。

3. 按下列要求写出程序段：ADC 的分辨率为 12 位,读 ADC 的 1 通道的 AD 值,并保存至变量 adcval 中。

4. 简述 ZStack 中 ADC 的使用方法。

5. 在本例的 EndDevice.c 文件中,若注释掉第 61 行的代码（代码为 "APCFG|=1<<6;"）,程序运行的结果是什么？为什么？请上机实践。

6. 请按下列功能要求组建一个 ZigBee 网络,并写出节点的应用程序。

用两个 ZigBee 模块组建一个无线网络,模块 A 作协调器,模块 B 作终端节点。终端节点上装有烟雾传感器,用来检测室内液化气的浓度,每隔 1s 终端节点就将室内液化气的浓度值发送至协调器。当协调器收到终端节点发来的数据后就通过串口发送到计算机显示。其中,协调器与计算机进行串行通信的波特率为 BR=115200bit/s。

任务 16　用 ZStack 制作远程温湿度采集器

任务要求

用两个 ZigBee 模块组建一个无线网络,模块 A 作协调器,模块 B 作终端节点。终端节点上装有 DHT11 温湿度传感器,用来采集环境的温湿度,每隔 1s 终端节点将其采集到的温湿度数据发送至协调器。当协调器收到终端节点发来的温湿度数据后就通过串口发送到计算机显示。其中,协调器与计算机进行串行通信的波特率为 BR=115200bit/s。

知识储备

1. MicroWait 宏

MicroWait 宏是 ZStack 协议栈在 OnBoard.h 文件中定义的有参数宏，其定义如下：

#define MicroWait(t) Onboard_wait(t)

它代表的是 ZMain 组 OnBoard.c 文件中定义的 Onboard_wait()函数，其作用是实现微秒级的延时，宏中的参数 t 为无符号的整型数，单位为微秒。它所能实现的延时时间范围为 1μs～65.535ms。

在使用 MicroWait 宏时，我们可以把它视作 Onboard_wait()函数的另外一个名字，其用法与 Onboard_wait()函数的用法完全一样。例如，在程序中若需延时 10μs，就可以用以下程序实现：

MicroWait(10);

在 OnBoard.h 文件中只有 MicroWait 宏的定义，并没有 Onboard_wait()函数的说明，若要使用微秒级延时，则一般使用 MicroWait 宏。在使用该宏时，需要在程序的开头处用 #include 指令将 OnBoard.h 头文件包含至程序文件中。

2. DHT11 的工作特性

（1）DHT11 的引脚功能。DHT11 是一种具有单总线接口的数字化温湿度传感器，工作电压范围为 3～5.5V，平均工作电流为 0.5mA，其引脚分布如图 5-12 所示，各引脚的功能如表 5-6 所示。

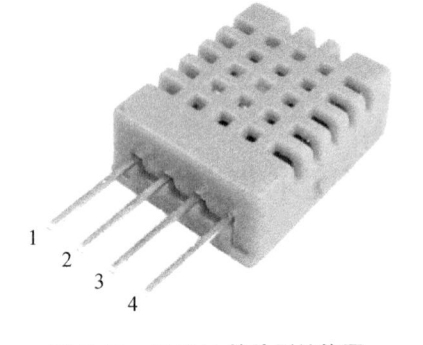

图 5-12 DHT11 的外型结构图

表 5-6　DHT11 引脚功能

引脚	符号	功能
1	VCC	电源引脚，接 3.0～5.5V 正电源
2	DATA	数据输出脚，接单总线
3	NC	空引脚，不与任何电路相接
4	GND	接地脚，接电源地

【说明】DHT11 通电后存在一个持续时间大约为 1s 的不稳定时期，因此传感器通电后需等待 1s 后才能对 DHT11 进行读数，以便越过不稳定时期。

DHT11 的主要性能参数如表 5-7 所示。

表 5-7　　DHT11 的性能参数

参数	温度	湿度
测量范围	0~50℃	20%~90%RH
精度	最小：±1℃　最大：±2℃	典型：±4%；最大：±5%
分辨率	1℃	1%

（2）DHT11 与单片机的接口电路。DHT11 是一种单总线的数字化传感器，它与单片机的接口电路如图 5-13 所示。

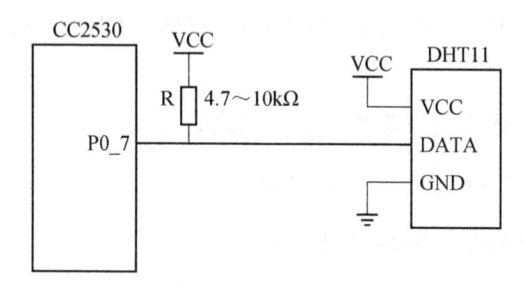

图 5-13　DHT11 与单片机的接口电路

图 5-13 中，单片机用一根 I/O 口线作单总线，例如，选用 P0_7 作单总线，DHT11 的 VCC 引脚接 3.3~5.5V 外部电源，GND 引脚接地，DATA 引脚接单总线。在接口电路中，单总线上需接一个 4.7~10kΩ 的上拉电阻，以保证总线空闲时呈高电平，如果单片机内部有上拉电阻，则可省略此上拉电阻。

3. DHT11 的访问操作

单片机每次对 DHT11 的访问操作都包括初始化 DHT11、从 DHT11 读取温湿度数据两种操作。

（1）初始化操作。初始化操作是对 DHT11 访问操作的开始，初始化的时序图如图 5-14 所示。

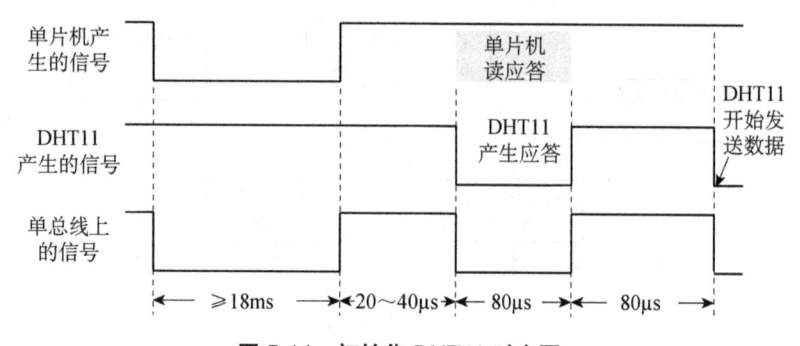

图 5-14　初始化 DHT11 时序图

从图 5-14 中可以看出，初始化 DHT11 的操作如下：

① 单片机先在单总线上输出宽度为 t_1（$t_1 \geqslant 18\text{ms}$）的低电平，用来启动设备联络，然后产生由低到高的上升沿，单片机释放总线，并进入接收模式阶段。

② 单片机产生由低到高的上升沿后，过 t_2（$20\mu\text{s} \leqslant t_2 \leqslant 40\mu\text{s}$）时间，DHT11 就会向单总线上发送宽度为 t_3（$t_3=80\mu\text{s}$）时间的低电平，此低电平为 DHT11 的应答信号。单片机应在 t_3 时间段内读总线上的应答信号，如果总线上有低电平的应答脉冲，则表示 DHT11 在线，否则初始化失败，不可进行后续操作。

③ 应答信号发送结束后，再过 t_4（$t_4=80\mu\text{s}$）时间，DHT11 就开始发送温湿度数据，进入发送数据阶段。

设单片机用 P0_7 口线充当单总线，则单总线的定义如下：

```
#define DHT11_DATA_PIN P0_7    //定义单总线
```

初始化 DHT11 的流程图如图 5-15 所示。

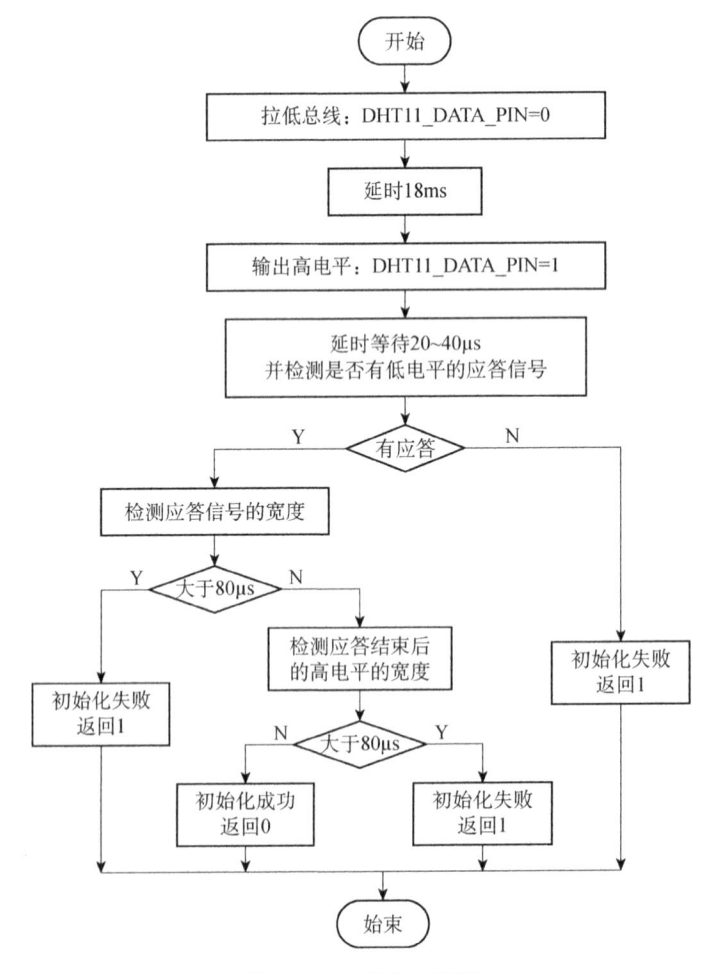

图 5-15 初始化流程图

初始化程序如下：

```
uchar InitDHT11(void)
{
    uchar retry=0;                              //尝试的次数
    DHT11_PIN_OUT();                            //将单总线引脚设为输出脚
    DHT11_DATA_PIN=0;                           //拉低总线,启动单总线通信
    delayus(18000);                             //延时至少 18ms
    DHT11_DATA_PIN=1;                           //产生上升沿,释放总线
    DHT11_PIN_IN();                             //将单总线引脚设为输入脚
    while (DHT11_DATA_PIN&&retry<41)            //等待高电平期结束,高电平期 20~40μs
    {
        retry++;
        delayus(1);                             //延时 1μs
    }
    if(retry>40) return 1;                      //若过 40μs 仍为高电平,则 DHT11 不存在
    else retry=0;
    while (!DHT11_DATA_PIN&&retry<81)           //等待 80μs 的低电平(应答信号)结束
    {
        retry++;
        delayus(1);
    }
    if(retry>80) return 1;                      //80μs 后仍为低电平,则器件不是 DHT11
    retry=0;
    while (DHT11_DATA_PIN&&retry<81)            //等待 80μs 的高电平结束
    {
        retry++;
        delayus(1);
    }
    if(retry>80) return 1;                      //80μs 后仍为高电平,则器件不是 DHT11
    return 0;
}
```

（2）读数操作。初始化成功后，DHT11 将进入数据发送阶段，并将温湿度数据以字节为单位发送至单总线上，单片机应按照 DHT11 的发送数据的时序要求读取总线上的数据。DHT11 发送数据的时序关系如下：

① 发送的数据由 5 个字节组成，这 5 个字节的数据如图 5-16 所示。

字节0	字节1	字节2	字节3	字节4
湿度的整数部分	湿度的小数部分	温度的整数部分	温度的小数部分	校验和

图 5-16　DHT11 的数据格式

其中，湿度的单位为%RH，温度的单位为℃，温度和湿度的小数部分均为 0x00，校验和为前 4 个字节和的低字节内容。

例如，若从 DHT11 所读得的前 4 字节的内容为 0x2d001c00，则最后一个字节的内容就为 0x2d+0x00+0x1c+0x00=0x49，数据所表示的温湿度值如下：

湿度=字节 0.字节 1=45.0（%RH）；

温度=字节 2.字节 3=28.0（℃）。

② 字节数据发送的先后顺序为，先发送湿度的整数部分，最后发送校验和。

③ 在 1 个字节数据的发送过程中，各位数据的发送顺序是高位在先、低位在后。因此，单片机每接收到 1 位数据后应将所接收的数位左移 1 位。

④ 每位数据用宽度为 50μs 的低电平表示数位的开始，用高电平持续时间的长短表示该数位是 0 还是 1。其中，0 的高电平持续时间为 26~28μs，1 的高电平持续时间为 70μs。数位的表示如图 5-17 所示。

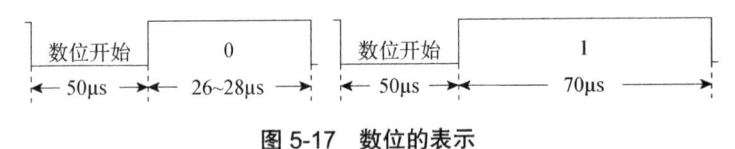

图 5-17 数位的表示

单片机在接收数据时，可在数位开始信号（低电平信号）结束后，再过 30μs 通过检测总线上的信号是否为高电平来判断 DHT11 当前发送的是 0 还是 1，若此时总线信号为高电平，则表明 DHT11 当前发送的是 1，否则为 0。

从 DHT11 中读取一个字节数据的程序如下：

```
/*****************************************************************
                  uchar DHT11_Read_Byte(void)
功能: 从 DHT11 读取 1 个字节
返回值: 所读到的字节数据
说明:若读数的过程中拔掉 DHT11,只会出现所读数据错误,不会死机
*****************************************************************/
uchar DHT11_Read_Byte(void)
{
  uchar i,dat=0,retry;
  for(i=0;i<8;i++)
  {
    dat<<=1;                                    //接收数据设为 0,高位在先,应左移
    retry=0;                                    //尝试次数为 0
    while(!DHT11_DATA_PIN&&retry<51)            //等待 50μs 的位头结束
    {
      retry++;
      delayus(1);
    }
    delayus(30);                                //过 30μs 后读数(越过 0 的高电平期)
    if(DHT11_DATA_PIN)
```

```
    { //30μs 后为高电平,表明 DHT11 当前输出的是 1
        dat |=1;                              //接收数据设为 1
        retry=0;
        while(DHT11_DATA_PIN&&retry<41)       //等待高电平结束,此高电平持续时间最多
70-30=40μs
        {
          retry++;
          delayus(1);
        }
      }
    }
    return dat;
}
```

从 DHT11 中读取温湿度数据的程序如下:

```
/******************************************************************
                uchar DHT11_Read_Data(uchar *temp,uchar *humi)
功能: 从 DHT11 读取温湿数据
参数:
temp:温度存放的地址
humi:湿度存放的地址
返回值: 0,正常;1,读取失败
******************************************************************/
uchar DHT11_Read_Data(uchar *temp,uchar *humi)
{
  uchar buf[5];
  uchar i;
  if(InitDHT11()==0)
  { //初始化成功
    for(i=0;i<5;i++)
    { //读取 5 字节的数据
      buf[i]=DHT11_Read_Byte();
    }
    if((buf[0]+buf[1]+buf[2]+buf[3])==buf[4])   //检查校验值
    { //校验正确
      *humi=buf[0];              //取湿度的整数值
      *temp=buf[2];              //取温度的整数值
      return 0;
    }
  }
  //初始化失败或者校验错误
  return 1;
}
```

实现方法与步骤

1. 搭建 DHT11 的控制电路

本例中，DHT11 的控制电路如图 5-18 所示。

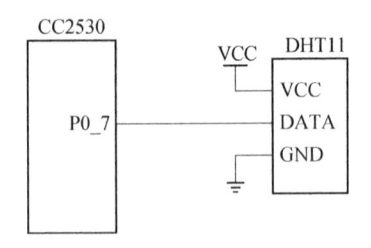

图 5-18 DHT11 的控制电路

2. 编制 DHT11 的驱动程序文件

DHT11 的驱动程序文件包括 DHT11.c 和 DHT11.h 等两个文件。其中，DHT11.c 是驱动程序的源程序文件，DHT11.h 是 DHT11.c 的接口文件。DHT11.c 文件中的函数我们在 DHT11 的访问操作中已做了介绍，为了节省篇幅，在此我们只列出文件的结构，有关函数的代码请查阅 DHT11 的访问操作中相关部分。DHT11.c 文件的内容如下：

```
1   /***************************************************************
2                              DHT11.c
3                功能: DHT11 温湿度传感器驱动程序
4   ***************************************************************/
5   #include  <ioCC2530.h>
6   #include  "dht11.h"
7
8   uchar InitDHT11(void);
9   uchar DHT11_Read_Byte(void);
10  /***************************************************************
11                      uchar InitDHT11(void)
12  功能:初始化 DHT11
13  返回值
14  0:初始化成功
15  1:初始化失败(DHT11 不存在或损坏)
16  ***************************************************************/
17  uchar InitDHT11(void)
18  {
       /*函数体，详见 DHT11 的访问操作*/
47  }
48  /***************************************************************
49                   uchar DHT11_Read_Byte(void)
50  功能: 从 DHT11 读取 1 个字节
51  返回值: 所读到的数据
52  说明:若读数的过程中拔掉 DHT11,只会出现所读数据错误,不会死机
53  ***************************************************************/
54  uchar DHT11_Read_Byte(void)
```

```
55      {
            /*函数体,详见DHT11的访问操作*/
79      }
80
81      /******************************************************************
82                  uchar DHT11_Read_Data(uchar *temp,uchar *humi)
83      功能:从DHT11读取温湿数据
84      参数:
85      temp:温度值
86      humi:湿度值
87      返回值: 0,正常;1,读取失败
88      ******************************************************************/
89      uchar DHT11_Read_Data(uchar *temp,uchar *humi)
90      {
            /*函数体,详见DHT11的访问操作*/
111     }
```

DHT11.h 文件的内容如下:

```
1       /******************************************************************
2                                   dht11.h
3                       功能: DHT11温湿度传感器驱动程序
4       ******************************************************************/
5       #ifndef _DHT11_H_
6       #define _DHT11_H_
7
8       #include    "OnBoard.h"
9       //数据类型定义
10      typedef unsigned char uchar;
11      typedef unsigned int   uint;
12      //引脚定义
13      #define DHT11_DATA_PIN P0_7                //单总线引脚为P07
14      //宏定义
15      #define delayus(t)    MicroWait(t)
16      #define DHT11_PIN_OUT() {P0DIR |=1<<7;}    //将单总线引脚设为输出脚
17      #define DHT11_PIN_IN()  {P0DIR &=~(1<<7);} //将单总线引脚设为输入脚
18      //函数说明
19      uchar DHT11_Read_Data(uchar *temp,uchar *humi); //从DHT11中读温湿度数据
20
21      #endif
```

3. 编制节点的程序文件

本例的节点有协调器、终端节点两个节点,节点的程序文件由 Coordinator.c、

EndDevice.c、Coordinator.h 等 3 个文件组成。其中，Coordinator.h 既是 Coordinator.c 的接口文件，也是 EndDevice.c 的接口文件，其内容与前面各项目中的 Coordinator.h 文件的内容相同，编制这些文件的操作方法与前面各项目中程序文件的编制方法相同，只是内容不同而已。

（1）Coordinator.c 文件。本例的 Coordinator.c 文件与任务 15 中的 Coordinator.c 文件基本相同，只是消息处理函数的函数体稍有差别，其内容如下：

```
1    /***************************************************************
2                    任务16 用ZStack制作远程温湿度采集器
3                            协调器程序(Coordinator.c)
4    ***************************************************************/
5    #include "OSAL.h"                                    //59
6    #include "AF.h"                                      //61
7    #include "ZDApp.h"                                   //63
8    #include "Coordinator.h"                             //65 改
9    #include "OnBoard.h"                                 //68
10
11   //簇列表
12   const cId_t SampleApp_ClusterList[SAMPLEAPP_MAX_CLUSTERS] =//92
13   {                                                    //93
14       SAMPLEAPP_PERIODIC_CLUSTERID,                    //94
15   };                                                   //96
16   //简单端口描述
17   const SimpleDescriptionFormat_t SampleApp_SimpleDesc =//98
18   {                                                    //99
19       SAMPLEAPP_ENDPOINT,              //100  端口号
20       SAMPLEAPP_PROFID,                //101  应用规范ID
21       SAMPLEAPP_DEVICEID,              //102  应用设备ID
22       SAMPLEAPP_DEVICE_VERSION,        //103  应用设备版本号(4bit)
23       SAMPLEAPP_FLAGS,                 //104  应用设备标志(4bit)
24       SAMPLEAPP_MAX_CLUSTERS,          //105  输入簇命令个数
25       (cId_t *)SampleApp_ClusterList,  //106  输入簇列表的地址
26       0,                               //107  输出簇命令个数
27       (cId_t *)NULL,                   //108  输出簇列表的地址
28   };                                                   //109
29
30   endPointDesc_t SampleApp_epDesc;     //115  应用端口
31   uint8 SampleApp_TaskID;              //128  应用程序中的任务ID 号
32   devStates_t SampleApp_NwkState;      //131  网络状态
33   uint8 SampleApp_TransID;             //133  传输ID
34
35   void SampleApp_MessageMSGCB( afIncomingMSGPacket_t *pckt );//147
```

```c
/************************************************************************
                    应用程序初始化函数
************************************************************************/
void SampleApp_Init( uint8 task_id )                //173
{                                                    //174
    halUARTCfg_t    UartConfig;                     //加 定义串口配置变量
    SampleApp_TaskID = task_id;                     //175 应用任务(全局变量)初始化
    SampleApp_NwkState = DEV_INIT;                  //176 网络状态初始化
    SampleApp_TransID = 0;                          //177 传输ID号初始化
    // 应用端口初始化
    SampleApp_epDesc.endPoint = SAMPLEAPP_ENDPOINT;//213 端口号
    SampleApp_epDesc.task_id = &SampleApp_TaskID;//214 任务号
    SampleApp_epDesc.simpleDesc                     //215 端口的其他描述
            = (SimpleDescriptionFormat_t *)&SampleApp_SimpleDesc;//216
    SampleApp_epDesc.latencyReq = noLatencyReqs;//217 端口的延迟响应
    afRegister( &SampleApp_epDesc );                //220 端口注册
    //串口配置
    UartConfig.configured = TRUE;                   //加
    UartConfig.baudRate = HAL_UART_BR_115200; //加 波特率为115200
    UartConfig.flowControl   = FALSE;               //加 不进行流控制
    UartConfig.callBackFunc = NULL;                 //加 回调函数:无
    HalUARTOpen(0,&UartConfig);                     //加 按所设定参数初始化串口0
}
/************************************************************************
                    任务事件处理函数
************************************************************************/
uint16 SampleApp_ProcessEvent( uint8 task_id, uint16 events )//248
{                                                    //249
    afIncomingMSGPacket_t *MSGpkt;                  //250 定义指向接收消息的指针
    (void)task_id;                                  //251 未引参数task_id
    if( events & SYS_EVENT_MSG )                    //253 判断是否为系统事件
    {                                                //254
      MSGpkt = (afIncomingMSGPacket_t *)osal_msg_receive( SampleApp_TaskID );//255 从消息队列中取消息
      while ( MSGpkt )                              //256 有消息?
      {                                              //257
        switch ( MSGpkt->hdr.event )                //258 判断消息中的事件域
        {                                            //259
          case AF_INCOMING_MSG_CMD:                 //266 端口收到消息
            SampleApp_MessageMSGCB( MSGpkt );//267
            break;                                   //268

          //在此处可添加系统事件的其他子事件处理
          default:                                   //288
```

```
79          break;                              //289
80        }                                     //290
81        osal_msg_deallocate( (uint8 *)MSGpkt );//293  释放消息所占存储空间
82        MSGpkt = (afIncomingMSGPacket_t *)osal_msg_receive( SampleApp_TaskID );//296 再从
   消息队列中取消息
83      }                                       //297
84      return (events ^ SYS_EVENT_MSG);        //300  返回未处理的事件
85    }                                         //301
86    //用户事件处理
87
88    return 0;                                 //319  丢弃未知事件
89  }                                           //320
90  /***************************************************************
91                       消息处理函数
92  pkt:指向待处理消息的结构体指针
93  ***************************************************************/
94  void SampleApp_MessageMSGCB( afIncomingMSGPacket_t *pkt )//387
95  {                                           //388
96    uint8 *buf;
97    switch ( pkt->clusterId )                 //391
98    {                                         //392
99      case SAMPLEAPP_PERIODIC_CLUSTERID:      //393
100       buf=pkt->cmd.Data;
101       HalUARTWrite(0,"\r\n 温湿度数据如下:\r\n",osal_strlen("温湿度数据如下:")+4);
102       HalUARTWrite(0,"temp: ",osal_strlen("temp: "));
103       HalUARTWrite(0,buf,2);
104       HalUARTWrite(0,"\r\nhumi: ",osal_strlen("humi: ")+2);
105       HalUARTWrite(0,&buf[2],2);
106       HalUARTWrite(0,"\r\n",2);
107       break;                                //394
108   }                                         //400
109 }                                           //401
```

（2）EndDevice.c 文件。EndDevice.c 文件的内容如下：

```
1  /***************************************************************
2                  任务16 用ZStack制作远程温湿度采集器
3                       终端节点程序(EndDevice.c)
4  ***************************************************************/
5  #include "OSAL.h"                //59
6  #include "AF.h"                  //61
7  #include "ZDApp.h"               //63
8  #include "Coordinator.h"         //65  改
9  #include "OnBoard.h"             //68
```

```c
10
11   #include    "dht11.h"
12
13   #define USER_THCOL_EVT 0x0001              //用户事件:采集温湿度
14   //簇列表
15   const cId_t SampleApp_ClusterList[SAMPLEAPP_MAX_CLUSTERS] =//92
16   {                                          //93
17     SAMPLEAPP_PERIODIC_CLUSTERID,            //94
18   };                                         //96
19   //简单端口描述
20   const SimpleDescriptionFormat_t SampleApp_SimpleDesc =//98
21   {                                          //99
22     SAMPLEAPP_ENDPOINT,          //100       端口号
23     SAMPLEAPP_PROFID,            //101       应用规范ID
24     SAMPLEAPP_DEVICEID,          //102       应用设备ID
25     SAMPLEAPP_DEVICE_VERSION,    //103       应用设备版本号(4bit)
26     SAMPLEAPP_FLAGS,             //104       应用设备标志(4bit)
27     0,                           //105       输入簇命令个数
28     (cId_t *)NULL,               //106       输入簇列表的地址
29     SAMPLEAPP_MAX_CLUSTERS,      //107       输出簇命令个数
30     (cId_t *)SampleApp_ClusterList, //108    输出簇列表的地址
31   };                                         //109
32
33   endPointDesc_t SampleApp_epDesc;           //115 应用端口
34   uint8 SampleApp_TaskID;                    //128 应用程序中的任务ID号
35   devStates_t SampleApp_NwkState;            //131 网络状态
36   uint8 SampleApp_TransID;                   //133 传输ID
37   afAddrType_t SampleApp_DstAddr;            //135
38
39   void   Send_TH_Data(void);                 //发送温湿度数据
40   /******************************************************************
41                       应用程序初始化函数
42   ******************************************************************/
43   void SampleApp_Init( uint8 task_id )       //173
44   {                                          //174
45     halUARTCfg_t   UartConfig;               //加 定义串口配置变量
46     SampleApp_TaskID = task_id;              //175 应用任务(全局变量)初始化
47     SampleApp_NwkState = DEV_INIT;           //176 网络状态初始化
48     SampleApp_TransID = 0;                   //177 传输ID号初始化
49     //初始化消息发送的目的地址
50     SampleApp_DstAddr.addrMode = (afAddrMode_t)Addr16Bit;//203 改单播发送
51     SampleApp_DstAddr.endPoint = SAMPLEAPP_ENDPOINT;//204 改 目的地的端口
52     SampleApp_DstAddr.addr.shortAddr = 0x0000;//205 改 目的地的网络地址:协调器
53     // 应用端口初始化
```

```
54    SampleApp_epDesc.endPoint = SAMPLEAPP_ENDPOINT;//213 端口号
55    SampleApp_epDesc.task_id = &SampleApp_TaskID;//214 任务号
56    SampleApp_epDesc.simpleDesc                    //215 端口的其他描述
57            = (SimpleDescriptionFormat_t *)&SampleApp_SimpleDesc;//216
58    SampleApp_epDesc.latencyReq = noLatencyReqs;//217 端口的延迟响应
59    afRegister( &SampleApp_epDesc );               //220 端口注册
60    //串口配置
61    UartConfig.configured = TRUE;                  //加
62    UartConfig.baudRate = HAL_UART_BR_115200;      //加 波特率为115200
63    UartConfig.flowControl = FALSE;                //加 不进行流控制
64    UartConfig.callBackFunc = NULL;                //加 回调函数:无
65    HalUARTOpen(0,&UartConfig);                    //加 按所设定参数初始化串口0
66
67    P0SEL &= ~(1<<7);                              //将P07 设为普通IO 口
68    }
69 /************************************************************************
70                         任务事件处理函数
71 ************************************************************************/
72    uint16 SampleApp_ProcessEvent( uint8 task_id, uint16 events )//248
73    {                                              //249
74      afIncomingMSGPacket_t *MSGpkt;               //250 定义指向接收消息的指针
75      (void)task_id;                               //251 未引参数task_id
76      if ( events & SYS_EVENT_MSG )                //253 判断是否为系统事件
77      {                                            //254
78        MSGpkt = (afIncomingMSGPacket_t *)osal_msg_receive( SampleApp_TaskID );//255 从消息队列中取消息
79        while ( MSGpkt )                           //256 有消息?
80        {                                          //257
81          switch ( MSGpkt->hdr.event )             //258 判断消息中的事件域
82          {                                        //259
83            case ZDO_STATE_CHANGE:                 //271 ZDO 的状态变化事件
84              SampleApp_NwkState = (devStates_t)(MSGpkt->hdr.status);//272 读设备状态
85              if ( SampleApp_NwkState == DEV_END_DEVICE )    //273 改 若为终端节点
86              {                                    //276
87                osal_set_event(SampleApp_TaskID,USER_THCOL_EVT);//加
88              }                                    //281
89              break;                               //286
90            //在此处可添加系统事件的其他子事件处理
91            default:                               //288
92              break;                               //289
93          }                                        //290
94          osal_msg_deallocate( (uint8 *)MSGpkt );//293 释放消息所占存储空间
95          MSGpkt = (afIncomingMSGPacket_t *)osal_msg_receive( SampleApp_TaskID );//296 再从消息队列中取消息
```

```
96          }                                         //297
97          return (events ^ SYS_EVENT_MSG);          //300  返回未处理的事件
98      }                                             //301
99      //用户事件处理
100     if ( events & USER_THCOL_EVT )                //305 改
101     {                                             //306
102         Send_TH_Data();                           //加    发送温湿度数
103         // 再次触发用户事件
104         osal_start_timerEx( SampleApp_TaskID, USER_THCOL_EVT,//311 过1s 后再设置事件
105             1000 );                               //312 改
106         return (events ^ USER_THCOL_EVT);         //315 改 返回未处理完毕的事件
107     }                                             //316
108
109     return 0;                                     //319 丢弃未知事件
110 }                                                 //320
111
112 /******************************************************************
113                  发送温湿度数据函数
114 ******************************************************************/
115 void   Send_TH_Data(void)
116 {
117     uint8 temp,humi,res,buf[4];
118     res=DHT11_Read_Data(&temp,&humi);
119     if(res==0)
120     {
121         buf[0]=temp/10+0x30;
122         buf[1]=temp%10+0x30;
123         buf[2]=humi/10+0x30;
124         buf[3]=humi%10+0x30;
125         AF_DataRequest( &SampleApp_DstAddr, &SampleApp_epDesc,//414 改
126                     SAMPLEAPP_PERIODIC_CLUSTERID,  //415
127                     4,                             //416 改
128                     (uint8*)buf,                   //417 改
129                     &SampleApp_TransID,            //418
130                     AF_DISCV_ROUTE,                //419
131                     AF_DEFAULT_RADIUS );           //420 改
132         HalUARTWrite(0,"\r\ntemp: ",osal_strlen("temp: ")+2);
133         HalUARTWrite(0,buf,2);
134         HalUARTWrite(0,"\r\nhumi: ",osal_strlen("humi: ")+2);
135         HalUARTWrite(0,&buf[2],2);
136         HalUARTWrite(0,"\r\n 温湿度数据发送完毕!",osal_strlen("温湿度数据发送完毕!")+2);
137     }
138 }
```

4. 程序编译与下载运行

本例中有协调器、终端节点两个节点，需要将节点程序分类编译，分别生成协调器和终端节点的程序，然后分别下载至两个 ZigBee 模块中。程序的编译与下载过程与任务 11 相同，在此不再赘述。

程序下载完成后，用串口线将计算机的串口与协调器、终端节点的串口相连，再打开串口调试助手，并设置好串行通信的参数，然后给协调器、终端节点通电，串口调试助手中就会显示节点的温度和湿度信息。其中与协调器相连的计算机中所显示的信息如图 5-19 所示，与终端节点相连的计算机中所显示的信息如图 5-20 所示。

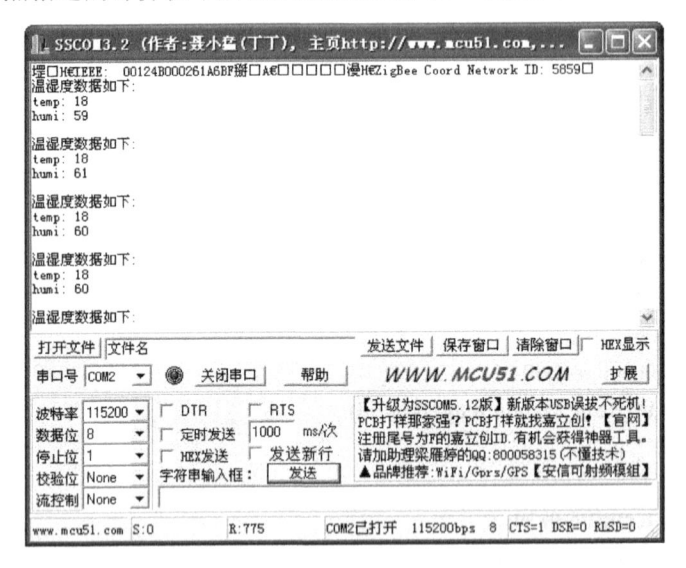

图 5-19 协调器中显示的数据

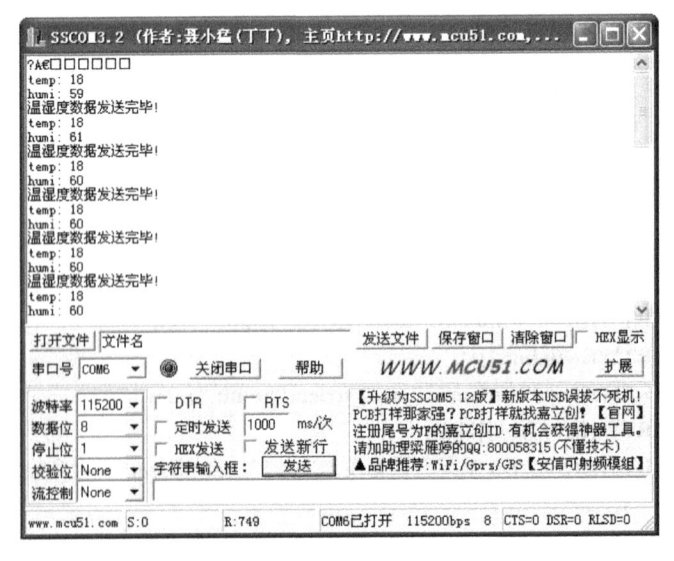

图 5-20 终端节点中显示的数据

程序分析

本例的程序中，Coordinator.c 文件的内容与任务 15 的基本相同，DHT11.c 的内容已在 DHT11 的访问操作中做了详细介绍，在此我们只分析 DHT11.h 文件和 EndDevice.c 文件中的相关代码。

（1）DHT11.h 文件中的相关代码。

第 13 行：定义 DHT11 的数据线引脚。由图 5-18 可知，在本例中，DHT11 的 DATA 引脚与单片机的 P0_7 脚相接，为了方便以后的程序移植，我们在编写控制程序时用自定义符号 DHT11_DATA_PIN 表示 DHT11 的数据引脚，所以需要在头文件中定义符号 DHT11_DATA_PIN。

第 15 行：有参数的宏定义，即用符号 delayus(t)代表 MicroWait(t)。

第 16 行：用符号 DHT11_PIN_OUT()代表代码 "{P0DIR |=1<<7;}"。其中 "P0DIR |=1<<7;" 的功能是将 P0_7 设置成输出口。本例中将此代码定义成一个宏是为了提高程序执行的速度，同时又兼顾程序代码的可移植性。如果将 DHT11_PIN_OUT()定义成一个函数，且代码 "{P0DIR |=1<<7;}" 为该函数的函数体，语句 "DHT11_PIN_OUT();" 就是一条函数调用语句，由于函数在编译时编译系统通常会给函数附加一些诸如参数的地址分配、参数赋值等附加的语句，调用一个函数通常会比直接执行该函数的函数体要慢一些，因此在编写驱动程序时通常是将一些与硬件操作相关的代码定义成一个宏，这样可以提高程序的执行速度，同时又兼顾程序的可移植性。

第 17 行：用符号 DHT11_PIN_IN()代表代码 {P0DIR &=~(1<<7);}。其中，"P0DIR &=~(1<<7);" 的功能是将 P0_7 设置成输入口。

（2）EndDevice.c 文件中的相关代码。

第 11 行：包含头文件 dht11.h。dht11.h 是 dht11.c 文件的接口文件，其中包含了 DHT11 的引脚定义、相关操作函数的说明。

第 13 行：采集温湿度数据事件的定义，该事件是用户事件，其代码为 0x0001。

第 67 行：将 P0_7 设置成普通的 I/O 口。

第 87 行：当终端节点加入网络后立即设置采集温湿度数据事件。

第 100 行～第 107 行：判断是否有采集温湿度数据事件发生。若有，则调用函数 Send_TH_Data()进行温湿度采集，并向协调器发送节点的温湿度数据，然后过 1s 后再次设置采集温湿度数据事件。

第 115 行～第 138 行：函数 Send_TH_Data()的定义。该函数的主要功能是采集温湿度数据，并发送至协调器中。

第 118 行：调用函数 DHT11_Read_Data()进行温湿度采集，若数据采集成功，则函数的返回值为 0，且将温度数据保存在 temp 中、湿度数据保存在 humi 中；若数据采集失败，则函数的返回值为 1。该函数的定义位于我们编写的 dht11.c 文件中，函数的两个参数均为指针，所以在调用该函数时需用温度、湿度变量的地址作为该函数的实参。语句中符号"&"为取地址运算符，&temp 表示变量 temp（温度）的地址。

第 119 行：对数据采集的结果进行判断，若数据采集成功（res 的值为 0），则执行第 121 行～第 136 行代码。

第 121 行：求温度的十位值，并转换成 ASCII 码，然后存入 buf[0]中。

第 122 行：求温度的个位值，并转换成 ASCII 码，然后存入 buf[1]中。

第 123 行：求湿度的十位值，并转换成 ASCII 码，然后存入 buf[2]中。

第 124 行：求湿度的个位值，并转换成 ASCII 码，然后存入 buf[3]中。

第 125 行～第 131 行：向协调器发送数组 buf[]中的 4 个字节数据，即发送节点采集的温湿度数据。其中，SampleApp_DstAddr 和 SampleApp_epDesc 是全局变量，对它们赋值的语句位于第 50 行～第 58 行。

第 132 行～第 136 行：用串口输出提示信息。

实践总结

DHT11 是一种带有单总线接口的数字化温湿度传感器，它有数据引脚、电源引脚和接地引脚共 3 个引脚，单片机与 DHT11 连接的方法是，单片机用一根 I/O 口线充当单总线，总线上接有一个 4.7～10kΩ 的上拉电阻，然后将 DHT11 的数据输出引脚接在单总线上。如果单片机的 I/O 口内有上拉电阻，则单总线上可以不接上拉电阻。

单片机对 DHT11 的访问操作包括初始化操作和读数据操作两种，编写访问 DHT11 程序的依据是 DHT11 的访问操作时序。在编写 DHT11 访问程序时要特别注意的是，单片机应该在何时将总线清零，总线低电平持续的时间有多长，单片机应该何时将总线置 1，单片机释放总线的时间有多长，DHT11 是何时将数据传送到总线上的，0 和 1 是怎么表示的，单片机应该在何时从总线上读取数据。另外，还有注意字节数据传送的过程中，数位传送的先后顺序，这一点决定了软件程序中读字节数据时的移位方向。

DHT11 的初始化过程是，单片机先将总线拉低至少 18ms，过 20～40μs 后 DHT11 将输出宽度为 80μs 的低电平，再过 80μs 后开始传送数据。因此单片机产生 18ms 的低电平后，应该释放总线，并转入接收数据模式，过 40μs 后开始读总线信号，然后等待 DHT11 输出的低电平（应答信号）结束，再等待 DHT11 输出的高电平结束。

DHT11 发送数据的时序是，每位数据以低电平作为数位的开始，高电平持续时间的长短表示数据是 0 还是 1，在 1 个字节数据的传输过程中，先发送低位，后发送高位。在编写读数程序时应该在检测到 DHT11 输出高电平后，再过 30μs 通过检测总线上信号是否为高电平来判断 DHT11 当前发送的是 0 还是 1，每接收一位数据应将接收数据左移一位。

在协议栈中使用 DHT11 传感器的方法是，先编写好 DHT11 的驱动程序，然后在节点的程序文件的开头处定义一个读 DHT11 事件，再在应用初始化函数中将与传感器相接的 I/O 口设置为普通的 I/O 口，最后在事件处理函数中，在节点加入网络时设置读 DHT11 事件，然后在读 DHT11 事件的处理程序中读取 DHT11 的温湿度数据，并对温湿度数据进行处理。

习题

1．在 ZStack 中，宏 MicroWait(t)的定义位于_____组的_____文件中，其功能是_____。

2．在程序中若要使用宏 MicroWait(t)，则需在程序文件的开头处包含头文件_____，其语句是_____。

3．请画出 DHT11 与单片机的接口电路。

4．若 DHT11 的数据引脚与单片机的 P0_1 脚相接，请写出 DHT11 的初始化程序。

5．请写出从 DHT11 中读取一个字节数据的程序。

6．请写出从 DHT11 中读取温湿度数据的程序。

7．简述在 ZStack 中使用 DHT11 传感器的方法。

附录 A MFIOT-Z型开发板电路图

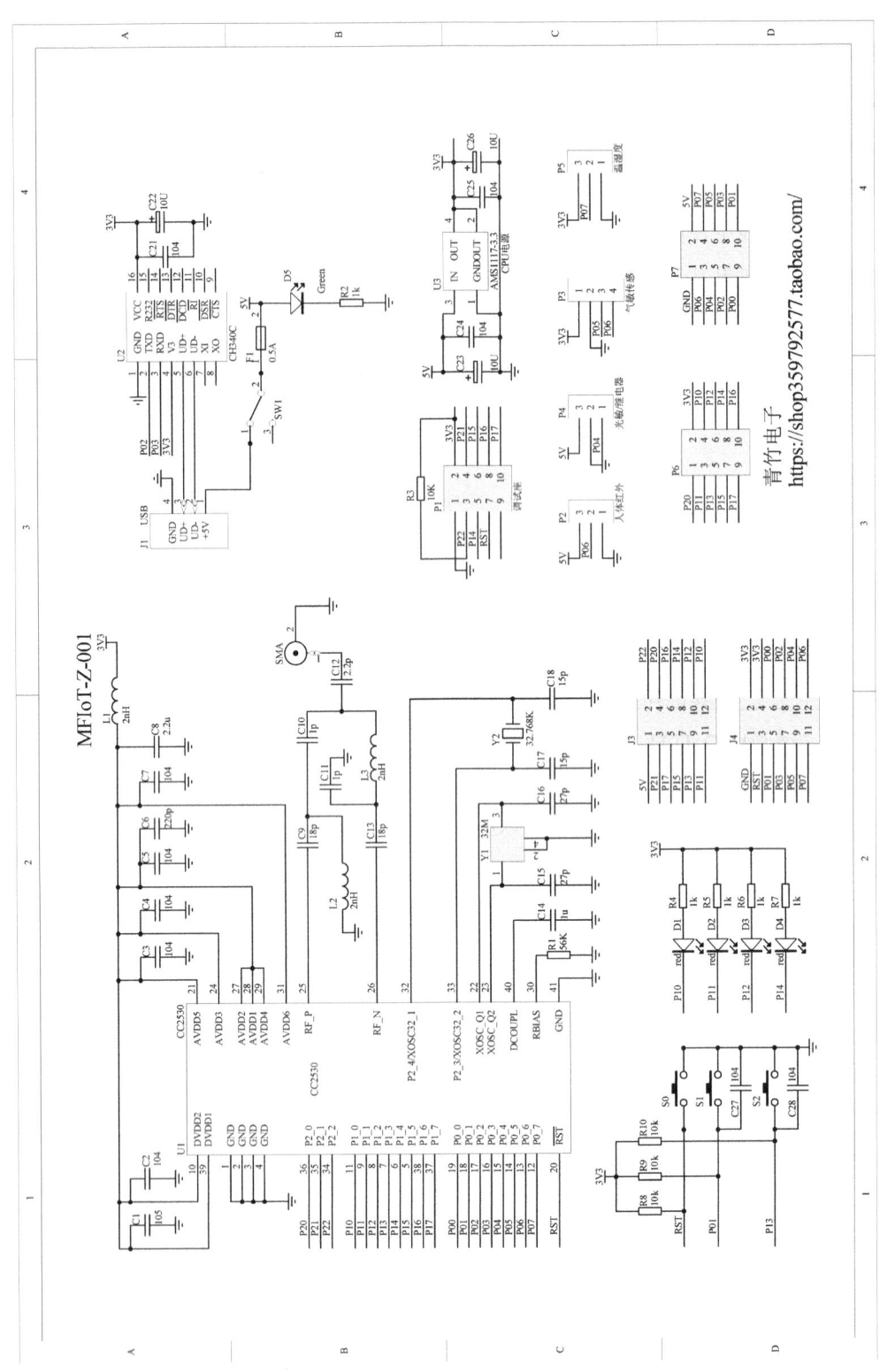